高等学校信息工程类“十二五”规划教材

数字电子技术

主　编　董　敏

副主编　李旭红　王守华

西安电子科技大学出版社

内 容 简 介

全书共分8章。第1章和第2章作为数字逻辑的理论基础，讨论了数制、码制和逻辑代数基础。第3章至第5章在小规模集成电路分析和设计基础上，讨论了组合逻辑和时序逻辑电路中的基本概念、分析方法及设计方法。第6章讨论了脉冲波形的产生与变换电路的结构、工作原理及参数计算。第7章讨论了数/模与模/数转换电路的结构、主要技术指标。第8章讨论了半导体存储器和可编程逻辑器件的结构特点及应用。

本书可作为电子工程、计算机、机电等相关专业的本科生教材，也可供电子技术领域的工程技术人员学习参考。

★ 本书配有电子教案，需要者可登录出版社网站，免费下载。

图书在版编目(CIP)数据

数字电子技术/董敏主编.
一西安：西安电子科技大学出版社，2010.8(2012.9重印)
高等学校信息工程类"十二五"规划教材
ISBN 978-7-5606-2437-2

Ⅰ.① 数… Ⅱ.① 董… Ⅲ.① 数字电路一电子技术 Ⅳ.① TN79

中国版本图书馆CIP数据核字(2010)第099832号

策　　划　戚文艳
责任编辑　戚文艳
出版发行　西安电子科技大学出版社(西安市太白南路2号)
电　　话　(029)88242885　88201467　　邮　　编　710071
网　　址　www.xduph.com　　电子邮箱　xdupfxb001@163.com
经　　销　新华书店
印刷单位　西安文化彩印厂
版　　次　2010年8月第1版　2012年9月第2次印刷
开　　本　787毫米×1092毫米　1/16　印张　19.5
字　　数　461千字
印　　数　3001～6000册
定　　价　32.00元
ISBN 978-7-5606-2437-2/TN・0566

XDUP　2729001－2

前　言

本书是根据教育部《关于进一步加强高等学校本科教学工作的若干意见》和《教育部、财政部关于实施高等学校本科教学质量与教学改革工作的意见》精神编写的。全书包括数字电路基础、逻辑代数基础、组合逻辑电路、触发器、时序逻辑电路、脉冲波形的产生与变换、数/模与模/数转换、半导体存储器和可编程逻辑器件等8章内容。

本书具有以下特色：

1. 精炼内容，突出教材特点。

由于许多院校开设了"大规模集成电路设计"、"数字系统设计"、"硬件描述语言"等选修课，因此我们在本书中，对这些相关内容做了删减，使本书的篇幅得到了大幅度的压缩。由于课时的关系，教材中打有"＊"的部分作为选学内容。

2. 注重学生能力的培养。

在每章小结中包括各章的重点内容、难点内容和需注意的问题，同时还给出了各章的例题精选及自我检测题，有助于学生抓住各章的重点、难点，提高学习效率和学习效果；在精选例题时，特别注重了题目的基础性、多样性、综合性和灵活性，并增加了一定的难度系数，以便提高学生分析问题及解决问题的能力。

3. 扩大教材的适用范围。

考虑到其他专业学生学习本课程的要求，本书补充了部分内容。如在时序电路的设计中，我们增加了利用隐含表进行状态化简的内容，以避免学生因某些知识的欠缺而导致学习上的困难。

本书的第1章由顾洁编写，第2章、第8章由王守华编写，第4章由李旭红编写，第7章由耿伟霞编写，第3章、第5章、第6章(除6.5节外)由董敏编写，第6.5节由吴文峰编写。全书由董敏统稿。

本书在编写过程中，还得到了程红丽、杨建翔、杨波、杨俊三、陈伟、薛颖轶及罗小莹等的支持，他们对本书的编写提供了许多宝贵的意见和有价值的资料，在此，对他们表示衷心的感谢。

限于编者的水平，书中的不足之处在所难免，敬请读者批评指正。

编　者

2010年5月

目　　录

第1章　数字电路基础 …… 1

1.1　数制 …… 1

1.1.1　进位数制的基本概念 …… 2

1.1.2　常用进位计数制 …… 2

1.2　数制转换 …… 4

1.2.1　十进制数转换成其他进制数 …… 4

1.2.2　非十进制数转换成十进制数 …… 6

1.2.3　二进制数与八进制数、十六进制数之间的转换 …… 6

1.3　码制 …… 7

1.3.1　带符号数的代码表示 …… 7

1.3.2　带符号数的加、减运算 …… 8

1.3.3　十进制数的常用代码 …… 11

1.4　本章小结 …… 14

1.5　例题精选 …… 15

1.6　自我检测题 …… 16

第2章　逻辑代数基础 …… 17

2.1　基本逻辑运算 …… 17

2.1.1　与逻辑(与运算、逻辑乘) …… 17

2.1.2　或逻辑(或运算、逻辑加) …… 18

2.1.3　非逻辑(非运算、逻辑反) …… 19

2.2　常用复合逻辑 …… 19

2.2.1　“与非”逻辑 …… 20

2.2.2　“或非”逻辑 …… 20

2.2.3　“与或非”逻辑 …… 20

2.2.4　“异或”逻辑及“同或”逻辑 …… 20

2.3　集成逻辑门 …… 21

2.3.1　BJT集成逻辑门 …… 21

2.3.2　MOS集成逻辑门 …… 26

2.4　逻辑代数的基本定理与基本规则 …… 27

2.4.1　逻辑代数的基本公理 …… 27

2.4.2　逻辑代数的基本定理 …… 28

2.4.3　逻辑代数的基本规则 …… 29

2.5　逻辑函数的数学表达式 …… 30

2.5.1　逻辑函数的基本表示方法 …… 30

2.5.2　逻辑函数的标准形式——最小项 …… 31

2.6　逻辑函数的化简 …… 32

2.6.1　代数法化简 …… 33

2.6.2 卡诺图法化简 …… 33
2.6.3 利用无关项简化函数表达式 …… 36
2.7 本章小结 …… 36
2.8 例题精选 …… 37
2.9 自我检测题 …… 39
第3章 组合逻辑电路 …… 41
3.1 组合逻辑电路的特点 …… 41
3.1.1 组合逻辑电路的工作特点 …… 41
3.1.2 组合逻辑电路的结构特点 …… 41
3.2 组合逻辑电路的分析方法 …… 42
3.3 常用的中规模组合逻辑部件 …… 44
3.3.1 编码器 …… 44
3.3.2 译码器 …… 50
3.3.3 加法器 …… 60
3.3.4 数据选择器 …… 66
3.3.5 数值比较器 …… 74
3.4 组合逻辑电路的设计方法 …… 78
3.4.1 SSI设计方法 …… 79
3.4.2 MSI设计方法 …… 81
3.5 组合逻辑电路中的竞争与冒险 …… 82
3.5.1 竞争现象 …… 82
3.5.2 冒险现象 …… 83
3.5.3 冒险现象的判别 …… 85
3.5.4 冒险现象的消除 …… 87
3.6 本章小结 …… 89
3.7 例题精选 …… 90
3.8 自我检测题 …… 95
第4章 触发器 …… 100
4.1 触发器的基本特点和分类 …… 100
4.1.1 触发器的基本特点 …… 100
4.1.2 触发器的分类 …… 100
4.2 常见触发器的电路结构、逻辑符号及动作特点 …… 101
4.2.1 基本RS触发器的电路结构、逻辑符号及动作特点 …… 101
4.2.2 同步RS触发器的电路结构、逻辑符号及动作特点 …… 103
4.2.3 主从RS触发器的电路结构、逻辑符号及动作特点 …… 106
4.2.4 主从JK触发器的电路结构、逻辑符号及动作特点 …… 108
4.2.5 维持阻塞边沿触发器的电路结构、逻辑符号及动作特点 …… 110
4.3 不同结构触发器的主要特点 …… 114
4.4 常见触发器的逻辑功能及其描述 …… 115
4.4.1 RS触发器的逻辑功能及其描述 …… 115
4.4.2 JK触发器的逻辑功能及其描述 …… 116
4.4.3 D触发器的逻辑功能及其描述 …… 117
4.4.4 T触发器的逻辑功能及其描述 …… 117

4.5 本章小结 …… 118
4.6 例题精选 …… 119
4.7 自我检测题 …… 121
第5章 时序逻辑电路 …… 124
5.1 时序逻辑电路的特点及其分类 …… 124
5.1.1 时序逻辑电路的特点 …… 124
5.1.2 时序逻辑电路的分类 …… 124
5.1.3 时序逻辑电路的描述方法 …… 125
5.2 时序电路的分析 …… 127
5.2.1 同步时序电路的分析 …… 128
5.2.2 异步时序电路的分析 …… 135
5.3 常用的 MSI 时序逻辑器件 …… 140
5.3.1 寄存器 …… 140
5.3.2 计数器 …… 148
*5.3.3 序列信号发生器 …… 177
5.4 同步时序电路的设计 …… 180
5.4.1 原始状态转换图或状态转换表的建立 …… 181
5.4.2 状态化简 …… 182
5.4.3 状态分配 …… 190
5.4.4 触发器类型的选择及其激励函数和输出函数的确定 …… 192
5.5 本章小结 …… 197
5.6 例题精选 …… 198
5.7 自我检测题 …… 208
第6章 脉冲波形的产生与变换 …… 215
6.1 概述 …… 215
6.2 施密特触发器 …… 216
6.2.1 施密特触发器的特点 …… 216
6.2.2 门电路构成的施密特触发器 …… 217
6.2.3 集成施密特触发器 …… 218
6.2.4 施密特触发器的应用 …… 219
6.3 单稳态触发器 …… 221
6.3.1 单稳态触发器的特点及应用 …… 221
6.3.2 门电路构成的单稳态触发器 …… 222
6.3.3 集成单稳态触发器 …… 226
6.4 多谐振荡器 …… 228
6.4.1 多谐振荡器的特点 …… 228
6.4.2 门电路构成的多谐振荡器 …… 228
6.4.3 施密特触发器构成的多谐振荡器 …… 235
6.5 555 定时器及其应用 …… 236
6.5.1 555 定时器的电路结构与功能 …… 236
6.5.2 555 定时器构成的施密特触发器 …… 238
6.5.3 555 定时器构成的单稳态触发器 …… 239
6.5.4 555 定时器构成的多谐振荡器 …… 240

6.6 本章小结 …… 243
6.7 例题精选 …… 244
6.8 自我检测题 …… 248
第7章 数/模与模/数转换 …… 254
7.1 概述 …… 254
7.2 数/模转换 …… 254
7.2.1 DAC的基本概念 …… 254
7.2.2 DAC的主要技术指标 …… 255
7.2.3 常见的DAC电路 …… 256
7.3 模/数转换 …… 259
7.3.1 ADC的基本概念 …… 259
7.3.2 ADC的电路组成及其工作原理 …… 259
7.3.3 ADC的主要技术指标 …… 261
7.3.4 常见的ADC电路 …… 262
7.4 本章小结 …… 265
7.5 例题精选 …… 266
7.6 自我检测题 …… 267
第8章 半导体存储器和可编程逻辑器件 …… 268
8.1 半导体存储器 …… 268
8.1.1 半导体存储器的分类 …… 268
8.1.2 只读存储器(ROM)的结构及工作原理 …… 269
8.1.3 随机存储器(RAM)的结构及工作原理 …… 274
8.1.4 存储器容量的扩展 …… 279
8.1.5 存储器在组合逻辑设计中的应用 …… 281
8.2 可编程逻辑器件 …… 281
8.2.1 可编程逻辑器件的分类 …… 281
8.2.2 可编程逻辑器件的基本结构 …… 283
8.2.3 可编程逻辑器件在数字逻辑电路设计中的应用 …… 291
8.3 本章小结 …… 293
8.4 例题精选 …… 294
8.5 自我检测题 …… 295
附录 …… 297
附录一 数字集成电路的型号命名法 …… 297
附录二 常用74LS系列器件引脚图 …… 298
附录三 常用PLD、ROM、RAM器件引脚图 …… 301
参考文献 …… 303

第 1 章　数字电路基础

本章首先介绍有关数制和码制的一些基本概念和术语，然后给出数字电路中常用的数制和码制。此外，还具体介绍了不同数制之间的转换方法和二进制算术运算的原理和方法。

当我们观察自然界中各种物理量时不难发现，就其变化规律的特点而言，不外乎有两大类。一类是物理量的变化在时间上和数量上都是离散的。也就是说，它们的变化在时间上和数值上是不连续的，总是发生在一系列离散的瞬间。我们把这一类物理量称为数字量，把表示数字量的信号称为数字信号(参见图 1 (a))，并把工作在数字信号下的电路称为数字电路。例如：统计通过某一个桥梁的汽车数量，得到的就是一个数字量，最小数量单位的"1"代表一辆汽车，小于 1 的数值已经没有任何物理意义。数字信号在电路中常表现为突变的电压或电流。

另外一类是物理量的变化在时间上和数值上都是连续的信号。这一类物理量称为模拟量，把表示模拟量的信号称为模拟信号(参见图 1(b))，并把工作在模拟信号下的电子电路称为模拟电路。例如：热电偶工作时输出的电压或电流信号就是一种模拟信号，因为被测量的温度不可能发生突跳，所以测得的电压或电流无论在时间上还是数值上都是连续的。而且，这个信号在连续变化过程中的任何一个取值都有具体的物理意义，即表示一个相应的温度。

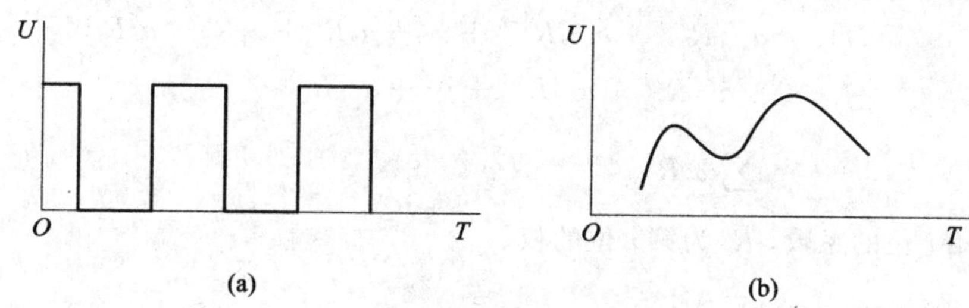

图 1　典型的数字信号与模拟信号
(a) 数字信号；(b) 模拟信号

随着计算机科学与技术的飞速发展，用数字电路进行信号处理的优势更加突出。为了充分发挥和利用数字电路在信号处理上的强大功能，可以先将模拟信号按比例转换成数字信号，然后送到数字电路进行处理，最后再将处理结果根据需要转换为模拟信号输出。

1.1 数　　制

数字信号通常都是以数码的形式给出的。不同的数码可以用来表示数量的不同大小。用数码表示数量大小时，仅用一位数码往往是不够的，因此经常需要用进位计数制的方法组成多位数码。我们把多位数码中每一位的构成方法以及从低位到高位的进位规则称为数制。数制是人们对数量计数的一种统计规则。在数字系统中广泛采用的是二进制、八进制和十六进制。

1.1.1　进位数制的基本概念

进位数制也叫位置计数制，其计数方法是把数划分为不同的数位，当某一数位累计到一定数量之后，该位又从零开始，同时向高位进位。在这种计数制中，同一个数码在不同的数位上所表示的数值是不同的。进位计数制可以用少量的数码表示较大的数，因而被广泛采用。

进位计数包含着两个基本因素：进位基数和数位的权值。

进位基数：在一个数位上，规定使用的数码符号的个数叫该进位计数制的进位基数或进位模数，记作 R。例如十进制，每个数位规定使用的数码符号为 0，1，2，…，9，共 10 个，故其进位基数 $R=10$。

数位的权值：某个数位上数码为 1 时所表征的数值，称为该数位的权值，简称"权"。各个数位的权值均可表示成 R_i 的形式，其中 R 是进位基数，i 是各数位的序号。数位按如下方法确定：整数部分，以小数点为起点，自右向左依次为 0，1，2，…，$n-1$；小数部分，以小数点为起点，自左向右依次为 -1，-2，…，$-m$。n 是整数部分的位数，m 是小数部分的位数。

某个数位上的数码 a_i 所表示的数值等于数码 a_i 与该位的权值 R^i 的乘积。所以，R 进制的数

$$(N)_R = a_{n-1}a_{n-2}\cdots a_2 a_1 a_0 \cdot a_{-1}a_{-2}\cdots a_{-m} \qquad (1.1.1)$$

又可以写成如下多项式的形式：

$$\begin{aligned}(N)_R &= a_{n-1}R^{n-1} + a_{n-2}R^{n-2} + \cdots + a_2R^2 + a_1R^1 + a_0R_0 \\ &\quad + a_{-1}R^{-1} + a_{-2}R^{-2} + \cdots + a_{-m}R^{-m} \\ &= \sum_{i=-m}^{n-1} a_i R^i \end{aligned} \qquad (1.1.2)$$

式中：a_i 为第 i 位的系数，R^i 为第 i 位的权。

1.1.2　常用进位计数制

1. 十进制

十进制是最经常使用的进位计数制。在十进制中，每一位规定使用的数码为 0，1，2，…，9，共 10 个数码，故其进位基数 R 为 10。超过 9 的数必须用多位数表示，其中低位与相邻高位之间的关系为"逢十进一"。

十进制数用下标"D"(Decimal)表示，也可省略。例如：

$$(368.258)_D = 3\times10^2 + 6\times10^1 + 8\times10^0 + 2\times10^{-1} + 5\times10^{-2} + 8\times10^{-3}$$

十进制数中各位的权值为 10^i，i 是各数位的序号。所以任何一个十进制数 D 均可展开为

$$D = \sum k_i \times 10^i \qquad (1.1.3)$$

其中，k_i 是第 i 位的系数，它可以是 0～9 这 10 个数码中的任何一个。若整数部分的位数是 n，小数部分的位数为 m，则 D 可以包含从 $n-1$ 到 0 的所有正整数和从 -1 到 $-m$ 的所有负整数。

2. 二进制

目前在数字电路中应用最广泛的是二进制。在二进制中，每个数位规定使用的数码仅为 0 和 1，共 2 个数码，所以其进位基数 R 为 2。低位与相邻高位之间的关系为"逢二进一"。各位的权值为 2^i，i 是各数位的序号。根据式(1.1.2)，任何一个二进制数均可展开为

$$D = \sum k_i \times 2^i \tag{1.1.4}$$

二进制数用下标"B"(Binary) 表示。例如：

$$(1011.01)_B = 1\times 2^3 + 0\times 2^2 + 1\times 2^1 + 1\times 2^0 + 0\times 2^{-1} + 1\times 2^{-2}$$

二进制数只需两个状态便可表示，机器实现容易，但二进制书写太长。

3. 八进制

八进制中，每一位上规定使用的数码为 0～7 八个不同的数码，故其进位基数为 8。低位与相邻高位之间的关系为"逢八进一"。各位的权值为 8^i，i 是各数位的序号。任何一个八进制数均可展开为

$$D = \sum k_i \times 8^i \tag{1.1.5}$$

八进制数用下标"O"(Octal)表示。例如：

$$(152.47)_O = 1\times 8^2 + 5\times 8^1 + 2\times 8^0 + 4\times 8^{-1} + 7\times 8^{-2}$$

4. 十六进制

在十六进制中，每一位上有 16 个不同的数码，分别用 0～9、A(10)、B(11)、C(12)、D(13)、E(14)、F(15)表示。其进位基数为 16。低位与相邻高位之间的关系为"逢十六进一"。各位的权值为 16^i，i 是各个数位的序号。任何一个十六进制数均可展开为

$$D = \sum k_i \times 16^i \tag{1.1.6}$$

十六进制数用下标"H"(Hexadecimal)表示，例如：

$$\begin{aligned}(BD2.3C)_H &= B\times 16^2 + D\times 16^1 + 2\times 16^0 + 3\times 16^{-1} + C\times 16^{-2} \\ &= 11\times 16^2 + 13\times 16^1 + 2\times 16^0 + 3\times 16^{-1} + 12\times 16^{-2}\end{aligned}$$

目前在微机系统中普遍采用 8 位、16 位和 32 位二进制并行运算，而 8 位、16 位和 32 位的二进制数可以用 2 位、4 位和 8 位的十六进制数表示，因而用十六进制符号书写程序十分简便。

表 1.1.1 是十进制数与等值二进制数、八进制数、十六进制数的对照表。

表 1.1.1　不同进制数的对照表

十进制	二进制	八进制	十六进制
00	0000	00	0
01	0001	01	1
02	0010	02	2
03	0011	03	3
04	0100	04	4
05	0101	05	5

续表

十进制	二进制	八进制	十六进制
06	0110	06	6
07	0111	07	7
08	1000	10	8
09	1001	11	9
10	1010	12	A
11	1011	13	B
12	1100	14	C
13	1101	15	D
14	1110	16	E
15	1111	17	F

在计算机应用系统中，二进制主要用于机器内部的数据处理，八进制和十六进制主要用于书写程序，十进制主要用于运算最终结果的输出。

1.2 数制转换

1.2.1 十进制数转换成其他进制数

一个任意的十进制数可以由整数部分和小数部分构成，若设整数部分为 M_1，小数部分为 M_2，则

$$(M)_{10}=(M_1)_{10}+(M_2)_{10}$$

将它转换为 R 进制，根据式(1.1.2)

$$\begin{aligned}(M)_{10}&=\sum_{i=-m}^{n-1}a_iR^i\\&=a_{n-1}R^{n-1}+a_{n-2}R^{n-2}+\cdots+a_2R^2+a_1R^1+a_0R^0\\&\quad+a_{-1}R^{-1}+a_{-2}R^{-2}+\cdots+a_{-m}R^{-m}\end{aligned}\tag{1.2.1}$$

于是整数部分为：

$$(M_1)_{10}=a_{n-1}R^{n-1}+a_{n-2}R^{n-2}+\cdots+a_2R^2+a_1R^1+a_0R^0\tag{1.2.2}$$

小数部分为：

$$(M_2)_{10}=a_{-1}R^{-1}+a_{-2}R^{-2}+\cdots+a_{-m}R^{-m}\tag{1.2.3}$$

下面讨论如何确定 a_i 的值。

1. 整数部分转换

整数部分转换，采用基数连除法。把十进制整数 M 转换成 R 进制数的步骤如下：

(1) 将 M 除以 R，记下所得的商和余数。

(2) 将上一步所得的商再除以 R，记下所得商和余数。

(3) 重复做第(2)步，直到商为 0。

(4) 将各个余数转换成 R 进制的数码，并按照和运算过程相反的顺序把各个余数排列起来，即为 R 进制的数。

我们将这种方法取名为除以 R 取余法，逆序排列。

例 1.2.1　$(11)_D=(?)_B$

解

2 │ 11		余数	
2 │ 5	……	1	最低位
2 │ 2	……	1	↑
2 │ 1	……	0	↑
0	……	1	最高位

即　　$(11)_D=(1011)_B$

例 1.2.2　$(427)_D=(?)_O$

解

8 │ 427		余数	
8 │ 53	……	3	最低位
8 │ 6	……	5	↑
0	……	6	最高位

即　　$(427)_D=(653)_O$

例 1.2.3　$(427)_D=(?)_H$

解

16 │ 427		余数	
16 │ 26	……	11=B	最低位
16 │ 1	……	10=A	↑
0	……	1=1	最高位

即　　$(427)_D=(1AB)_H$

2. 小数部分转换

小数部分转换，采用基数连乘法。把十进制的纯小数 M 转换成 R 进制数的步骤如下：

(1) 将 M 乘以 R，记下整数部分。

(2) 将上一步乘积中的小数部分再乘以 R，记下整数部分。

(3) 重复做第(2)步，直到小数部分为 0 或者满足精度要求为止。

(4) 将各步求得的整数转换成 R 进制的数码，并按照和运算过程相同的顺序排列起来，即为所求的 R 进制数。

我们将这种方法取名为乘以 R 取整法，顺序排列。

例 1.2.4　$(0.85)_D=(?)_H$

解

0.85×16=13.6…………	13=D	最高位
0.6×16=9.6…………	9=9	↓
0.6×16=9.6…………	9=9	最低位

即　　$(0.85)_D=(0.D99\cdots)_H$

例 1.2.5　$(0.35)_D=(?)_O$

解

$0.35\times8=2.8$…………2　最高位

$0.8\times8=6.4$………… 6

$0.4\times8=3.2$………… 3

$0.2\times8=1.6$………… 1　最低位

即

$$(0.35)_D=(0.2631)_O$$

1.2.2　非十进制数转换成十进制数

不同数制之间的转换方法有若干种。把非十进制数转换成十进制数采用按权展开相加法。具体步骤是：首先把非十进制数写成按权展开的多项式，然后按十进制数的计数规则求其和。

例 1.2.6　$(2A.8)_H=(?)_D$

解

$$\begin{aligned}(2A.8)_H&=2\times16^1+A\times16^0+8\times16^{-1}\\&=32+10+1.5=(42.5)_D\end{aligned}$$

例 1.2.7　$(165.2)_O=(?)_D$

解

$$\begin{aligned}(165.2)_O&=1\times8^2+6\times8^1+5\times8^0+2\times8^{-1}\\&=64+48+5+0.25=(117.25)_D\end{aligned}$$

例 1.2.8　$(10101.11)_B=(?)_D$

解

$$\begin{aligned}(10101.11)_B&=1\times2^4+0\times2^3+1\times2^2+0\times2^1+1\times2^0+1\times2^{-1}+1\times2^{-2}\\&=16+0+4+0+1+0.5+0.25=(21.75)_D\end{aligned}$$

1.2.3　二进制数与八进制数、十六进制数之间的转换

二进制数转换成八进制数(或十六进制数)时，其整数部分和小数部分可以同时进行转换。其方法是：以二进制数的小数点为起点，分别向左、向右，每三位(或四位)分一组。对于小数部分，最低位一组不足三位(或四位)时，必须在有效位右边补 0，使其足位。然后，把每一组二进制数转换成八进制(或十六进制)数，并保持原排序。对于整数部分，最高位一组不足位时，可在有效位的左边补 0，也可不补。

例 1.2.9　$(1011011111.10011)_B=(?)_O=(?)_H$

解

1011011111.100110

1　3　3　7　.　4　6

所以

$$(1011011111.10011)_B=(1337.46)_O$$

1011011111.10011000

2　D　F　.　9　8

即

$$(1011011111.10011)_B=(2DF.98)_H$$

例 1.2.10　$(36.24)_O=(?)_B$

解

$$(36.24)_O=(001\ 110.010\ 100)_B$$

3　6 . 2　4

例 1.2.11　$(3DB.46)_H=(?)_B$

解

$$(3DB.46)_H=(001111011011.01000110)_B$$

3　D　B . 4　6 $=(1111011011.0100011)_B$

1.3 码　　制

不同的数码不仅可以用来表示数量的不同大小，而且可以用来表示不同的事物或事物的不同状态。在用于表示不同事物的情况下，这些数码已经不再具有表示数量大小的含义，它们只是不同事物的代号而已。例如食品外包装上的条形码。这些条形码仅仅代表不同的厂家生产的不同物品，没有数量大小的含义。

数字系统中用于表示数量或事物的数码称为代码。为了便于记忆和查找，在编制代码时要遵循一定的规则，这些规则就称为码制。每个人都可以根据自己的需要选定编码规则，编制出一组代码。当然，考虑到信息交换的需要，还必须制定出一些大家共同使用的通用代码。例如，目前国际上通用的美国信息交换标准代码(ASCII码)就属于这一种。

用代码来表示给定的数字和信息符号的过程称为编码。信息符号可以是十进制数符0，1，2，…，9；字符A，B，…；运算符"+"，"-"，"="等。

1.3.1　带符号数的代码表示

在数字系统中，通常使用二进制代码。在二进制代码中，直接表示正、负数的方法是：把一个数最高位作为符号位，用"0"表示"+"，用"1"表示"-"。符号位连同其后的数字位一起作为一个数，称为机器数，它表示的数值则称为这个机器数的真值。例如：

$$X_1=+0.1101;\ X_2=-0.1101$$

表示成机器数为

$$X_1=0.1101;\ X_2=1.1101$$

在数字系统中，表示机器数的方法很多，目前常用的有原码、反码和补码。

1. 原码

原码表示法又称符号—数值表示法。正数的符号位用"0"表示；负数的符号位用"1"表示；数值部分保持不变。例如：

$$X=-1101;\ (X)_{原}=11101$$

2. 反码

反码的符号表示与原码相同，正数反码的数值部分保持不变，而负数反码的数值是原码的数值按位求反。例如：

$$X_1=+1101$$

则

$$(X_1)_{反} = 01101 = 1101$$

$$X_2 = -1101$$

则

$$(X_2)_{反} = 10010$$

3. 补码

补码的符号表示与原码相同。正数补码的数值部分也与原码相同。负数的补码是这样得到的：将数值部分按位求反，再在最低位加 1。例如：

$$X_1 = +1101$$

则

$$(X_1)_{补} = (X_1)_{原} = (X_1)_{反} = 01101 = 1101$$

$$X_2 = -1101$$

则

$$(X_2)_{补} = 10011$$

1.3.2 带符号数的加、减运算

当两个二进制数码表示两个数量大小时，它们之间可以进行数值运算，这种运算称为算术运算。二进制算术运算和十进制算术运算的规则基本相同，唯一的区别在于二进制是“逢二进一”，而不是十进制数的“逢十进一”。

例如，两个二进制数 1001 和 0101 的算术运算有

加法运算

```
  1001
 +0101
 -----
  1110
```

减法运算

```
  1001
 -0101
 -----
  0100
```

乘法运算

```
     1001
    ×0101
    -----
     1001
    0000
   1001
  0000
  -------
  0101101
```

除法运算

```
           1.11…
     ----------
0101 ) 1001
       0101
       -----
        1000
        0101
        -----
         0110
         0101
         -----
         0010
```

从上面的例子中可以看出，二进制算术运算有两个特点，即二进制数的乘法运算可以通过若干次的“被乘数(或零)左移 1 位”和“被乘数(或零)与部分积相加”这两种操作完成；而二进制的除法运算能通过若干次的“除数右移 1 位”和从“被除数或余数中减去除数”这两种操作完成。

如果我们再将减法操作转化为某种形式的加法运算，那么加、减、乘、除运算就全部

可以用“移位”和“相加”两种操作实现了。利用上述特点能使运算电路大大简化。这也是数字电路中普遍采用二进制数的重要原因之一。

在做减法运算时，如果两个数是用原码表示的，则首先需要比较两个数的绝对值大小，然后以绝对值大的一个作为被减数，绝对值小的作为减数，求出差值，并以绝对值大的一个数的符号作为差值的符号。不难看出，这个操作过程比较复杂，而且需要使用数值比较电路和减法运算电路。如果能用两数的补码相加代替上述的减法运算，那么计算过程中就无需使用数值比较电路和减法运算电路，从而使运算器的电路结构大为简化。

下面说明补码的运算原理。

我们先讨论一个生活中常见的事例。例如，你在 5 点钟的时候发现自己的手表停在 10 点上。要想调整手表有两种方法：第一种拨法是把时针往回拨 5 格，10－5＝5；另一种拨法是往前拨 7 格，10＋7＝17，由于表盘的最大数只有 12，超过 12 以后的“进位”将自动消失，于是就只剩下减去 12 的余数了，即 17－12＝5，也将指针拨回到了 5 点。这个例子说明，10－5 的减法运算可以用 10＋7 的加法运算代替。因为 5 和 7 相加正好等于进位的模数 12，所以我们称 7 为－5 对模 12 的补数，也称为补码。

从这个例子中可以得出一个结论，就是在舍去进位的条件下，减去某个数可以用加上它的补码来替代。这个结论同样也适用于二进制数的运算。

例如：1011－0111＝0100 的减法运算，在舍去进位的条件下，可以用 1011＋1001＝0100 的加法运算代替。因为 4 位二进制数的进位基数是 16(10000)，所以 1001(9)恰好是 0111(7)对模 16 的补码。

基于上述原理，对于有效数字(不包括符号位)为 n 位的二进制数 N，它的补码表示方法为

$$(N)_{\mathrm{COMP}}=\begin{cases}N & (N\text{ 为正数})\\ 2^n-N & (N\text{ 为负数})\end{cases}\tag{1.3.1}$$

即正数(当符号位为 0 时)的补码与原码相同，负数(当符号位为 1 时)的补码等于 2^n-N，符号位保持不变。

为了避免在求补码的过程中做减法运算，通常是先求出 N 的反码 $(N)_{\mathrm{INV}}$，然后在负数的反码上加 1 而得到补码。二进制数的反码 $(N)_{\mathrm{INV}}$ 是这样定义的：

$$(N)_{\mathrm{INV}}=\begin{cases}N & (N\text{ 为正数})\\ (2^n-1)-N & (N\text{ 为负数})\end{cases}\tag{1.3.2}$$

由上式可知，当 N 为负数时，$(N)_{\mathrm{INV}}+N=2^n-1$，而 2^n-1 是 n 位全为 1 的二进制数，所以只要将 N 中每一位的 1 改为 0、0 改为 1，就得到了 $(N)_{\mathrm{INV}}$。

例 1.3.1　写出带符号位二进制数 00011010(＋26)、10011010(－26)、00101101(＋45)和 10101101(－45)的补码和反码。

解　根据式(1.3.1)和式(1.3.2)得到

原码	反码	补码
00011010	00011010	00011010
10011010	11100101	11100110
00101101	00101101	00101101
10101101	11010010	11010011

表 1.3.1 是带符号位的 3 位二进制数原码、反码和补码的对照表。其中规定用 1000 作为－8 的补码，而不用来表示－0。

表 1.3.1 原码、反码和补码的对照表

十进制数	二进制数		
	原码(带符号位)	反码	补码
+7	0111	0111	0111
+6	0110	0110	0110
+5	0101	0101	0101
+4	0100	0100	0100
+3	0011	0011	0011
+2	0010	0010	0010
+1	0001	0001	0001
+0	0000	0000	0000
－1	1001	1110	1111
－2	1010	1101	1110
－3	1011	1100	1101
－4	1100	1011	1100
－5	1101	1010	1011
－6	1110	1001	1010
－7	1111	1000	1001
－8	1000	1111	1000

例 1.3.2 用二进制补码运算求出 13+10，13－10，－13+10 和－13－10。

解 由于 13+10 和－13－10 的绝对值为 23，因此必须用有效数字为 5 位的二进制数才能表示，再加上一位符号位，就得到 6 位的二进制补码。

+13 的二进制补码为 001101(最高位为符号位)，－13 的二进制补码为 110011，+10 的二进制补码为 001010，－10 的二进制补码为 110110。计算结果分别为

$$\begin{array}{r} +13 \\ +10 \\ \hline +23 \end{array} \qquad \begin{array}{r} 0\ 01101 \\ 0\ 01010 \\ \hline 0\ 10111 \end{array} \qquad\qquad \begin{array}{r} +13 \\ -10 \\ \hline +\ 3 \end{array} \qquad \begin{array}{r} 0\ 01101 \\ +1\ 10110 \\ \hline (1)\,0\ 00011 \end{array}$$

$$\begin{array}{r} -13 \\ +10 \\ \hline -\ 3 \end{array} \qquad \begin{array}{r} 1\ 10011 \\ 0\ 01010 \\ \hline 1\ 11101 \end{array} \qquad\qquad \begin{array}{r} -13 \\ -10 \\ \hline -23 \end{array} \qquad \begin{array}{r} 1\ 10011 \\ +1\ 10110 \\ \hline (1)\,1\ 01001 \end{array}$$

从上面的例子可以看出：若将两个加数的符号位和来自最高有效数字位的进位相加，得到的结果(舍去产生的进位)就是和的符号。

需要强调指出的是：在两个同符号数相加时，它们的绝对值之和不可以超过有效数字位所能表示的最大值，否则会得出错误的计算结果。

1.3.3　十进制数的常用代码

1. 二—十进制码制

如果用二进制码来表示“0～9”这10个数符，就必须用4位二进制码元，而4位二进制码元共有16种组合(0000～1111)，取其中10种组合来表示“0～9”的编码方案有很多种，一般分为有权码和无权码。有权码(恒权代码)是指4位二进制数中的每一位都有对应固定的“权值”，按权展开为所表示的十进制数；无权码(变权代码)是指4位二进制数中的每一位无固定的“权值”，而遵循另外的规则。

表1.3.2列出了几种常见的十进制代码，它们的编码规则各不相同。

表1.3.2　几种常用的十进制代码

十进制数	8421码(BCD代码)	5211码	2421码	余3码	余3循环码
0	0000	0000	0000	0011	0010
1	0001	0001	0001	0100	0110
2	0010	0100	0010	0101	0111
3	0011	0101	0011	0110	0101
4	0100	0111	0100	0111	0100
5	0101	1000	1011	1000	1100
6	0110	1001	1100	1001	1101
7	0111	1100	1101	1010	1111
8	1000	1101	1110	1011	1110
9	1001	1111	1111	1100	1010
权	8421	5211	2421		

1) 8421码

8421码简称为BCD码(Binary CodedDecimal)，是十进制代码中最常用的一种。在这种编码方式中，每一位二值代码的1都代表一个固定数值，将每一位的1代表的十进制数加起来，得到的结果就是它所代表的十进制数码。由于代码中从左到右每一位的1分别表示8、4、2、1，因而将这种代码称为8421码。每一位的1代表的十进制数称为这一位的权。8421码中每一位的权是固定不变的，它属于恒权代码。

虽然8421 BCD码的权值与4位自然二进制码的权值相同，但二者是两种不同的代码。8421 BCD码只是取用了4位自然二进制代码的前10种组合。

2) 余3码

余3码是8421码的每个码组加0011形成的。其中的0和9，1和8，2和7，3和6，4和5，各对码组相加均为1111，具有这种特性的代码称为自补代码。余3码各位无固定权值，故属于无权码。

3) 2421码

2421码的各位权值分别为2、4、2、1，2421码是有权码，它的0和9，1和8，2和7，3和6，4和5互为反码，也是一种自补代码。

4) 5211 码

5211 码也是一种恒权代码。它的各位权值分别为 5、2、1、1。

5) 余 3 循环码

余 3 循环码是一种变权码，每一位的 1 在不同的代码中不代表固定的数值。它的主要特点是相邻的两个代码之间仅有一位的状态不同。

用 8421 BCD 码表示十进制数时，只要把十进制数的每一位数码，分别用 BCD 码取代即可。反之，若要知道 BCD 码代表的十进制数，只要把 BCD 码以小数点为起点向左、向右每 4 位分一组，再写出每一组代码代表的十进制数，并保持原排序即可。

例 1.3.3　$(902.45)_D=(?)_{8421\ BCD}$

解

$$(902.45)_D=(100100000010.01000101)_{8421\ BCD}$$

若把一种 BCD 码转换成另一种 BCD 码，应先求出某种 BCD 码代表的十进制数，再将该十进制数转换成另一种 BCD 码。

例 1.3.4　$(01001000.1011)_{余3BCD}=(?)_{2421\ BCD}$

解

$$(01001000.1011)_{余3BCD}=(15.8)_D=(00011011.1110)_{2421\ BCD}$$

若将任意进制数用 BCD 码表示，应先将其转换成十进制数，再将该十进制数用 BCD 码表示。

例 1.3.5　$(73.4)_8=(?)_{8421\ BCD}$

解

$$(73.4)_8=(59.5)_D=(01011001.0101)_{8421\ BCD}$$

2. 可靠性代码

代码在产生和传输的过程中，难免发生错误。为减少错误的发生，或者在发生错误时能迅速地发现或纠正，广泛采用了可靠性编码技术，利用该技术编制出来的代码叫可靠性代码，最常用的有格雷码和奇偶校验码。

1) 格雷(Gray)码

具有如下特点的代码叫格雷码：任何相邻的两个码组(包括首、尾两个码组)中，只有一个码元不同。

在编码技术中，把两个码组中不同的码元的个数叫做这两个码组的距离，简称码距。由于格雷码的任意相邻的两个码组的距离均为 1，故又称之为单位距离码。另外，由于首尾两个码组也具有单位距离特性，因而格雷码也叫循环码。格雷码属于无权码。

格雷码的编码方案很多，典型的格雷码如表 1.3.3 所示，表中同时给出了 4 位自然二进制码。

格雷码的单位距离特性可以降低其产生错误的概率，并且能提高其运行速度。例如，为完成十进制数 7 加 1 的运算，当采用四位自然二进制码时，计数器应由 0111 变为 1000，由于计数器中各元件特性不可能完全相同，因而各位数码不可能同时发生变化，可能会瞬间出现过程性的错码。变化过程可能为 0111→1111→1011→1001→1000。虽然最终结果是正确的，但在运算过程中出现了错码 1111，1011，1001，这会造成数字系统的逻辑错误，而且使运算速度降低。若采用格雷码，由 7 变成 8，只有一位发生变化，就不会出现上述错码，而且运算速度会明显提高。

十进制中的余 3 循环码就是取 4 位格雷码中的 10 个代码组成的，它仍然具有格雷码的优点，即两个相邻的代码之间仅有一位不同。

表 1.3.3 典型的 Gray 码

十进制数	二进制码	Gray 码
	$B_3B_2B_1B_0$	$G_3G_2G_1G_0$
0	0 0 0 0	0 0 0 0
1	0 0 0 1	0 0 0 1
2	0 0 1 0	0 0 1 1
3	0 0 1 1	0 0 1 0
4	0 1 0 0	0 1 1 0
5	0 1 0 1	0 1 1 1
6	0 1 1 0	0 1 0 1
7	0 1 1 1	0 1 0 0
8	1 0 0 0	1 1 0 0
9	1 0 0 1	1 1 0 1
10	1 0 1 0	1 1 1 1
11	1 0 1 1	1 1 1 0
12	1 1 0 0	1 0 1 0
13	1 1 0 1	1 0 1 1
14	1 1 1 0	1 0 0 1
15	1 1 1 1	1 0 0 0

2）奇偶校验码

奇偶校验码是一种可以检测一位错误的代码。它由信息位和校验位两部分组成。

信息位可以是任何一种二进制代码。它代表着要传输的原始信息。校验位仅有一位，它可以放在信息位的前面，也可以放在信息位的后面。其编码方式有两种：① 使每一个码组中信息位和校验位的“1”的个数之和为奇数，称为奇校验。② 使每一个码组中信息位和校验位的“1”的个数之和为偶数，称为偶校验。表 1.3.4 给出了 8421 BCD 奇偶校验码。

表 1.3.4 带奇、偶校验的 8421 BCD 码

十进制数	8421 BCD 奇校验		8421 BCD 偶校验	
0	0000	1	0000	0
1	0001	0	0001	1
2	0010	0	0010	1
3	0011	1	0011	0
4	0100	0	0100	1
5	0101	1	0101	0
6	0110	1	0110	0
7	0111	0	0111	1
8	1000	0	1000	1
9	1001	1	1001	0
	信息位	校验位	信息位	校验位

接收方对接收到的奇偶校验码要进行检测。看每个码组中“1”的个数是否与约定相符。若不相符，则为错码。奇偶校验码只能检测一位错码，但不能测定哪一位出错，也不能自行纠正错误。若代码中同时出现多位错误，则奇偶校验码无法检测。但是，由于多位同时出错的概率要比一位出错的概率小得多，并且奇偶校验码容易实现，因而该码被广泛采用。

3）字符代码

对各个字母和符号编制的代码叫字符代码。字符代码的种类繁多，目前在计算机和数字通信系统中被广泛采用的是美国信息交换标准代码（American Standard Code for Information Interchange，ASCII 码），其编码表如表 1.3.5 所示。

表 1.3.5　美国信息交换标准代码(ASCII 码)

$B_4B_3B_2B_1$	$B_7B_6B_5$							
	000	001	010	011	100	101	110	111
0000	NUL	DLE	SP	0	@	P	、	p
0001	SOH	DC1	!	1	A	Q	a	q
0010	STX	DC2	″	2	B	R	b	r
0011	ETX	DC3	#	3	C	S	c	s
0100	EOT	DC4	$	4	D	T	d	t
0101	ENQ	NAK	%	5	E	U	e	u
0110	ACK	SYN	&	6	F	V	f	v
0111	BEL	ETB	′	7	G	W	g	w
1000	BS	CAN	(	8	H	X	h	x
1001	HT	EM	)	9	I	Y	i	y
1010	LF	SUB	*	:	J	Z	j	z
1011	VT	ESC	+	;	K	[	k	{
1100	FF	FS	,	<	L	\	l	|
1101	CR	GS	—	=	M	]	m	}
1110	SO	RS	.	>	N	^	n	～
1111	SI	US	/	?	O	_	o	DEL

ASCII 码是一组 7 位二进制代码($B_7B_6B_5B_4B_3B_2B_1$)，共 128 个，其中包括表示数字的 10 个代码，表示大、小写英文字母的 52 个代码，表示各种符号的 32 个代码以及 34 个控制代码。

从表 1.3.5 中读码时，先读列码 $B_7B_6B_5$，再读行码 $B_4B_3B_2B_1$，则 $B_7B_6B_5B_4B_3B_2B_1$ 即为某字符的 7 位 ASCII 码。例如字母 K 的列码是 100，行码是 1011，所以 K 的七位 ASCII 码是 1001011。

1.4　本 章 小 结

1. 本章重点内容

这一章所讲的主要内容是数制与码制。

(1) 数制是人们对数量计数的一种统计规则。任何一种进位计数包含基数和位权两个基本因素。

基数为 R 的数制为 R 进制，进位规则："逢 R 进一"。有 0，1，…，$R-1$ 个数码（数符）。按权位展开为 $(N)_R=\sum_{i=-m}^{n-1}a_iR^i$（$R$ 取≥2 的正整数）。

R 进制转为十进制只要按权位展开（$(N)_R=\sum_{i=-m}^{n-1}a_iR^i$）就很容易得到。

十进制转为 R 进制可将整数部分和小数部分分别考虑，整数部分按除以 R 取余法，逆序排列；小数部分按乘以 R 取整法，顺序排列。

(2) 编码就是用代码来表示给定的数字和信息符号。信息符号可以是十进制数符、字符、运算符号等。

在数字系统中，基本使用二进制代码，目前常用的有原码、反码和补码。

十进制的二进制编码可以分为两大类：一类是有权码，常用的有 8421 BCD、2421 BCD、5211 BCD 等，这些码可以按权位展开为所表示的十进制数；另一种是无权码，例如格雷码，这种编码是一种可靠性编码。

2. 本章难点内容

熟悉各种数制之间的相互转换方法，特别是二—十进制、二—八和二—十六进制之间转换的简便方法。

由于数字电路的基本运算都采用二进制运算，因而这一章里还详细地介绍了二进制数的符号在数字电路中的表示方法，原码、反码以及补码的概念，以及采用补码进行带符号位数加法运算的原理。

3. 本章需注意的问题

在采用补码进行带符号位数加法运算的时候，一定要注意：在两个同符号数相加时，它们的绝对值之和不可以超过有效数字位所能表示的最大值，否则会得出错误的计算结果。

各种码制之间转换时，也要注意：

(1) 若把一种 BCD 码转换成另一种 BCD 码，应先求出某种 BCD 码代表的十进制数，再将该十进制数转换成另一种 BCD 码。

(2) 若将任意进制数用 BCD 码表示，应先将其转换成十进制数，再将该十进制数用 BCD 码表示。

1.5 例题精选

例 1.5.1 快速转换法：拆分法。

$$(26)_D = 16 + 8 + 2 = 2^4 + 2^3 + 2^1 = (\overset{16}{1}\ \overset{8}{1}\ \overset{4}{0}\ \overset{2}{1}\ \overset{1}{0})_B$$

例 1.5.2 $(11.375)_D = (?)_B$

整数部分：

```
2 | 11
2 | 5    ……  1
2 | 2    ……  1   ↑
2 | 1    ……  0
    0    ……  1
```

即 $(11)_D = (1011)_B$

小数部分：

$0.375 \times 2 = 0.75 \cdots\cdots 0$

$0.75 \times 2 = 1.5 \cdots\cdots 1$　↓

$0.5 \times 2 = 1.0 \cdots\cdots 1$

即 $(0.375)_D = (0.011)_B$

故 $(11.375)_D = (1011.011)_B$

例 1.5.3　$(375.64)_8=(011\quad 111\quad 101.110\quad 100)_2$

例 1.5.4　$(ED8.2F)_{16}=(1110\quad 1101\quad 1000.0010\quad 1111)_2$

例 1.5.5　用二进制补码运算求出−13+7 和−13−7。

解　由于−13−7 的绝对值为−20，因而必须用有效数字为 5 位的二进制数才能表示，再加上一位符号位，就得到 6 位的二进制补码。

−13 的二进制补码为 1 10011(最高位为符号位)，+7 的二进制补码为 0 00111，−7 的二进制补码为 1 11001。计算结果分别为

$$\begin{array}{r} -13 \\ +\ 7 \\ \hline -\ 6 \end{array}\qquad \begin{array}{r} 1\ 10011 \\ 0\ 00111 \\ \hline 1\ 11010 \end{array}\qquad \begin{array}{r} -13 \\ -\ 7 \\ \hline -20 \end{array}\qquad \begin{array}{r} 1\ 10011 \\ 1\ 11001 \\ \hline (1)\ 1\ 01100 \end{array}$$

1.6　自 我 检 测 题

1. 要将 600 份文件顺序编码，如果采用二进制代码，最少需要几位？如果改用八进制或十六进制代码，则最少各需要几位？

2. 按要求完成下列数制之间的转换。

(1) $(01101)_2=(\qquad\qquad)_{10}$

(2) $(10010111)_2=(\qquad\qquad)_{10}$

(3) $(58.26)_{10}=(\qquad\qquad)_2$

(4) $(1110.0111)_2=(\qquad\qquad)_8$

(5) $(1001.1101)_2=(\qquad\qquad)_8=(\qquad\qquad)_{16}$

(6) $(3D.BE)_{16}=(\qquad\qquad)_8=(\qquad\qquad)_2=(\qquad\qquad)_{10}$

3. 写出下列二进制的原码、反码和补码。

(1) $(+1011)_2$　　(2) $(-1101)_2$　　(3) $(-00101)_2$

4. 写出下列带符号位二进制数(最高位为符号位)的反码和补码。

(1) $(011011)_2$　　(2) $(111010)_2$　　(3) $(101011)_2$

5. 用 8 位的二进制补码表示下列十进制数。

(1) +17　　(2) +28　　(3) −47　　(4) −121

6. 计算下列用补码表示的二进制代数和。如果和为负数，请求出负数的绝对值。

(1) 01001101+00100110

(2) 11011101+01001011

(3) 10011101+01100110

(4) 11111001+100001000

7. 用二进制补码运算下列各式。(提示：所用补码的有效位数应足够表示代数和的最大绝对值。)

(1) 8+11　　(2) 23−11　　(3) 20−25　　(4) −16−14

第 2 章　逻辑代数基础

本章首先主要介绍 TTL 集成逻辑门及 CMOS 集成逻辑门的基本工作原理以及主要外部特性。然后简单介绍逻辑代数的基本公理、基本定理和规则，介绍逻辑函数及其表示方法，重点讲述应用逻辑代数简化逻辑函数的方法——代数法和卡诺图法。

2.1　基本逻辑运算

逻辑运算是逻辑思维和逻辑推理的数学描述。

反映事物逻辑关系的变量称为逻辑变量。一般用英文大写字母 A，B，C，…表示。例如，“开关 A 断开”，“电灯 F 亮”等均为逻辑变量，可分别将其记作 A，F。

逻辑变量的取值只能取逻辑 0 或逻辑 1，代表两种对立的逻辑状态，与普通代数在本质上是不同的，既没有数值含义，也没有大小之分。逻辑变量的具体含义视具体的研究对象人为确定。此外，本书采用正逻辑，即高电平对应逻辑 1，低电平对应逻辑 0。

如果以逻辑变量作为输入，以运算结果作为输出，那么当输入变量的取值确定之后，输出的取值便随之而定。因此，输出与输入是一种函数关系。这种函数关系称为逻辑函数，写作

$$Y = F(A, B, C, \cdots)$$

逻辑函数 Y 也是一个逻辑变量，叫做输出变量，相对地把 A，B，C，…叫做输入变量。由于变量的取值只有 0 和 1 两种状态，因而我们所讨论的都是二值逻辑函数。

2.1.1　与逻辑(与运算、逻辑乘)

只有决定事物结果的全部条件同时具备时，结果才会发生，这种因果关系称为逻辑与(或逻辑乘)。

例如图 2.1.1 的电路中，只有当开关 A 和 B 全部闭合时，灯泡 F 才会亮。

为了全面地描述事物的逻辑关系，通常把各种条件和结果(即输入和输出)的对应关系经过状态赋值后用数字符号表示成表格的方式，称之为真值表。表 2.1.1(a)为图 2.1.1 所示电路对应的真值表，这里输入量 A、B 的高低电平对应开关的闭合与断开，输出量 F 的高低电平代表灯泡的亮与不亮。表 2.1.1(b)是用二值逻辑 0 和 1 表示开关的通、断。

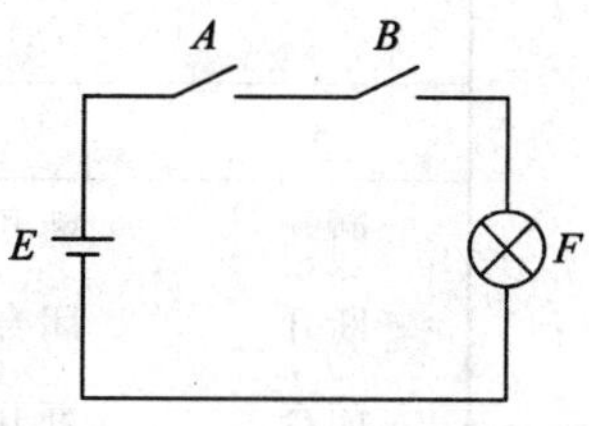

图 2.1.1　与逻辑电路图

表 2.1.1 与逻辑的真值表

(a)			(b)		
A	B	F	A	B	F
断开	断开	灭	0	0	0
断开	闭合	灭	0	1	0
闭合	断开	灭	1	0	0
闭合	闭合	亮	1	1	1

由表 2.1.1 可知，上述因果关系属于与逻辑。其逻辑函数为

$$F = A \cdot B \tag{2.1.1}$$

这里“·”代表与运算符号，读作“与”，书写中也可以直接省略掉。

实现“与运算”的电路叫“与门”，其逻辑符号如图 2.1.2 所示，其中图(a)是我国常用的传统符号，图(b)为国外流行符号，图(c)为国家标准符号。

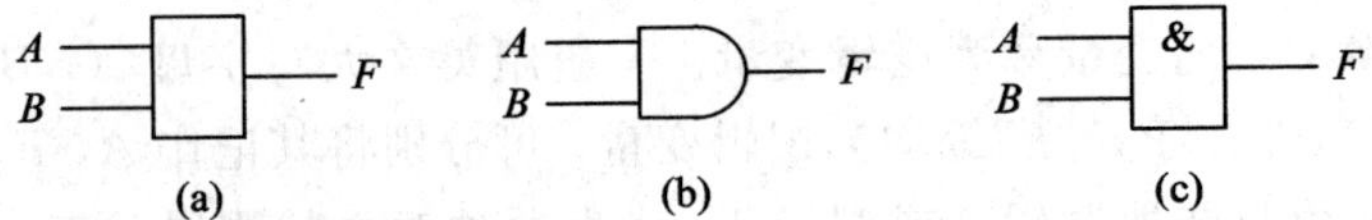

图 2.1.2 与门的逻辑符号

2.1.2 或逻辑(或运算、逻辑加)

决定事物结果的若干条件中，只要有一个或一个以上的条件满足，结果就会发生，这种因果关系称为或逻辑(或逻辑加)。

例如，图 2.1.3 的电路中，只要开关 A 和 B 中至少有一个闭合时，灯泡 F 就会亮。表 2.1.2(a)、2.1.2(b)表示或逻辑的真值表。

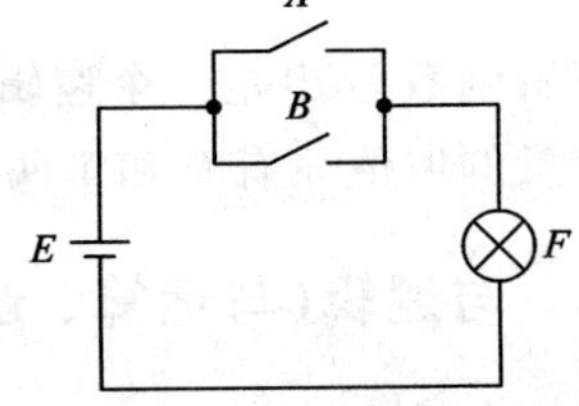

图 2.1.3 或逻辑电路图

由表 2.1.2 可知，上述的因果关系属于或逻辑。其逻辑函数为

$$F = A + B \tag{2.1.2}$$

这里“+”代表或运算符号，读作“或”。

表 2.1.2 或逻辑的真值表

(a)			(b)		
A	B	F	A	B	F
断开	断开	灭	0	0	0
断开	闭合	亮	0	1	1
闭合	断开	亮	1	0	1
闭合	闭合	亮	1	1	1

实现“或运算”的电路叫或门，其逻辑符号如图 2.1.4 所示。其中图(a)是我国常用的传

统符号，图(b)为国外流行符号，图(c)为国家标准符号。

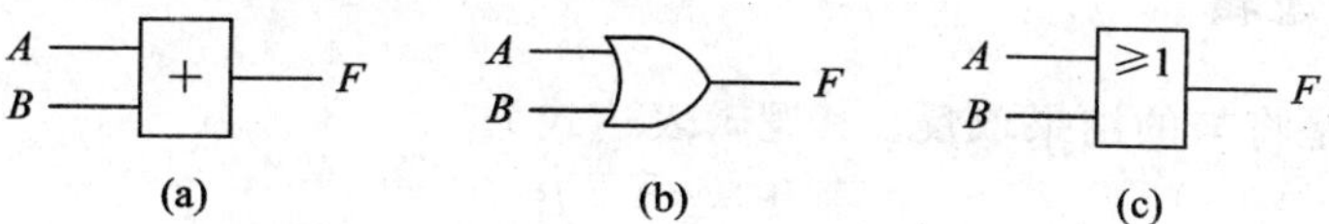

图 2.1.4　或门的逻辑符号

2.1.3　非逻辑(非运算、逻辑反)

决定事物结果的条件满足时，结果不发生；决定事物结果的条件不满足时，结果却发生了。这种因果关系称为逻辑非(或逻辑反)。

例如，图 2.1.5 所示的电路中，开关 A 闭合时，灯泡 F 不亮；开关 A 断开时，灯泡 F 点亮。表 2.1.3(a)、2.1.3(b)表示非逻辑的真值表。

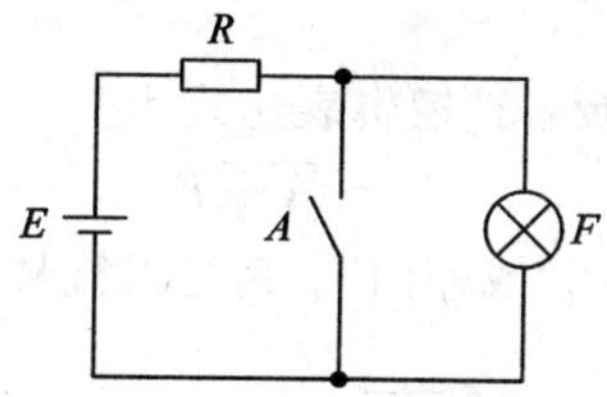

图 2.1.5　非逻辑电路图

表 2.1.3　非逻辑真值表

(a)		(b)	
A	F	A	F
断开	闭合	0	1
闭合	断开	1	0

由表 2.1.3 的真值表可知，上述的因果关系属于非逻辑。其逻辑函数为

$$F=\overline{A} \tag{2.1.3}$$

这里"¯"代表求反的运算符号，读作"非"或"反"。

完成"非运算"的电路叫非门或者叫反相器，其逻辑符号如图 2.1.6 所示。其中图(a)是我国常用的传统符号，图(b)为国外流行符号，图(c)为国家标准符号。

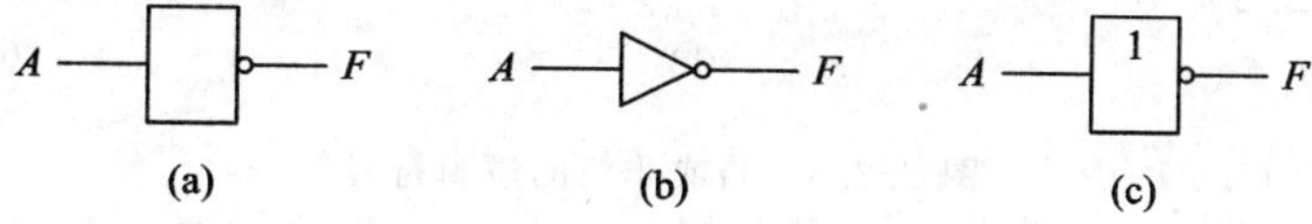

图 2.1.6　非门的逻辑符号

2.2　常用复合逻辑

利用三种基本的与、或、非运算，可以组合成几种常用的复合逻辑运算，以实现各种预期的逻辑功能。实现复合逻辑运算的电路称为复合门电路。

2.2.1 “与非”逻辑

“与非”逻辑是将与的结果取反。其逻辑表达式为

$$F = \overline{A \cdot B} \tag{2.2.1}$$

实现“与非”逻辑运算的电路叫“与非门”。其逻辑符号如图 2.2.1 所示。

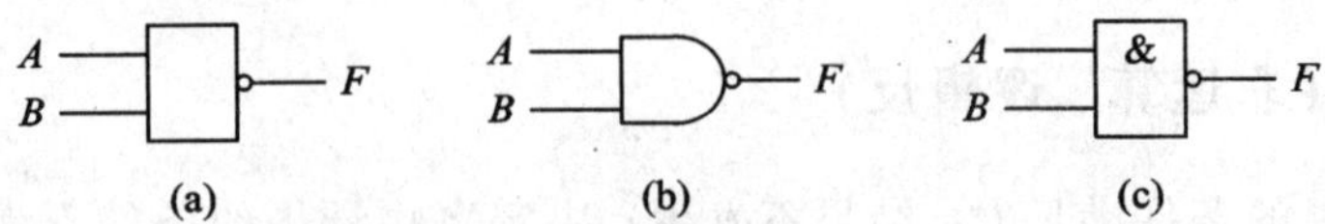

图 2.2.1　与非门的逻辑符号

(a) 常用符号；(b) 国外流行符号；(c) 国标符号

2.2.2 “或非”逻辑

“或非”逻辑是将或的结果取反。其逻辑表达式为

$$F = \overline{A + B} \tag{2.2.2}$$

实现“或非”逻辑运算的电路叫“或非门”。其逻辑符号如图 2.2.2 所示。

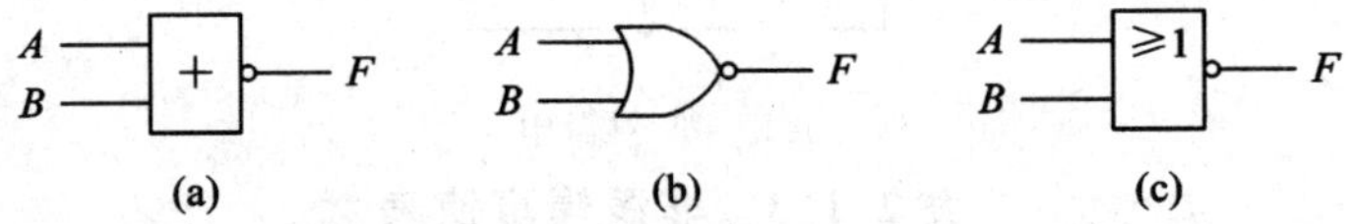

图 2.2.2　或非门的逻辑符号

(a) 常用符号；(b) 国外流行符号；(c) 国标符号

2.2.3 “与或非”逻辑

“与或非”逻辑是先“与”再“或”最后“非”。其逻辑表达式为

$$F = \overline{AB + CD} \tag{2.2.3}$$

实现“与或非”逻辑运算的电路叫“与或非门”。其逻辑符号如图 2.2.3 所示。

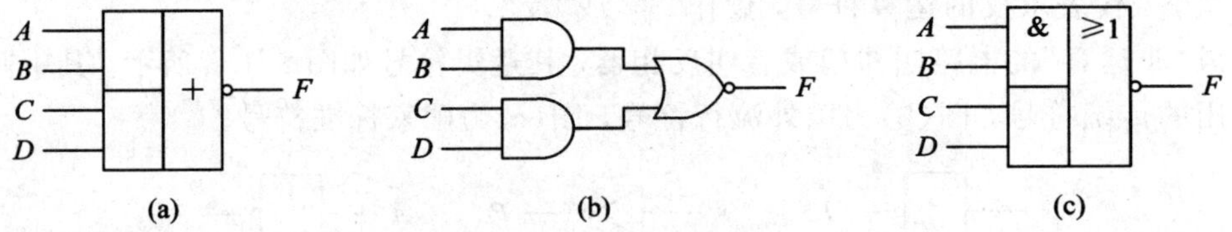

图 2.2.3　与或非门的逻辑符号

(a) 常用符号；(b) 国外流行符号；(c) 国标符号

2.2.4 “异或”逻辑及“同或”逻辑

1. “异或”逻辑

若输入变量 A、B 的取值不同，则输出变量 F 为 1；若 A、B 的取值相同，则 F 为 0。这种逻辑关系称为“异或”逻辑。其逻辑表达式为

$$F = A \oplus B = \overline{A}B + A\overline{B} \qquad (2.2.4)$$

读作“F 等于 A 异或 B”。实现“异或”运算的电路叫“异或门”。其逻辑符号如图 2.2.4 所示。

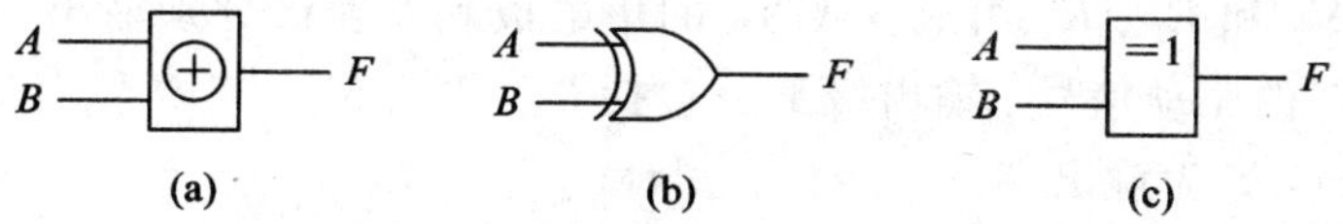

图 2.2.4　异或门的逻辑符号

(a) 常用符号；(b) 国外流行符号；(c) 国标符号

2. “同或”逻辑

若两个输入变量 A、B 取值相同，则输出变量 F 为 1；若 A、B 取值不同，则 F 为 0。这种逻辑关系称为“同或”逻辑。其逻辑表达式为

$$F = A \odot B = \overline{A}\overline{B} + AB \qquad (2.2.5)$$

实现“同或”运算的电路叫“同或门”。其逻辑符号如图 2.2.5 所示。

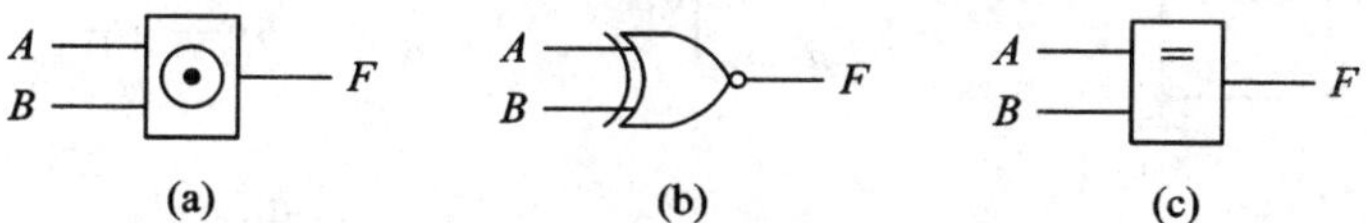

图 2.2.5　同或门的逻辑符号

(a) 常用符号；(b) 国外流行符号；(c) 国标符号

2.3　集成逻辑门

将具有一定数字逻辑功能的数字电路的元器件和连接线制作在一块半导体材料的芯片上，再把这个芯片封装在一个壳体中，引出引脚，即可制成一个集成门电路，一般称为集成电路(Integrated Circuit，IC)。1961 年美国德克萨斯仪器公司率先制成了集成电路。由于集成电路具有体积小、耗电少、质量小、可靠性高等优点，因而在大多数领域迅速取代了分立元件电路，越来越受到人们的重视，并得到了广泛应用。

按照构成集成电路半导体器件材料来分，可将其分为双极型器件和单极型器件两大类。

双极型器件包括晶体管－晶体管逻辑电路(Transistor - Transistor Logic，TTL)、发射极耦合逻辑电路(Emitter Coupled Logic，ECL)、高阈值集成电路(Hight Threshold Logic，HTL)和集成注入逻辑电路(Integrated Injaction Logic，I^2L)等。单极型器件包括 NMOS、PMOS、CMOS 集成电路等。

2.3.1　BJT 集成逻辑门

1. TTL 与非门

典型的 TTL 与非门的电路图如图 2.3.1(a)所示。

1) 电路结构

图 2.3.1(a)是一个小规模双输入 TTL 与非门集成电路原理图。它包括输入级、中间

级和输出级三个部分。输入级由多发射极晶体管 V_1 和电阻 R_1 组成，如果把集电结看成是一个二极管，而把发射结看成是与之背靠背的两个二极管，显然，V_1 管就类似于二极管的与门电路，两个发射极 A、B 对应与非门的两个输入端，其等效电路如图 2.3.1(b)所示。中间级由晶体管 V_2 和 R_2、R_3 组成，从 V_2 的集电极和发射极分别输出一对相位相反的信号，作为 V_4 和 V_3 的驱动信号。输出级部分包括 V_D、V_3、V_4，其中 V_D、V_4 作为输出管 V_3 的集电极有源负载，Y 为输出端。

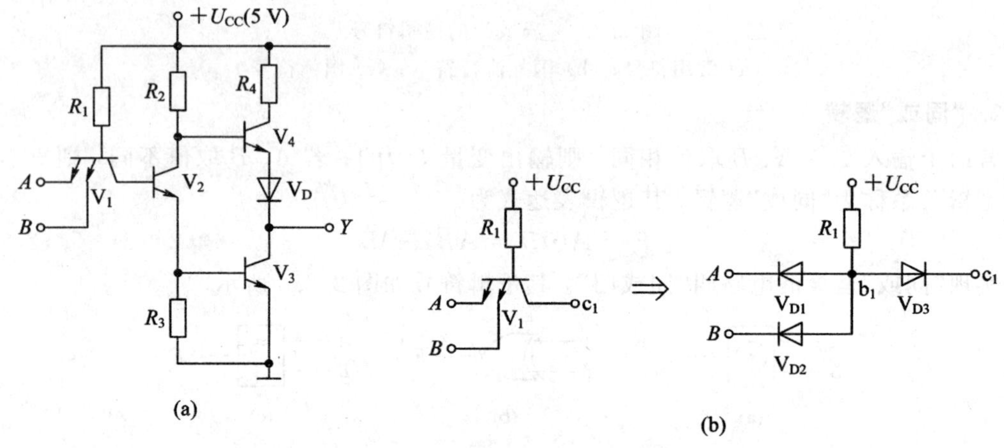

图 2.3.1　典型的 TTL 与非门电路

(a) 电路原理图；(b) 多射极晶体管的等效电路图

电路采用+5 V 电源供电，设输入信号低电平 $U_{IL}=0.3$ V，高电平 $U_{IH}=3.6$ V。

2）功能分析

(1) 当 A、B 两端有一个输入为 0.3 V 低电平时，V_1 的发射结导通，其基极电压等于输入低电压加上发射结正向压降。V_2 和 V_3 截止，V_4 和 V_D 导通，输出为高电平。实现了“输入有低，输出为高”的逻辑关系。

(2) 当 A、B 两端均输入高电平时，V_1 处于倒置工作状态，即 V_1 的集电极变为发射极，发射极变为集电极，V_2、V_3 饱和导通，输出为低电平，即 $U_o \approx U_{CES5} \approx 0.3$ V。此时，$U_{c2}=U_{CES2}+U_{B3}=(0.3+0.7)\text{V}=1.0\text{ V}=U_{B4}$，这样作用于 V_4 和 V_D 的串联支路的电压等于 $U_{c2}-U_o=(1.0-0.3)\text{V}=0.7$ V，使得 V_4 和 V_D 均截止。此时，电路实现了“输入全高，输出为低”的逻辑关系。

综上所述，当输入端至少有一端接低电平(0.3 V)时，输出为高电平(3.6 V)；当输入端全部接高电平(3.6 V)时，输出为低电平(0.3 V)。由此可见，该电路的输出和输入之间满足“与非”逻辑关系：$F=\overline{A\cdot B}$。

3）TTL 与非门电路的电压传输特性

电压传输特性是指门电路输出电压 u_o 随输入电压 u_i 变化的特性，通常用电压传输特性曲线来表示，如图 2.3.2 所示。

图中，曲线 AB 段为截止区，此段中 A 和 B 输入端的输入信号至少有一个小于 0.6 V，V_1 导通，V_2 截止，$U_o \approx 3.4$ V。BC 段为线性区，此段中 A 和 B 输入端的输入信号在 0.7～1.3 V 之间，V_1 倒置，V_2 导通，电路工作在线性放大区，V_3 仍截止。随着输入信号的进一步升高，U_{c2}及U_o均会下降。CD段为转折区，此段中，A和B输入端的输入信号大于 1.4 V，V_2、V_3同时导通，V_4截止，输出电位U_o迅速下降为低电平，转折区中点对应的输入电压为 TTL 电路的门槛电压或阈值电压，用U_{TH}表示。DE段为饱和区，此段中，U_i升高时，U_o不再变化。

此外，TTL 电路中还定义在保证输出至少为额定高电平的 90%时，允许的最大输入低电平值称为关门电平U_{OFF}。在图 2.3.2 中，$U_{OFF}\approx 1.1$ V。U_{OFF}的典型值为 1 V，一般要求$U_{OFF}\geqslant 0.8$ V。此外，还定义在保证输出为低电平时，所允许的最小输入高电平值称为开门电平U_{ON}。U_{ON}的典型值为 1.5 V，一般要求$U_{ON}\leqslant 1.8$ V。

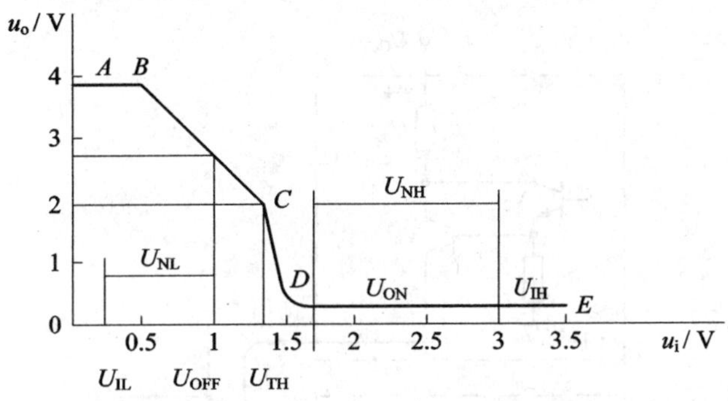

图 2.3.2　基本 TTL 与非门的电压传输特性曲线

结合电压传输特性，这里列出 TTL 与非门的几个主要参数。

(1) 输出高电平U_{OH}和输出低电平U_{OL}。U_{OH}是对应于AB段的输出电压值；U_{OL}是对应于DE段的输出电压值，二者均在额定负载下进行测量。对于通用的 TTL 与非门电路，往往要求$U_{OH}\geqslant 2.4$ V，$U_{OL}\leqslant 0.4$ V。

(2) 扇入系数N_I。扇入系数是门电路的输入端数。一般$N_I\leqslant 5$，最多不超过 8。当需要的输入端数超过N_I时，可以用与扩展器来实现。

(3) 扇出系数N_O。扇出系数N_O是指一个与非门能带同类门的最大数目，它表示与非门的带负载能力。一般 TTL 与非门的扇出系数为 10。

(4) 平均传输延迟时间t_{pd}。在与非门输入端加上一个脉冲电压，其输出电压将在时间上产生一定的延迟，如图 2.3.3 所示。

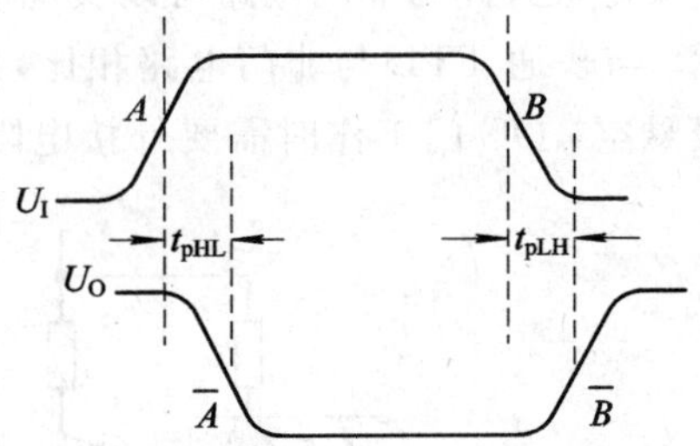

图 2.3.3　TTL 门电路传输延迟波形图

从输入脉冲上升沿的 50%处起到输出脉冲下降沿的 50%处的时间称为上升延迟时间t_{pHL}；从输入脉冲下降沿的 50%处起到输出脉冲上升沿的 50%处的时间称为下降延迟时间t_{pLH}。平均传输延迟时间定义为

$$t_{pd}=\frac{1}{2}(t_{pHL}+t_{pLH}) \tag{2.3.1}$$

t_{pd}是衡量门电路工作速度的重要指标。该值愈小，说明电路允许工作速度愈高。TTL 电路的$t_{pd}\leqslant 40$ ns。

(5) 输入高电平电流I_{IH}和输入低电平电流I_{IL}。当某一输入端接高电平、其余端接低电平时，流入该输入端的电流称为输入高电平电流；当某一输入端接低电平、其余端接高电平时，从该输入端流出的电流称为输入低电平电流。

(6) 输入高电平 U_{IH} 和输入低电平 U_{IL}。一般取 $U_{IH} \geqslant 2$ V，$U_{IL} \leqslant 0.8$ V。

2. OC 门(集电极开路门)

TTL 门电路的输出电阻一般都很低(几欧姆至几十欧姆)。因此不能把两个或两个以上的 TTL 门电路的输出端直接并接在一起。因为假如一个 TTL 门输出高电平，而另外一个 TTL 门输出低电平，将有较大的电流从截止门流向导通门，参考图 2.3.4，这个较大的电流会抬高导通门输出的低电平，破坏电路的逻辑功能，甚至可能会将导通门烧毁。

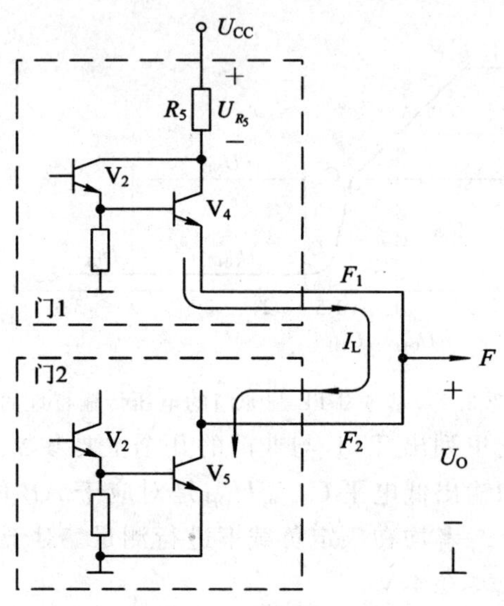

图 2.3.4 两个 TTL 门输出端并联情况

集电极开路与非门电路可以实现输出端的直接并联。它的门电路和逻辑符号如图 2.3.5 所示。与普通 TTL 与非门电路相比，取消了 V_4、R_4、V_D 构成的射极输出器，并使 V_3 的集电极悬空，OC 门工作时需要外接电阻和电源。

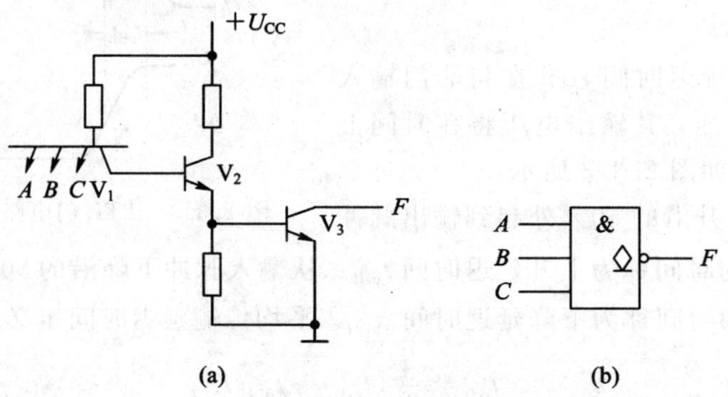

图 2.3.5 OC 门电路

(a) 电路；(b) 逻辑符号

OC 门的特点是可以实现几个与非门的线与。如图 2.3.6 所示，只要任何一个 OC 门的输出管 V 导通，都将使输出 F 为低电平；只有全部 OC 门的输出管 V 截止时，输出才可能为高电平。

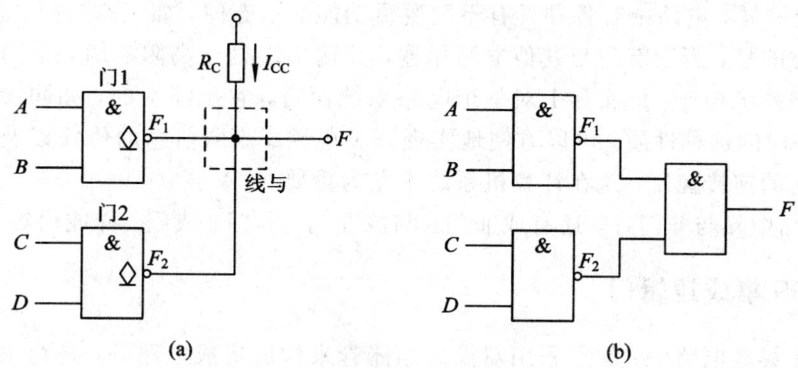

图 2.3.6　多个 OC 门并联

(a) 线与逻辑电路；(b) 等效逻辑图

用同样的方法，可以构成集电极开路的与门、或门、或非门等各种 OC 门。

对于 OC 门电路，除了具有线与功能外，它还常用于一些专门场合，如数据传输总线、电平转换及对继电器、脉冲变压器等电感性元件的驱动等。

3. TS 门（三态门）

三态门(Three-State Output Gate，TS 门)是在普通门电路的基础上增加控制电路而构成的。与普通门电路不同，普通门电路的输出只有高电平或低电平两种状态，即“1”或“0”状态，而三态门输出有三种状态，即高电平、低电平和高阻态，其中高阻态也叫悬浮态，亦称开路状态或禁止状态。

图 2.3.7(a)是一个由高电平控制的三态与非门电路。电路中，EN 为控制端，A、B 为输入端。显然，电路中 P 点的电位决定了电路的工作状态。P 点为低电平时，V_2、V_4、V_5 都截止，输出端表现为高阻状态。即与非门输出端将呈现极大的电阻状态，此时，三态门输出端就像一根悬空的导线，其电压值可浮动在 0～5 V 的任意值上。当 P 点为高电平时，打开了 V_1 和 V_4，电路工作在正常的与非门状态，即 $EN=1$ 时，允许与非门正常工作；$EN=0$ 时，禁止与非门工作，该三态门控制端高电平有效。

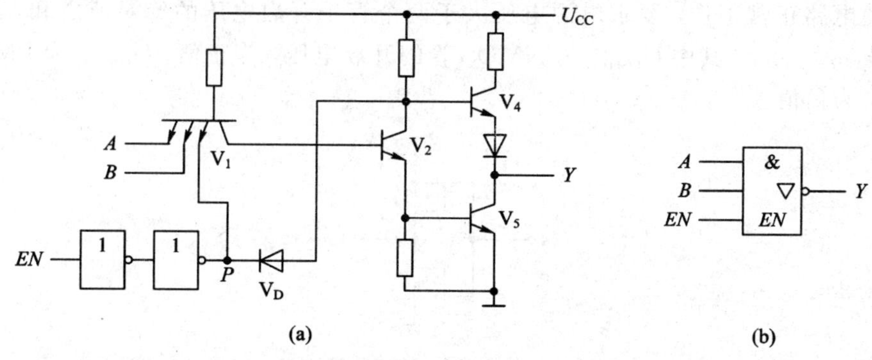

图 2.3.7　高电平控制的三态与非门电路及图形符号

(a) 电路；(b) 逻辑符号

三态门除了有控制端高电平有效的电路之外，还有由低电平控制的三态与非门电路。即 $EN=0$ 时，允许与非门正常工作；$EN=1$ 时，禁止与非门工作。

与 OC 门一样，电路中有各种具有不同逻辑功能的三态门，如三态与门、三态非门等。

值得注意的是：当三态门与其他电路相连，其输出端处于高阻态时，该门电路表面上仍与整个电路系统相连，但实际上对整个电路系统而言，它是浮空的，如同没把它接入一样。利用三态门的这种性质，可以方便地实现开关电路、双向信息的传输以及实现不同设备与总线之间的连接控制，这在计算机系统中尤为重要。

TTL 产品中除与非门外，还有或非门、与或非门、与门、或门、异或门等。

2.3.2 MOS 集成逻辑门

在半导体集成电路中，除了采用双极型晶体管来构成集成电路外，还可采用单极型晶体管，即场效应晶体管来构成集成电路。场效应晶体管分为结型场效应晶体管和绝缘栅型场效应晶体管两种类型。应用最多的是绝缘栅型场效应晶体管，简称 MOS 管。按其沟道中载流子的性质，MOS 管可分为 N 沟道 MOS 管和 P 沟道 MOS 管两类，简称 NMOS 管和 PMOS 管。如果让 MOS 管只在截止区和饱和区工作，就可以将 MOS 管作为开关器件使用。MOS 集成门电路是以 MOS 管作为开关器件，将具有一定逻辑功能的电路集成在一块芯片上而构成的集成电路，它具有电压控制、功耗低、抗干扰能力强、电路简单、集成度高等优点，在数字电路中得到广泛的应用。MOS 系统门电路通常有 PMOS、NMOS 和 CMOS 三种，其中 CMOS 是目前使用最多的一种。CMOS 是将 PMOS 管和 NMOS 管按互补对称的形式构成的门电路，故 CMOS 电路是一种互补对称的 MOS 电路。同双极型集成逻辑门电路一样，采用 MOS 器件也可以制造成各种各样的集成逻辑门电路，如与门、或门、与非门、或非门、异或门和三态门等。就逻辑功能而言，它们与 TTL 门电路并无区别，符号表示也完全相同。本节重点介绍 CMOS 集成门电路。

1. CMOS 反相门(CMOS 非门)

CMOS 反相器的电路图如图 2.3.8 所示。V_1 和 V_2 形成互补对称结构，其中 V_1 采用 NMOS 管(N 沟道增强型)，V_2 采用 PMOS 管(P 沟道增强型)。两管制作在同一块基片上，它们的栅极连在一起形成输入端 A，漏极连在一起形成输出端 Y，衬底都与各自的源极相连。为了使电路正常工作，要求电源电压大于两个管子开启电压的绝对值之和，即 $U_{DD}=|U_{GS(th)1}|+|U_{GS(th)2}|$，其中 $U_{GS(th)1}$ 为 NMOS 管的开启电压，为正值；$U_{GS(th)2}$ 为 PMOS 管的开启电压，为负值。

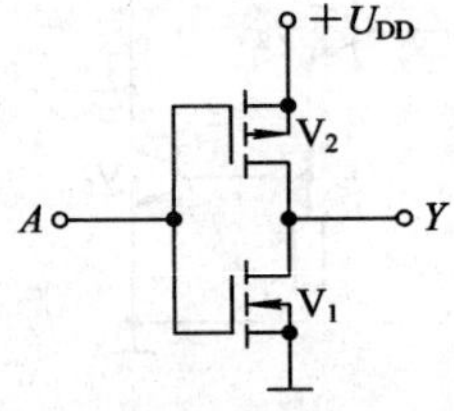

图 2.3.8　CMOS 门反相器电路

当输入端 A 为高电平(约为 U_{DD})时，V_1 导通，V_2 截止，此时 V_2 对应的等效电阻远大于 V_1 的导通电阻，因此电源电压 U_{DD} 主要降在 V_2 上，输出端为低电平(约为 0 V)；当输入端 A 为低电平(约为 0 V)时，V_1 截止，V_2 导通，电源电压 U_{DD} 主要降在 V_1 上，故输出为高电平(约为 U_{DD})。

可见，该电路完成了反相功能，实现了逻辑非运算。

2. CMOS 与非门

两输入的 CMOS 与非门电路如图 2.3.9 所示。V_1 和 V_2 采用 NMOS 管(N 沟道增强型)，它们在结构上串联。V_3 和 V_4 采用并联的 PMOS 管(P 沟道增强型)。负载管整体与驱动管串联。V_1 和 V_3 的栅极连在一起形成输入端 A，V_2 和 V_4 的栅极连在一起形成输入端 B。

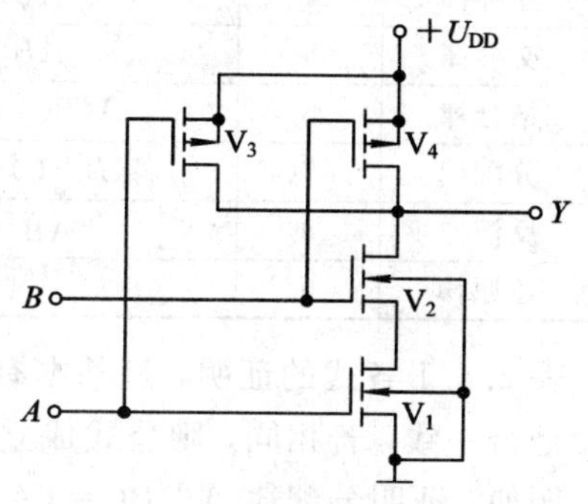

图 2.3.9 CMOS 与非门电路

当输入端 A、B 同时为高电平时，V_1、V_2 均导通，呈现低阻；V_3、V_4 均截止，电阻很高。此时，电源电压 U_{DD} 主要降落在两个负载管上，输出低电平。

当输入 A、B 中至少有一个为低电平时，则与输入端相串联的 V_1 或 V_2 管截止，相应的 V_3 或 V_4 处于导通状态，此时，电源电压 U_{DD} 主要降落在串联的驱动管上，输出高电平。

可见，该电路实现了与非的逻辑功能。

3. CMOS 或非门电路

两输入的 CMOS 或非门的电路如图 2.3.10 所示。V_1 和 V_2 采用互相并联 NMOS 管(N 沟道增强型)，V_3 和 V_4 采用互相串联的 PMOS 管(P 沟道增强型)。V_2 和 V_4 的栅极分别对应两个输入端 A、B。

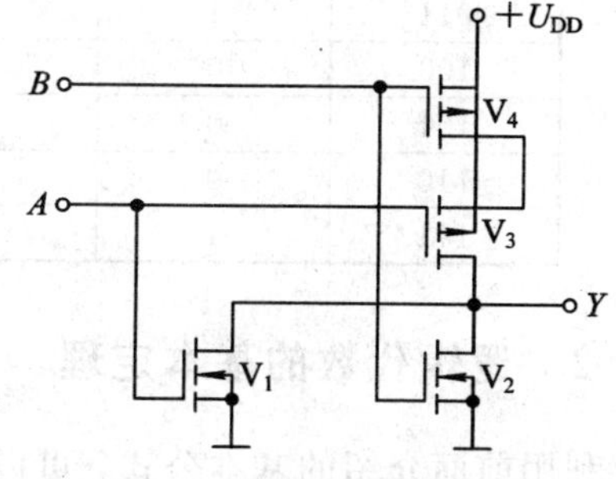

图 2.3.10 CMOS 或非门电路

不难看出，当输入端 A、B 中至少有一个为高电平时，输出端为低电平。只有当输入端全为低电平时，输出端才为高电平，实现了或非的逻辑功能。

利用与非门、或非门、非门，可以构成与门、或门、与或非门、异或门、同或门等。

与 TTL 电路相比，CMOS 电路具有功耗低、抗干扰能力强、电源电压适用范围宽和扇出能力强等优点；而与 TTL 电路相比，CMOS 电路又具有延迟时间短、工作频率高、带负载能力强等特点。实际工作中，应根据电路的要求及门电路的特点进行选用。

2.4 逻辑代数的基本定理与基本规则

2.4.1 逻辑代数的基本公理

在逻辑代数中，根据与、或、非三种基本运算可以推出有关逻辑代数的一些基本公式，如表 2.4.1 所示。

表 2.4.1 基本公理

	序号	公式	序号	公式
0−1律	1	$0A=0$	10	$\overline{1}=0,\ \overline{0}=1$
自等律	2	$1A=A$	11	$1+A=1$
重叠律	3	$AA=A$	12	$0+A=A$
互补律	4	$A\overline{A}=0$	13	$A+A=A$
交换律	5	$AB=BA$	14	$A+\overline{A}=1$
结合律	6	$A(BC)=(AB)C$	15	$A+B=B+A$
分配律	7	$A(B+C)=AB+AC$	16	$A+(B+C)=(A+B)+C$
反演律	8	$\overline{AB}=\overline{A}+\overline{B}$	17	$A+BC=(A+B)(A+C)$
还原律	9	$\overline{\overline{A}}=A$	18	$\overline{A+B}=\overline{A}\,\overline{B}$

表 2.4.1 各式的证明，最基本有效的方法就是列真值表，检验等式两边函数对应的真值表是否一致，若相同，则公式成立。

例如，证明分配律 $A+BC=(A+B)(A+C)$。

真值表如表 2.4.2 所示。由表中可知 $A+BC=(A+B)(A+C)$。

表 2.4.2 证明分配律的真值表

ABC	BC	$A+BC$	$A+B$	$A+C$	$(A+B)(A+C)$
000	0	0	0	0	0
001	0	0	0	1	0
010	0	0	1	0	0
011	1	1	1	1	1
100	0	1	1	1	1
101	0	1	1	1	1
110	0	1	1	1	1
111	1	1	1	1	1

2.4.2 逻辑代数的基本定理

利用前面介绍的基本公式，可以导出一些比较常用公式。如表 2.4.3 所示列出了几个基本定理。灵活运用这些公式可以给逻辑函数的化简和变换带来很大的方便。

表 2.4.3 若干基本定理

序号	公式
21	$A+AB=A$
22	$A+\overline{A}B=A+B$
23	$AB+A\overline{B}=A$
24	$A(A+B)=A$
25	$AB+\overline{A}C+BC=AB+\overline{A}C$ $AB+\overline{A}C+BCD=AB+\overline{A}C$
26	$A(\overline{AB})=A\overline{B};\ \overline{A}(\overline{AB})=\overline{A}$

下面证明表 2.4.3 的各式：

(1) 式(21)$A+AB=A$

证明：$A+AB=A(1+B)=A\cdot 1=A$

(2) 式(22)$A+\overline{A}B=A+B$

证明：$A+\overline{A}B=(A+\overline{A})(A+B)=1\cdot(A+B)=A+B$

(3) 式(23)$AB+A\overline{B}=A$

证明：$AB+A\overline{B}=A(B+\overline{B})=A\cdot 1=A$

(4) 式(24)$A(A+B)=A$

证明：$A(A+B)=AA+AB=A+AB=A(1+B)=A\cdot 1=A$

(5) 式(25)$AB+\overline{A}C+BC=AB+\overline{A}C$

证明：
$$
\begin{aligned}
AB+\overline{A}C+BC &= AB+\overline{A}C+BC(A+\overline{A})\\
&= AB+\overline{A}C+ABC+\overline{A}BC\\
&= AB(1+C)+\overline{A}C(1+B)\\
&= AB+\overline{A}C
\end{aligned}
$$

同理，可进一步推导出：

$$AB+\overline{A}C+BCD=AB+\overline{A}C$$

(6) 式(26)$A(\overline{AB})=A\overline{B}$；$\overline{A}(\overline{AB})=\overline{A}$

证明：$A(\overline{AB})=A(\overline{A}+\overline{B})=A\overline{A}+A\overline{B}=A\overline{B}$

$\overline{A}(\overline{AB})=\overline{A}(\overline{A}+\overline{B})=\overline{A}\overline{A}+\overline{A}\overline{B}=\overline{A}$

从上面的证明可以看出：上述这些基本定理都是从基本公式推导出的结果。当然还可以推导出更多的基本定理。

2.4.3　逻辑代数的基本规则

逻辑代数中有三个基本规则，掌握这些法则后，可以将原有的公式加以扩展或推出一些新的运算公式。

1. 代入规则

逻辑等式中的任何变量 A，都可用另一函数 Z 代替，等式仍然成立。例如：

$$A+BC=(A+B)(A+C)$$

$$A+B(CD)=(A+B)(A+CD)=(A+B)(A+C)(A+D)$$

2. 对偶规则

对于任意一个逻辑表达式 F，如果将其中的“+”换成“·”，“·”换成“+”，“1”换成“0”，“0”换成“1”，并保持原先的逻辑优先级，变量不变，两变量以上的非号不动，则可得原函数 F 的对偶式 F^D，且 F 和 F^D 互为对偶式。注意，在求对偶式时，为保持原式的逻辑优先关系，应正确使用括号，否则就要发生错误。例如：若 $F=A\cdot\overline{B}+A\cdot(C+0)$，则 $F^D=(A+\overline{B})\cdot(A+C\cdot 1)$；若 $F=\overline{(\overline{A}\cdot\overline{(\overline{B}\cdot\overline{C})})}$，则 $F^D=\overline{(\overline{A}+\overline{(\overline{B}+\overline{C})})}$。

3. 反演规则

对于任意一个逻辑函数式 F，如果将其表达式中所有的算符“·”换成“+”，“+”换成“·”，常量“0”换成“1”，“1”换成“0”，原变量换成反变量，反变量换成原变量，则所得到的

结果就是 $\bar{F}$。$\bar{F}$ 称为原函数 F 的反函数。例如：

若 $F=\overline{AB+C}\cdot D+AC$，则 $\bar{F}=[\overline{(\bar{A}+\bar{B})\bar{C}}+\bar{D}](\bar{A}+\bar{C})$；

若 $F=A+\bar{B}+\overline{(C+(\overline{\bar{D}+E}))}$，则 $\bar{F}=\bar{A}\cdot B(\overline{\bar{C}\cdot(\overline{\bar{D}\cdot\bar{E}})})$。

运用反演规则时应注意两点：(1) 不能破坏原式的运算顺序——先算括号里的，然后按“先与后或”的原则运算；(2) 不属于单变量上的非号应保留不变。

2.5 逻辑函数的数学表达式

2.5.1 逻辑函数的基本表示方法

常用的逻辑函数表示方法有逻辑真值表、逻辑函数式(简称逻辑式或函数式)、逻辑图、波形图、卡诺图和硬件描述语言等。本节只介绍前面四种方法，用卡诺图和硬件描述语言表示逻辑函数的方法将在后面介绍。

从前面阐述过的各种逻辑关系中可以看出，任何一件具体的因果关系都可以用一个逻辑函数来描述。例如，图 2.5.1 所示是一个面试考核电路，即招聘面试现场有三名面试考核官，其中一名为主考官，另外两名为协考官。只有当主考官和至少一名协考官认可时，应聘者才有资格进入下一轮考核。可以用一个逻辑函数描述它的逻辑功能。

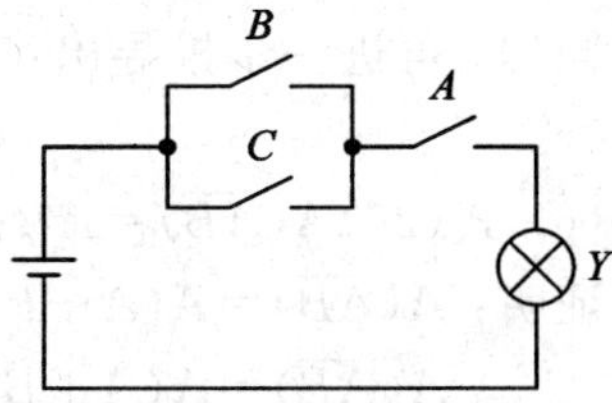

图 2.5.1 面试考核电路

设 A、B、C 分别代表主考官和两名协考官，1 表示认可应聘者，0 表示不认可应聘者；Y 代表面试结果，1 表示通过，0 表示被拒绝。Y 是开关 A、B、C 的二值逻辑函数，即

$$Y = F(A, B, C)$$

1. 逻辑真值表

将输入变量所有的取值所对应的输出值找出来，列成表格，即可得到真值表。以图 2.5.1 所示的面试考核电路为例，根据电路的工作原理不难看出，只有当 $A=1$，并且同时 B、C 至少有一个为 1 时，Y 才等于 1，于是列出图 2.5.1 所示电路的真值表，见表 2.5.1。

表 2.5.1 图 2.5.1 所示电路的真值表

A	B	C	Y
0	0	0	0
0	0	1	0
0	1	0	0
0	1	1	0
1	0	0	0
1	0	1	1
1	1	0	1
1	1	1	1

2. 逻辑函数式

将输入与输出之间的逻辑关系用与、或、非等运算的组合式表示(即逻辑代数式)，就得到了所需的逻辑函数式。在图 2.5.1 所示的电路中，根据对电路功能的要求和与、或的逻辑定义，“B、C 至少有一个合上”可以表示为$(B+C)$，“同时还要求合上 A”，则应写作 $A\cdot(B+C)$。因此得到输出的逻辑函数式为

$$Y = A\cdot(B+C)$$

3. 逻辑图

将逻辑函数式中各变量的与、或、非等逻辑关系用图形符号表示出来，就可以画出表示函数关系的逻辑图。为了画出表示图 2.5.1 电路功能的逻辑图，只要用逻辑运算的图形符号代替函数式中的代数运算符号便可得到图 2.5.2 所示的逻辑图。

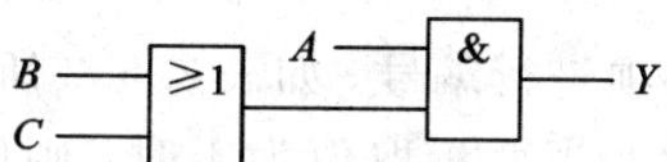

图 2.5.2　表示图 2.5.1 电路逻辑功能的逻辑图

4. 波形图

如果将逻辑函数输入变量所有可能出现的取值与对应的输出值按时间顺序依次排列起来，就得到了表示该逻辑函数的波形图。在逻辑分析仪和一些计算机仿真工具中，经常以波形图的形式给出分析结果。如果用波形图来描述图 2.5.1 的逻辑函数，则只需将表 2.5.1 给出的输入变量与对应的输出变量取值依时间顺序排列起来，就可以得到所要的波形图了，如图 2.5.3 所示。

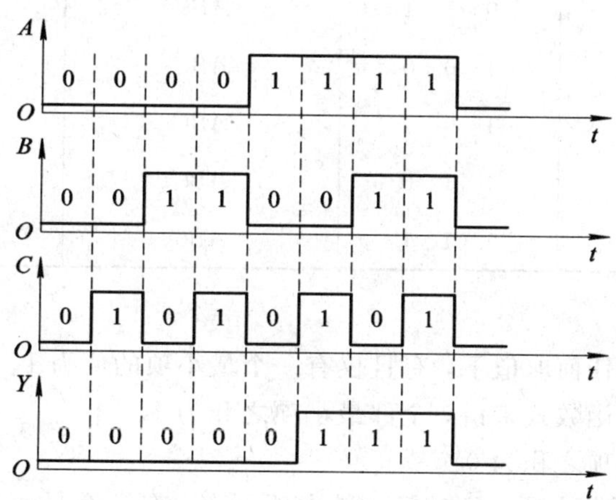

图 2.5.3　表示图 2.5.1 电路逻辑功能的波形图

既然同一个逻辑函数可以用多种不同的方法描述，那么这几种方法之间必然也可以相互转换。

2.5.2　逻辑函数的标准形式——最小项

1. 定义

对于 n 变量的逻辑函数，若 m 为包含 n 个因子的乘积项，而且每一个变量都以原变量

或反变量的形式在 m 中出现且仅出现一次，则称 m 是这 n 个变量的一个最小项。对于 n 变量的逻辑函数，由于每个变量都有原变量和反变量两种形式，因而共有 2^n 个最小项。例如，两个变量 A、B 有四个最小项；三个变量 A、B、C 有八个最小项。

全部由最小项相加而成的函数表达式称为最小项表达式，或称为标准与或表达式。任一逻辑函数均可以转换为最小项表达式。例如：

$$F=\overline{A}\,\overline{B}\,\overline{C}+BC+A\overline{C}$$

由上式可看出，第二项缺少变量 A，第三项缺少变量 B，我们可以用 $(A+\overline{A})$ 和 $(B+\overline{B})$ 分别乘第二项和第三项。

$$\begin{aligned}F&=\overline{A}\,\overline{B}\,\overline{C}+BC(A+\overline{A})+A\overline{C}(B+\overline{B})\\&=\overline{A}\,\overline{B}\,\overline{C}+ABC+\overline{A}BC+AB\overline{C}+A\overline{B}\,\overline{C}\end{aligned}$$

这样就获得了最小项标准式。

为了使用方便，我们对最小项进行编号。如表 2.5.2 所示，当变量取值为 0 时，它以反变量形式出现在最小项中，反之，当变量取值为 1 时，则以原变量形式出现在最小项中。例如，变量取为 101，最小项名称为 $A\overline{B}C$，它的标号为 m_5，即 $m_5=A\overline{B}C$。

表 2.5.2 三变量最小项的编号

序 号	A B C	最小项名称	编 号
0	0 0 0	$\overline{A}\,\overline{B}\,\overline{C}$	m_0
1	0 0 1	$\overline{A}\,\overline{B}C$	m_1
2	0 1 0	$\overline{A}B\overline{C}$	m_2
3	0 1 1	$\overline{A}BC$	m_3
4	1 0 0	$A\overline{B}\,\overline{C}$	m_4
5	1 0 1	$A\overline{B}C$	m_5
6	1 1 0	$AB\overline{C}$	m_6
7	1 1 1	ABC	m_7

2. 最小项的性质

(1) 在输入变量的任何取值下，有且仅有一个最小项的值为 1。

(2) 对任何变量的函数式来讲，全部最小项之和为 1。

(3) 两个不同最小项之积为 0。

(4) n 变量有 2^n 项最小项，且对每一最小项而言，有 n 个最小项与之相邻。两个具有相邻性的最小项的和可以合并成一项并消去一对不同因子。

2.6 逻辑函数的化简

在逻辑设计中，逻辑函数的化简是十分重要的内容。化简的方法主要有代数法和卡诺图法。

2.6.1　代数法化简

代数法化简逻辑函数，就是运用基本公式和基本定理将已知逻辑函数化简。

1. 并项法

利用公式 $AB+A\overline{B}=A$，可以将两个乘积项合并成一项，并消去一个变量。

例 2.6.1　化简 $F=\overline{A}\overline{B}\overline{C}+\overline{A}B\overline{C}+A\overline{B}\overline{C}+AB\overline{C}$

解

$$F=\overline{A}\overline{C}+A\overline{C}=\overline{C}$$

2. 消因子法

利用公式 $A+AB=A$，$A+\overline{A}B=A+B$，可以消去乘积项中的多余因子。

例 2.6.2　化简 $F=\overline{B}+AB+A\overline{B}CD$

解

$$F=\overline{B}+AB=\overline{B}+A$$

3. 消项法

利用公式 $AB+\overline{A}C+BC=AB+\overline{A}C$，可以消去逻辑函数中多余的或项。

例 2.6.3　化简 $F=AB\overline{C}+(\overline{A}+C)D+BD$

解

$$\begin{aligned}F&=AB\overline{C}+A\overline{C}D+BD\\&=AB\overline{C}+A\overline{C}D\end{aligned}$$

实际的逻辑函数往往比较复杂，仅用一种公式不可能化简完毕，需要同时使用若干个公式才能化简。

4. 综合例子

例 2.6.4　化简 $F=AD+A\overline{D}+AB+\overline{A}C+BD+ACEG+\overline{B}EG+DEGH$

解

$$\begin{aligned}F&=A+AB+\overline{A}C+BD+ACEG+\overline{B}EG+DEGH &&(AB+A\overline{B}=A)\\&=A+\overline{A}C+BD+\overline{B}EG+DEGH &&(A+AB+A)\\&=A+C+BD+\overline{B}EG+DEGH &&(A+\overline{A}B=A+B)\end{aligned}$$

由上述例题可以看出：代数法化简在实际的解题过程中，通常需要将以上介绍的各种方法加以灵活应用，才能获得逻辑函数的最简方式。该方法没有一个统一的步骤可循，因此，对逻辑代数的基本公式、常用公式和定理的熟悉程度以及运算技巧将大大影响化简的结果，而且化简结果难于判断是否为最简形式。为此，下面我们将介绍一种简单直观的化简方法——卡诺图化简法。

2.6.2　卡诺图法化简

卡诺图法化简是 1952 年由维奇(W. Veitch)首先提出来的，1955 年卡诺(Karnaugh)进行了更系统全面的阐述，所以称为卡诺图法。它比代数法形象直观，易于掌握。卡诺图法是逻辑设计中一种十分有用的工具。但是，当变量个数超过 6 个时，这种方法就没有实用价值了。

1. 卡诺图的结构

卡诺图的结构特点是体现逻辑函数的逻辑相邻关系，即图上的几何相邻关系。卡诺图上每一个小方格代表一个最小项。相邻方格的变量组合之间只有一个变量取值不同。2～5 变量的卡诺图如图 2.6.1 所示。

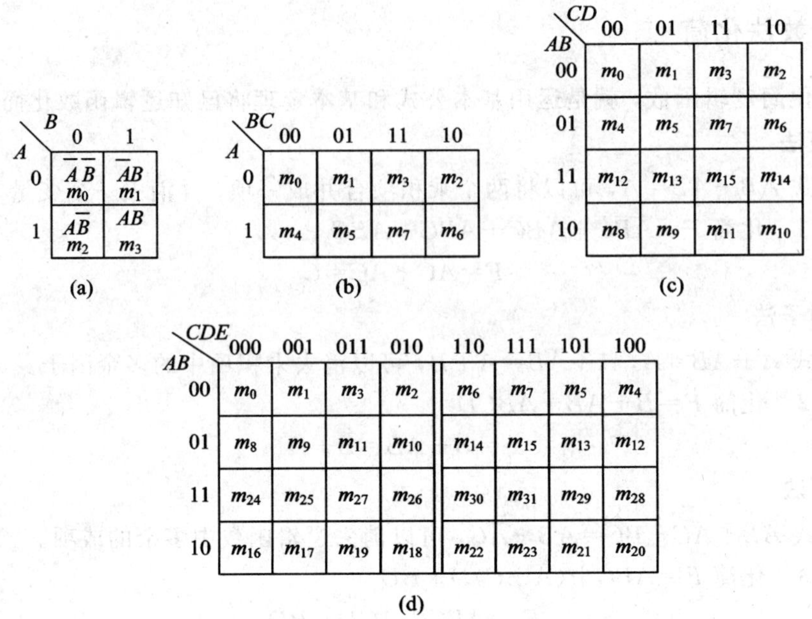

图 2.6.1　2～5 变量的卡诺图

2. 逻辑函数的卡诺图表示法

将逻辑函数式化成最小项表达式，则可在相应逻辑变量的卡诺图中，表示出该函数。例如：

$$F = ABC + AB\overline{C} + A\overline{B}C + \overline{A}\overline{B}C = m_7 + m_6 + m_5 + m_1$$

对于在逻辑表达式中出现的最小项，在卡诺图相应的方格中填上 1，否则填 0，上述函数可用卡诺图表示成如图 2.6.2 所示。

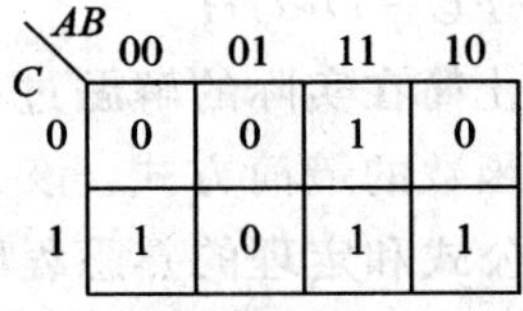

图 2.6.2　逻辑函数用卡诺图表示

3. 相邻最小项合并规律

在卡诺图中，两个相邻项可合并为一项，消去一个因子；四个相邻项可合并为一项，消去两个因子；八个相邻项可合并为一项，消去三个因子。一般地，若有 2^n 个最小项相邻，则可以合并成一项，并消去 n 个变量。合并后的结果中仅包含这些最小项的公因子。在图 2.6.3 中，分别画出了两个最小项、四个最小项和八个最小项合并成一项的几种情况。

4. 卡诺图化简步骤

运用卡诺图化简逻辑函数，可以按照如下步骤进行：

(1) 将逻辑函数转化为最小项之和的标准形式。

(2) 画出该逻辑函数的卡诺图。

(3) 根据最小项合并规律画卡诺圈，圈住全部“1”方格。

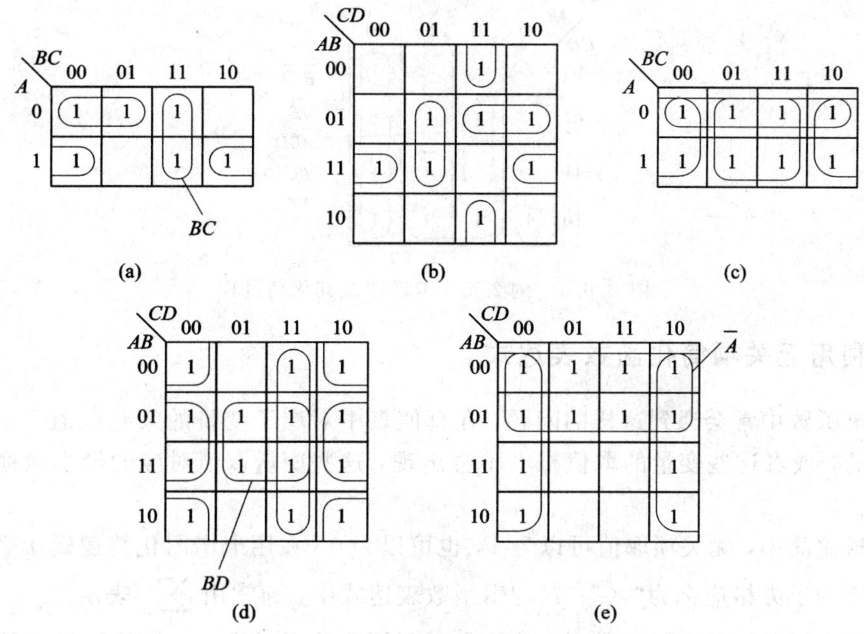

图 2.6.3　相邻最小项合并规律

(4) 选择乘积项，写出最简与或式。

选择乘积项原则：

(1) 应该包含逻辑函数的所有最小项。

(2) 卡诺圈数目最少，也即合并后得到的乘积项数目最少。

(3) 卡诺圈尽可能最大，亦即合并的乘积项所包含的因子最少。有的最小项可以被不同的卡诺圈所圈。

(4) 每个卡诺圈至少有一个最小项未被其他卡诺圈所圈。

例 2.6.5　用卡诺图化简逻辑函数

$$F=\overline{A}\overline{B}\overline{C}D+\overline{A}\overline{B}\overline{C}\overline{D}+\overline{A}\overline{B}C\overline{D}+\overline{A}B\overline{C}D+\overline{A}BC\overline{D}+\overline{A}BCD+AB\overline{C}\overline{D}+AB\overline{C}D+ABCD$$

解　其卡诺图及其化简过程如图 2.6.4 所示，化简函数为

$$F=\overline{A}\overline{B}\overline{C}+AB\overline{C}+BD+\overline{A}C\overline{D}$$

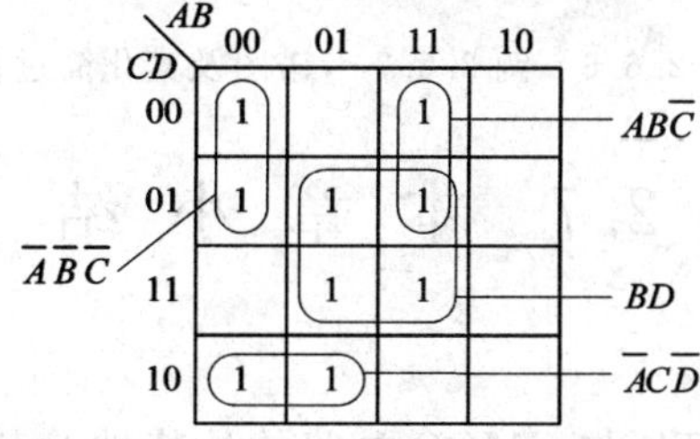

图 2.6.4　例 2.6.5 卡诺图及其化简过程

例 2.6.6　用卡诺图化简逻辑函数

$$F=\sum m_i(i=0, 2, 5, 6, 7, 8, 9, 10, 11, 14, 15)$$

解　其卡诺图及化简过程如图 2.6.5 所示，化简函数为

$$F=\overline{B}\overline{D}+A\overline{B}+\overline{A}BD+BC$$

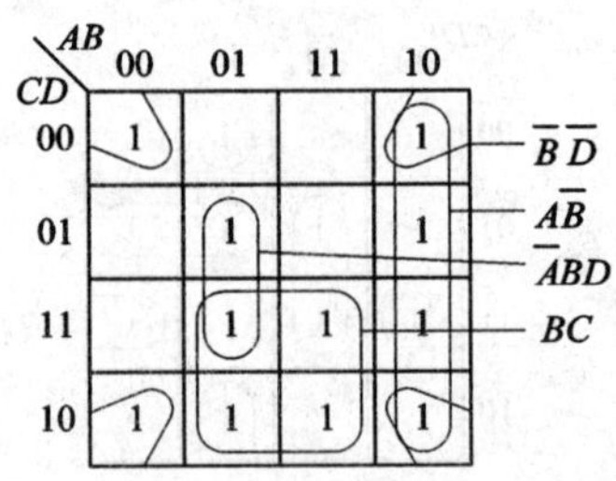

图 2.6.5 例 2.6.6 卡诺图及其化简过程

2.6.3 利用无关项简化函数表达式

在逻辑函数中常会遇到这样的问题，在真值表中对应于变量的某些取值下，函数值可以是任意的，或者这些变量的取值根本不会出现，这些变量取值对应的最小项称为无关项或任意项。

在逻辑化简中，无关项取值可以为 1，也可以为 0。在用卡诺图化简逻辑函数时，所有无关项对应的小方格应标为"×"；在逻辑函数表达式中，通常用 $\sum_d$ 表示。

化简具有无关项的逻辑函数时，若能合理利用这些无关项，一般都能得出更为简化的化简结果，究竟将卡诺图中的"×"作为"1"还是"0"对待，应以得到的相邻最小项包围圈最大而包围圈数最少为原则。

例 2.6.7 化简 $F=\sum(0,2,3,7,8,9)+\sum_d(10,11,12,13,14,15)$

解 化简过程如图 2.6.6 所示，化简函数为

$$F=A+CD+\overline{B}\overline{D}$$

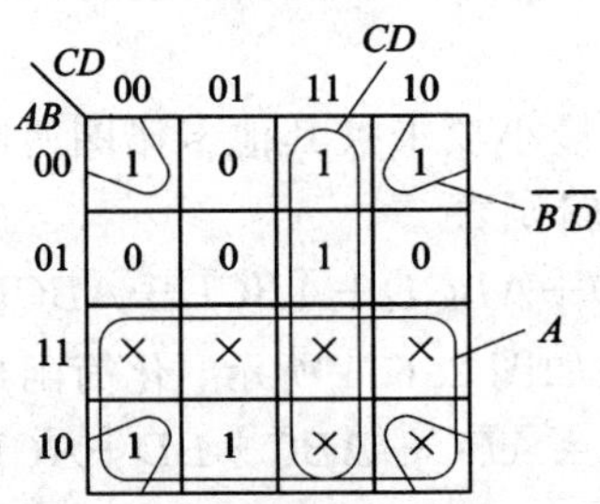

图 2.6.6 例 2.6.7 卡诺图及其化简过程

2.7 本章小结

1. 本章重点内容

这一章的主要内容是：TTL 与 CMOS 电路的外特性及其应用；逻辑代数的基本公式和常用公式；逻辑代数的基本定理；逻辑代数的各种表示方法；逻辑代数的化简方法；约束项、任意项、无关项的概念以及无关项在化简逻辑函数中的应用。

2. 本章难点内容

(1) TTL 电路的外特性，尤其是输入端采用多发射极三极管结构时，对输入特性的全

面分析比较复杂。从实用的角度出发，只要弄清输入为高/低电平时输入电流的实际方向和数值的近似计算就可以了。

(2) 约束项、任意项、无关项的概念。

3. 本章需注意的问题

(1) 逻辑运算中的三种基本运算是与、或、非运算。

(2) 描述逻辑关系的函数称为逻辑函数。逻辑函数中的变量和函数值都只能取 0 或 1 两个值。

(3) 常用的逻辑函数表示方法有真值表、函数表达式、逻辑图等，它们之间可以任意地相互转换。

(4) 目前普遍使用的数字集成电路主要有两大类，一类由 NPN 型三极管组成，简称 TTL 集成电路；另一类由 MOSFET 构成，简称 MOS 集成电路。

(5) TTL 集成逻辑门电路的输入级采用多发射极三极管，输出级采用达林顿结构，这不仅提高了门电路的开关速度，也使电路有较强的驱动负载的能力。在 TTL 系列中，除了有实现各种基本逻辑功能的门电路以外，还有集电极开路门和三态门。

(6) MOS 集成电路常用的是两种结构。一种是 NMOS 门电路，另一类是 CMOS 门电路。与 TTL 门电路相比，它的优点是功耗低、扇出数大、噪声容限大、开关速度与 TTL 接近，已成为数字集成电路的发展方向。

(7) 逻辑代数是分析和设计逻辑电路的工具。应熟记基本公式与基本规则。

(8) 可用两种方法化简逻辑函数，即公式法和卡诺图法。

(9) 公式法是用逻辑代数的基本公式与规则进行化简的，必须熟记基本公式和规则并具有一定的运算技巧和经验。

(10) 卡诺图法是基于合并相邻最小项的原理进行化简的，特点是简单、直观，不易出错，有一定的步骤和方法可循。

2.8　例题精选

例 2.8.1　证明：

(1) 若 $x \cdot z = y \cdot z$，且 $x+z=y+z$，则 $y=x$；

(2) 若 $y=y+x$，且 $\bar{x}y=0$，则 $y=x$。

证　(1) 因为

$$y+z=y\oplus z\oplus yz$$
$$x+z=x\oplus z\oplus xz$$

所以

$$x=(x+z)\oplus z\oplus xz$$
$$y=(y+z)\oplus z\oplus yz$$

又因为

$$xz=yz,\ x+z=y+z$$

所以

$$x=y$$

(2)
$$x\oplus y=x\cdot\bar{y}+\bar{x}\cdot y=x\cdot\bar{y}$$
$$y=y+x,$$
$$\bar{y}=\bar{y}\cdot\bar{x}$$
$$x\oplus y=x\cdot\bar{y}=x\cdot\bar{y}\cdot\bar{x}=0$$

所以
$$x=y$$

例 2.8.2 化简 $F=AB+A\bar{C}+\bar{B}C+B\bar{C}+\bar{B}D+B\bar{D}+ADE(F+G)$

解
$$\begin{aligned}F&=AB+A\bar{C}+\bar{B}C+B\bar{C}+\bar{B}D+B\bar{D}+ADE(F+G)\\&=A\,\overline{\bar{B}C}+\bar{B}C+B\bar{C}+\bar{B}D+B\bar{D}+ADE(F+G)\\&=A+\bar{B}C+B\bar{C}+\bar{B}D+B\bar{D}+ADE(F+G)\\&=A+\bar{B}C+B\bar{C}+\bar{B}D+B\bar{D}\\&=A+\bar{B}C(D+\bar{D})+B\bar{C}+\bar{B}D+B\bar{D}(C+\bar{C})\\&=A+\bar{B}CD+\bar{B}C\bar{D}+B\bar{C}+\bar{B}D+BC\bar{D}+B\bar{C}\bar{D}\\&=A+\bar{B}C\bar{D}+B\bar{C}+\bar{B}D+BC\bar{D}\\&=A+C\bar{D}(B+\bar{B})+B\bar{C}+\bar{B}D=A+C\bar{D}+B\bar{C}+\bar{B}D\end{aligned}$$

例 2.8.3 用卡诺图化简逻辑函数
$$F=\sum m_i(i=1,2,4,5,6,7,11,12,13,14)$$

解 其卡诺图及化简过程如图 2.8.1 所示，化简函数为
$$F=A\bar{B}CD+\bar{A}\bar{C}D+\bar{A}C\bar{D}+B\bar{C}+\bar{A}B+B\bar{D}$$

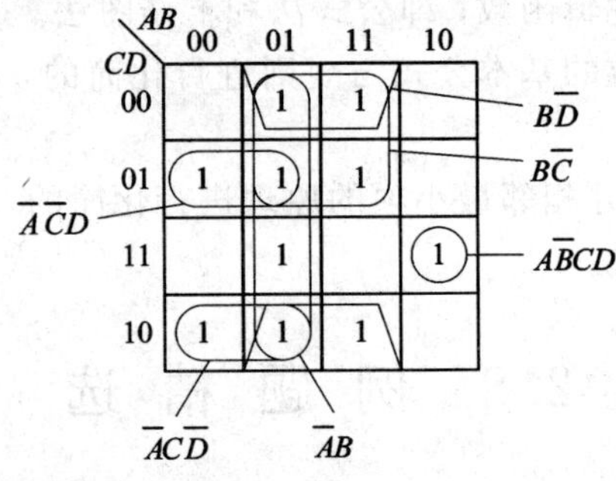

图 2.8.1 例 2.8.3 的卡诺图及其化简过程

例 2.8.4 化简 $F=\sum(1,2,8,9)+\sum_d(10,11,12,13,14,15)$

解 化简过程如图 2.8.2 所示。
$$F=C\bar{D}+B\bar{D}+A\bar{D}$$

AB \ CD	00	01	11	10
00	0	0	0	1
01	1	0	0	1
11	×	×	×	×
10	1	0	×	×

$C\bar{D}$　$B\bar{D}$　$A\bar{D}$

图 2.8.2 例 2.8.4 的卡诺图及其化简过程

2.9　自我检测题

1. 如图 2.9.1 所示是二极管门电路，请分析各电路的逻辑功能，并写出其表达式。

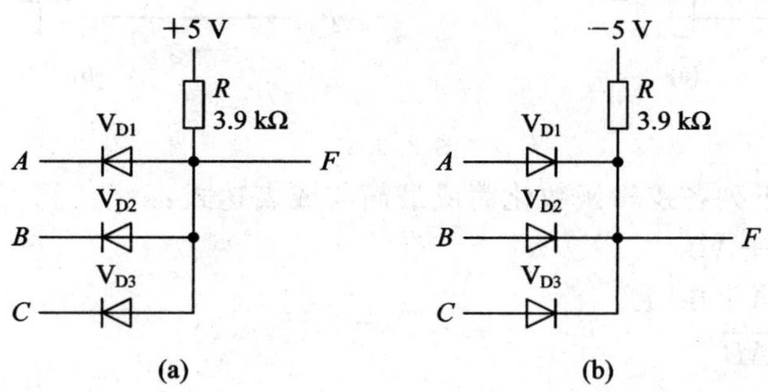

图 2.9.1

2. 电路如图 2.9.2 所示：

(1) 根据反演规则，写出 F 的反函数；

(2) 根据对偶规则，写出 F 的对偶式；

(3) 用最少数目的与非门实现函数 F；

(4) 用最少数目的与或非门实现函数 F。

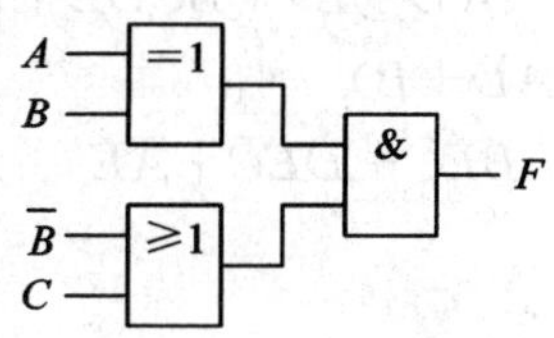

图 2.9.2

3. 已知逻辑函数 Y 的真值表如表 2.9.1 所示，写出 Y 的逻辑函数式。

表 2.9.1　函数 Y 的真值表

A	B	C	Y
0	0	0	1
0	0	1	1
0	1	0	1
0	1	1	0
1	0	0	0
1	0	1	0
1	1	0	0
1	1	1	1

4. 写出图 2.9.3 所示逻辑电路的表达式，并列出该电路的真值表。

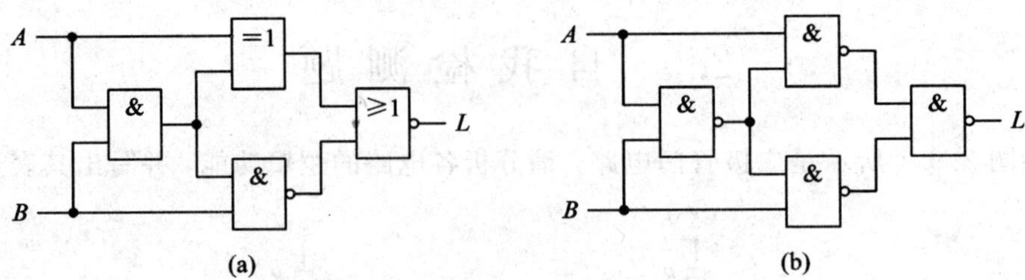

图 2.9.3

5. 用公式法将下列各逻辑函数化简成最简与或表达式：

(1) $F=A\bar{B}+B+\bar{A}B$

(2) $F=A\bar{B}C+\bar{A}+B+\bar{C}$

(3) $F=\overline{\bar{A}BC}+\overline{A\bar{B}}$

(4) $F=A\bar{B}CD+ABD+A\bar{C}D$

(5) $F=A\bar{B}(\bar{A}CD+\overline{AD+\bar{B}\bar{C}})+(\bar{A}+B)$

(6) $F=AC(\bar{C}D+\bar{A}B)+BC(\overline{(\overline{\bar{B}+AD})+CE})$

(7) $F=A\bar{C}+ABC+AC\bar{D}+CD$

(8) $F=A+\overline{B+\bar{C}}(A+\bar{B}+C)(A+B+C)$

(9) $F=B\bar{C}+AB\bar{C}E+\bar{B}\,\overline{A\bar{D}+\bar{A}D}+B(A\bar{D}+\bar{A}D)$

(10) $F=AC+A\bar{C}D+A\bar{B}\bar{E}F+B(D\oplus E)+B\bar{C}D\bar{E}+B\bar{C}\bar{D}E+AB\bar{E}F$

(11) $F=BC+D+\bar{D}(\bar{B}+\bar{C})(AD+B)$

(12) $F=ACE+\bar{A}BE+\overline{BCD}+BE\bar{C}+DE\bar{C}+\bar{A}E$

6. 用卡诺图法化简下列各式：

(1) $F = A\bar{C} + \bar{A}C + B\bar{C} + \bar{B}C$

(2) $F = ABC + ABD + \overline{CD} + A\bar{B}C + \bar{A}C\bar{D} + A\bar{C}D$

(3) $F = A\bar{B} + \bar{A}C + BC + \bar{C}D$

(4) $F = A\,\overline{BC} + \overline{AB} + \bar{A}D + C + BD$

(5) $F = \sum m_i(i = 0, 1, 2, 5, 6, 7)$

(6) $F = \sum m_i(i = 1, 3, 4, 9, 11, 12, 14, 15)$

(7) $F = \sum m_i(i = 0, 1, 2, 5, 8, 9, 10, 12, 14)$

(8) $F = \sum m_i(i = 3, 4, 5, 6, 9, 10, 12, 13, 14, 15)$

(9) $F = \sum m_i(i = 0, 3, 4, 6, 7, 9, 12, 14, 15)$

(10) $F = \sum m_i(i = 1, 2, 4, 7) + \sum_d(3, 6)$

(11) $F = \sum m_i(i = 3, 5, 6, 7, 10) + \sum_d(0, 1, 2, 4, 8)$

(12) $F = \sum m_i(i = 1, 4, 6, 9, 13) + \sum_d(0, 3, 5, 7, 11, 15)$

(13) $F = \sum m_i(i = 2, 3, 7, 8, 11, 14) + \sum_d(0, 5, 10, 15)$

第 3 章　组合逻辑电路

本章首先讲述了组合逻辑电路的分析方法和设计方法及它们的步骤，其次介绍了一些典型的中规模集成组合逻辑电路的工作原理和使用方法，最后介绍了组合逻辑电路中的竞争—冒险方面的知识。

3.1　组合逻辑电路的特点

根据逻辑功能的不同特点，可以将数字电路分成两大类，一类称为组合逻辑电路（简称组合电路），另一类称为时序逻辑电路（简称时序电路）。

3.1.1　组合逻辑电路的工作特点

对于组合逻辑电路，其输出状态在任何时刻只取决于同一时刻的输入情况，而与电路以前的状态无关。

图 3.1.1 就是一个组合逻辑电路的例子。它有三个输入变量 A、B、CI 和两个输出变量 S、CO。

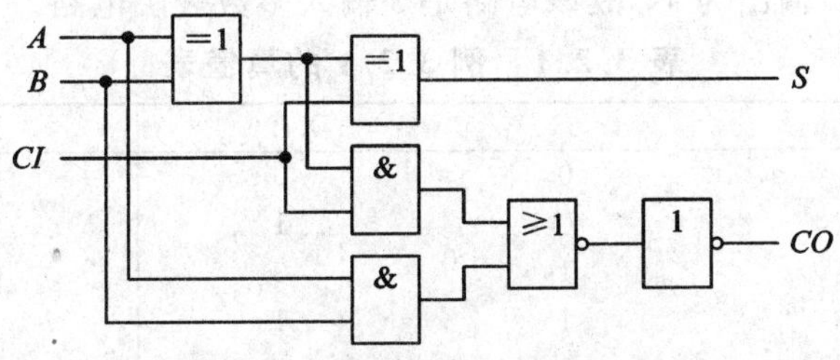

图 3.1.1　组合逻辑电路实例

由图可知，无论任何时刻，只要 A、B 和 CI 的取值确定，则 S 和 CO 的取值也随之确定，与电路过去的工作状态无关。即有：

$$\begin{cases} S = (A \oplus B) \oplus CI \\ CO = (A \oplus B)CI + AB \end{cases}$$

3.1.2　组合逻辑电路的结构特点

组合逻辑电路的结构特点有：

(1) 输出、输入之间没有反馈延迟通路。

(2) 电路中不含有记忆功能的元件。

3.2 组合逻辑电路的分析方法

对于一个给定的组合逻辑电路，既要确定其逻辑功能，同时通过分析我们还需要发现原来设计的电路是否合理，如果不合理，则需对其加以改进。通常组合逻辑电路的分析步骤如下：

(1) 根据逻辑电路，从输入到输出，写出各级逻辑函数表达式，直到写出最后输出端与输入信号的逻辑函数表达式。

(2) 由逻辑表达式列出真值表。

(3) 根据真值表，对逻辑电路进行分析，最后确定其功能。

(4) 对原电路进行改进设计，寻找最佳方案(当该电路的逻辑函数表达式不是最简时，需要进行)。

例 3.2.1 分析图 3.2.1 所示组合逻辑电路，试说明该电路的逻辑功能。

解题思路：按照组合逻辑电路的分析步骤，写出函数表达式并化简，然后列出真值表，再根据真值表分析电路的功能。

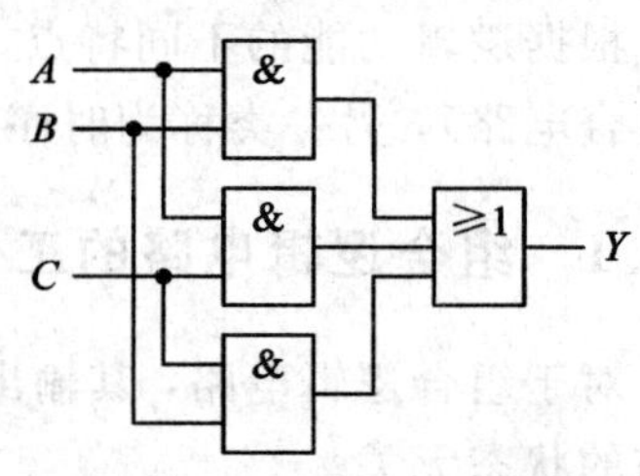

图 3.2.1 例 3.2.1 的逻辑电路

解 (1) 写出输出函数表达式并化简：

$$Y = AB + AC + BC$$

(2) 列出真值表：A、B、C 有 8 种取值，分别代入表达式得到相应的输出，如表 3.2.1 所示。

(3) 功能判断：由真值表可见，当输入 A、B、C 中为 1 的数大于等于 2 输出为 1，故该电路是 3 输入多数表决电路。

表 3.2.1 例 3.2.1 的真值表

A	B	C	Y
0	0	0	0
0	0	1	0
0	1	0	0
0	1	1	1
1	0	0	0
1	0	1	1
1	1	0	1
1	1	1	1

(4) 检验原电路设计是否最佳，并进行改进。由图 3.2.2 的卡诺图可知，该电路已为最佳设计，故不需要再改进。

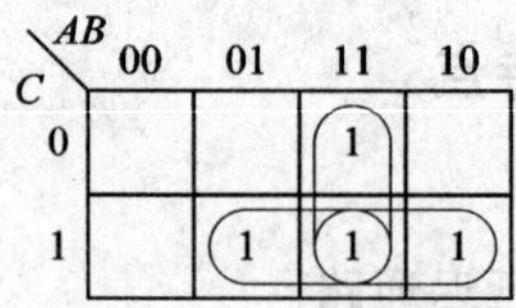

图 3.2.2 例 3.2.1 的卡诺图

例 3.2.2　分析图 3.2.3 所示电路的逻辑功能。

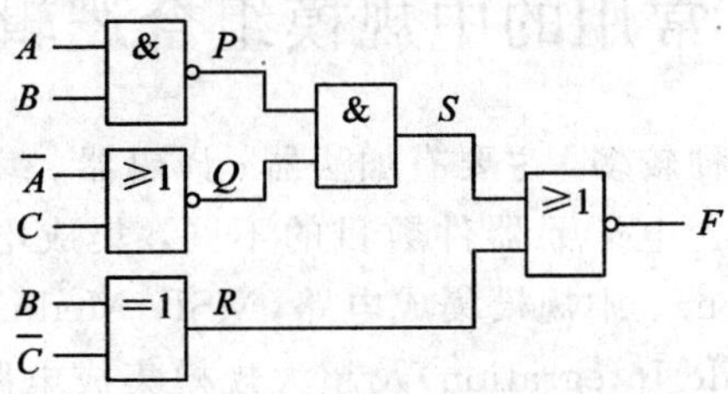

图 3.2.3　例 3.2.2 的逻辑图

解　(1) 写出函数表达式。即

$$P = \overline{AB}$$

$$Q = \overline{\overline{A} + C}$$

$$S = P \cdot Q = \overline{AB} \cdot \overline{\overline{A} + C}$$

$$R = B \oplus \overline{C}$$

$$F = \overline{S + R} = AB\overline{C} + \overline{A}B\overline{C} + \overline{A}\,\overline{B}C + \overline{B}C$$

(2) 列真值表。真值表如表 3.2.2 所示。

表 3.2.2　例 3.2.2 的真值表

A	B	C	Y
0	0	0	0
0	0	1	1
0	1	0	1
0	1	1	0
1	0	0	0
1	0	1	1
1	1	0	1
1	1	1	0

(3) 功能描述。由真值表可看出，这就是一个二变量的异或电路。

(4) 检验原电路设计是否最佳，并进行改进。由图 3.2.4 所示，该电路的卡诺图可以重新化简，故电路设计不合理，应加以改进，用一个异或门即可，如图 3.2.5 所示。

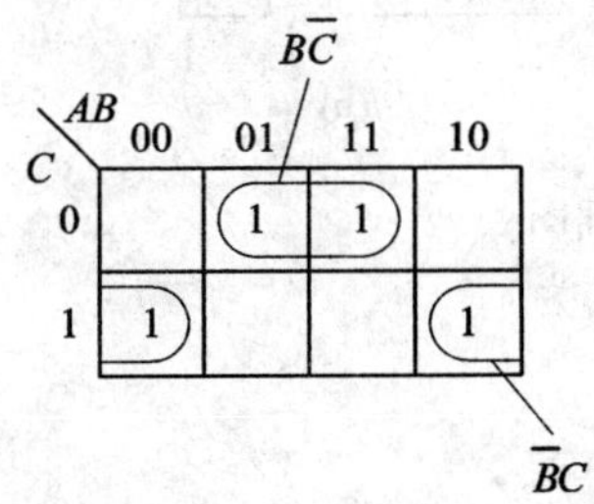

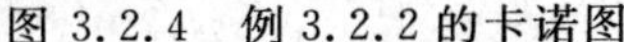

图 3.2.4　例 3.2.2 的卡诺图

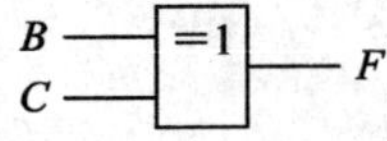

图 3.2.5　例 3.2.2 化简后重新设计的逻辑图

3.3　常用的中规模组合逻辑部件

常用的组合逻辑部件品种较多，主要有加法器、译码器、编码器、多路选择器、数据比较器等。根据每个基片上包含电子元器件数目的不同，集成电路又分为小规模集成电路(SSI，Small Scale Integration)、中规模集成电路(MSI，Medium Scale Integration)、大规模集成电路(LSI，Large Scale Integration)及超大规模集成电路(VLSI，Very Large Scale Integration；SLSI，Super Large Scale Integration)。

一般地说，在SSI中仅是器件的集成，在MSI中则是逻辑部件的集成，这类部件能完成一定的逻辑功能；而MSI和VLSI、SLSI则是数字子系统或整个数字系统的集成。

与SSI相比，MSI、LSI具有体积缩小、功耗低、速度高、可靠性高及抗干扰能力强的特点。因此，MSI和LSI常被人们更多地用来实现数字系统的设计。下面分别介绍常用的中规模组合逻辑部件的工作原理和使用方法。

3.3.1　编码器

在数字系统中，经常需要把具有某种特定含义的信号变换成二进制代码，这种用二进制代码表示具有某种特定含义信号的过程称为编码，而用于完成编码功能的器件称之为编码器。目前，经常使用的编码器有普通编码器和优先编码器两类。

1. 普通编码器

在普通编码器中，最简单的编码器为2^n-n二进制编码器，通用的结构如图3.3.1(a)所示，其结构的特点是：① 输入端的个数大于输出端的个数；② 输入端的个数为2^n，输出端的个数为n。这种编码器在编码时，任何时刻最多只允许输入一个编码信号，否则输出将发生混乱。现以3位二进制普通编码器为例，分析一下普通编码器的工作原理。图3.3.1(b)为一个8位输入、3位输出的二进制编码器的逻辑图。为此，又将它称为8线—3线编码器。其输出与输入的对应关系由表3.3.1给出。

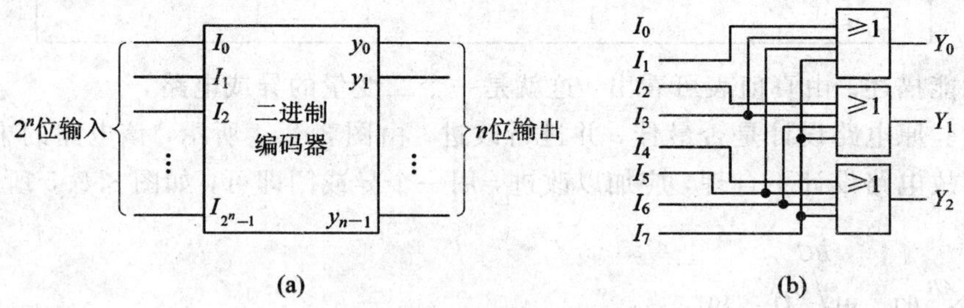

图 3.3.1　二进制编码器的原理图

由表3.3.1再经过化简后，可得到输出的最简表达式为

$$\begin{cases} Y_0 = I_1 + I_3 + I_5 + I_7 \\ Y_1 = I_2 + I_3 + I_6 + I_7 \\ Y_2 = I_4 + I_5 + I_6 + I_7 \end{cases} \tag{3.3.1}$$

图3.3.1就是由式(3.3.1)得到的编码器电路。

表 3.3.1　3 位二进制编码器的真值表

输入								输出		
I_0	I_1	I_2	I_3	I_4	I_5	I_6	I_7	Y_2	Y_1	Y_0
1	0	0	0	0	0	0	0	0	0	0
0	1	0	0	0	0	0	0	0	0	1
0	0	1	0	0	0	0	0	0	1	0
0	0	0	1	0	0	0	0	0	1	1
0	0	0	0	1	0	0	0	1	0	0
0	0	0	0	0	1	0	0	1	0	1
0	0	0	0	0	0	1	0	1	1	0
0	0	0	0	0	0	0	1	1	1	1

由表 3.3.1 不难发现：这种编码器在编码时存在的最大缺点就是任何时刻最多只允许输入一个编码信号，如果在任一时刻，2^n 个器件中有多个器件同时提出请求，则 2^n-n 普通二进制编码器产生的 n 位编码中必定有重复编码，这样输出的 n 位二进制代码与输入请求的对象之间就不再是一一对应的关系。优先编码器可以很好地解决普通编码器存在的问题。

2. 优先权编码器

优先权编码器是在 2^n-n 普通二进制编码器的逻辑结构基础上加以改造的。它在普通二进制编码器的输入部分加上一个优先权处理逻辑。先对输入端进行优先权分配，一旦有多个输入信号同时有效时，输入中优先权最高的信号将封锁所有优先权比它低的输入信号，这样就保证了最多只有一个有效输入（即优先权最高者）送至 2^n-n 普通二进制编码器，从而输出相应的编码。

例如：一个 8 线—3 线优先权编码器的结构框如图 3.3.2(a)所示。

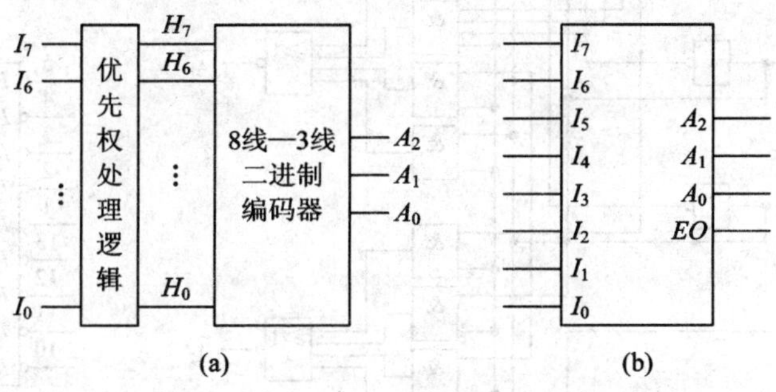

图 3.3.2　8 线—3 线优先编码器

设优先权从高至低分配为 $I_7 I_6 I_5 I_4 I_3 I_2 I_1 I_0$，当输入信号为高电位时，即逻辑输入为 1 时有效。输入信号经优先权处理逻辑处理后，得到中间信号 H_7、$H_6 \cdots H_0$，H_i 与 I_i 的关系是：当 H_i 是最高优先权且为 1 时，I_i 也为 1。即有：

$$H_7 = I_7$$
$$H_6 = I_6 \cdot \bar{I}_7 \qquad\qquad A_0 = H_1 + H_3 + H_5 + H_7$$
$$H_5 = I_5 \cdot \bar{I}_6 \cdot \bar{I}_7 \qquad 而 \qquad A_1 = H_2 + H_3 + H_6 + H_7$$
$$\vdots \qquad\qquad A_2 = H_4 + H_5 + H_6 + H_7$$
$$H_0 = I_0 \cdot \bar{I}_1 \cdot \bar{I}_2 \cdots \bar{I}_7$$

这样，优先权编码器就能很好地解决普通编码器所存在的问题。

为了判断是否有有效输入请求，以便进行多个优先权编码器的级联，在优先权编码器的输出端还增加一个使能输出 EO：

$$EO = \bar{I}_0 \cdot \bar{I}_1 \cdot \bar{I}_2 \cdots \bar{I}_7$$

上式说明，如果输入信号都无效，EO 才为有效输出。上述 8 线—3 线优先权编码的逻辑符号如图 3.3.2(b)所示。

实际应用的 MSI 优先权编码器产品中，74LS148 应用得最广泛，它的逻辑图、逻辑符号如图 3.3.3 所示，其真值表见表 3.3.2。74LS148 的输入、输出均为低有效，为了能进行级联以组成输入端更多的编码器，74LS148 具有一个使能输入端 $\overline{EI}$ 及两个使能输出端 $\overline{EO}$、$\overline{GS}$。

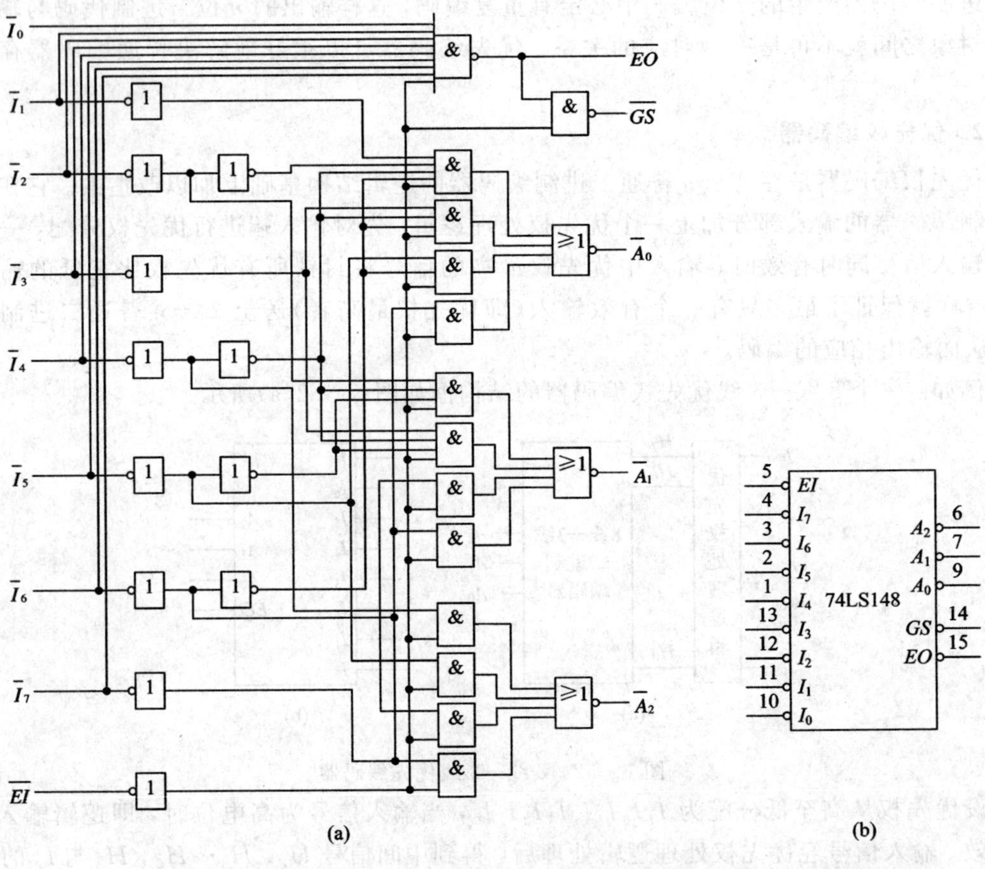

图 3.3.3　74LS148 优先权编码器

(a) 逻辑图；(b) 逻辑符号

由表 3.3.2 不难发现：输出 $\overline{EO}$在 $\overline{EI}$有效(即为 0)且没有信号输入(即所有的输入端均为 1)时，$\overline{EO}$才有效(即为 0)；输出 $\overline{GS}$在 $\overline{EI}$有效(即为 0)且至少有一个信号输入(即至少有一个信号输入端为 0)时，输出 $\overline{GS}$才有效(即为 0)。

表 3.3.2 74LS148 真值表

输入									输出				
$\overline{EI}$	$\overline{I}_0$	$\overline{I}_1$	$\overline{I}_2$	$\overline{I}_3$	$\overline{I}_4$	$\overline{I}_5$	$\overline{I}_6$	$\overline{I}_7$	$\overline{A}_2$	$\overline{A}_1$	$\overline{A}_0$	$\overline{GS}$	$\overline{EO}$
1	d	d	d	d	d	d	d	d	1	1	1	1	1
0	d	d	d	d	d	d	d	0	0	0	0	0	1
0	d	d	d	d	d	d	0	1	0	0	1	0	1
0	d	d	d	d	d	0	1	1	0	1	0	0	1
0	d	d	d	d	0	1	1	1	0	1	1	0	1
0	d	d	d	0	1	1	1	1	1	0	0	0	1
0	d	d	0	1	1	1	1	1	1	0	1	0	1
0	d	0	1	1	1	1	1	1	1	1	0	0	1
0	0	1	1	1	1	1	1	1	1	1	1	0	1
0	1	1	1	1	1	1	1	1	1	1	1	1	0

3. 优先编码器的应用举例

在多微处理机系统中，经常用优先权编码器及译码器构成的并行优先权裁决电路来实现对各处理机争用总线作出仲裁。

图 3.3.4 是一个总线互连结构的 8 个处理单元争用总线的并行优先权裁决逻辑示意图，当某处理单元 MPU_i 发出总线请求信号 $\overline{BREQ_i}$，且收到总线优先输入信号 $\overline{BPRN_i}$时，则此处理机即可占用总线；如果该处理单元 MPU_i 发出总线请求信号 $\overline{BREQ_i}$，但未收到有效的 $\overline{BPRN_i}$信号时，则此处理机就不可能占有总线。

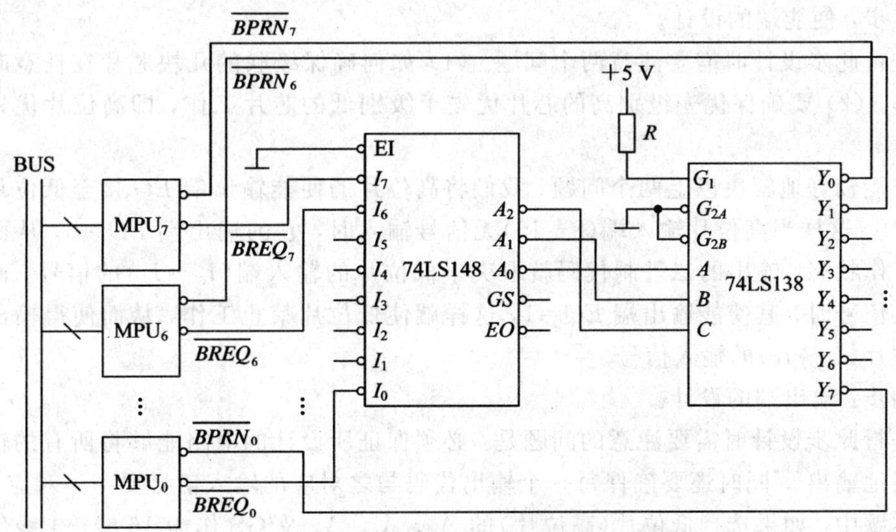

图 3.3.4 并行优先裁决逻辑电路

4. 编码器的级联

在实际问题中，经常需要对输入端大于 8 的对象进行编码，此时就需要用多块 74LS148 进行级联。

例 3.3.1 试用 74LS148 接成有 16 线输入、4 线输出的优先编码器，即 16 线—4 线优先编码器。

解 第一步：芯片个数的确定。

由于每片 74LS148 只有 8 个编码输入，因而需要用 2 片 74LS148 才能满足题中的输入个数。

第二步：输入端的设计。

此步需要确定两片芯片中谁是高位片谁是低位片。本题将左块芯片作为高位片(当然也可以将右块芯片作为高位片)。这样优先权最高的输入端就必须放在高位片的最高权位的输入端，而优先权级别最低的输入端就必须放在低位片的最低权位的输入端上，如图 3.3.5 所示。

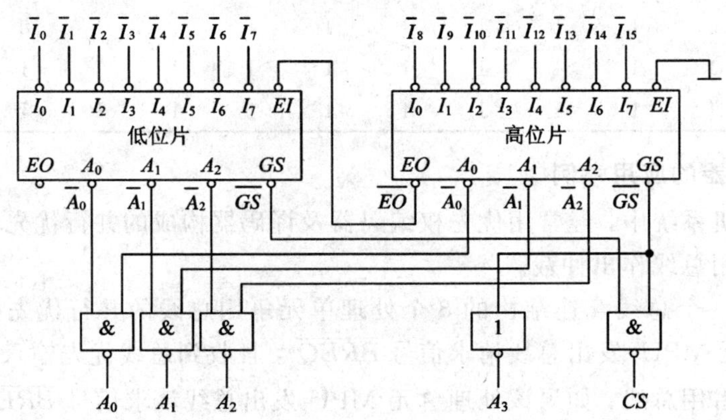

图 3.3.5 2 片 74*LS*148 扩展为 16 线—4 线优先编码器的连接图

第三步：使能端的设计。

在进行此步设计时需要注意两个问题：(1) 如何确保级联的几块芯片在任意时刻不是同时工作。(2) 要确保优先级别高的芯片优先于级别低的芯片工作，即高位片优先于低位片工作。

为了能较好地解决以上两个问题，我们将高位片的使能输出端 EO 接至低位片的使能输入端 EI。这样当高位片输入端(8～15)无信号输入时，它的输出端 $EO=0$，从而使低位片处于工作状态，输出的二进制代码就取决于低位片的输入端($\bar{I}_0$～$\bar{I}_7$)的信号。而当高位片有输入信号时，其使能输出端 $EO=1$，这样就使低位片禁止工作，从而使得输出代码取决于高位片($\bar{I}_8$～$\bar{I}_9$)的输入信号。

第四步：输出端的设计。

在进行此步设计时需要注意的问题是：必须保证所设计的电路能够将所有的输入信号一个不漏地输出，同时还要确保每一个输出代码与之对应的输入信号要一一对应。

在本题中，如果选择低位片(高位片)的 A_0、A_1、A_2 及 GS 作为 16 线—4 线优先编码器的 4 位输出，那么，此时高位片(低位片)输入信号的编码将无法输出，这样所设计的 16 线—4 线优先编码器只能对低位片(高位片)的 8 个输入信号进行编码。同理，如果在低位片和高位片中分别选择两个输出端作为 16 线—4 线编码器的输出，那么就会出现低位片和高位片中各有一半的输入信号得不到编码。为了避免上述错误，应该将两块芯片输出 A_0、A_1、A_2 的逻辑输出经与非门后分别作为所设计的 16 线—4 线编码器的低 3 位输出。

另外，为了区分高位片和低位片的代码，必须再引出一个输出 A_3。当高位片有编码信号输入时，它的 $\overline{GS}=0$ 无编码信号输入时，$\overline{GS}=1$，所以可以用它作为输出编码的第四位，来区分高位片上的 8 个高优先权输入信号和低位片上的 8 个低优先权输入信号的编码。当然第四位的设计还有其他设计方法，比如 $\overline{I}_{11}=0$，则高位片的 $\overline{GS}=0$，$A_3=1$，$\overline{A}_2\overline{A}_1\overline{A}_0=100$。同时高位片的 $\overline{EO}=1$，此信号将低位片封死，使它的 $\overline{A}_2\overline{A}_1\overline{A}_0=111$，于是在最后的输出端得到了 $\overline{A}_3\overline{A}_2\overline{A}_1\overline{A}_0=1011$。

由中规模集成电路组成的应用电路中，习惯上采用逻辑框图来表示中规模集成电路器件，如图 3.3.5 所示。在逻辑框图内部只标注输入、输出原变量的名称。如果以低电平作为有效的输入信号或输出信号，则与框图外部相应的输入或输出端处加画小圆圈，并在外部标注的输入或输出端信号名称上加非号“¯”。

在常用的优先编码器电路中，除了二进制编码器以外，还有一类称为二—十进制优先编码器。它能将 $\overline{I}_0\sim\overline{I}_9$ 10 个输入信号分别编成 10 个 BCD 代码。在 $\overline{I}_0\sim\overline{I}_9$ 10 个输入信号中，$\overline{I}_9$ 的优先权最高，$\overline{I}_0$ 的优先权最低。图 3.3.6 是二—十进制优先编码器 74LS147 的逻辑图。

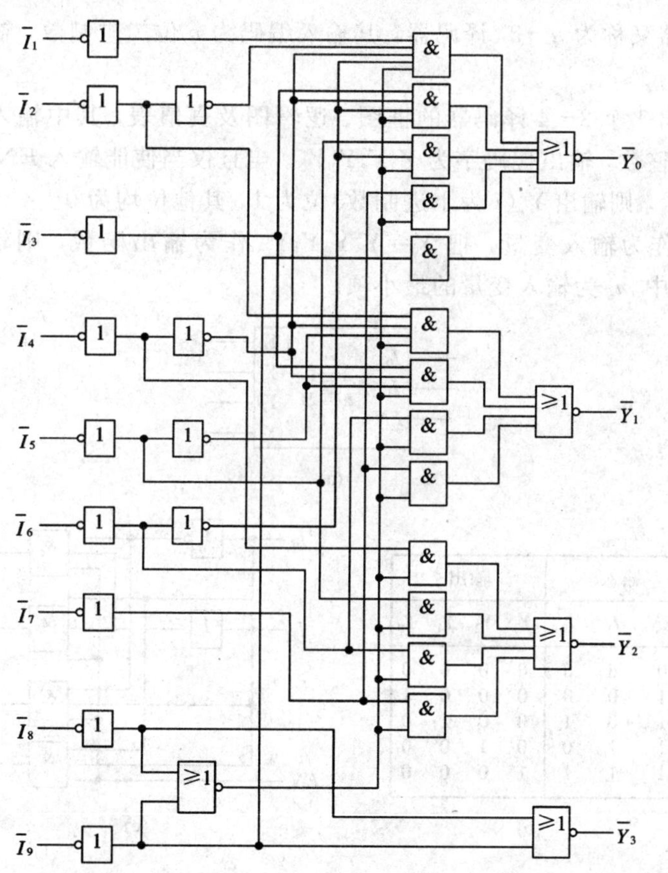

图 3.3.6　二—十进制优先编码器 74LS147

3.3.2 译码器

译码器是计算机及其他数字系统中使用最广泛的一种多输入、多输出的逻辑器件，它把输入代码转换成不同的输出代码，输入代码的位数少于输出代码的位数。

译码器的一般结构如图 3.3.7 所示，图中使能(或称允许)输入的作用是：当且仅当使能输入全部有效时，译码器才能正确地执行译码；否则译码器将会出现错误的译码。

常用的译码器有二进制译码器、二—十进制译码器和 BCD 显示译码器三大类。

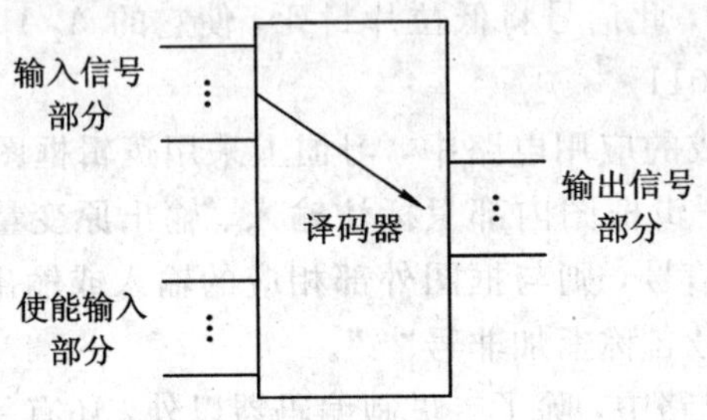

图 3.3.7 译码器的一般结构

1. 二进制译码器的原理及应用

二进制译码器又称为 $n-2^n$ 译码器，其输入编码为 n 位二进制数，输出编码为 2^n 个最小项。

图 3.3.8 给出 1 个 2—4 译码器的框图、逻辑图及真值表，其中输入代码字 I_1I_0 表示 0～3 范围的一个整数，输出代码字为 $Y_3Y_2Y_1Y_0$。当且仅当使能输入 $EN=1$ 且输入代码字是 i 的二进制表示，则输出 Y_i(i 为十进制数)位为 1，其他位均为 0。

如果把 I_1I_0 作为输入变量，把 $Y=Y_3Y_2Y_1Y_0$ 作为输出函数，则输出函数的第 i 位 $Y_i=EN\cdot m_i$，其中 m_i 为输入变量的最小项。

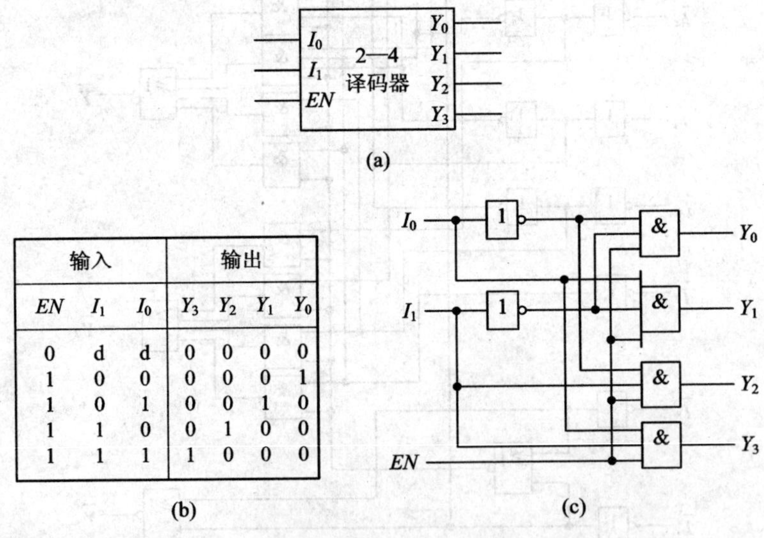

输入			输出			
EN	I_1	I_0	Y_3	Y_2	Y_1	Y_0
0	d	d	0	0	0	0
1	0	0	0	0	0	1
1	0	1	0	0	1	0
1	1	0	0	1	0	0
1	1	1	1	0	0	0

(b)

图 3.3.8 2—4 译码器
(a) 框图；(b) 真值表；(c) 逻辑图

2. MSI 译码器

1）双 2—4 译码器 74LS139

74LS139 是在一片器件内封装了两个完全独立且结构相同的二进制 2—4 译码器，其逻辑图、真值表及逻辑符号见图 3.3.9。

从图 3.3.9 的真值表及逻辑符号上可看出，使能端 $1G$、$2G$ 为低有效时，输出端也为低有效。之所以采用低有效，是为了提高速度。

注意：真值表表示的是逻辑符号框外的外部逻辑关系。此外，74LS139 这两个使能端还可以用于多块译码器级联时使用。

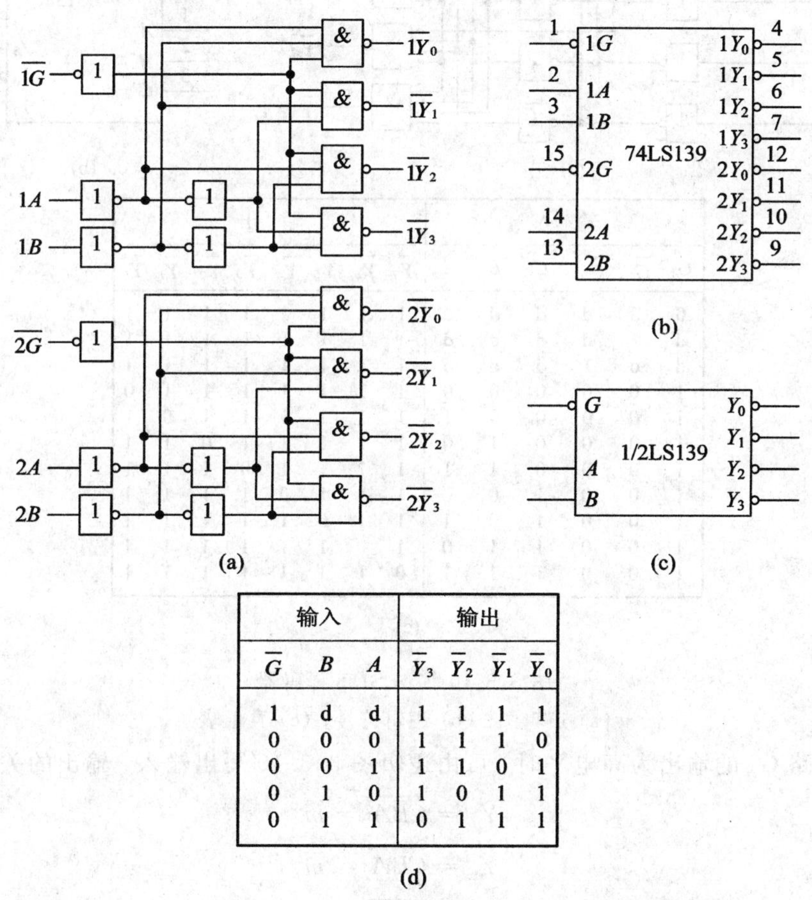

输入			输出			
$\overline{G}$	B	A	$\overline{Y_3}$	$\overline{Y_2}$	$\overline{Y_1}$	$\overline{Y_0}$
1	d	d	1	1	1	1
0	0	0	1	1	1	0
0	0	1	1	1	0	1
0	1	0	1	0	1	1
0	1	1	0	1	1	1

(d)

图 3.3.9　双 2—4 译码器 74LS139

(a) 逻辑图及引脚；(b) 逻辑符号；(c) 1/2 LS139 译码器的逻辑符号；(d) 真值表

2）3—8 译码器 74LS138

74LS138 是常用的一种二进制 MSI 译码器，它的逻辑图、逻辑符号及真值表如图 3.3.10 所示。输出信号为低有效时，有三个使能输入，即 G_1，G_{2A}，G_{2B}，只有在三个使能端输入全部有效时，才能有正确的有效输出。否则，译码器被禁止，所有的输出端全被封死在高电平上，如图 3.3.10(c)所示。

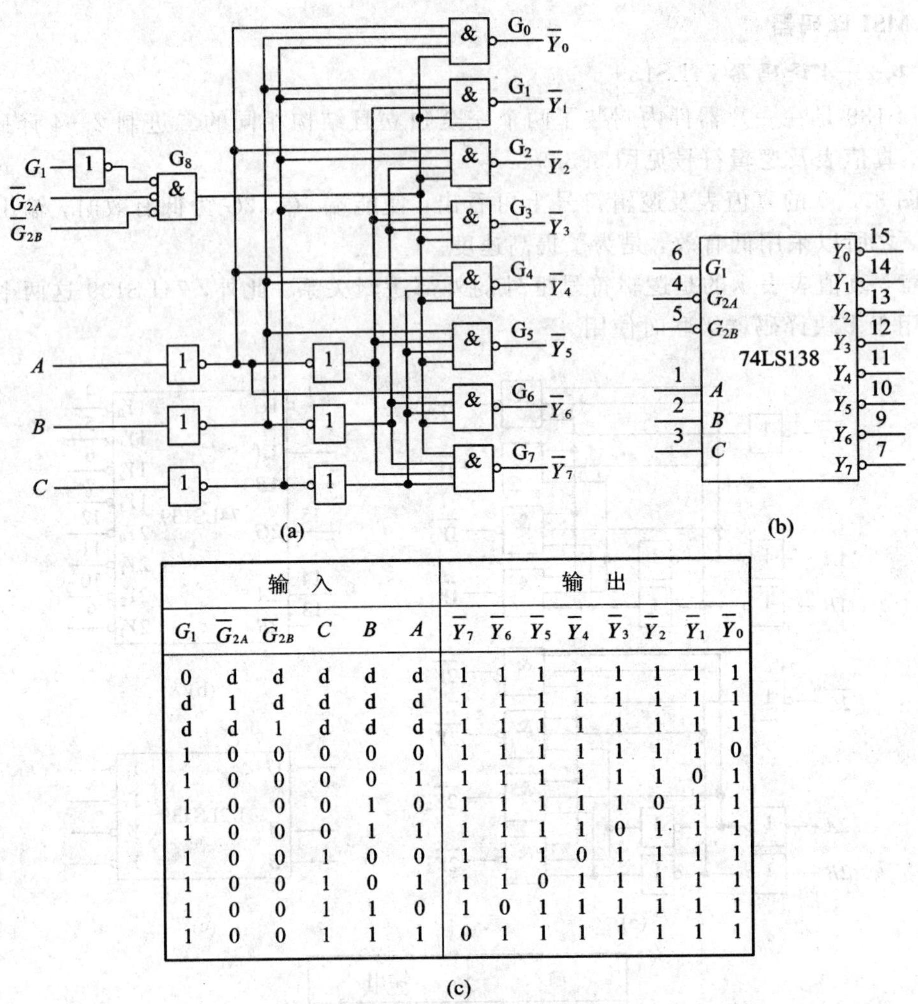

输入						输出							
G_1	$\overline{G}_{2A}$	$\overline{G}_{2B}$	C	B	A	$\overline{Y}_7$	$\overline{Y}_6$	$\overline{Y}_5$	$\overline{Y}_4$	$\overline{Y}_3$	$\overline{Y}_2$	$\overline{Y}_1$	$\overline{Y}_0$
0	d	d	d	d	d	1	1	1	1	1	1	1	1
d	1	d	d	d	d	1	1	1	1	1	1	1	1
d	d	1	d	d	d	1	1	1	1	1	1	1	1
1	0	0	0	0	0	1	1	1	1	1	1	1	0
1	0	0	0	0	1	1	1	1	1	1	1	0	1
1	0	0	0	1	0	1	1	1	1	1	0	1	1
1	0	0	0	1	1	1	1	1	1	0	1	1	1
1	0	0	1	0	0	1	1	1	0	1	1	1	1
1	0	0	1	0	1	1	1	0	1	1	1	1	1
1	0	0	1	1	0	1	0	1	1	1	1	1	1
1	0	0	1	1	1	0	1	1	1	1	1	1	1

(c)

图 3.3.10　74LS138 译码器

(a) 逻辑图；(b) 逻辑符号；(c) 真值表

当门电路 G_8 的输出为高电平时，可由逻辑图 3.3.10 写出输入、输出的关系：

$$
\begin{cases}
\overline{Y}_0 = \overline{\overline{C}\,\overline{B}\,\overline{A}} = \overline{m}_0 \\
\overline{Y}_1 = \overline{\overline{C}\,\overline{B}A} = \overline{m}_1 \\
\overline{Y}_2 = \overline{\overline{C}B\overline{A}} = \overline{m}_2 \\
\overline{Y}_3 = \overline{\overline{C}BA} = \overline{m}_3 \\
\overline{Y}_4 = \overline{C\overline{B}\,\overline{A}} = \overline{m}_4 \\
\overline{Y}_5 = \overline{C\overline{B}A} = \overline{m}_5 \\
\overline{Y}_6 = \overline{CB\overline{A}} = \overline{m}_6 \\
\overline{Y}_7 = \overline{CBA} = \overline{m}_7
\end{cases}
\tag{3.3.2}
$$

由上式可以看出，$\overline{Y}_0 \sim \overline{Y}_7$ 是输入信号 A、B、C 这三个变量的全部最小项的译码输出。所以，这种译码器也称为最小项译码器。

3）二—十进制译码器

二—十进制译码器的逻辑功能是将输入 BCD 码的 10 个代码译成 10 个高、低电平输出信号。

图 3.3.11 是二—十进制译码器 74LS42 的逻辑图。

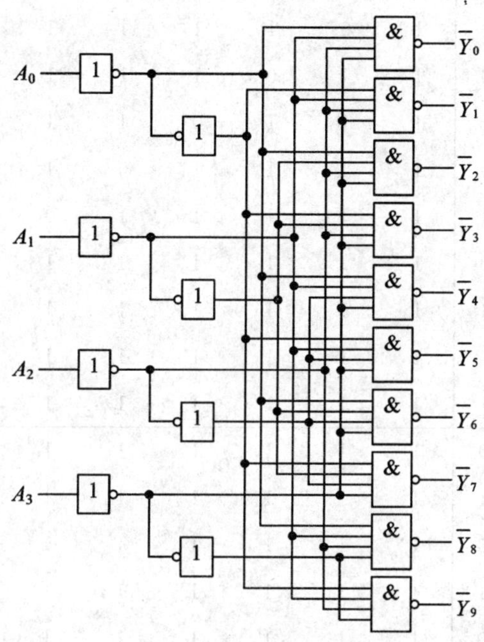

图 3.3.11　二—十进制译码器

根据逻辑图得到：

$$\left\{\begin{aligned}
\overline{Y}_0 &= \overline{\overline{A}_3\overline{A}_2\overline{A}_1\overline{A}_0} = \overline{m}_0\\
\overline{Y}_5 &= \overline{\overline{A}_3A_2\overline{A}_1A_0} = \overline{m}_5\\
\overline{Y}_1 &= \overline{\overline{A}_3\overline{A}_2\overline{A}_1A_0} = \overline{m}_1\\
\overline{Y}_6 &= \overline{\overline{A}_3A_2A_1\overline{A}_0} = \overline{m}_6\\
\overline{Y}_2 &= \overline{\overline{A}_3\overline{A}_2A_1\overline{A}_0} = \overline{m}_2\\
\overline{Y}_7 &= \overline{\overline{A}_3A_2A_1A_0} = \overline{m}_7\\
\overline{Y}_3 &= \overline{\overline{A}_3\overline{A}_2A_1A_0} = \overline{m}_3\\
\overline{Y}_8 &= \overline{A_3\overline{A}_2\overline{A}_1\overline{A}_0} = \overline{m}_8\\
\overline{Y}_4 &= \overline{\overline{A}_3A_2\overline{A}_1\overline{A}_0} = \overline{m}_4\\
\overline{Y}_9 &= \overline{A_3\overline{A}_2\overline{A}_1A_0} = \overline{m}_9
\end{aligned}\right. \tag{3.3.3}$$

并可列出电路的真值表如表 3.3.3 所示。对于 BCD 代码以外的伪码(即 1010～1111 6 个代码)$\overline{Y}_0$～$\overline{Y}_9$ 均无低电平信号产生，译码器拒绝“翻译”，所以这个电路结构具有拒绝伪码的功能。

表 3.3.3　二—十进制译码器 74LS42 的真值表

序号	输入				输出									
	A_3	A_2	A_1	A_0	$\overline{Y}_0$	$\overline{Y}_1$	$\overline{Y}_2$	$\overline{Y}_3$	$\overline{Y}_4$	$\overline{Y}_5$	$\overline{Y}_6$	$\overline{Y}_7$	$\overline{Y}_8$	$\overline{Y}_9$
0	0	0	0	0	0	1	1	1	1	1	1	1	1	1
1	0	0	0	1	1	0	1	1	1	1	1	1	1	1
2	0	0	1	0	1	1	0	1	1	1	1	1	1	1
3	0	0	1	1	1	1	1	0	1	1	1	1	1	1
4	0	1	0	0	1	1	1	1	0	1	1	1	1	1
5	0	1	0	1	1	1	1	1	1	0	1	1	1	1
6	0	1	1	0	1	1	1	1	1	1	0	1	1	1
7	0	1	1	1	1	1	1	1	1	1	1	0	1	1
8	1	0	0	0	1	1	1	1	1	1	1	1	0	1
9	1	0	0	1	1	1	1	1	1	1	1	1	1	0
	1	0	1	0	1	1	1	1	1	1	1	1	1	1
伪	1	0	1	1	1	1	1	1	1	1	1	1	1	1
	1	1	0	0	1	1	1	1	1	1	1	1	1	1
	1	1	0	1	1	1	1	1	1	1	1	1	1	1
码	1	1	1	0	1	1	1	1	1	1	1	1	1	1
	1	1	1	1	1	1	1	1	1	1	1	1	1	1

4) BCD—显示译码器

为了能以十进制数码直观地显示数字系统的运行数据，目前广泛使用了七段字符显示器，或称为七段数码管。这种字符显示器由七段可发光的线段拼合而成。常见的七段字符显示器有半导体数码管和液晶显示器两种。

半导体数码管具有工作电压低、体积小、寿命长、可靠性高等优点，而且响应时间短(一般不超过 0.1 μs)，亮度也比较高。它的缺点是工作电流比较大，每一段的工作电流在 10 mA 左右。

液晶显示器的最大优点是功耗极小(在 1 $\mu W/cm^2$ 以下)。它的工作电压也很低，在 1 V以下仍能工作。但是，由于它本身不会发光，仅仅靠反射外界光线显示字形，因而亮度很差。此外，它的响应速度较低(在 10～200 μs 范围)，这就限制了它在快速系统中的应用。

74LS49 是常见的 BCD 码 MSI 器件之一。它的输入编码为 4 位的 BCD 码、输出为 7 位编码字。与二进制译码器不同的是：它的输出编码字中不是仅有一位为 1(或 0)，而是按输入的 BCD 码编码字使对应的某些输出端为 1，以驱动发光二极管(LED)或液晶显示器件(LCD)显示 1 位十进制数。

由七段组成的 1 位十进制数的显示器件结构如图 3.3.12 所示。当适当地驱动 a、b、c、d、c、e、f 中某些段发光时，则可分别获得 0～9 中的十进制数。大多数七段显示器件都可以由七段译码器 74LS49 直接驱动，74LS49 的逻辑图、逻辑符号如图 3.3.13 所示，真值表如表 3.3.4 所示。BI 端是禁止显示控制端，它是低电平有效。当 BI 端加上适当频率的方波时，可以使七段显示器件显示的数字闪烁，达到人能接受的程度，从而在大量使用 LED 的设备中减少 LED 电流的平均值，但它显示的亮度也会随之减弱。

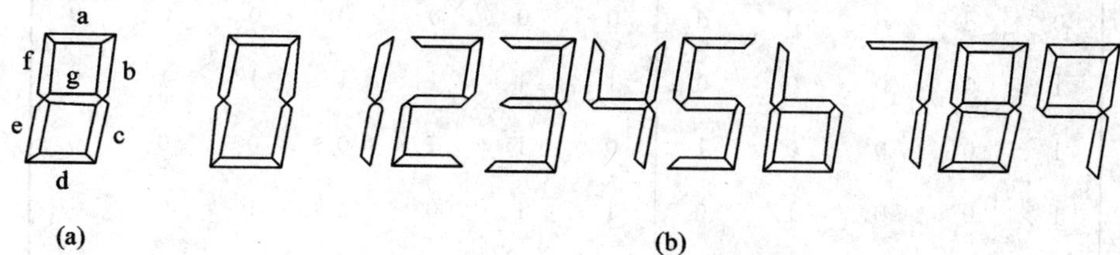

图 3.3.12　七段显示器结构

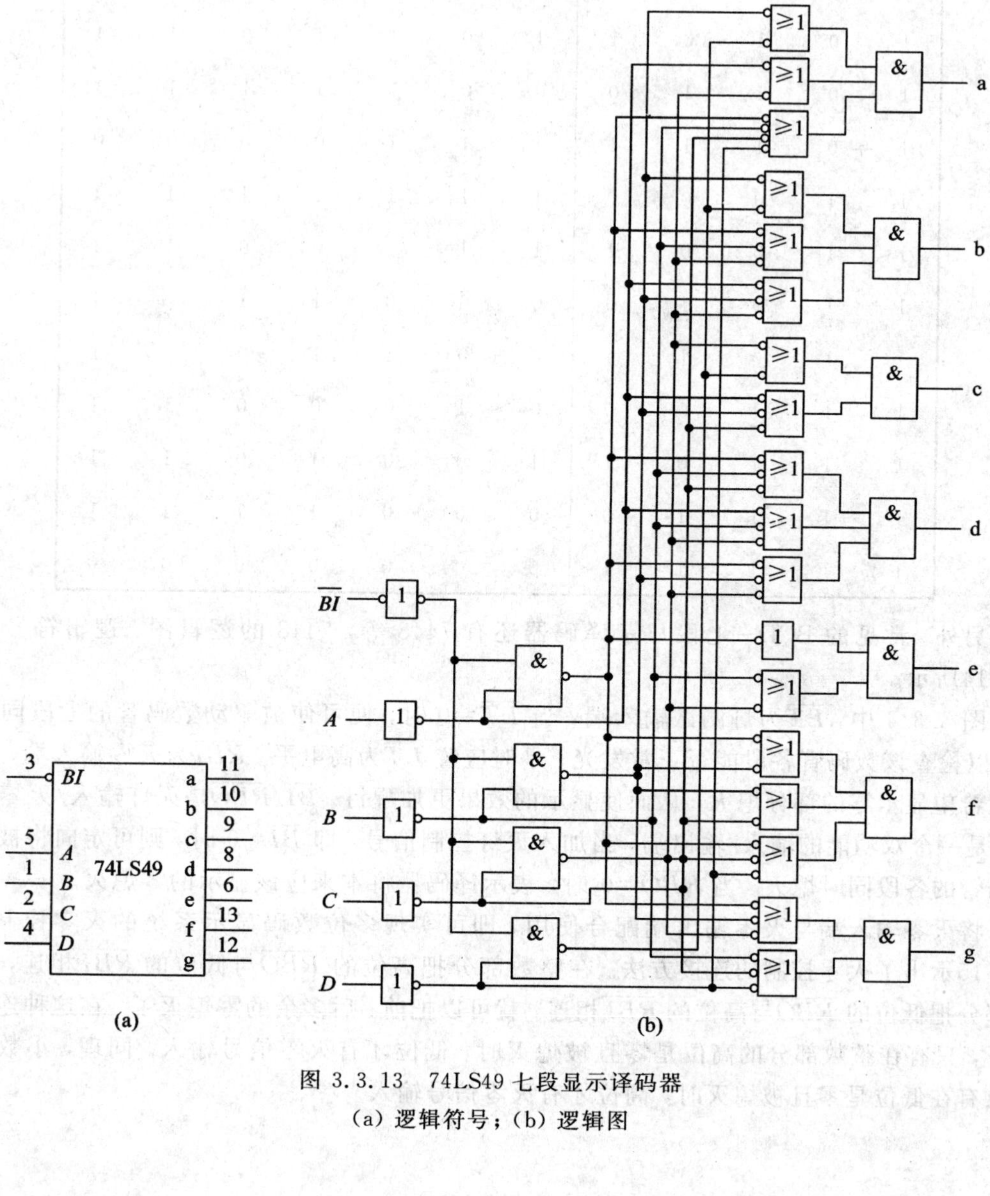

图 3.3.13　74LS49 七段显示译码器

(a) 逻辑符号；(b) 逻辑图

表 3.3.4　74LS49 的真值表

输入					输出						
$\overline{BI}$	D	C	B	A	a	b	c	d	e	f	g
0	d	d	d	d	0	0	0	0	0	0	0
1	0	0	0	0	1	1	1	1	1	1	0
1	0	0	0	1	0	1	1	0	0	0	0
1	0	0	1	0	1	1	0	1	1	0	1
1	0	0	1	1	1	1	1	1	0	0	1
1	0	1	0	0	0	1	1	0	0	1	1
1	0	1	0	1	1	0	1	1	0	1	1
1	0	1	1	0	0	0	1	1	1	1	1
1	0	1	1	1	1	1	1	0	0	0	0
1	1	0	0	0	1	1	1	1	1	1	1
1	1	0	0	1	1	1	1	0	0	1	1
1	1	0	1	0	0	0	0	1	1	0	1
1	1	0	1	1	0	0	1	1	0	0	1
1	1	1	0	0	0	1	0	0	0	1	1
1	1	1	0	1	1	0	0	1	0	1	1
1	1	1	1	0	0	0	0	1	1	1	1
1	1	1	1	1	0	0	0	0	0	0	0

另外，常见的 BCD—七段显示译码器还有 7448 等，7448 的逻辑图、逻辑符号如图 3.3.14所示。

图 3.3.4 中，$\overline{LT}$为灯测试输入端，当 $\overline{LT}=0$ 时，便可使被驱动数码管的七段同时点亮，以检查该数码管各段能否正常发光；平时应置 $\overline{LT}$为高电平。$\overline{RBI}$为灭零输入端，它能使不希望显示零的部分熄灭，从而使显示的效果更加醒目。$\overline{BI}/\overline{RBO}$是灭灯输入/灭零输出端，是一个双功能的输入/输出端，当加入灭灯控制信号，即 $\overline{BI}=0$ 时，则可定向将被驱动数码管的各段同时熄灭。当 $RBO=0$ 时，表示译码器将本来应该显示的零熄灭。

将灭零输入端与灭零输出端配合使用，即可实现多位数码显示系统的灭零控制。图 3.3.15示出了灭零控制的连接方法。在整数部分把高位的 $\overline{RBO}$与低位的 $\overline{RBI}$相连，在小数部分把低位的 $\overline{RBO}$与高位的 $\overline{RBI}$相连，就可以把前、后多余的零熄灭了。在这种连接方式下，只有在整数部分的高位是零且被熄灭时，低位才有灭零信号输入。同理，小数部分也只有在低位是零且被熄灭时，高位才有灭零信号输入。

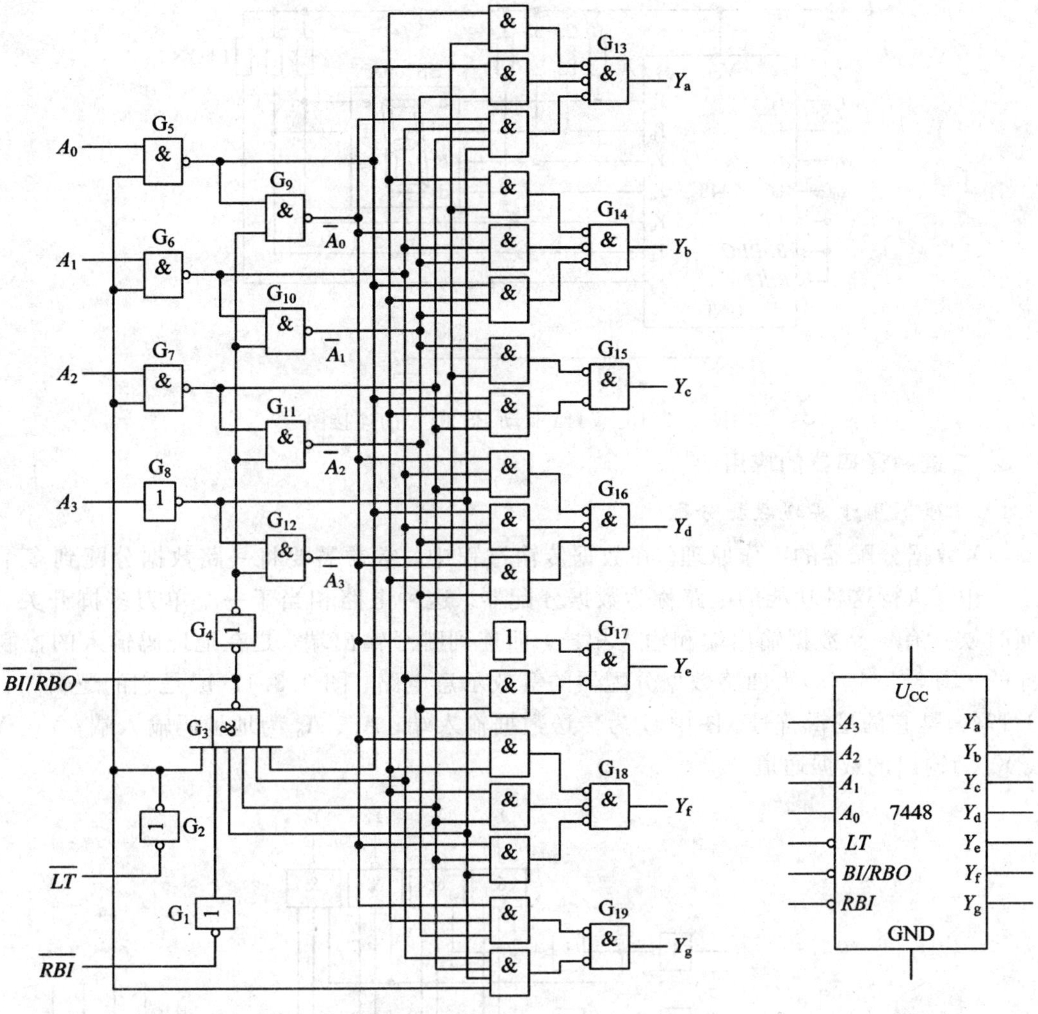

图 3.3.14　BCD—七段显示译码器 7448

(a) 逻辑图；(b) 逻辑符号

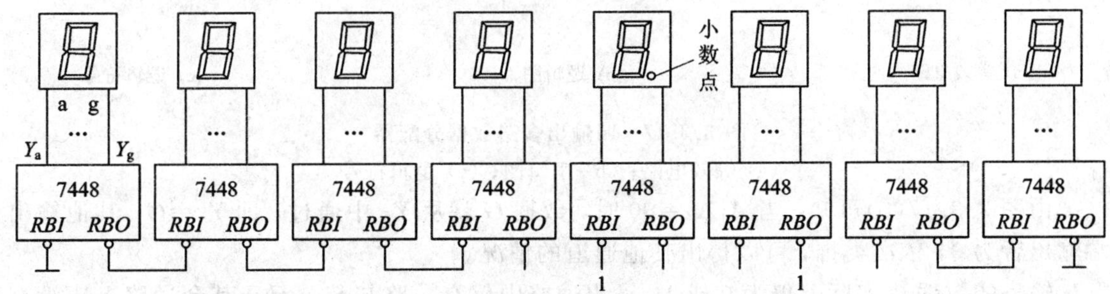

图 3.3.15　有灭零控制的 8 位数码显示系统

用 7448 可以直接驱动共阴极的半导体数码管。图 3.3.16 给出了用 7448 驱动 BS201A 半导体数码管的连接方法。

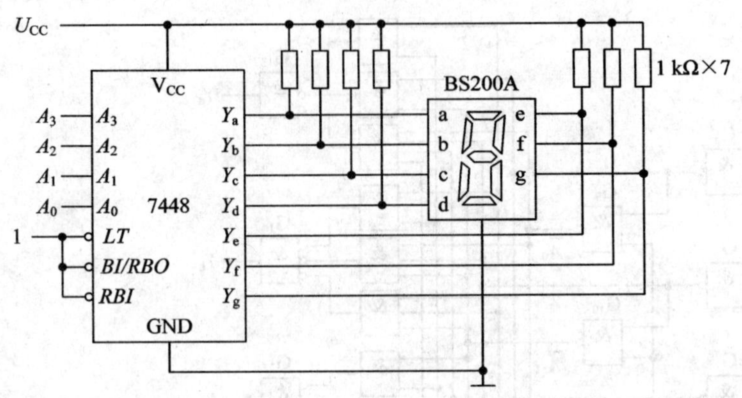

图 3.3.16　7448 驱动 BS201A 的连接图

3. 二进制译码器的应用

1）译码器用于实现数据分配

（1）数据分配器的工作原理。在数据传输过程中，常常需要将一路数据分配到多个装置之一中，执行这种功能的电路称为数据分配器。这种电路相当于一个单刀多掷开关。在任何时候只有一路数据输出端和输入相连，而连到哪个输出端，是在地址码输入的控制下选择的。图 3.3.17(a)为四路数据分配器的等效示意电路；图 3.3.17(b)是它的逻辑图；图 3.3.17(c)是它的逻辑符号。图中 G 为传送数据输入端；A_1、A_0 为地址码输入端；Y_3、Y_2、Y_1、Y_0 为输出的数据通道。

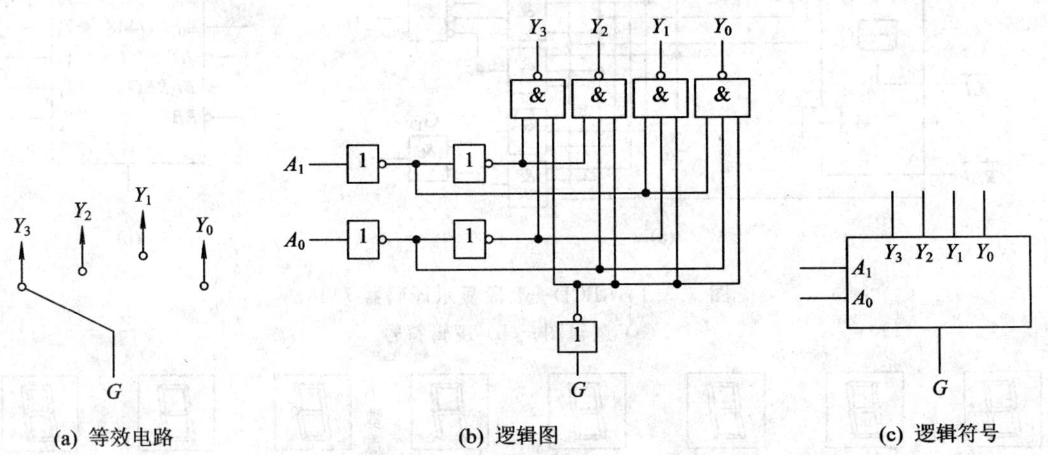

图 3.3.17　四输出多路数据分配器

(a) 等效电路；(b) 逻辑图；(c) 逻辑符号

由图 3.3.17(b)可知，当 $A_1A_0=00$ 时，数据 G 就从 Y_0 中通过，即 $Y_0=G$，其他输出端输出皆为 0，依次类推，可以得出其他通道的情况。

输入的数据 G 实际上仅为 0 或 1，输出通路中仅有一路与 G 一致，其余通路上皆没有输出。

数据分配器的一般表达式为：

$$Y_i = G$$

其中，i 为地址码 $A_{n-1}\cdots A_0$ 的十进制数。

(2) 用二进制译码器作为数据分配器。如将 74LS139 译码器的使能端 G 作为数据输入端，译码器中的数据输入端作为数据分配器中的地址输入端，即将 74LS139 译码器的 A 端、B 端分别作为数据分配器中的 A_0 地址端及 A_1 地址端，则 74LS139 译码器的一半就可作为一个四输出的数据分配器，如图 3.3.17 所示。

同理，如将 3—8 译码器 74LS138(逻辑符号见图 3.3.10(b))的使能端 G 作为数据输入端，将 G_{2A}、G_{2B} 端接地，3—8 译码器的数据输入端 C、B、A 分别接对应的地址码 A_2、A_1、A_0，则有：

$$\overline{Y}_i = \overline{I}$$

其中，i 为地址码 $A_{n-1}\cdots A_0$ 的十进制数。

可见，3—8 译码器可作为 1—8 数据分配器，在集成电路手册中，译码器与分配器为同一个型号。

2) 译码器用于实现组合逻辑电路

由前面分析可知，n 位二进制译码器的输出给出了 n 变量的全部最小项，因而用 n 变量二进制译码器和或门(当译码器的输出为原函数 $m_0\cdots m_{2^n-1}$ 时)或者和与非门(当译码器的输出为反函数 $\overline{m}_0\cdots\overline{m}_{2^n-1}$ 时)将这些最小项适当地组合起来，就定能获得任何形式的输入变量不大于 n 的组合逻辑函数。

例 3.3.2　用译码器设计一个一位全加器。

解　第一步：写出符合题意的真值表。设一位全加器的三个输入分别为被加数输入 a_i、加数输入 b_i、低位向本位的进位输入 C_{i-1}，本位和输出为 S_i，本位进位输出为 CO，则此一位全加器的真值表如表 3.3.5 所示。

表 3.3.5　一位全加器真值表

C_{i-1}	a_i	b_i	S_i	CO
0	0	0	0	0
0	0	1	1	0
0	1	0	1	0
0	1	1	0	1
1	0	0	1	0
1	0	1	0	1
1	1	0	0	1
1	1	1	1	1

第二步：由真值表写表达式。由表 3.3.5 所示的真值表可以得到：

$$\begin{cases} S_i = \sum m^3(1,2,4,7) \\ CO = \sum m^3(3,5,6,7) \end{cases}$$

第三步：将表达式用最小项的非表示。

$$\begin{cases} S_i = \overline{\overline{m_1} \cdot \overline{m_2} \cdot \overline{m_4} \cdot \overline{m_7}} \\ CO = \overline{\overline{m_3} \cdot \overline{m_5} \cdot \overline{m_6} \cdot \overline{m_7}} \end{cases}$$

第四步：按最小项非的表达式连接电路。图 3.3.18 给出了用 74LS138 及 74LS20 组成的一位全加器的电路图。

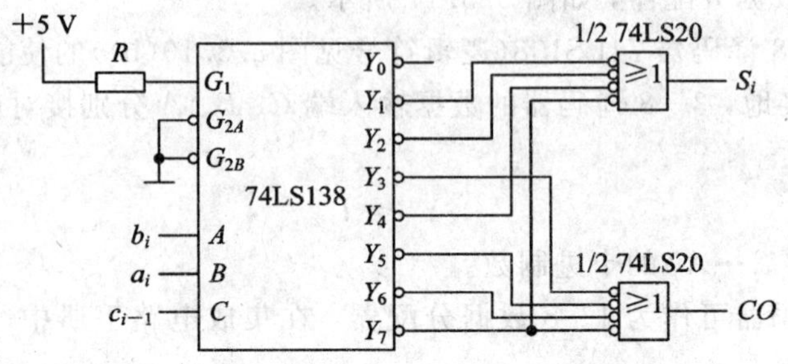

图 3.3.18　用 74LS138 实现的一位全加器电路图

3）二进制译码器的级联

当要求对多个输入变量进行译码时，可以将多个二进制译码器级联，以达到设计的要求。

例 3.3.3　用两个 3—8 译码器组成一个 4—16 译码器。

解　第一步：芯片个数的确定。由于一片 3—8 译码器只能提供 8 个输出端，因而本题的设计需要 2 片 3—8 译码器。

第二步：输入端的设计。此步需要考虑谁是高位片谁是低位片，即要解决如何将各级联的芯片分时工作，从而确保输入代码与输出对象的一致性。

第三步：使能端的设计。为确保系统可靠工作，必须合理设计芯片的使能端。

第四步：连接线路。图 3.3.19 给出了两片 74LS138 级联的逻辑图。当输入端的输入变量增加时，则通常采用树形结构的级联方式，而树形结构的级联又称为二级译码。由于从输入到输出需经过两级以上的级联，因此速度较慢。按这种方法，在 n 较大时，还可以采用树形结构的三级译码方案。

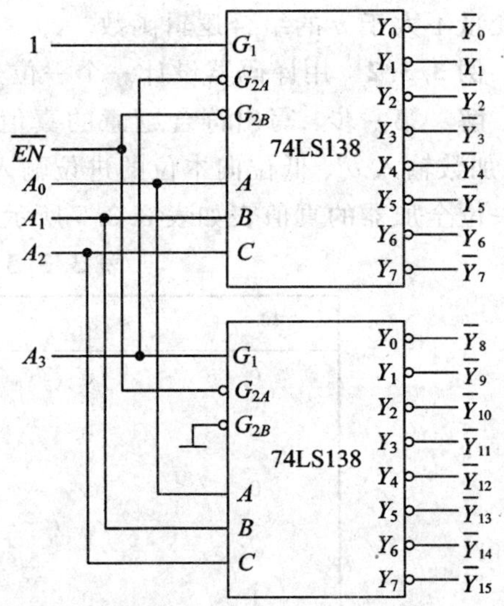

图 3.3.19　用 74LS138 设计 4—16 译码器

3.3.3　加法器

加法器是按照第 1 章讨论的二进制加法运算规则，对两个二进制操作数进行处理的器件，它是计算机算术逻辑部件中的基本组成部分。此外，它还可用于数字系统中多种逻辑电路。常用的加法器分为半加器和全加器。

1. 1 位加法器

1）半加器

半加器是对两个 1 位二进制数 A 和 B 进行加法运算的器件。表 3.3.6 给出了一位半加器的真值表，其中 S 是本位上的和，CO 是向高位的进位。由表我们不难得出：

$$\begin{cases} S = \overline{A}B + A\overline{B} = A \oplus B \\ CO = AB \end{cases} \tag{3.3.4}$$

表 3.3.6　半加器的真值表

输　入		输　出	
A	B	S	CO
0	0	0	0
0	1	1	0
1	0	1	0
1	1	0	1

由此，半加器可以用一个异或门和一个与门组成，图 3.3.20 给出了由异或门和与门组成的半加器的逻辑图及符号。

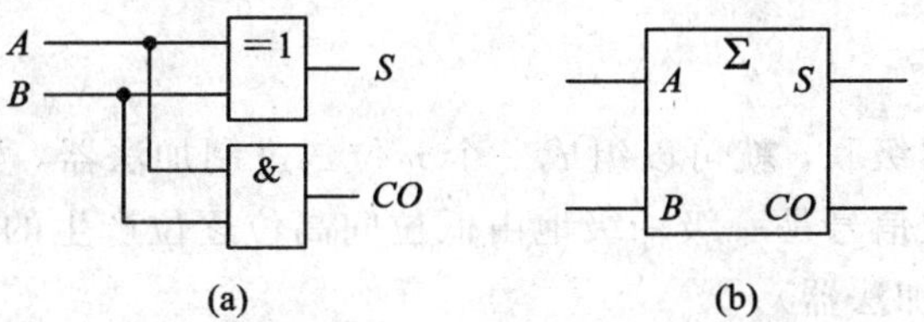

图 3.3.20　一位半加器

(a) 逻辑图；(b) 符号

2）全加器

全加器是用于完成两个对应位的加数和来自低位的进位 3 个数进行加法运算的器件。表 3.3.7 给出了一位全加器的真值表，其中 S 是本位上的和，CO 是向高位的进位，CI 是低位向本位的进位输入。由表 3.3.7 可以得出：

$$\begin{cases} S = \overline{A}B\overline{CI} + A\overline{B}\overline{CI} + \overline{A}\overline{B}CI + ABCI = A \oplus B \oplus C \\ CO = AB\overline{CI} + \overline{A}BCI + A\overline{B}CI + ABCI = AB + ACI + BCI \end{cases} \tag{3.3.5}$$

表 3.3.7　全加器的真值表

输　入			输　出	
A	B	CI	S	CO
0	0	0	0	0
0	0	1	1	0
0	1	0	1	0
0	1	1	0	1
1	0	0	1	0
1	0	1	0	1
1	1	0	0	1
1	1	1	1	1

图 3.3.21 给出了双全加器 74LS183 的 1/2 逻辑图及逻辑符号。

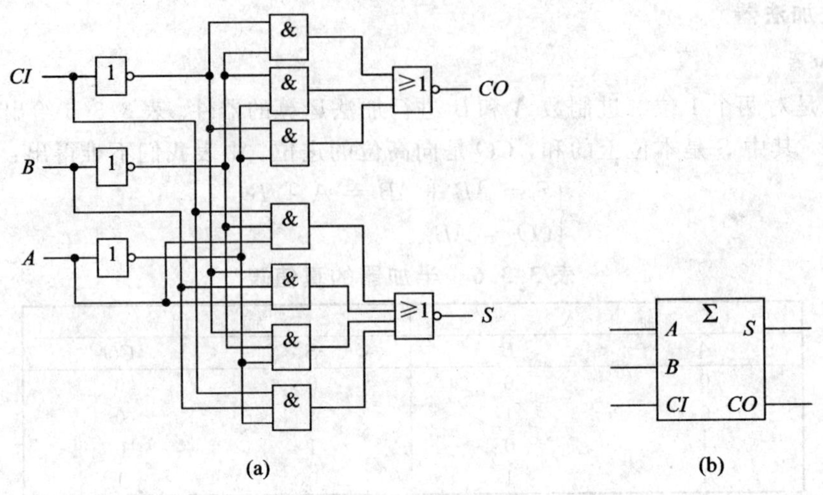

图 3.3.21　双全加器 74LS183
(a) 1/2 逻辑图；(b) 1/2 74LS183 逻辑符号

2. 多位加法器

1) 串行进位加法器

把 n 个一位全加器级联，就可以组成一个 n 位二进制加法器，如图 3.3.22 所示。由图可知这种加法器的进位信号是一级一级地由低位向高位逐位产生的，故又称为串行进位加法器(或称为行波进位加法器)。

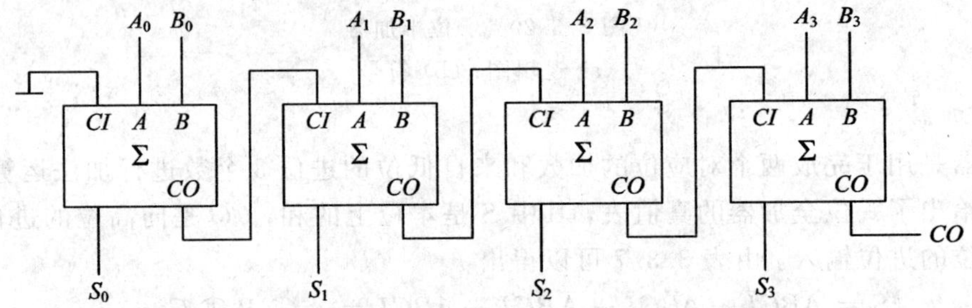

图 3.3.22　4 位串行进位加法器

由于这种电路的最大缺点是它的进位方式是逐位产生的，因此该电路的运算速度较低，在最不利的条件下，进行一次加法运算所需的时间至少要经过 n 位全加器的传输延迟时间，才能得到稳定可靠的运算结果。

2) 超前进位加法器

为了提高运算速度，必须设法减小由于进位信号逐级传递所耗费的时间，解决的方法是采用超前进位的方法，这种具有超前进位的加法器称为超前进位加法器，有时也称为快速进位加法器。

超前进位加法器的设计原理是：由全加器的真值表(如表 3.3.7 所示)可得第 i 位的进位输出：

$$(CO)_i = A_iB_i + (A_i + B_i)(CI)_i \tag{3.3.6}$$

设 $G_i = A_iB_i$，$P_i = A_i + B_i$，则上式可写为：

$$(CO)_i = G_i + P_i(CI)_i \tag{3.3.7}$$

由此递推就可以得到：

$$\begin{aligned}(CO)_i &= G_i + P_i(CI)_i \\ &= G_i + P_i[G_{i-1} + P_{i-1}(CI)_{i-1}] \\ &\vdots \\ &= G_i + P_iG_{i-1} + P_iP_{i-1}G_{i-2} + \cdots + P_iP_{i-1}\cdots P_1G_0 + P_iP_{i-1}\cdots P_0(CI)_0\end{aligned} \tag{3.3.8}$$

从式(3.3.7)不难看出，第 i 位的进位输出 $(CO)_i$ 直接由输入信号 $A_0 \sim A_i$、$B_0 \sim B_i$ 及 $(CI)_0$ 决定，而不像串行进位加法器那样逐级地串行产生进位，从而大大地提高了加法运算速度。

MSI 加法器的产品有 74LS283 快速进位 4 位二进制加法器，它的内部采用超前进位技术。其逻辑电路及逻辑符号如图 3.3.23 所示。

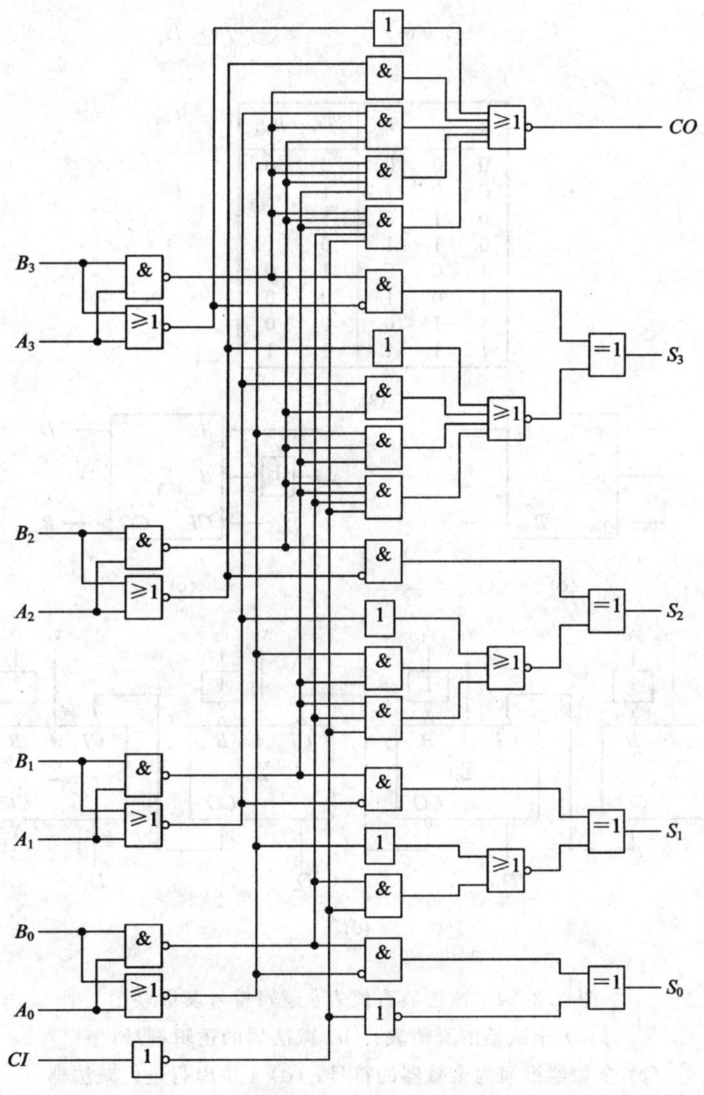

图 3.3.23　4 位超前进位加法器 74LS283

3. MSI 加法器的应用

1) 将全加器推演为全减器

全减器是完成 1 位二进制减法运算的器件，它有三个输入端(被减数 x、减数 y 及低位向本位的借位 B_{in})和两个输出端(差 D 和本位向高位的借位 B_{out})，全减器的真值表如图 3.3.24(a)所示，由真值表可得到逻辑表达式：

$$\begin{aligned} D &= x \oplus y \oplus B_{in} \\ B_{out} &= \bar{x}y + \bar{x}B_{in} + yB_{in} \end{aligned} \tag{3.3.9}$$

根据逻辑表达式可用逻辑门电路组成全减器，其逻辑符号如图 3.3.24(b)所示。在实际应用中，并没有专门的全减器器件，而是用全加器实现全减器的功能。为此需改变逻辑表达式(3.3.9)为

$$\begin{aligned} \overline{B}_{out} &= x\bar{y} + x\overline{B}_{in} + \bar{y}\overline{B}_{in} \\ D &= x \oplus y \oplus B_{in} = x \oplus \bar{y} \oplus \overline{B}_{in} \end{aligned} \tag{3.3.10}$$

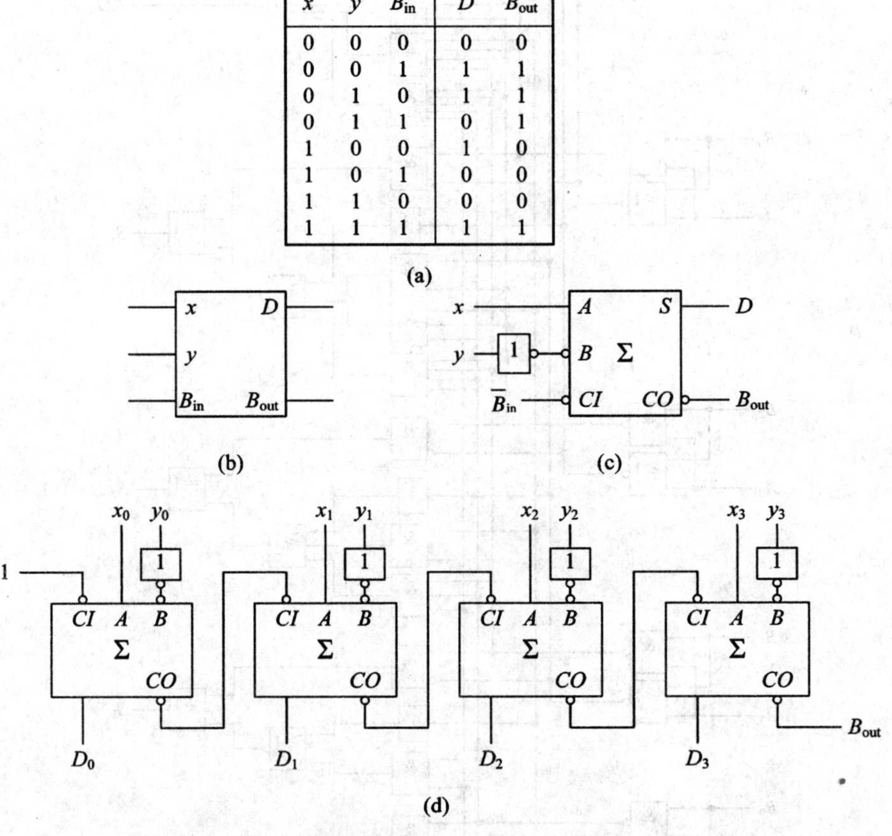

x	y	B_{in}	D	B_{out}
0	0	0	0	0
0	0	1	1	1
0	1	0	1	1
0	1	1	0	1
1	0	0	1	0
1	0	1	0	0
1	1	0	0	0
1	1	1	1	1

图 3.3.24 减法器真值表、逻辑符号及级联图

(a) 全减器的真值表；(b) 减法器的逻辑符号；

(c) 全加器推演为全减器的符号；(d) 4 位串行进位减法器

比较全加器的逻辑表达式(3.3.5)可知，在不改变电路的条件下，把其中输入 B、CI

及 CO 改为低有效时，则可将一个全加器推演为一个全减器了。如图 3.3.24(c)所示，如果将 n 位全减器级联，便可得到一个 n 位串行进位全减器。注意：此时减法器中最低位的借位输入应为无效，即为 1。图 3.3.24(d)给出了 4 位串行进位全减器的逻辑图。

2）用加法器进行组合逻辑电路的设计

加法器是一个算术运算器件，它既可作二进制加法运算，也可实现补码的减法运算。例如，外加控制电路能实现多种算术、逻辑运算，除此之外，还能应用于十进制代码运算及代码间的转换等。若能将逻辑函数化简为输入、输出变量或输入变量与常数在数值上相加的关系，此时用加法器来设计组合逻辑电路就非常方便。

例 3.3.4 设计一个代码转换电路，将十进制代码的 8421 码转换为余 3 码。

解 以 8421 码为输入、余 3 码为输出，可得到其代码转换电路的逻辑真值表如表 3.3.8 所示。

表 3.3.8 例 3.3.4 的逻辑真值表

输入				输出			
D	C	B	A	Y_3	Y_1	Y_2	Y_0
0	0	0	0	0	0	1	1
0	0	0	1	0	1	0	0
0	0	1	0	0	1	0	1
0	0	1	1	0	1	1	0
0	1	0	0	0	1	1	1
0	1	0	1	1	0	0	0
0	1	1	0	1	0	0	1
0	1	1	1	1	0	1	0
1	0	0	0	1	0	1	1
1	0	0	1	1	1	0	1

由真值表 3.3.8 可得：

$$Y_3Y_2Y_1Y_0 = DCBA + 0011 \tag{3.3.11}$$

根据式(3.3.11)，用一片 4 位加法器 74LS283 便可接成满足要求的代码转换电路，如图 3.3.25 所示。

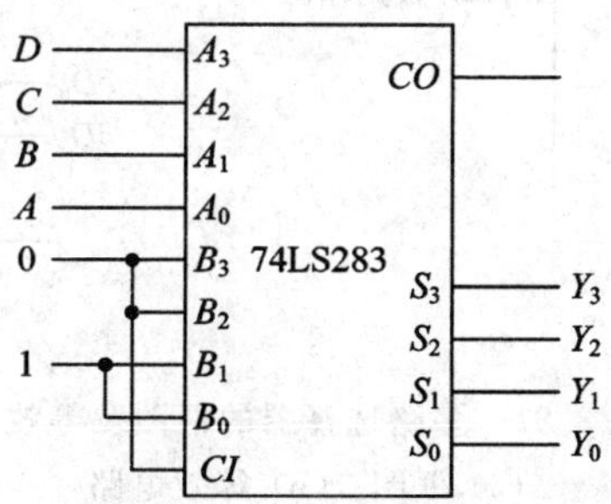

图 3.3.25 例 3.3.4 的代码转换电路

例 3.3.5 试用 4 位二进制加法器 74LS283 设计一个代码转换电路，将余 3 码转换为 8421 BCD 码。

解题思路：由表 3.3.8 可知，8421 BCD 码加上 0011 即得到余 3 码，因此将余 3 码减去 0011 就是 8421 BCD 码。数字电路中是将减法运算变成加法运算进行的，即减去一个数等于加上该数的补码。0011 的补码是 1101。

解 由上述分析可得：

$$Y_3Y_2Y_1Y_0 = DCBA + 1101 \tag{3.3.12}$$

由式(3.3.11)得到满足要求的代码转换电路，如图 3.3.26 所示。

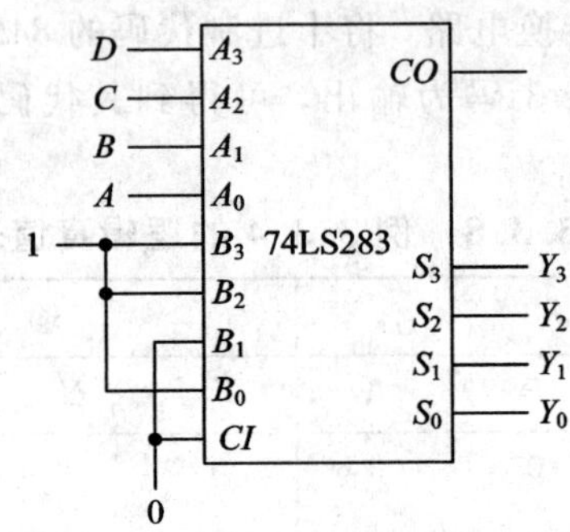

图 3.3.26 例 3.3.5 的代码转换电路

3.3.4 数据选择器

数据选择器又称多路选择器(简记为 MUX)，是一个数字开关，它每次可以从 n 组数据源中选择一组数据送至输出端，如图 3.3.27 所示。其中，b 表示每组数据源的宽度，s 表示地址输入端的位数，使能端 EN 的功能为：当 $EN=0$ 时，所有的输出为 0，即没有数据输出。

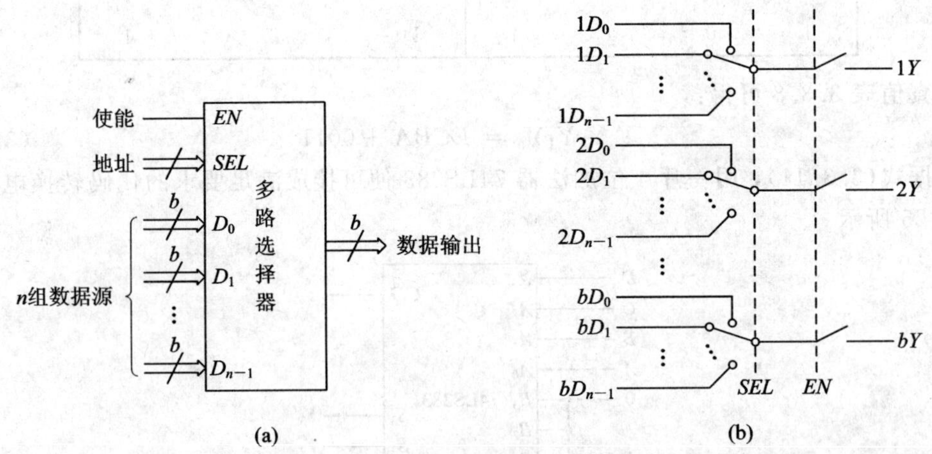

图 3.3.27 多路选择器的框图及等效电路
(a) 框图；(b) 等效电路

由图 3.3.27(b)可看出，多路选择器类似于一个开关电路，与机械开关的区别是多路选择器不能双向传输，而只能从输入到输出。

从 n 组数据源中选择哪一组源数据传送到输出端，由地址输入端的输入值决定。地址输入端的位数 s 与 n 的关系为：$n=2^s$。常用的多路选择器有：$n=2$，4，8 或 16；$b=1$，2 或 4；相应有；$s=1$，2，3 或 4。

s 位地址输入信号共有 2^s 种组合(最小项)，每一种组合(最小项)对应的选择 $n(=2^s)$ 组输入源数据中的一组，其一般的逻辑表达式可写为

$$KY = \sum_{i=0}^{n-1} EN \cdot m_i \cdot KD_i \qquad (K = 1, 2, \cdots, b) \tag{3.3.13}$$

式中，KY 为输出位($1 \leqslant K \leqslant b$)；$KD_i$ 是第 i 组输入源数据的第 K 位；m_i 是 KD_i 的地址，由 s 位地址输入端给出。

1. 标准的 MSI 多路数据选择器

常用的 MSI 多路数据选择器有：八选一多路数据选择器 74LS151，4 位二选一多路数据选择器 74LS157 及 2 位四选一多路数据选择器 74LS153。下面分别加以介绍。

1）八选一多路数据选择器 74LS151

图 3.3.28 给出了 74LS151 的逻辑图及逻辑符号。图中有三个地址输入端 C、B、A，C 为地址的高位端，A 为地址的低位端；8 个数据输入端 $D_0 \sim D_7$；2 个互反输出 $Y/\overline{Y}$ 及一个低有效的使能输入端 EN。

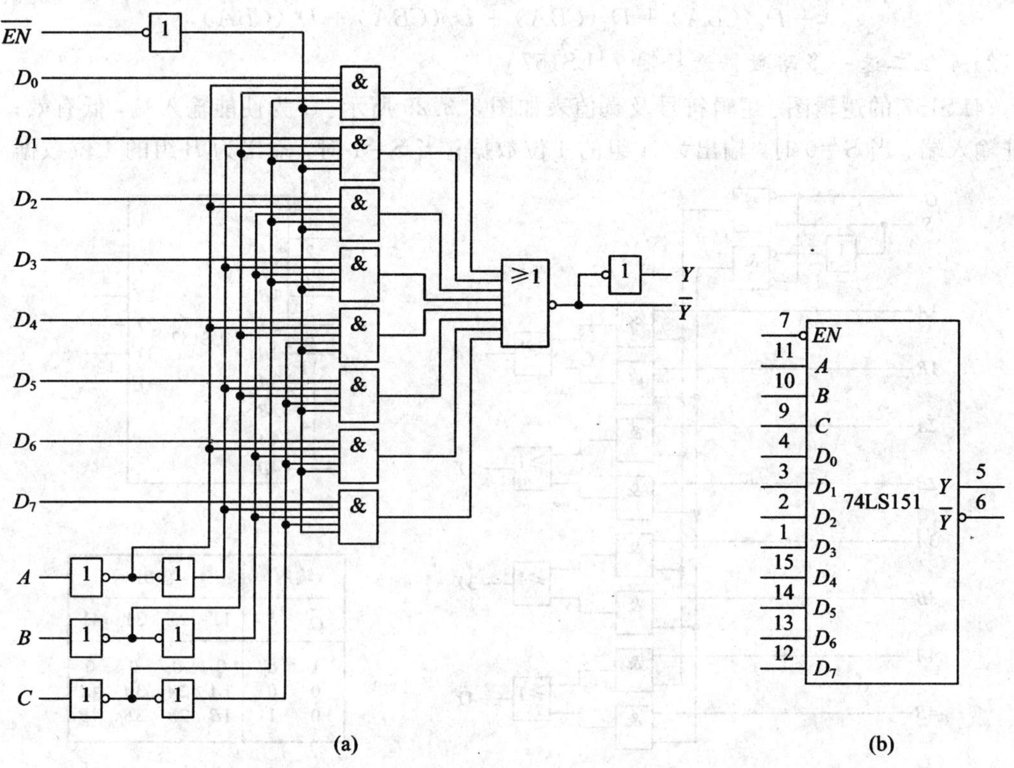

图 3.3.28　八选一多路数据选择器 74LS151

(a) 逻辑图；(b) 逻辑符号

表 3.3.9 是一个简化真值表。另外，其地址输入端带有多余的非门，其目的是为了减少驱动 74LS151 所需的电流及提高电路的抗干扰能力。

表 3.3.9　74LS151 简化真值表

输入				输出	
$\overline{EN}$	C	B	A	Y	$\overline{Y}$
1	d	d	d	0	1
0	0	0	0	D_0	$\overline{D}_0$
0	0	0	1	D_1	$\overline{D}_1$
0	0	1	0	D_2	$\overline{D}_2$
0	0	1	1	D_3	$\overline{D}_3$
0	1	0	0	D_4	$\overline{D}_4$
0	1	0	1	D_5	$\overline{D}_5$
0	1	1	0	D_6	$\overline{D}_6$
0	1	1	1	D_7	$\overline{D}_7$

由真值表 3.3.9 可以写出其输出表达式为

$$Y=\begin{bmatrix}D_0(\overline{C}\overline{B}\overline{A})+D_1(\overline{C}\overline{B}A)+D_2(\overline{C}B\overline{A})+D_3(\overline{C}BA)\\+D_4(C\overline{B}\overline{A})+D_5(C\overline{B}A)+D_6(CB\overline{A})+D_7(CBA)\end{bmatrix}\cdot EN \qquad (3.3.14)$$

2）4 位二选一多路数据选择器 74LS157

74LS157 的逻辑图、逻辑符号及真值表如图 3.3.29 所示。G 为使能输入端，低有效；S 为地址输入端。当 $S=0$ 时，输出为 A 组的 4 位数据；当 $S=1$ 时，输出为 B 组的 4 位数据。

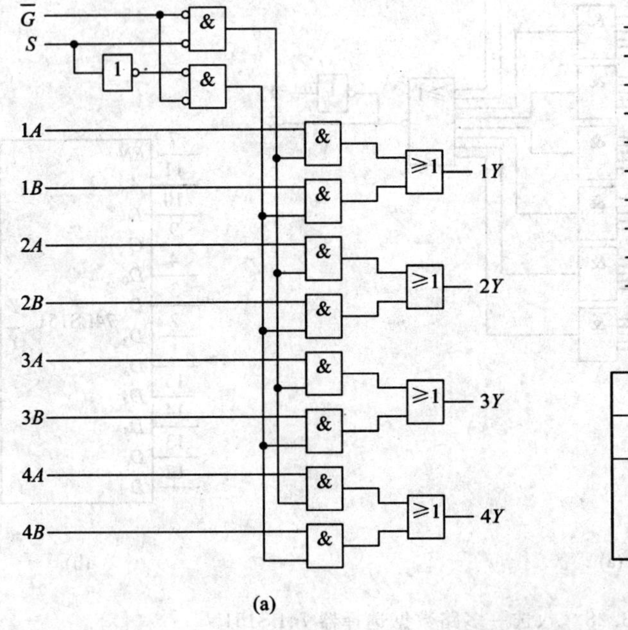

(a)

15 G
1 S
2 1A
3 1B
5 2A
6 2B
11 3A
10 3B
14 4A
13 4B
74LS157
1Y 4
2Y 7
3Y 9
4Y 12

(b)

输入		输出			
$\overline{G}$	S	1Y	2Y	3Y	4Y
1	d	0	0	0	0
0	0	1A	2A	3A	4A
0	1	1B	2B	3B	4B

(c)

图 3.3.29　74LS157 的逻辑图、逻辑符号及真值表

(a) 逻辑图；(b) 逻辑符号；(c) 真值表

由图 3.3.29 的真值表可以写出其输出表达式为

$$iY = [iA\overline{S} + iBS] \cdot G \qquad (1 \leqslant i \leqslant 4) \tag{3.3.15}$$

3）2 位四选一多路数据选择器 74LS153

74LS153 的逻辑图，逻辑符号及真值表如图 3.3.30 所示，它包含两个完全相同的四选一数据选择器。这两个数据选择器有公共的地址输入端，而数据输入端和输出端是各自独立的。通过给定不同的地址代码(即 B、A 的状态)，即可从 4 位数据中选出所要的一个，并送至输出端 $1Y$ 及 $2Y$。其中，使能输入端为 $1G$、$2G$，低有效，它们分别控制着数据 $1C_i$ 及 $2C_i$。

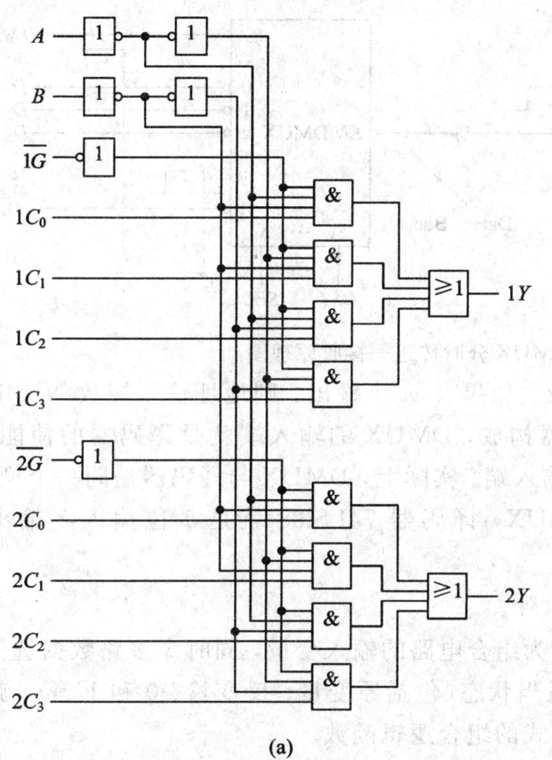

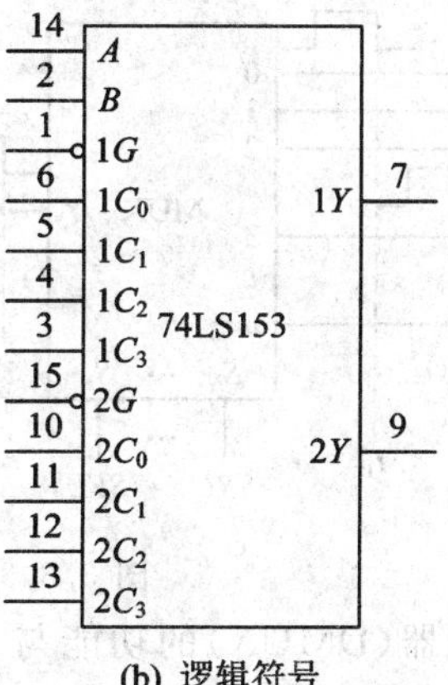

(b) 逻辑符号

输　入			输　出
$\overline{1G}/\overline{2G}$	B	A	$1Y/2Y$
1	d	d	0/0
0	0	0	$1C_0/2C_0$
0	0	1	$1C_1/2C_1$
0	1	0	$1C_2/2C_2$
0	1	1	$1C_3/2C_3$

(c)

图 3.3.30　74LS153 的逻辑图和逻辑符号及真值表

(a) 逻辑图；(b) 逻辑符号；(c) 真值表

由图 3.3.30 的真值表可以写出其输出表达式为

$$\begin{cases} 1Y = [1C_0(\overline{B}\overline{A}) + 1C_1(\overline{B}A) + 1C_2(B\overline{A}) + 1C_3(AB)] \cdot 1G \\ 2Y = [2C_0(\overline{B}\overline{A}) + 2C_1(\overline{B}A) + 2C_2(B\overline{A}) + 2C_3(AB)] \cdot 2G \end{cases} \tag{3.3.16}$$

2. MSI 多路数据选择器的应用

1）在计算机中的应用

如果需要把多组源数据中的一组数据传送到一个目标地址使用，则常用多路数据选择器来实现。在计算机中常用 MUX 在处理机的多个寄存器和它的算术逻辑单元(ALU)间进行数据的传输。例如，一个 16 位处理器，它的每条二进制代码指令中有 3 位是专门用来指定使用 8 个寄存器中的一个。如果把这 3 位连到一个输入为 16 位的多路数据选择器的地址输入端，把 8 个寄存器的输出端分别连到多路数据选择器的 8 个数据输入端，并把多路数据选择器的 16 位输出端连到算术逻辑单元 ALU，则执行指令就可选择寄存器进行传送。

2）多路数据选择器及多路数据分配器的配合应用

多路选择器可以从几个源数据中选择一个数据传送到总线上：多路数据分配器(Demultiplex, DMUX)接收从总线上传来的数据并分配给 m 个目标设备中的任一个，这样就可以把 n 个源数据及 m 个目标设备连接起来。在源地址数据输入信号 SRCSEL 及目标地址选择信号 DSTSEL 的控制下，就可以分时使用总线。其原理性说明框图如图3.3.31所示。

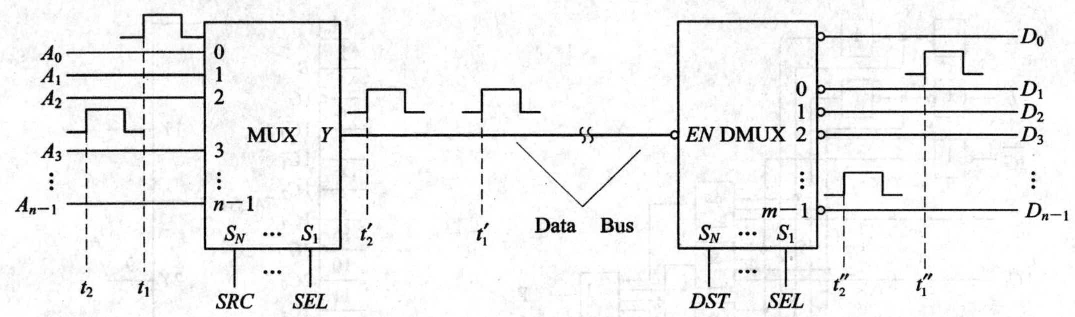

图 3.3.31 MUX/DMUX 分时传送—接收原理图

分配器(DMUX)的功能与 MUX 相反，如果有 m 个输出，则地址输入端数 $N=\mathrm{lb}m$。多路分配器可由带使能端的二进制译码器构成；DMUX 的输入端就是译码器的使能端，DMUX 的地址选择端就是译码器的数据输入端。实际上，DMUX 与译码器是同一个型号，如 74LS139 就是 1 位输入 4 输出的 DMUX，译码器 74LSl38 就是 1 位输入 8 输出的 DMUX。

3）多路数据选择器用于组合电路的设计

若将多路数据选择器的地址输入端作为组合电路的输入变量，同时令多路数据选择器的数据端为组合电路的其他输入变量的适当状态(包括原变量、反变量、0 和 1 等)，就可以在多路数据选择器的输出端产生任何形式的组合逻辑函数。

同理，用具有 n 位地址输入的数据选择器，可以产生任何形式输入变量数不大于 $n+1$ 的组合逻辑函数。

例 3.3.6 用 MUX 实现函数 $F(x,y,z)=\sum m^3(1,2,6,7)$。

解 函数 $F(x,y,z)$ 为 3 个变量的组合函数，所以可选择 74LS151 的 MUX。这是一个八选一的 MUX。把 x、y、z 分别连到 74LS151 的 C、B、A 地址输入端(注意连接顺序!)，并使数据输入端为

$$D_0=D_3=D_4=D_5=0$$
$$D_1=D_2=D_6=D_7=1$$

则输出端 Y 的输出即为 F，如图 3.3.32 所示。

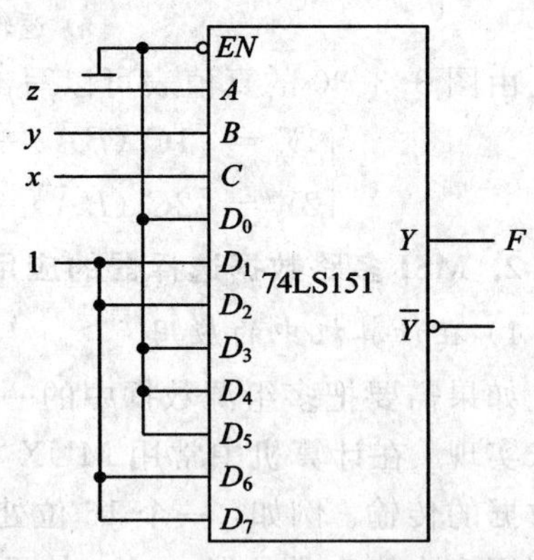

图 3.3.32 用 74LS151 实现例 3.3.6

在例 3.3.6 设计中，考虑到变量为 3，故选择

了八选一的 MUX 来实现。但这种设计并不是最佳的。因为 MUX 的价格是随着输入源数据的增大而提高的。如果我们选用 74LS153 来设计该组合逻辑电路，就可以降低成本。

将逻辑函数 F 改写成：

$$F=\overline{x}\,\overline{y}z+\overline{x}y\overline{z}+xy\overline{z}+xyz=\overline{x}\,\overline{y}z+\overline{x}y\overline{z}+xy \tag{3.3.17}$$

把 x、y 作为 74LS153 的地址输入端，把 z 作为源数据的输入端，则有

$$F=(\overline{x}\,\overline{y})\cdot z+(\overline{x}y)\cdot\overline{z}+(x\overline{y})\cdot 0+(xy)\cdot 1 \tag{3.3.18}$$

于是，$D_0=z$，$D_1=\overline{z}$，$D_2=0$，$D_3=1$，其逻辑图如图 3.3.33 所示。

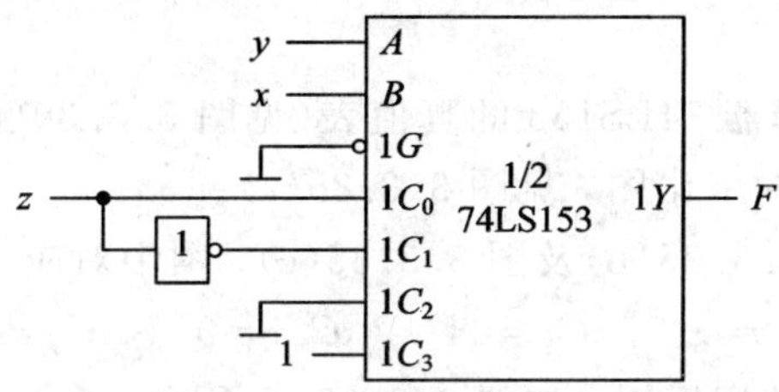

图 3.3.33　用 74LS153 实现例 3.3.6

这是一种利用 MUX 的源数据端作为被设计的逻辑函数中的一个变量的例子，从而减少了对 MUX 地址输入端变量数的方法。显然，这种方法(称为地址输入变量降维方式)可以有效地利用多路数据选择器。在这种方式中，MUX 数据输入端的输入值不仅可以是确定的 1 或 0，也可以是输入变量的其他形式。

按照上述思想，如果用多路数据选择器实现一个 n 变量的逻辑函数，则可以从 n 个变量中提取 i 个变量作为被选用的多路数据选择器中的地址输入变量，而将剩下的 $n-i$ 个变量的其他形式(包括原变量、反变量或逻辑表达式)和 0、1 作为 MUX 的 2^i 个源数据端的输入变量，即可获得实现所要求函数的逻辑电路。

例 3.3.7　用 74LS153 实现逻辑函数 $F=\overline{B}_1\overline{B}_0+A_1\overline{B}_1B_0+A_0\overline{B}_1B_0+A_1B_1\overline{B}_0+AA_1B_1B_0$。

解　该例题为 4 变量的组合逻辑函数，而 74LS153 的地址输入端只有 2 个，因此必须有 2 个变量要作为数据输入。如把 B_1、B_0 作为地址输入，即将 B_1、B_0 分别连到 74LS153 的 B、A 地址输入端(注意连接顺序!)，则原函数可以改写为

$$F=1\cdot(\overline{B}_1\overline{B}_0)+(A_1+A_0)\cdot(\overline{B}_1B_0)+A_1\cdot(B_1\overline{B}_0)+A_1A_0\cdot(B_1B_0)$$

将函数式与 74LS153 的输出表达式比较，便可得：

$$1C_0=1,\quad 1C_1=A_1+A_0,\quad 1C_2=A_1,\quad 1C_3=A_1A_0$$

由此可得其逻辑图如图 3.3.34 所示。

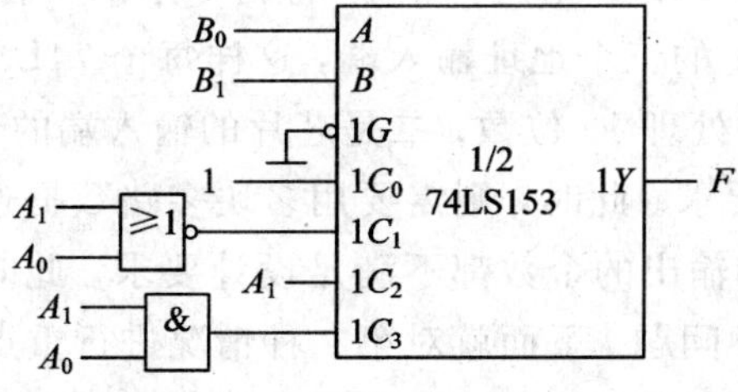

图 3.3.34　用 74LS153 实现例 3.3.7

确定多路数据选择器各数据输入端 D_i 的方法有两种。其一是用代数法，如例 3.3.6 中，将函数的最小项表达式改写为变量表达式(3.3.15)，然后，再与所选用的 MUX 输出的一般表达式进行比较，从而确定各数据输入端 D_i 的值。其二是采用卡诺图法。下面通过一个例子说明采用卡诺图的操作过程。

例 3.3.8 $F(x, y, z)=\sum m^3(1, 2, 3, 6)$。

解 (1) 选择 MUX。该函数为 3 变量函数，故选用四选一位多路选择器 74LS153；

(2) 作出含有变量 z 的 F 函数卡诺图(当 x、y 作为地址时)，画法如图 3.3.35(a)、(b)所示；

(3) 按照多路数据选择器 74LS153 的真值表(见图 3.3.30(c))，可作出地址输入端变量与 74LS153 数据选择器的卡诺图，见图 3.3.35(c)。

(4) 确定 C_i，对比图 3.3.35(b)及图 3.3.35(c)，图中对应小方格即为 C_i 的取值，即

$$C_0=z \qquad C_1=1 \qquad C_2=0 \qquad C_3=\bar{z}$$

(5) 画出实现 F 函数的逻辑图，如图 3.3.35(d)所示。

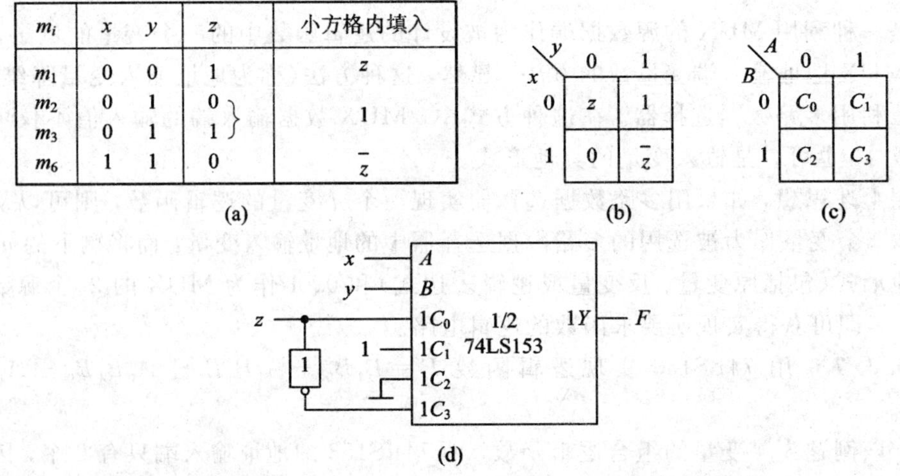

m_i	x	y	z	小方格内填入
m_1	0	0	1	z
m_2	0	1	0	1
m_3	0	1	1	
m_6	1	1	0	$\bar{z}$

图 3.3.35 含变量 z 的 F 卡诺图及 74LS153 的卡诺图

4) 多路数据选择器的扩展

在实际应用中，不一定有完全适用的多路选择器，这可能有三种情况：一是芯片的输入端的个数满足设计要求，但芯片的输出端个数不满足设计要求，对这种情况可采用多个同型号的 MUX 进行输出端的扩展来解决。例如，16 位微处理器系统中，有 8 个寄存器，则可用 16 个 74LS151(八选一的数据选择器)，将指令中的 3 位寄存器的二进制代码输出端分别连接到所有 74LS151 的三个地址输入端，这样每个 74LS151 处理 1 位的所有输入、输出，合在一起就可以同时处理 16 位数；二是芯片的输入端的个数不满足设计要求，但芯片输出端的个数满足设计要求。此时，则需要用多块多路数据选择器进行级联即可解决这种问题。三是芯片的输入和输出的个数都不满足设计要求。此时，同时使用情况一和情况二的解决方法即可解决这种问题。下面就对第二种情况进行重点阐述。

对输入端的扩展，可利用多路数据选择器的使能输入端。即将芯片的地址输入端作为被设对象的低位地址(注意连接顺序!)，而用芯片的使能端进行被设对象的高位地址的设

计。当然还可以采用多级 MUX 的树形结构进行设计。

多级 MUX 的树形结构就是将多路数据选择器分级连接。低级 MUX 的输出作为其高一级 MUX 的数据输入，低位地址输入端用来控制低级 MUX 的数据输出，高位地址输入端用来控制高一级 MUX 的数据输出，各级的使能输入端可统一控制。如图 3.3.36 所示是一个由 4 片八选一多路数据选择器 74LS151 与 1 片 1/2 74LS153 按树形结构组成的 32 输入 1 位输出的多路数据选择器的逻辑图。

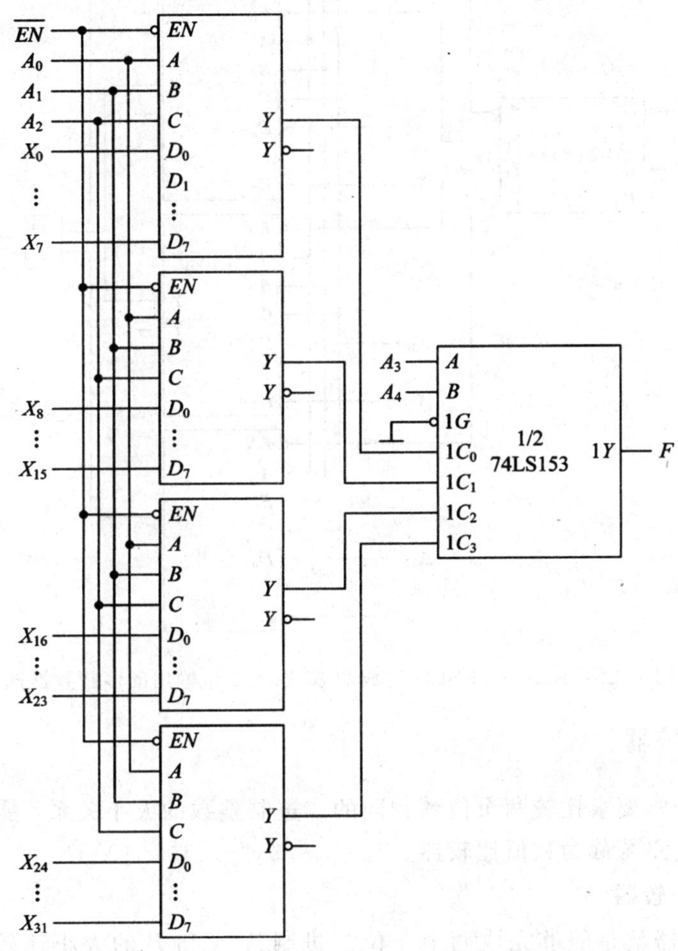

图 3.3.36　采用多级 MUX 树形结构实现的 32 输入 1 位输出的多路数据选择器逻辑图

例 3.3.9　设计一个 32 输入 1 位输出的多路数据选择器。

解　由题意可知，被设对象有 32 个数据输入，1 位数据输出，则被设对象需要有 5 个地址输入端（$s = \mathrm{lb}n$）。现设被设对象的 5 个地址输入为 $A_0 \sim A_4$，32 个数据输入为 $X_0 \sim X_{31}$。采用 4 个 74LS151，每个可以处理 8 位数据，这样将 32 位输入的数据分为四组，每组由一个 74LS151 处理。被设对象的低位地址输入端 A_0、A_1、A_2 直接与 4 个 74LS151 的 A、B、C（注意连接顺序！）相连，用以决定芯片内部选择的是哪个数据，而被设对象的高 2 位地址输入端直接与 2—4 译码器的输入端相连，通过 2—4 译码器产生 4 个输出，每个输出连到一个 74LS151 的使能输入端，用来决定进行 74LS151 芯片的选择，其构成如图 3.3.37 所示。

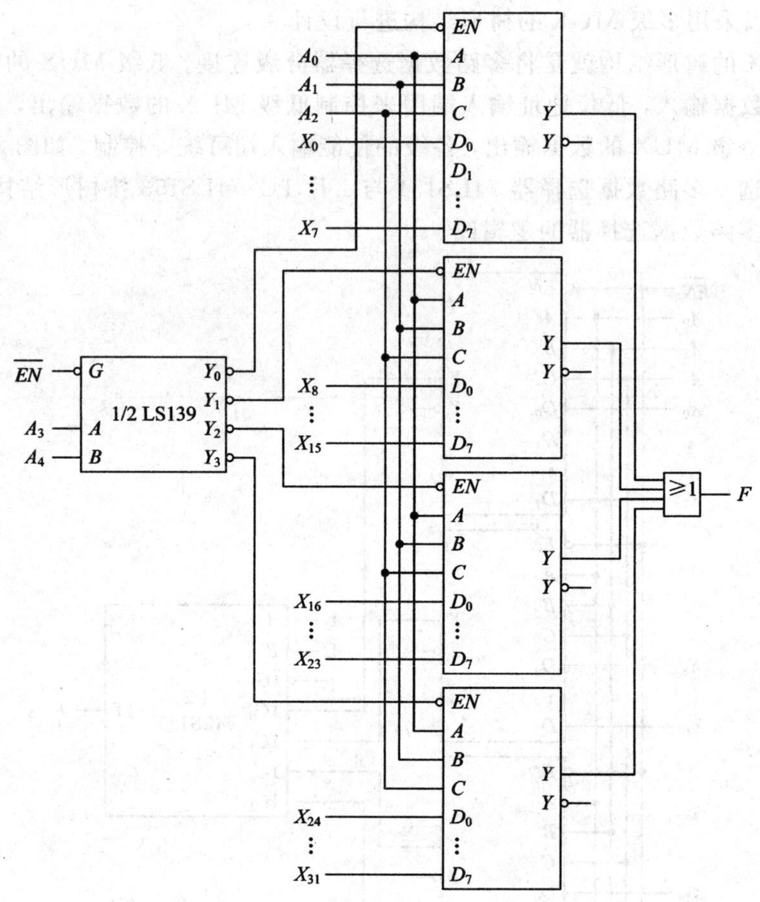

图 3.3.37　用 74LS151 及 1/2 LS139 组成的 32 输入 1 位输出的多路数据选择器逻辑图

3.3.5　数值比较器

在计算机中经常要求比较两个位数相同的二进制整数的大小关系，能够完成这种逻辑关系的各种逻辑电路统称为数值比较器。

1. 1 位数值比较器

1 位数值比较器就是能够完成两个 1 位二进制数 A 和 B 的大小比较的逻辑电路。图 3.3.38(a)给出了 1 位数值比较器的真值表。

A	B	$Y_{(A>B)}$	$Y_{(A=B)}$	$Y_{(A<B)}$
0	0	0	1	0
0	1	0	0	1
1	0	1	0	0
1	1	0	1	0

(a)

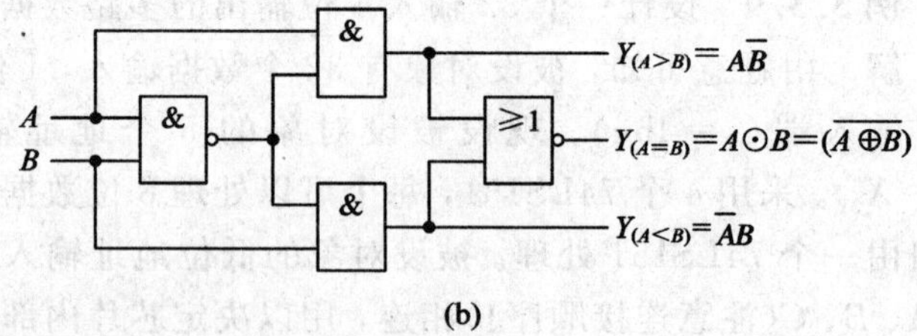

图 3.3.38　1 位数值比较器的真值表及逻辑图

(a) 真值表；(b) 逻辑图

由真值表可以分别写出其输出的逻辑关系为

$$\begin{cases} Y_{(A>B)} = A\overline{B} \\ Y_{(A=B)} = AB + \overline{A}\overline{B} = \overline{A \oplus B} \\ Y_{(A<B)} = \overline{A}B \end{cases} \tag{3.3.19}$$

由式(3.3.19)可以得出 1 位数值比较器的逻辑图如图 3.3.38(b)所示。

2. 多位数值比较器

能够完成两个多位数大小比较的逻辑电路统称为多位数值比较器。如果将两个 1 位比较器进行级联，则就可以实现一个多位数值的比较。

在两个多位数进行大小比较时，必须按自高而低的顺序逐位进行比较，而且只有在高位数值相等时，才需要进行低位数值的比较。

例如，A、B 是两个 n 位二进制数 $A_{n-1}A_{n-2}\cdots A_0$ 和 $B_{n-1}B_{n-2}\cdots B_0$，在对它们进行比较时应首先比较 A_{n-1} 和 B_{n-1}，如果 $A_{n-1}>B_{n-1}$，那么不管其他低位的数值各为何值，则其比较的结果为 $A>B$。反之，若 $A_{n-1}<B_{n-1}$，不管其他低位数值为何值，则其比较的结果为 $A>B$。只有当 $A_{n-1}=B_{n-1}$ 时，才必须通过比较下一位 A_{n-2} 和 B_{n-2} 来判断 A 和 B 的大小。依此类推，就可以得出最后的比较结果。

3. MSI 比较器

1) 4 位数值比较器 74LS85

常用的 MSI 比较器是 74LS85，是一个 4 位数值比较器。图 3.3.39 给出了 74LS85 的逻辑图，表 3.3.10 给出了 74LS85 的真值表，可以对 A、B 两组二进制整数进行数值比较，判断其大、小、相等关系。74LS85 具有三个级联输入端($I_{(A>B)}$、$I_{(A<B)}$、$I_{(A=B)}$)和三个输出端($Y_{(A>B)}$、$Y_{(A<B)}$、$Y_{(A=B)}$)。当 A、B 两组二进制整数的位数大于 4 时，利用三个级联输入端 $I_{(A>B)}$、$I_{(A<B)}$、$I_{(A=B)}$，可以将低位片的比较结果提供给高位片，当 A、B 两组二进制整数的位数不大于 4 时，应令 $I_{(A>B)}=I_{(A<B)}=0$，$I_{(A=B)}=1$。

表 3.3.10　74LS85 的真值表

比较输入				级联输入			输出		
$A_3\cdots B_3$	$A_2\cdots B_2$	$A_1\cdots B_1$	$A_0\cdots B_0$	$I_{(A>B)}$	$I_{(A<B)}$	$I_{(A=B)}$	$Y_{(A>B)}$	$Y_{(A<B)}$	$Y_{(A=B)}$
$A_3>B_3$	d	d	d	d	d	d	1	0	0
$A_3<B_3$	d	d	d	d	d	d	0	1	0
$A_3=B_3$	$A_2>B_2$	d	d	d	d	d	1	0	0
$A_3=B_3$	$A_2<B_2$	d	d	d	d	d	0	1	0
$A_3=B_3$	$A_2=B_2$	$A_1>B_1$	d	d	d	d	1	0	0
$A_3=B_3$	$A_2=B_2$	$A_1<B_1$	d	d	d	d	0	1	0
$A_3=B_3$	$A_2=B_2$	$A_1=B_1$	$A_0>B_0$	d	d	d	1	0	0
$A_3=B_3$	$A_2=B_2$	$A_1=B_1$	$A_0<B_0$	d	d	d	0	1	0
$A_3=B_3$	$A_2=B_2$	$A_1=B_1$	$A_0=B_0$	1	0	0	1	0	0
$A_3=B_3$	$A_2=B_2$	$A_1=B_1$	$A_0=B_0$	0	1	0	0	1	0
$A_3=B_3$	$A_2=B_2$	$A_1=B_1$	$A_0=B_0$	0	0	1	0	0	1

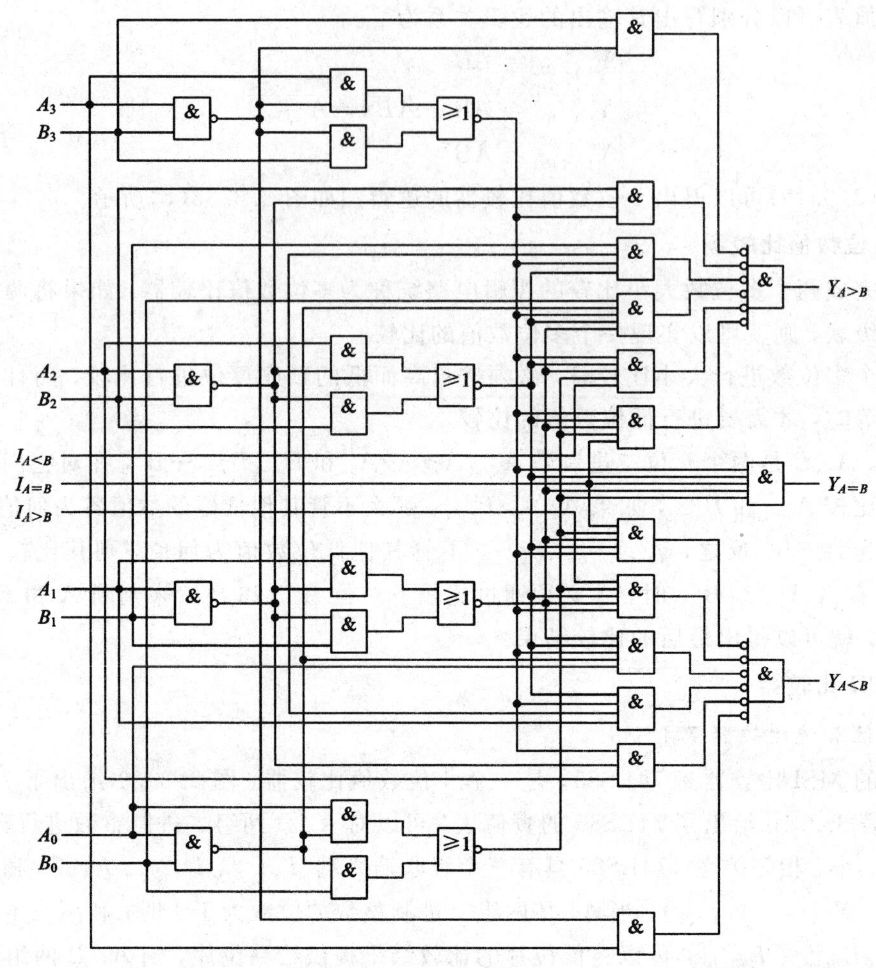

图 3.3.39　4 位数值比较器 74LS85

2）8 位数值比较器 74LS682

图 3.3.40 是 74LS682 的逻辑符号，由于 74LS682 没有级联输入端，因此同型号的 74LS682 不能级联扩展使用。

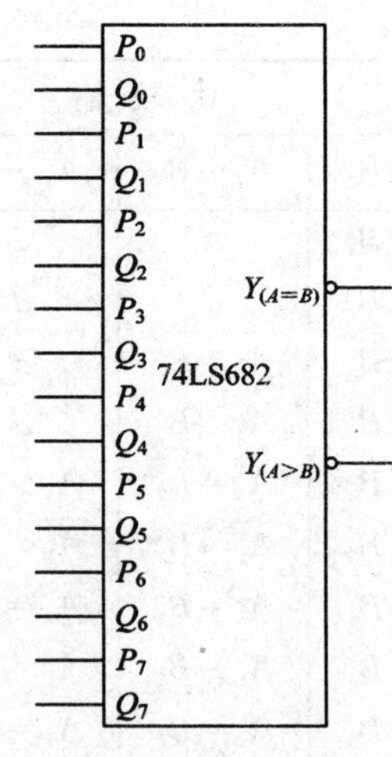

图 3.3.40　74LS682 逻辑符号

4. 数值比较器的应用

1）数值比较器的扩展

将多个 74LS85 进行级联之后，便可实现多位二进制整数的比较。应用级联输入端能扩展其逻辑功能。由 74LS85 的真值表(表 3.3.10)的最后三行可以看出，当 $A_3A_2A_1A_0=B_3B_2B_1B_0$ 时，比较的结果决定于级联输入端，这说明：

(1) 当应用一块芯片来比较 4 位二进制数时，应使级联输入端的 $I_{(A=B)}$ 端接 1，$I_{(A>B)}$ 端与 $I_{(A<B)}$ 端都接 0，这样就能完整地比较出三种可能的结果。

(2) 若要扩展比较位数，可应用级联输入端作片间连接。

数值比较器的扩展方式有两种，即串联方式扩展和并联方式扩展(树形结构扩展)。在串行比较电路中，由于是用从二个数的高位到低位逐位比较的，每位比较结果一级一级地传到输出端，因而延迟时间随着位数 n 的增加而增大。在并行比较电路中，由于各位数据是并行比较的，因而延迟时间将大大地减小，从而提高了比较的速度。

例 3.3.10　试用两片 74LS85 组成一个 8 位数值比较器。

解　采用串行方式扩展。由于一块 74LS85 只能进行 4 位数的比较，故依题意可知 8 位数的比较需要 2 块 74LS85。

又因为多位数进行比较时，必须按自高而低的顺序逐位进行比较，而且只有在高位数值相等时，才需要进行低位数值的比较，因此必须将两组输入数字中的高 4 位 $A_7A_6A_5A_4$ 和 $B_7B_6B_5B_4$ 接到最高位片 74LS85 上，而将两组输入数字中的低 4 位 $A_3A_2A_1A_0$ 和 $B_3B_2B_1B_0$ 接到最低位片 74LS85 上，同时将高位片的三个级联输入端 $I_{(A>B)}$、$I_{(A<B)}$、$I_{(A=B)}$ 接到最低位片的三个输出端，用于接收低位片的比较结果。而因为低位片 74LS85 不需要接收没有来自更低位的比较信号输入，所以它的三个级联输入端分别为：$I_{(A>B)}=I_{(A<B)}=0$，$I_{(A=B)}=1$。这样就得到了 8 位数值比较电路，如图 3.3.41 所示。

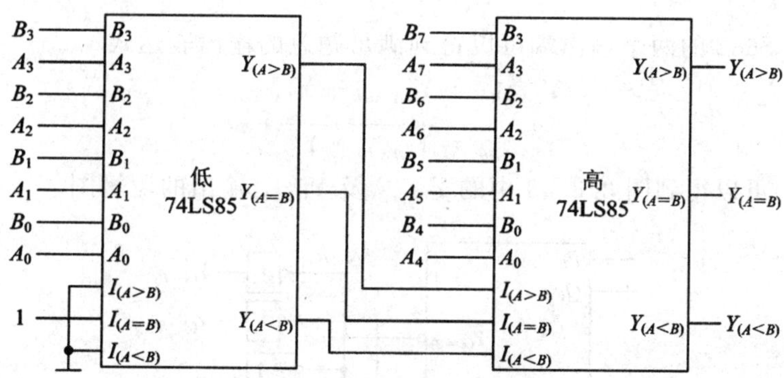

图 3.3.41　用两片 74LS85 组成 8 位数值比较器

例 3.3.11　试用 74LS85 组成一个 16 位数值比较器。

解　采用并联方式扩展。由于比较的位数较多，为了提高比较的速度，可以采用并联方式进行扩展。

首先将待比较的 16 位二进制数分成 4 组，各组的 4 位先进行第一级比较，此时数值的比较是并行进行的，然后再将每组的比较结果即第一级比较的结果输入到第 5 片 4 位比较器做第二级比较，最后得出最终的比较结果。这种方式从数据输入到输出只需要经过两倍的 4 位比较器的延迟时间。而如果采用串联方式，则需要经过 4 倍的 4 位比较器的延迟时间才能完成，如图 3.3.42 所示。

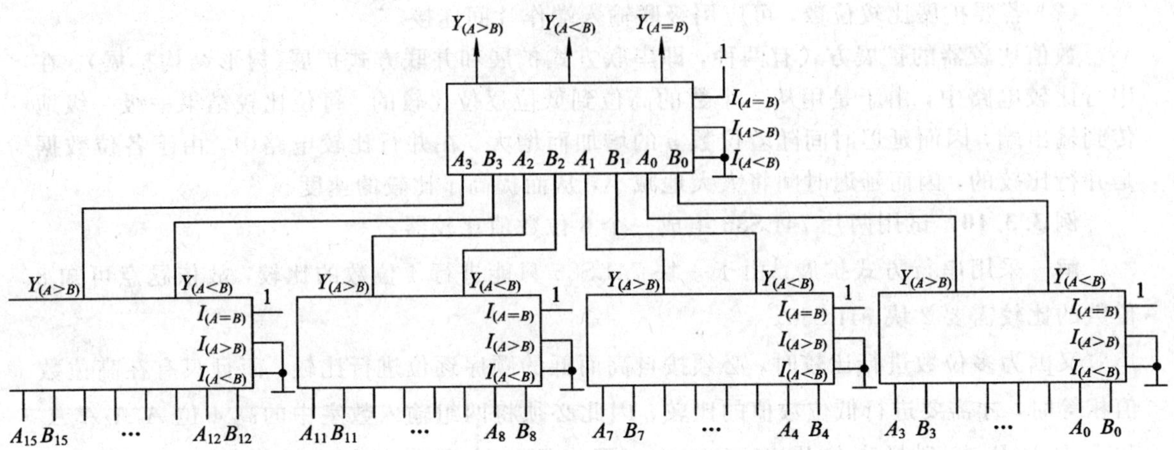

图 3.3.42 74LS85 组成的 16 位比较器

2) 74LS682 的应用

由于同型号的 74LS682 没有级联输入端，因而不能级联扩展使用，但是如果外加必要的其他逻辑门，则利用 74LS682 也可以实现各种条件的逻辑输出。

例 3.3.12 用 74LS682 设计一个具有大于等于(高有效)及小于(低有效)条件的逻辑输出。

解 由 74LS682 的两个输出端可以得到满足题意的输出表达式

$$
\begin{aligned}
Y_{(A\geqslant B)} &= Y_{(A=B)} + Y_{(A>B)} \\
\overline{Y}_{(A<B)} &= \overline{\overline{Y}_{(A=B)} \cdot \overline{Y}_{(A>B)}}
\end{aligned}
\tag{3.3.20}
$$

根据式(3.3.20)可以得到图 3.3.43 中的 $Y_{(A\geqslant B)}$ 及 $\overline{Y}_{(A<B)}$ 输出的逻辑图。

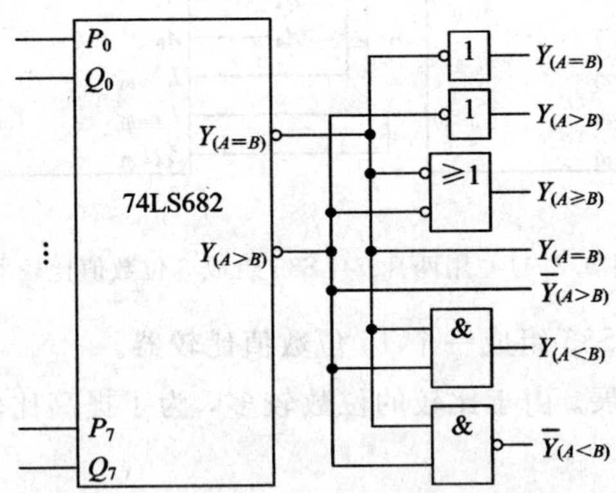

图 3.3.43 用 74LS682 实现的各种条件的输出

3.4 组合逻辑电路的设计方法

设计组合逻辑电路通常要求电路简单，所用器件的种类和每种器件的数目最少，器件之间的连线最少，使电路经济，工作可靠。电路的实现可以采用小规模集成门电路、中规模组合逻辑器件或者可编程逻辑器件，因此，逻辑函数的化简也要结合所选用的器件进行。

3.4.1　SSI设计方法

SSI设计方法的步骤如下：

(1) 明确实际问题的逻辑功能。许多实际设计要求用文字描述，因此，需要确定实际问题的逻辑功能，并确定输入、输出变量数及表示符号。

(2) 根据对电路逻辑功能的要求，列出真值表。

(3) 由真值表写出逻辑表达式。

(4) 选定器件类型。

(5) 简化和变换逻辑表达式，从而画出逻辑图。

例3.4.1　用集成门电路设计一个实现2位二进制数相乘的乘法电路。

解题思路：此题关键是能够根据2位二进制数相乘的16种情况，列出表示输出与输入关系的真值表。

解　(1) 进行逻辑抽象。由题意可知，2位二进制相乘应该有4个二进制数，它们分别用于表示被乘数中的两位数及乘数中的两位数，分别用 A_1、A_0、B_1、B_0 来表示。取 P_1、P_2、P_3、P_4 分别表示2位二进制数相乘的结果。

根据题意可列出真值表如表3.4.1所示。

表3.4.1　例3.4.1的真值表

A_1	A_0	B_1	B_0	P_3	P_2	P_1	P_0
0	0	0	0	0	0	0	0
0	0	0	1	0	0	0	0
0	0	1	0	0	0	0	0
0	0	1	1	0	0	0	0
0	1	0	0	0	0	0	0
0	1	0	1	0	0	0	1
0	1	1	0	0	0	1	0
0	1	1	1	0	0	1	1
1	0	0	0	0	0	0	0
1	0	0	1	0	0	1	0
1	0	1	0	0	1	0	0
1	0	1	1	0	1	1	0
1	1	0	0	0	0	0	0
1	1	0	1	0	0	1	1
1	1	1	0	0	1	1	0
1	1	1	1	1	0	0	1

(2) 写出逻辑函数表达式。由表3.4.1可得

$$P_0 = \overline{A}_1 A_0 \overline{B}_1 B_0 + \overline{A}_1 A_0 B_1 B_0 + A_1 A_0 \overline{B}_1 B_0 + A_1 A_0 B_1 B_0$$

$$P_1 = \overline{A}_1 A_0 B_1 \overline{B}_0 + \overline{A}_1 A_0 B_1 B_0 + A_1 \overline{A}_0 \overline{B}_1 B_0 + A_1 \overline{A}_0 B_1 B_0 + A_1 A_0 \overline{B}_1 B_0 + A_1 A_0 B_1 \overline{B}_0$$

$$P_2 = A_1 \overline{A}_0 B_1 \overline{B}_0 + A_1 \overline{A}_0 B_1 B_0 + A_1 A_0 B_1 \overline{B}_0$$

$$P_3 = A_1 A_0 B_1 B_0$$

(3) 选定器件类型。根据题意器件类型应该选为小规模集成门电路。但题中并没有限制门电路的类型，故用与门、非门和异或门等均可以。

(4) 写出最简的逻辑表达式。根据真值表可分别画出 P_0、P_1、P_2、P_3 的卡诺图如图 3.4.1 所示。

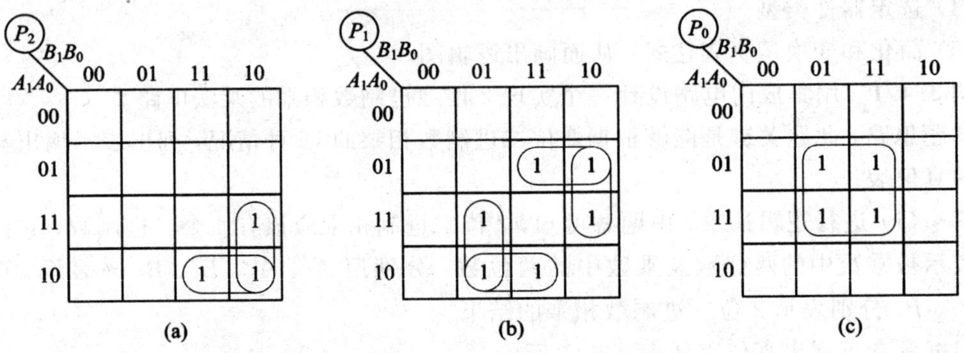

图 3.4.1 例 3.4.1 的卡诺图

由图 3.4.1 可以分别写出 P_1、P_2、P_3 的最简逻辑表达式，而 P_3 的表达式可以直接写出。

$$P_3 = A_1 A_0 B_1 B_0$$

$$P_2 = A_1 B_1 (\overline{A_0 B_0})$$

$$P_1 = A_1 B_0 (\overline{A_0 B_1}) + (\overline{A_1 B_0}) A_0 B_1$$

$$P_0 = A_0 B_0$$

(5) 画出简化和变换后的逻辑表达式的逻辑图。图 3.4.2 是用与门、非门和异或门实现的逻辑电路。

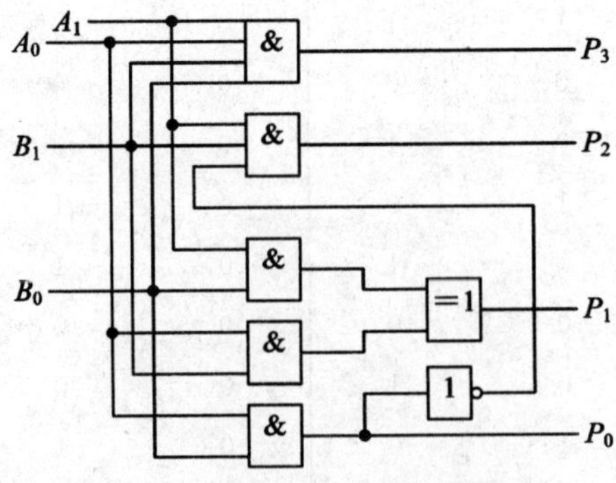

图 3.4.2 例 3.4.1 的逻辑电路图

3.4.2　MSI 设计方法

尽管 MSI 和 LSI 的应用，可以使数字设备的设计过程大为简化，但是运用 MSI 和 LSI 来设计数字系统，还没有一种简单的可适用于任何情况的统一规范可循，故设计的方法可以是多种多样的。

设计 MSI 时应该考虑的问题：

(1) 具有通用性——一个功能部件块可实现多种功能；

(2) 能自扩展——将多个功能部件适当连接后，可扩展成位数更多的复杂部件；

(3) 具有兼容性——便于不同品种、功能电路混合使用；

(4) 封装电路的功耗小——便于提高集成度和电路的可靠性；

(5) 向输入信号索取电流要小——为此，MSI 常常采用输入缓冲级；

(6) 充分利用封装的引线——可增强电路功能及通用性。

用 MSI 进行设计主要有两类问题，一是芯片的扩展，二是用已有的 MSI 进行组合电路的设计。

解决第一类设计问题的步骤是：

(1) 明确设计要求，确定芯片的个数。

(2) 正确地设计芯片的使能端，确保各芯片分时工作或分时输出。

(3) 合理地设计芯片的输入、输出端，以达到设计要求。

(4) 合理地设计芯片的使能端，以确保芯片能正常工作。

解决第二类设计问题的步骤是：

(1) 明确设计要求，写出符号题意的逻辑函数表达式。

(2) 合理地选用器件(芯片)。

(3) 将逻辑函数变换为与被选器件(芯片)的逻辑函数式类似的形式。

(4) 正确地设计输入、输出端，此时特别需注意的是被选芯片输入端权的大小要与函数中的变量位置保持一致，如例 3.3.2、例 3.3.7 等。

(5) 合理地设计芯片的使能端，以确保芯片能正常工作。

以上的设计步骤仅仅具有一般性，对于不同的芯片、不同的设计要求，所用的方法也会不同，比如用译码器来设计组合电路时，如果需要设计的逻辑函数中自变量的个数小于译码器输入端的个数，则对芯片多余输入端的处理方法就有多种。可以将多余的输入端接低电位，也可以将多余的输入端接高电位，在这两种设计中其输出的设计将截然不同。

例 3.4.2　用 74LS138 设计一位半加器。

解　由 3.3 节可知一位半加器的逻辑函数为

$$\begin{cases} S = \overline{A}B + A\overline{B} = A \oplus B \\ CO = AB \end{cases} \tag{3.4.1}$$

式(3.4.1)的自变量的个数为 2，而 74LS138 输入端的个数为 3，如果用 74LS138 来设计，则有多余的输入端。如果将多余的输入端接低电位(如 $C=0$)，则表达式(3.4.1)可改写为

$$\begin{cases} S = \overline{A}B\overline{C} + A\overline{B}\overline{C} = \overline{\overline{m_2} \cdot \overline{m_4}} \\ CO = AB\overline{C} = m_6 \end{cases} \tag{3.4.2}$$

如果将多余的输入端接高电位(如 $C=1$)，则表达式(3.4.1)可改写为

$$\begin{cases} S = \overline{A}BC + A\overline{B}C = \overline{\overline{m_3} \cdot \overline{m_5}} \\ CO = ABC = m_7 \end{cases} \tag{3.4.3}$$

图 3.4.3 及图 3.4.4 分别给出了对多余输入端处理的两种不同设计方法。

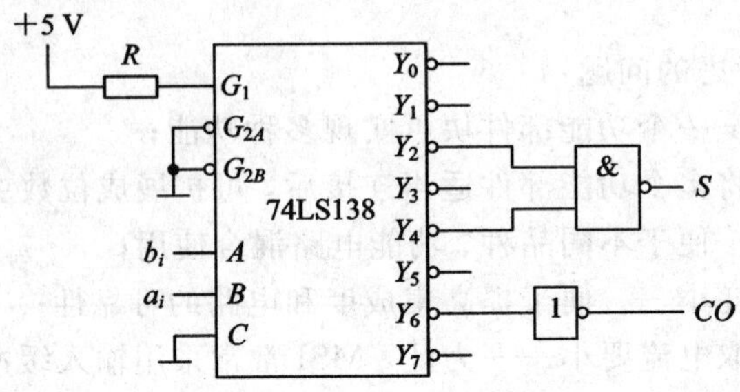

图 3.4.3 将 C 端接地时，用 74LS138 设计的一位半加器

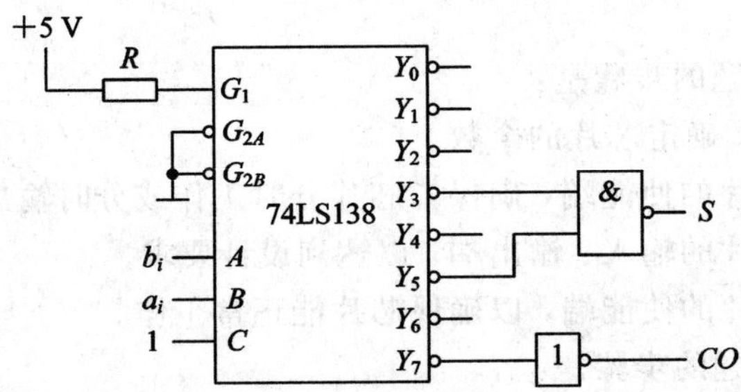

图 3.4.4 将 C 端接高电位时，用 74LS138 设计的一位半加器

3.5 组合逻辑电路中的竞争与冒险

3.5.1 竞争现象

1. 竞争的概念及分类

所谓竞争，是指同一信号或同时变化的某些信号，经过不同路径达到某一点时在时间上的差异。竞争发生在从一种稳态变到另一种稳态的过程中。因此，竞争是动态的，同时也是随机的。

大多数组合逻辑电路均存在着竞争，有的竞争不会带来错误的输出，有的竞争却会导致逻辑错误。我们把有错误输出的竞争称为临界竞争；把没有产生错误输出的竞争称为非临界竞争。竞争在逻辑电路正常工作时也会产生。

2. 竞争产生的原因

前面在谈到组合逻辑电路的分析和设计时，讨论的是它的输入、输出的稳态关系，而没有涉及逻辑电路从一个稳态转换到另一个稳态之间的过渡过程，即没有考虑到门电路的延迟时间对电路产生的影响。实际上，任何一个门电路都具有一定的传输时间 t_{pd}，即当输

入信号发生突变时，输出信号不可能跟着突变，而要滞后一段时间变化。由于各个门电路的传输时间的差异，或者输入信号通过的路径(即门的级数)不同，从而造成的传输时间差异，就会使一个或几个输入信号经不同的路径到达同一点的时间有差异，即产生了竞争。

如图 3.5.1(a)所示，输出信号 $F=A+\overline{A}$，仅从 F 的逻辑表达式看，不管 A 如何变化，F 恒为 1，但是，如果忽略信号延时，仅注意 A、$\overline{A}$ 的边沿时间，则输出信号 F 将如图 3.5.1(b)所示；如果再将通过门的延时时间 t_{pd} 考虑进去，则输出信号 F 将如图 3.5.1(c)所示。

图 3.5.1(b)是在输入信号变化时，信号边沿在 F 中产生的幅度较小、宽度较窄的负尖峰脉冲；图 3.5.1(c)则是在考虑门的延时后在 F 中产生的幅度较大、宽度较宽的负尖峰脉冲。这种尖峰脉冲不是逻辑表达式所预期的，它是一种干扰脉冲，可能会造成电路的误动作。

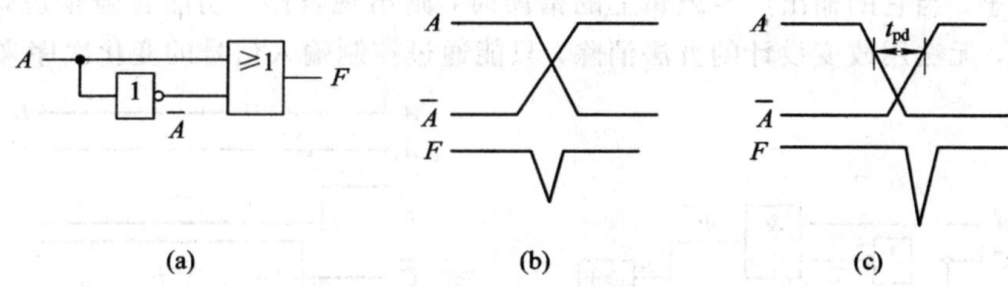

图 3.5.1　信号边沿及门的延时产生的尖峰脉冲

3.5.2　冒险现象

1. 冒险的概念及分类

所谓冒险，是指由于临界竞争的存在，在输出端得到稳定输出之前，输出端存在的短暂的错误输出(干扰)。这种错误输出对电路可能产生意外的损害，这是电路中的一种危险现象，故称之为冒险。

冒险分为静态冒险和动态冒险。静态险象根据稳态输出的是 1 还是 0 的不同，可分为静态 1 冒险及静态 0 冒险；按静态冒险产生的条件不同又可分为功能冒险和逻辑冒险两种。

2. 静态冒险

1) 功能冒险

产生功能冒险的条件是：

(1) $n(n>1)$个输入信号同时发生变化。

(2) 变化的 n 个变量的所有组合对应在卡诺图中所占有的 2^n 个小单元中必定既有 1，又有 0。(即 n 个变量的所有组合将使得对应的输出既有 1，又有 0。)

(3) 输入变量变化前后的稳态输出相同。

例如图 3.5.2(a)所示电路中，$F=A\overline{C}+BC$。现假设 $A=1$，BC 同时从 00→11，则在 00→11 的过程中，由于 B 和 C 的变化速度不可能完全相同，因而出现竞争现象，其结果将可能导致下列两种变化过程：

其一：如果 B 信号的变化比 C 信号提前，则 ABC 的变化顺序为

$$ABC: 100 \to 110 \to 111$$

对应的输出

$$F(A, B, C): F(1, 0, 0) \to F(1, 1, 0) \to F(1, 1, 1)$$

即 F 在 BC 变化的整个过程中始终为 1，此时电路将不会产生冒险。

其二：如果 C 信号的变化比 B 信号提前，则 ABC 的变化顺序为

$$ABC: 100 \to 101 \to 111$$

对应的输出

$$F(A, B, C): F(1, 0, 0) \to F(1, 0, 1) \to F(1, 1, 1)$$

即 F 在 BC 变化的整个过程中先由 1→0，然后再由 0→1，此时电路将产生冒险。

产生功能冒险的原因是：由于变化的输入信号快慢不一致，因而导致了变化的输入信号之间的竞争，当它的输出产生逻辑上的错误时，则出现冒险。功能冒险是逻辑函数的功能所固有的，无法用改变设计的方法消除，只能通过控制输入信号的变化次序来避免。

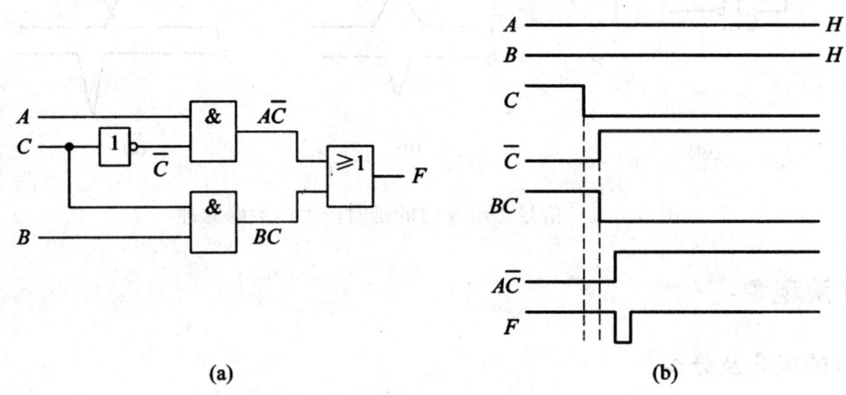

图 3.5.2　有竞争的电路图及时序图

2）逻辑冒险

产生逻辑冒险的条件是：

(1) 仅有一个输入信号发生变化。

(2) 输入变量变化前后的稳态输出相同。

例如在图 3.5.2(a)所示电路中，当 $A=B=1$，C 由 1→0 时，该电路也会产生冒险，在 F 中出现一个短暂的负脉冲。

产生逻辑冒险的原因是同一个输入信号经过不同的路径又会合到同一个门上的竞争所引起的，且变化的变量所对应的卡诺图上的 2 个小单元全为 1 或者全为 0。这与功能冒险不同。

3）静态 1 冒险

在组合逻辑电路中，如果输入变化前后，稳态输出均为 1，且在 1 的输出上出现一个负向窄脉冲(即输出时序为 1→0→1)，则该冒险称为静态 1 冒险，如图 3.5.2(b)所示。

4）静态 0 冒险

在组合逻辑电路中，如果稳态输出为 0，且在 0 的输出上出现一个正向窄脉冲(即输出为 0→1→0)，则该冒险称为静态 0 冒险。如图 3.5.3(a)所示，当 $A=B=D=0$，C 由 0→1，

则输出 F 上出现一个正向窄脉冲，如图 3.5.3(b)所示。

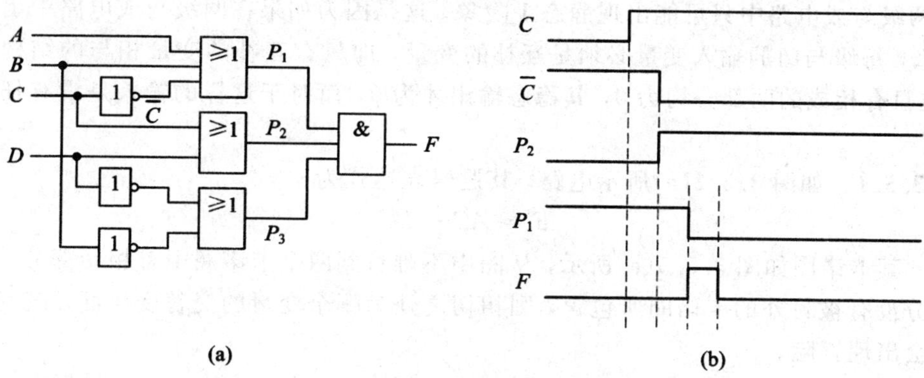

图 3.5.3　具有静态 0 冒险的电路图及时序图

3. 动态冒险

在组合逻辑电路中，若输入变化前后的稳态输出值不同，且在输出稳定之前输出要变化三次，即输出出现 1→0→1→0 或 0→1→0→1，这种冒险称为动态冒险。

动态冒险产生的原因是：动态冒险是由静态冒险引起的，它也是竞争的结果。如图 3.5.4(a)所示电路，假设 AC=00，B 由 0→1，则中间变化过程见图 3.5.4(b)。由图中可以看出，P_3 输出的静态冒险引起输出 F 出现了动态冒险。

动态冒险在两级与或电路和两级或与电路中是不会发生的，只有产生了静态冒险之后，且输入变化的再一次会合才有可能产生动态冒险。

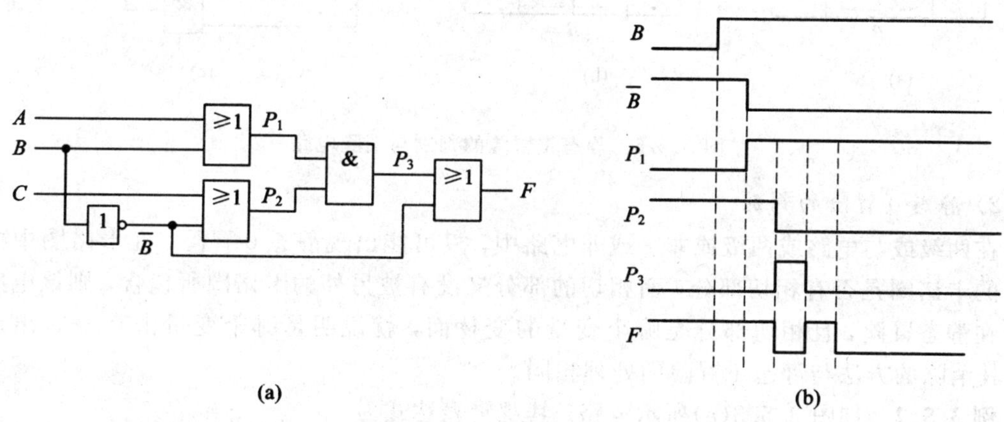

图 3.5.4　具有动态冒险的电路图及时序图

3.5.3　冒险现象的判别

如果不考虑信号变化时的上升与下降时间，且认为各个门的延迟时间是一致的情况下，冒险判别的常用方法有两种，一是卡诺图判别法，二是逻辑表达式判别法。

1. 卡诺图判别法

卡诺图判别法可用于判别两级与或电路和或与电路是否存在静态冒险。

1）静态 1 冒险的判别

在两级与或电路中只可能出现静态 1 险象。这是因为如果在两级与或电路中出现 0 冒险，那么，每级与门的输入变量必须是互补的变量，即只有互补的变量相与的结构才可能为 0，也只有相或的两部分均为 0，其稳态输出才为 0，而对于这样的输入是没有任何实际意义的。

例 3.5.1　如图 3.5.2(a)所示电路，其逻辑表达式为

$$F = A\bar{C} + BC$$

解　其卡诺图如图 3.5.5(a)所示，从图中不难看到两个卡诺圈中有相切部分，而这个相切部分没有被另外的卡诺圈所包含，则相切之处为哪个变量的交替变化面，该变量在变化时就会出现冒险。

此例中，两个卡诺圈的相切部分处在 m_6 及 m_7 之间。当 $A=B=1$ 时，如果在一个与门输出的 $A\bar{C}$ 端由 0→1 之前，另一个与门的输出 BC 已提前由 1→0，则电路的输出端就会出现负向脉冲，如图 3.5.2(b)所示。

改进的方法是：在两个卡诺圈的相切部分处(本例中在 m_6 及 m_7 之间)加一个能覆盖相切部分的卡诺圈(见图 3.5.5(b))，则当 $AB=11$ 时，无论 C 如何变化，与该项对应的与门输出将总是 1，从而消除了冒险，改进的电路如图 3.5.5(c)所示。

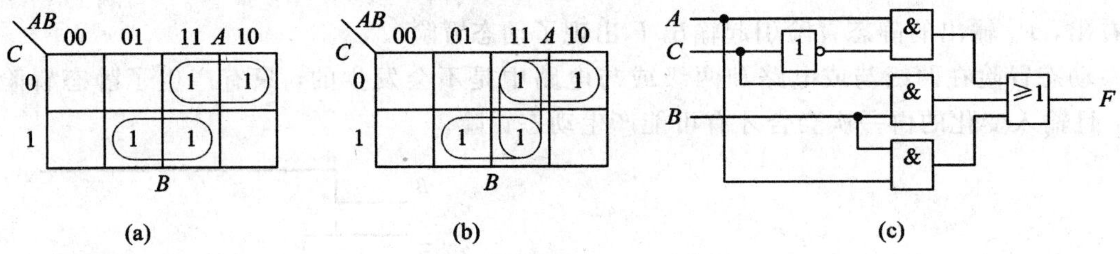

图 3.5.5　静态 1 冒险的判别与消除电路

2）静态 0 冒险的判别

在两级或与电路或两级或非—或非电路中，只可能出现静态 0 冒险。在卡诺图中按照圈 0 的卡诺圈是否有相切部分，而相切的部分又没有被另外的卡诺圈所包含，则该电路必然存在静态冒险，且相切部分是哪个变量的变替面，就说明是哪个变量由 0 →时出现冒险。其消除的方法与静态 1 冒险的处理相同。

例 3.5.2　如图 3.5.3(a)所示电路，其逻辑表达式为

$$F = P_1 \cdot P_2 \cdot P_3 = (A+B+\bar{C})(C+D)(\bar{B}+\bar{D})$$

解　其卡诺图如图 3.5.6(a)所示。从图中不难看到整个卡诺图中共有 3 处的卡诺圈中有相切部分，即 m_0 与 m_2 之间，m_4 与 m_5 及 m_{12} 与 m_{13} 之间，m_3 与 m_7 之间，而这些相切部分均没有被另外的卡诺圈所包含，所以该电路一定存在冒险。

消除的方法是：在卡诺圈的相切部分处加一个能覆盖相切部分的卡诺圈(见图 3.5.6(b))，则有：

$$\begin{aligned} F &= (A+B+\bar{C})(C+D)(\bar{B}+\bar{D}) \\ &= (A+B+\bar{C})(C+D)(\bar{B}+\bar{D})(A+B+D)(A+\bar{C}+\bar{D})(\bar{B}+C) \end{aligned}$$

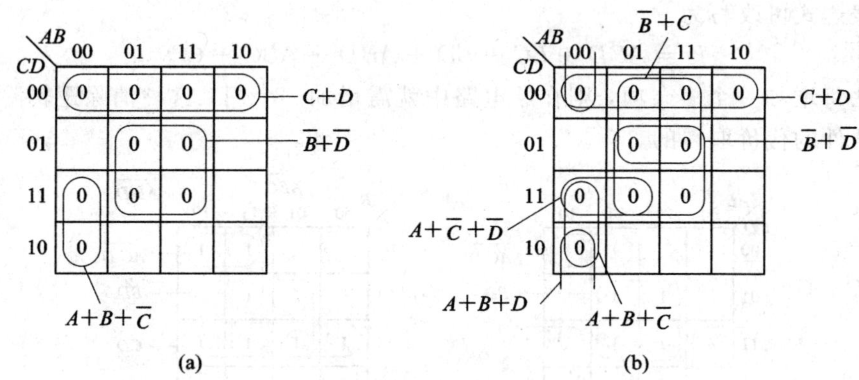

图 3.5.6　静态 0 冒险的判别与消除电路

(a) 原始设计；(b) 用多余或项覆盖静态 0 冒险

2. 逻辑表达式判别法

如果逻辑表达式有如下特点，则其电路有冒险的可能性。

(1) 当某一变量同时以原变量和反变量的形式出现在逻辑表达式中.则该变量就具有竞争的条件。

(2) 保留被研究变量，消去其他变量(可认为其他变量为某些定值，这些定值就是被研究变量产生竞争的条件)。

(3) 若得到的表达式为下列形式之一，则有冒险存在。

$$\begin{aligned} F &= A+\overline{A} \rightarrow \text{静态 1 冒险} \\ F &= A\cdot\overline{A} \rightarrow \text{静态 0 冒险} \end{aligned} \tag{3.5.1}$$

例 3.5.3　$F=A\overline{C}+BC$

解　当 $A=B=1$ 时，则 $F=\overline{C}+C$，即电路存在静态 1 冒险。

例 3.5.4　$F=(A+B+\overline{C})(C+D)(\overline{B}+\overline{D})$

解　当 $C=D=1$，$A=0$ 时，此时表达式 $F=B\cdot\overline{B}$，则电路存在静态 0 冒险。

3.5.4　冒险现象的消除

由于冒险产生的尖脉冲一般都很窄(多在几十纳秒内)，如果后继电路是时序电路，特别是异步时序电路，则可能造成功能上的错误，在这种情况下，必须消除组合电路中的冒险。

消除冒险的方法主要有以下几种。

1) 增加多余项或是乘以多余因子消除逻辑冒险

此方法的目的是使逻辑表达式不可能化为 $A+\overline{A}$ 或 $A\cdot\overline{A}$ 的形式。在卡诺图上表现为，用卡诺圈将两个相切的填 1 单元的卡诺圈(或填 0 单元的卡诺圈)部分包含起来，如图 3.5.6(b)所示。这里再举一个较复杂的例子。

例 3.5.5　某逻辑电路的逻辑表达式为 $F=A\overline{C}\overline{D}+\overline{B}C+BD$。

解　由表达式可以得到其卡诺图如图 3.5.7(a)所示。若将各卡诺圈相切的部分均用多余的卡诺圈包含起来，见图 3.5.7(b)，则可消除静态 1 冒险。此时增加了三个多余项，这

样原逻辑表达式可改写为

$$F = A\overline{C}\overline{D} + \overline{B}C + BD + A\overline{B}\overline{D} + AB\overline{C} + CD$$

用这种方法每增加一个多余项，则在原电路中就需增加一个门，这种消除逻辑险象的方法是用增加器件的代价取得的。

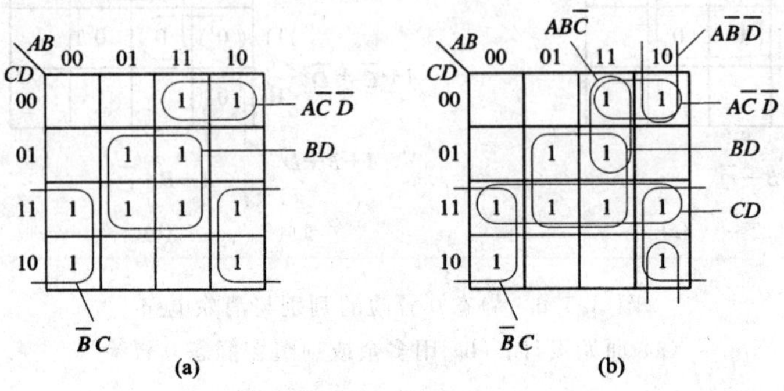

图 3.5.7 用增加多余项消除静态 1 冒险的例子

这种消除险象的方法只能用来消除逻辑冒险，而功能冒险则是不能消除的。如果要消除功能冒险，只能通过控制输入信号变化的顺序来加以解决。例如，控制输入信号变化的先后顺序或者有意增加某信号通过门的级数，以延迟其到达会合点的时间，使变量按照不会引起功能险象的顺序变化。

2）在输出端连接低通环节以减弱干扰

由于冒险产生的尖脉冲一般都很窄（多在几十纳秒内），因而只要在输出端并接一个很小的滤波电容 C（TTL 电路中通常为几十至几百皮法），如图 3.5.8 所示。

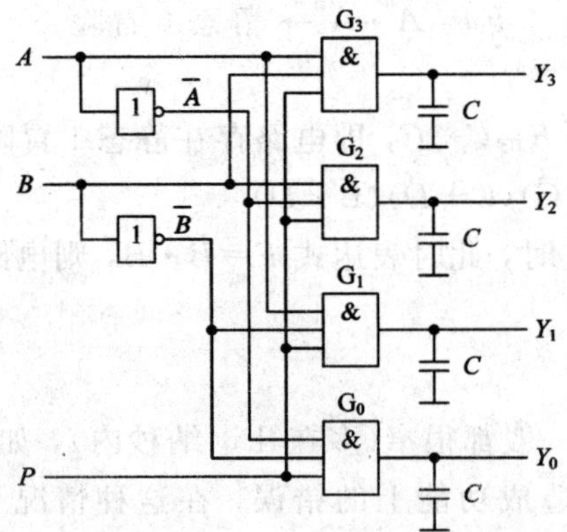

图 3.5.8 输出端连接低通环节用于减小冒险的电路图

3）利用取样脉冲避开冒险

组合逻辑中的险象总是出现在输入信号变化后的一短暂时间，如果避开这段时间再来取出输出信号，便可得到正确结果。为此，用一个与该段时间错开的“取样”脉冲来取出正常的输出信号，便可完全避开冒险，这种取样的方法又称为“选通”。如图 3.5.9(a)的逻辑表达式 $F=A\overline{B}+BC$，当 $A=C=1$，B 由 1→0 时，将出现冒险，在加上取样脉冲 SP 后，便可避开冒险，输出正常结果。图 3.5.9(b)是不加取样脉冲出现冒险的时间，图 3.5.9(c)是加上取样脉冲后的时间图。

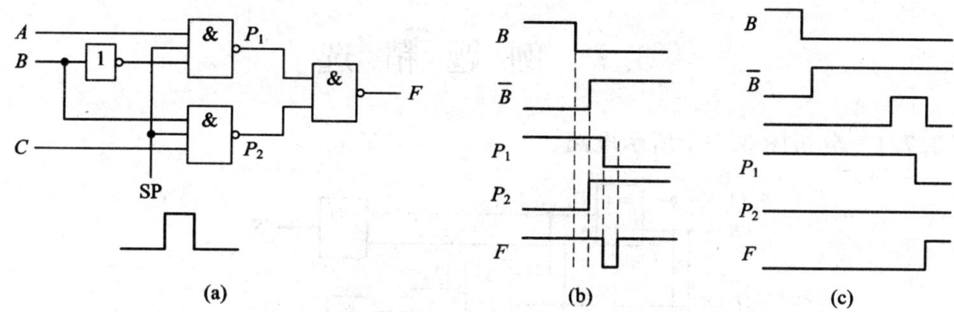

图 3.5.9　加取样脉冲的电路及时间图

3.6　本 章 小 结

1. 本章重点内容

本章讲述了组合逻辑电路的特点、分析方法及设计方法，讲述了若干常用组合逻辑电路的原理和使用方法，最后讲述了组合逻辑电路中的冒险现象等内容。

其中，组合逻辑电路的分析方法和设计方法是本章的重点内容。掌握好组合逻辑电路分析的一般方法就可以识别任何一个给定的组合逻辑电路的功能；掌握了组合逻辑电路设计的一般方法，就可以根据给定的设计要求设计出相应的组合逻辑电路。因此，学习本章内容时应将重点放在分析方法和设计方法上，而不必去记忆各种具体的组合逻辑电路。

2. 本章难点内容

本章难点内容是：

(1) 组合逻辑电路分析过程中的最后一步即找出输入与输出之间的变化规律。

(2) 用中规模集成电路设计组合逻辑电路。

3. 本章需注意的问题

本章需注意的问题是：

(1) 在分析组合逻辑电路时，若电路是多输出，就不能将这些输出的逻辑关系分开分析，而要考察它们共同能实现怎样的逻辑功能。如在分析一位全加器时，许多初学者将电路的两个输出端分开讨论，所以很难正确地分清电路的实际功能，错误地认为该电路是一个奇偶校验电路。倘若将电路的两个输出端的情况联合起来考察，就不难发现电路的功能是一位全加器，其中一个输出端计入了本位上两个数求和的情况，另一个输出端计入了本位上两个数的进位情况。所以在分析组合电路时，必须将所有输出的情况整体考虑，才能得出正确的结果，这是初学者必须注意的地方。

(2) 在用中规模集成电路进行设计时，需注意灵活使用中规模集电路中设置的附加控制端(或称为使能端、选通输入端、片选端等)。它们既可用于控制电路的状态(工作或禁止)，又可作为输出信号的选通输入端，还能用作输入信号的一个输入端以扩展电路功能。合理地选用这些控制端，能最大限度地发挥电路的潜力。灵活地运用这些器件，还可以设计出任何其他逻辑功能的组合逻辑电路。另外，在设计时要注意芯片的输出逻辑中变量间的权要与被设计的逻辑函数中变量间的权一致。

3.7 例题精选

例 3.7.1 分析图 3.7.1 所示电路。

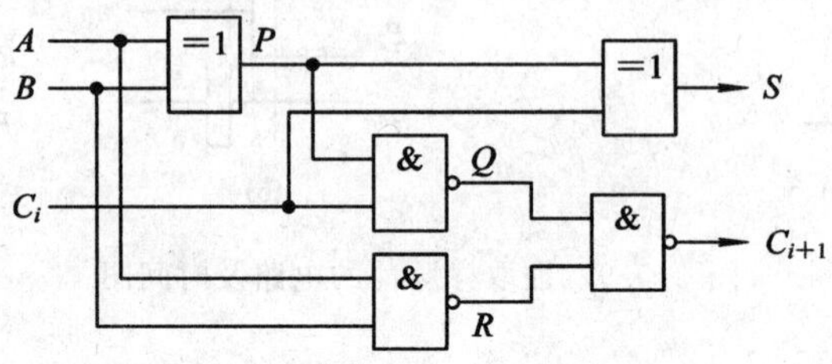

图 3.7.1 例 3.7.1 的电路

解 由图 3.7.1 可得到：

$$P = A \oplus B = A\overline{B} + \overline{A}B$$

$$S = P \oplus C_i = ABC_i + \overline{A}\overline{B}C_i + A\overline{B}\overline{C}_i + \overline{A}B\overline{C}_i \qquad (3.7.1)$$

$$C_{i+1} = \overline{QR} = \overline{A}BC_i + A\overline{B}C_i + AB$$

由式(3.7.1)可列出真值表如表 3.7.1 所示。由真值表可看出这是一个一位二进制的加法电路。其中 A 为被加数，B 为加数，C_i 为低位向本位的进位位，S 为三位相加的和数，C_{i+1} 为本位向高位的进位位。该电路称为全加器。

表 3.7.1 例 3.7.1 的真值表

ABC_i	S	C_{i+1}
000	0	0
001	1	0
010	1	0
011	0	1
100	1	0
101	0	1
110	0	1
111	1	1

例 3.7.2 电路如图 3.7.2 所示，A_1A_0 和 B_1B_0 分别为两组输入信号，$S_0 \sim S_3$ 为输出端。请列出电路的真值表，并分析电路的逻辑功能。

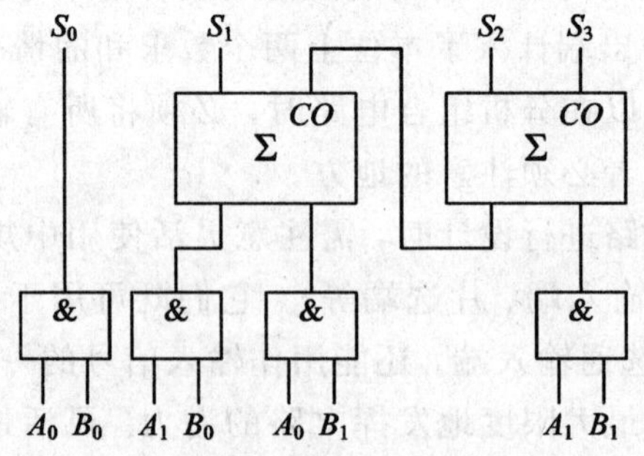

图 3.7.2 例 3.7.2 的电路

解　由图 3.7.2 可得到：

$$\begin{cases} S_3 = A_1A_0B_1B_0 \\ S_2 = A_1\overline{A}_0B_1\overline{B}_0 + A_1\overline{A}_0B_1B_0 + A_1A_0B_1\overline{B}_0 \\ S_1 = \overline{A}_1A_0B_1\overline{B}_0 + \overline{A}_1A_0B_1B_0 + A_1\overline{A}_0\overline{B}_1B_0 + A_1\overline{A}_0B_1B_0 + A_1A_0\overline{B}_1B_0 + A_1A_0B_1\overline{B}_0 \\ S_0 = \overline{A}_1A_0\overline{B}_1B_0 + \overline{A}_1A_0B_1B_0 + A_1A_0\overline{B}_1B_0 + A_1A_0B_1B_0 \end{cases} \tag{3.7.2}$$

由式(3.7.2)可得到电路的真值表如表 3.7.2 所示。

表 3.7.2　例 3.7.2 的真值表

A_1	A_0	B_1	B_0	S_3	S_2	S_1	S_0
0	0	0	0	0	0	0	0
0	0	0	1	0	0	0	0
0	0	1	0	0	0	0	0
0	0	1	1	0	0	0	0
0	1	0	0	0	0	0	0
0	1	0	1	0	0	0	1
0	1	1	0	0	0	1	0
0	1	1	1	0	0	1	1
1	0	0	0	0	0	0	0
1	0	0	1	0	0	1	0
1	0	1	0	0	1	0	0
1	0	1	1	0	1	1	0
1	1	0	0	0	0	0	0
1	1	0	1	0	0	1	1
1	1	1	0	0	1	1	1
1	1	1	1	1	0	0	1

由真值表不难得出：该电路的逻辑功能是一个两位二进制的乘法器。

例 3.7.3　一位数码比较器如图 3.7.3 所示，写出各输出端的逻辑函数表达式，并标出哪个为 $A>B$、$A<B$ 及 $A=B$ 的输出端。

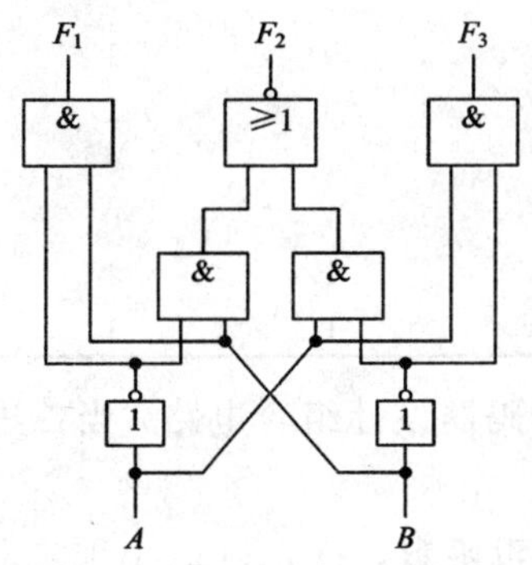

图 3.7.3　例 3.7.3 的电路

解　由图 3.7.3 可得到：

$$\begin{cases} F_1 = \overline{A}B \\ F_2 = \overline{\overline{A}B + A\overline{B}} \\ F_3 = A\overline{B} \end{cases} \tag{3.7.3}$$

故 F_1 端为 $A<B$ 的输出，F_2 端为 $A=B$ 的输出，F_3 端为 $A>B$ 的输出。

例 3.7.4　试分析图 3.7.4 所示电路的逻辑功能。

解　由图 3.7.4 可得到电路的输出方程为

$$\begin{cases} A = 4 + 5 + 6 + 7 \\ B = 2 + 3 + 6 + 7 \\ C = 1 + 3 + 5 + 7 \end{cases} \tag{3.7.4}$$

由此可得电路的真值表如表 3.7.4 所示。由表 3.7.3 可知，该电路为一个 8—3 编码器。

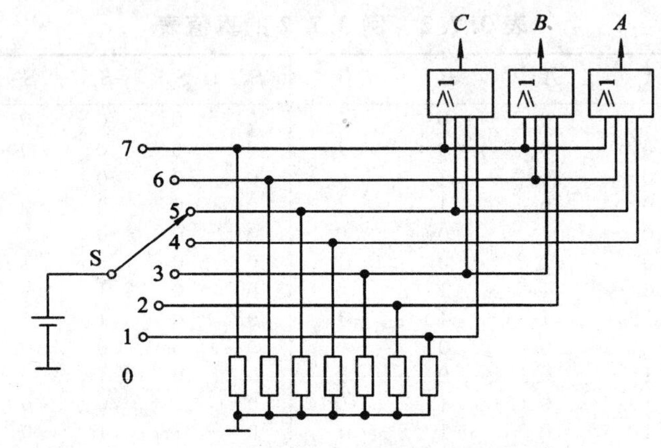

图 3.7.4　例 3.7.4 的电路

表 3.7.3　例 3.7.4 的真值表

自然数 N	二进制代码 A	B	C
0	0	0	0
1	0	0	1
2	0	1	0
3	0	1	1
4	1	0	0
5	1	0	1
6	1	1	0
7	1	1	1

例 3.7.5　试用 74LS138 译码器设计组合电路，当二进制数 $ABCD$ 能被 5 整除时，输出 L 为 1，否则为 0。

解题思路：用译码器实现逻辑函数，首先以最小项之和的形式写出逻辑函式。n 位二进制译码器有 n 个变量输入端，只能用于产生变量数不大于 n 的组合逻辑函数。如果需要实现变量数大于 n 的逻辑函数，则需要多个芯片扩展使用。74LS138 有 3 个使能控制输入端及 3 个输入变量端，因此需要用 2 块 74LS138 进行扩展。

解：(1) 当输入 A、B、C、D 为 0、5、10、15 时，可以被 5 整除，输出 $L=1$，除此之外，输出均为 0。写出用最小项表示的逻辑表达式为

$$L = m_0 + m_5 + m_{10} + m_{15}$$

(2) 将 3—8 线译码器扩展为 4—16 线译码器，输入变量 B、C、D 分别接两个芯片的

输入端 A_2、A_1、A_0（注意顺序），输入变量 A 接芯片(0)的使能控制端 $\bar{E}_1$，同时接芯片(1)的使能端 E_3，当 $A=0$ 时，芯片(0)工作；当 $A=1$ 时，芯片(1)工作，由于译码器输出的低电平有效，因而表达式可变换为

$$L=\overline{\overline{m_0}\cdot\overline{m_5}\cdot\overline{m_{10}}\cdot\overline{m_{15}}} \tag{3.7.5}$$

(3) 用一个 4 输入与非门即可实现该逻辑函数，如图 3.7.5 所示。

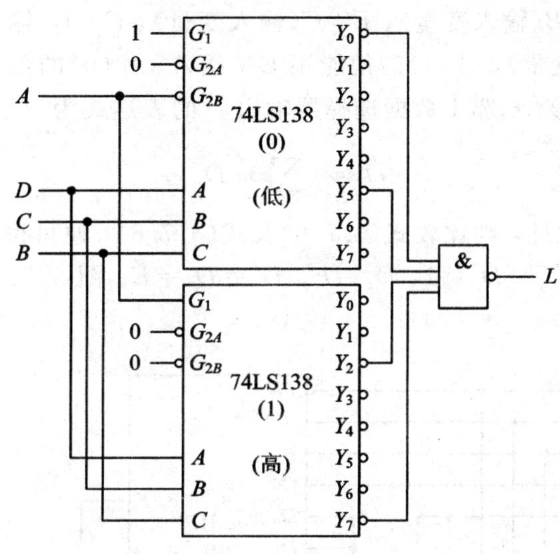

图 3.7.5　例 3.7.5 的电路

例 3.7.6　某学校食堂开门时间为早晨 6～8 时，中午 11～13 时，晚上 17～19 时。当食堂开门时，门前的指示灯亮。试用数据选择器 74LS151 设计一个控制指示灯显示电路，其输入 $ABCDE$ 是随小时递增的 5 位二进制数。

解题思路：对于 n 个地址输入端的数据选择器，可以实现变量数为 $n+1$ 的逻辑函数。如果需要实现变量数大于 $n+1$ 的逻辑函数，则需要多个芯片扩展使用。用 8 选 1 数据选择器实现 5 变量的函数就需要进行扩展。首先根据题意列出真值表，然后写出最小项形式的表达式。

解　(1) 用 24 小时制设计每天指示灯亮的时间，且以输入变量 $ABCDE$ 的 0～23 表示每天 24 个小时，输出 L 表示指示灯。灯亮为逻辑 1，灯灭为逻辑 0，然后列出真值表。由于 5 变量真值表有 32 种组合状态，为简化起见，现只列出输出为 1 的项，真值表如表 3.7.4 所示。

表 3.7.4　例 3.7.6 的真值表

A	B	C	D	E	L
0	0	1	1	0	1
0	0	1	1	1	1
0	1	0	0	0	1
0	1	0	1	1	1
0	1	1	0	0	1
0	1	1	0	1	1
1	0	0	0	1	1
1	0	0	1	0	1
1	0	0	1	1	1

(2) 由真值表写出最小项形式的逻辑函数表达式为

$$
\begin{aligned}
L &= m_6 + m_7 + m_8 + m_{11} + m_{12} + m_{13} + m_{17} + m_{18} + m_{19} \\
&= \overline{A}\,\overline{B}CD\overline{E} + \overline{A}\,\overline{B}CDE + \overline{A}B\overline{C}\,\overline{D}\,\overline{E} + \overline{A}B\overline{C}DE + \overline{A}BCD\overline{E} \\
&\quad + \overline{A}BC\overline{D}E + A\overline{B}\,\overline{C}\,\overline{D}E + A\overline{B}\,\overline{C}D\overline{E} + A\overline{B}\,\overline{C}DE
\end{aligned}
\tag{3.7.6}
$$

(3) 将 8 选 1 数据选择器扩展为 16 选 1 数据选择器，如图 3.7.6 所示，并且令数据选择器的输入端接成 $A=B$(输入变量)、$B=C$(输入变量)、$C=D$(输入变量)，片(0)的使能端 $E\overline{N}$ 接输入 A(输入变量)，片(1)的使能端 $E\overline{N}$ 接 $\overline{A}$，片(0)的数据端为 $D_0 \sim D_7$，片(1)的数据端为 $D_8 \sim D_{15}$，该 16 选 1 数据选择器输出 L 的表达式为

$$
L = \sum_{i=0}^{15} m_i D_i \tag{3.7.7}
$$

若选择 $ABCD$ 作地址，则比较式(3.7.6)及式(3.7.8)，便可得到 $D_0=D_1=D_2=D_7=0$，$D_{10} \sim D_{15}=0$，$D_3=D_6=D_9=1$，$D_4=\overline{E}$，$D_5=D_8=E$。图 3.7.6 给出了该例题的设计电路。

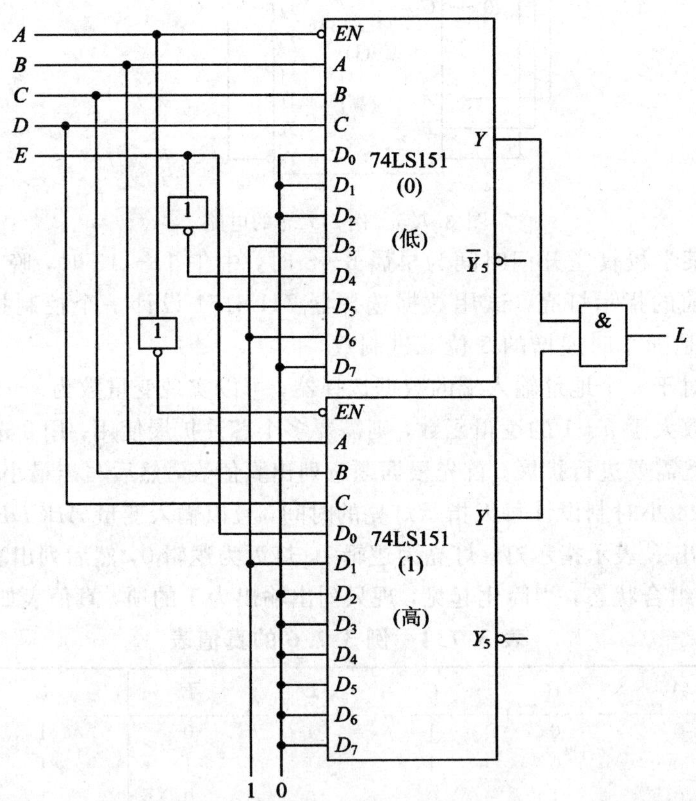

图 3.7.6　例 3.7.6 的电路

例 3.7.7　应用两个 4 位二进制加法器实现两位 8421 BCD 码转换成二进制码。

解　设两位 8421 BCD 码的高位为 $A_{80}A_{40}A_{20}A_{10}$，低位为 $A_8A_4A_2A_1$，则任意两位 8421 码可表示为 $D=A_{80}A_{40}A_{20}A_{10}A_8A_4A_2A_1$。式中，各位的下标正好是其权值，如用十进制数值表示则为

$$
\begin{aligned}
D &= A_{80}\times 80 + A_{40}\times 40 + A_{20}\times 20 + A_{10}\times 10 + A_8\times 8 + A_4\times 4 + A_2\times 2 + A_1\times 1 \\
&= A_{80}\times(64+16) + A_{40}\times(32+8) + A_{20}\times(16+4) + A_{10}\times(8+2) \\
&\quad + A_8\times 8 + A_4\times 4 + A_2\times 2 + A_1\times 1 \\
&= A_{80}\times 2^6 + A_{40}\times 2^5 + (A_{80}+A_{20})\times 2^4 + (A_{40}+A_{10}+A_8)\times 2^3 \\
&\quad + (A_{20}+A_4)\times 2^2 + (A_{10}+A_2)\times 2^1 + A_1\times 2^0 \qquad (3.7.8)
\end{aligned}
$$

由式(3.7.8)可得到该例题的设计电路如图 3.7.7 所示。

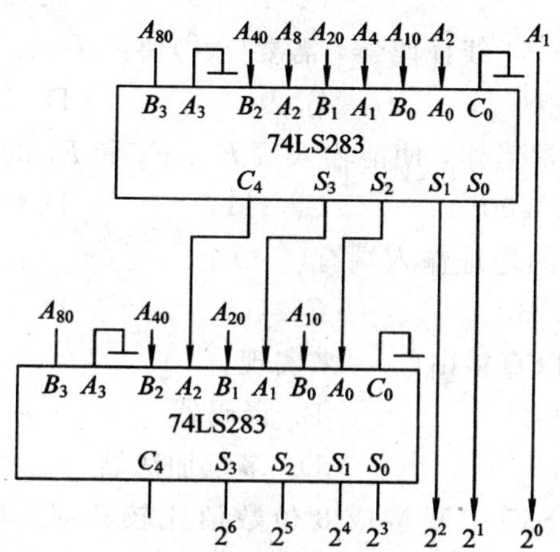

图 3.7.7　例 3.7.7 的设计图

3.8　自我检测题

一、填空题

1. 逻辑电路按输入、输出关系，分为________和________两大类。

2. 常用的集成组合逻辑部件有_______、_______、_______、________及________。

3. n 个输入端的二进制译码器，共有________个输出端。对于每一组输入代码有________个输出端为有效电平。

4. 数据选择器是一种________输入、________输出的器件，数据分配器是一种________输入，________输出的逻辑器件，16 选 1 数据选择器有________位地址输入端。

5. 给以 64 个字符编码，至少需要________位二进制数。

6. 一位加法器分为________和________两种。n 位二进制加法器按进位方式有________和________两种类型。

7. 由于门电路的传输延迟使输入信号变化时，组合电路的输出将会产生错误，这种现象称为________。消除这一问题的方法有________、________、________和________。

8. 四路数据分配器，X 为输入信号，AB 为地址信号，数据输出以低电平“0”识别。当地址信号以 AB 排序，输出信号以 $D_3D_2D_1D_0$ 排序(高位在前)，则当 $AB=10$ 时，$D_1=$________。

9. 实现两个 4 位二进制数相乘的组合电路，应有________个输出端。

10. 普通编码器的 2 个或 2 个以上的输入同时为有效信号时，输出将出现________编码。

11. 优先编码器的 2 个或 2 个以上的输入同时为有效信号时，输出将对________进行编码。

12. 串行进位加法器的缺点是________，优点是________；超前进位加法器的优点是________，缺点是________。

二、选择填空题(将正确答案的序号填在括号内)

1. 设计一个 4 输入的二进制码奇校验电路，需要(　)个异或门。

A. 2　　D. 3　　C. 4　　D. 5

2. 用 74LS138 构成 6—64 线译码器，需要(　)块。

A. 7　　B. 8　　C. 9　　D. 10

3. 为了使 74LS138 正常工作，使能输入端 E_3、$\bar{E}_2$ 和 $\bar{E}_1$ 的电平应是(　)。

A. 110　　D. 100　　C. 111　　D. 011

4. 16 选 1 数据选择器的地址输入端有(　)个。

A. 2　　D. 3　　C. 4　　D. 5

5. 多路数据分配器可以直接由(　)来实现。

A. 编码器　　B. 译码器

C. 多路数据选择器　　D. 多位加法器

6. 用两片比较器 74LS85 串联接成 8 位数值比较器时，低位片中的 $I_{(A>B)}$、$I_{(A<B)}$、$I_{(A=B)}$所接的电平应为(　)。

A. 110　　B. 100　　C. 111　　D. 001

三、分析与设计题

1. 分析图 3.8.1 所示的组合逻辑电路，写出输出的逻辑表达式，列出真值表，说明该电路的逻辑功能。

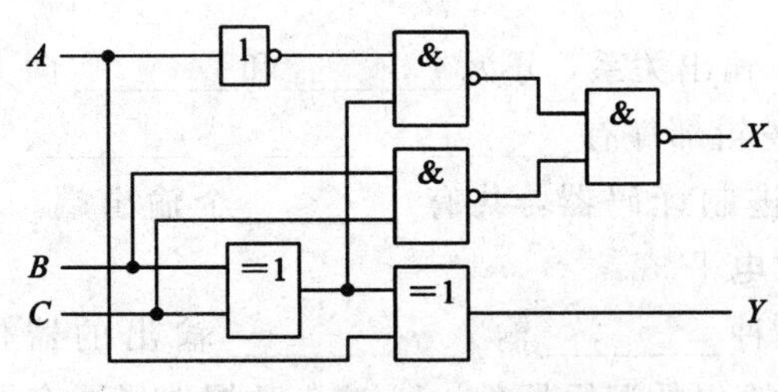

图 3.8.1

2. 组合逻辑电路如图 3.8.2 所示，写出输出简化的逻辑表达式，列出真值表，说明该电路的逻辑功能。

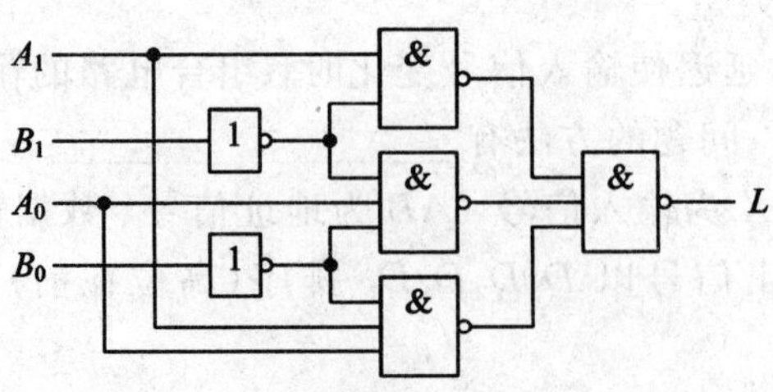

图 3.8.2

3. 分析图 3.8.3 所示的组合逻辑电路，写出输出的逻辑表达式，列出真值表，说明该电路的逻辑功能。

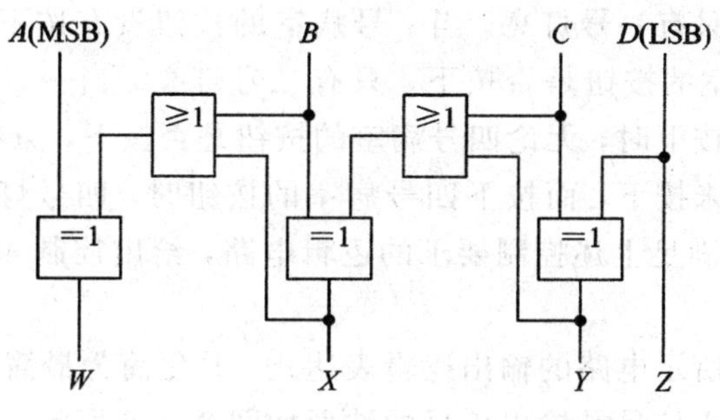

图 3.8.3

4. 分析图 3.8.4 所示的组合逻辑电路，其中 S_3、S_2、S_1、S_0 为控制输入信号，列出真值表，说明该电路的逻辑功能。

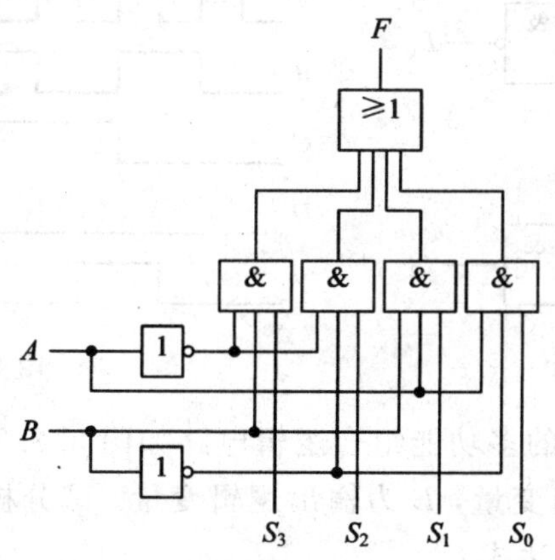

图 3.8.4

5. 分别用与非门及或非门设计如下电路：

(1) 三变量的多数表决器。

(2) 三变量的非一致电路。

(3) 三变量的偶校验电路。

6. 现有 4 台设备，每台设备用电均为 10 kW，若这 4 台设备由 F_1、F_2 两台发电机供电，其中 F_1 的功率为 10 kW，F_2 的功率为 20 kW。而 4 台设备的工作情况是：4 台设备不可同时工作，只有可能其中任意一台至三台同时工作，且至少有一台工作。试设计一个控制电路，以达到节电的目的。

7. 试分别设计能实现如下功能的组合电路。

(1) 输入是 8421 BCD 码，能被 2 整除时输出为 1，否则为 0。

(2) 输入是 8421 BCD 码，能被 5 整除时输出为 1，否则为 0。

8. 3 个输入信号中，A 的优先权最高，B 次之，C 最低，它们通过编码器分别用 $\overline{F}_A$、$\overline{F}_B$、$\overline{F}_C$ 输出。要求同一时间只有一个信号输出，若两个以上信号同时输入，则优先权高的被输出，试写出满足要求的输出表达式并画出其逻辑电路。

9. 试用 8—3 线优先编码器设计一个 32—5 线优先编码器。允许附加必要的门电路。

10. 某医院有一、二、三、四号病室 4 间，每室设有呼叫按钮。同时在护士值班室内对应地装有一号、二号、三号、四号 4 个指示灯。现要求当一号病室的按钮按下时，无论其他病室的按钮是否按下，只有一号灯亮。当一号病室的拉钮没有按下，而二号病室的按钮按下时，无论三、四号病室的按钮是否按下，只有二号灯亮。当一、二号病室的按扭都未按下，而三号病室的按钮按下时，无论四号病室的按钮是否按下，只有三号灯亮。只有在一、二、三号病室的按钮均未按下，而按下四号病室的按钮时，四号灯才亮。试用优先编码器 74LS148 和门电路设计满足上述控制要求的逻辑电路，给出控制 4 个指示灯状态的高、低电平信号。

11. 写出图 3.8.5 所示电路的输出逻辑表达式，并化简为最简的与或表达式。

12. 已知某电路输入信号及输出信号的波形如图 3.8.6 所示，试用译码器 74LS138 和少量门电路实现该电路的逻辑函数。

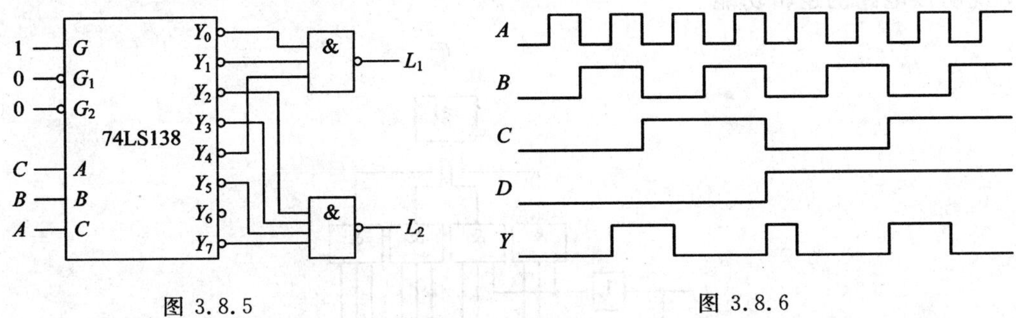

图 3.8.5　　图 3.8.6

13. 由数据选择器组成的多功能组合逻辑电路如图 3.8.7 所示，M_1、M_0 为功能选择输入信号，A、B 为输入逻辑变量，L 为输出逻辑变量。试分析当 M_1、M_0 为不同取值时，输出 L 实现的逻辑功能及表达式。

14. 由双四选一数据选择器组成的逻辑电路如图 3.8.8 所示，试写出 L 的最简与或表达式。

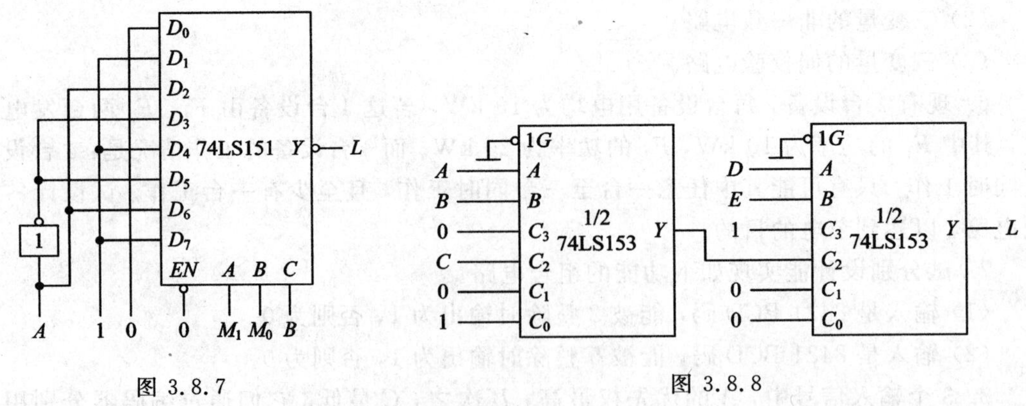

图 3.8.7　　图 3.8.8

15. 试用 4 位比较器 74LS85 和 4 位全加器 74LS283 及必要的门电路将 5421 码转换为 8421 码。

16. 用 74LS138 设计一个 5—32 线译码器，允许附加必要的门电路。

17. 用 74LS138 及必要的门电路设计下列函数：

(1) $F=\sum m^3(2, 4, 7)$

(2) $F=\prod M^3(3, 4, 5, 6, 7)$

(3) $F=\sum m^4(0, 1, 2, 3, 5, 7, 11, 13)$

(4) $\begin{cases} F=\sum m^3(1, 3, 5, 6) \\ G=\sum m^3(2, 3, 4, 7) \end{cases}$

18. 试用 MSI 4 位全加器组成 8 位二进制加/减法器(由 M 作为控制信号，控制加或减操作，画出电路图。

19. 试用 74LS283 实现下列逻辑函数：

(1) 8421 码转换成余 3 码。

(2) 余 3 码转换成 8421 码。

(3) 2421 码转换成 8421 码。

(4) 8421 码转换成 2421 码。

20. 用双四选一数据选择器 74LS153 和门电路设计一位全减器。

21. 已知输入为 8421 码二一十进制数，要求当输入小于 5 时，输出为输入数加 2，当输入大于 5 时，输出为输入数加 6，试用 74LS283 及必要的门电路实现。

22. 现有一个 3 位二进制数 $X=x_2x_1x_0$，要求对其进行判断。当 X 中有偶数个 1 时，输出 $F_1=1$；当 X 中多数为 1 时，输出 $F_2=1$，当 $X>5$ 时，$F_3=1$，请用 74LS154 及最少的与非门实现。

23. 用代数方法判断下列函数是否存在逻辑冒险现象，若存在，则设法消除之。

(1) $F=A\overline{BC}+B\overline{C}+BC$

(2) $F=\overline{A}B+\overline{BC}+ACD$

(3) $F=(A+B)(\overline{B}+C)(\overline{A}+C)$

(4) $F=(A+C+\overline{D})(A+\overline{B}+C+D)(\overline{B}+\overline{C})(B+D)$

24. 用卡诺图化简下列函数，所得函数中不得有逻辑冒险。

(1) $F=\sum m^4(3, 4, 7, 8, 9, 10, 11, 12, 15)$

(2) $F=\sum m^4(0, 1, 5, 7, 10, 11, 14, 15)$

(3) $F=\sum m^4(0, 2, 5, 7, 8, 10, 11, 14)$

(4) $F=\prod M^4(0, 1, 2, 3, 4, 5, 6, 10, 11, 14)$

第4章　触　发　器

本章从电路结构和逻辑功能两个角度，讨论了触发器的电路结构、动作特点、逻辑功能等。

4.1　触发器的基本特点和分类

4.1.1　触发器的基本特点

在数字电路中，基本的工作信号是二值信号，有时不但需要对这样的信号进行算术运算和逻辑运算，还要将这些信号和运算结果保存起来，而触发器就是用以保存这些信号的基本单元电路。我们将能够存储1位二值信号的基本单元电路统称为触发器。

为了能够存放1位二值信号，触发器必须具有如下两个基本特点：

(1) 具有两个能自行保持稳定的状态——0状态和1状态。要想使电路从一个稳态转换到另一个稳态，必须要有外加的触发信号，否则触发器将维持原有状态不会改变，因此它具有记忆功能。

(2) 在触发信号的控制下，根据不同的输入信号可以置成0或1状态。

4.1.2　触发器的分类

触发器的种类很多，由于输入方式以及触发器状态随输入信号变化的规律不同，各种触发器在具体的逻辑功能上是不尽相同的。按照逻辑功能的不同，触发器有RS触发器、JK触发器、T触发器、D触发器等类型。

从电路结构形式上又可以把触发器分为基本RS触发器、同步RS触发器、主从触发器、维持阻塞边沿触发器等类型，这些不同电路结构形式的触发器在状态变化过程中具有不同的动作特点，这一点需要注意。

按照有无时钟信号，触发器分为时钟触发器和无时钟触发器两类。比如基本RS触发器是无时钟触发器；同步RS触发器、主从触发器、维持阻塞边沿触发器都属于时钟触发器，它们必须在时钟信号 CP 的操作下工作。

根据存储数据的原理不同，触发器又分为静态触发器和动态触发器。静态触发器是通过电路状态的自锁存储数据的；动态触发器是通过在MOS管栅极输入电容上存储电荷来存储数据的。

根据所使用的开关器件不同，触发器又分为TTL触发器和CMOS触发器。

虽然构成触发器的方式很多，但最基本的还是基本RS触发器，它是构成各类触发器的基础。其次是维持阻塞D触发器和边沿JK触发器。

4.2　常见触发器的电路结构、逻辑符号及动作特点

4.2.1　基本 RS 触发器的电路结构、逻辑符号及动作特点

基本 RS 触发器是所有触发器类型中电路结构最简单的一种，可以用它构成多种电路结构形式的触发器。

1）电路结构和逻辑符号

图 4.2.1 是用两个与非门构成的基本 RS 触发器以及它的电路符号。

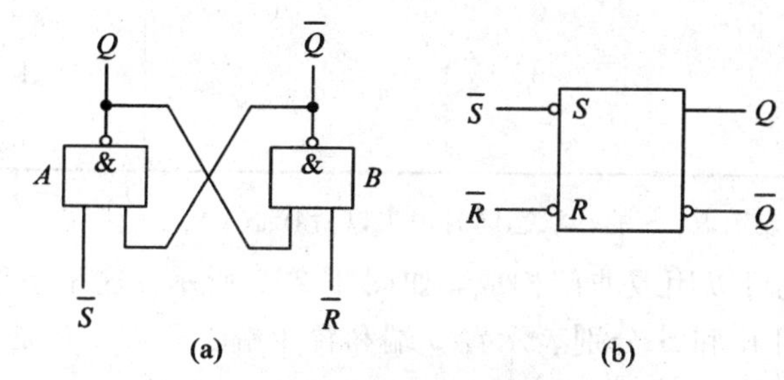

图 4.2.1　基本 RS 触发器

(a) 电路结构；(b) 逻辑符号

由图 4.2.1(a)可知，Q 和 $\overline{Q}$ 称为输出端，我们定义 $Q=1$、$\overline{Q}=0$ 为触发器的 1 状态，$Q=0$、$\overline{Q}=1$ 为触发器的 0 状态。输入端 $\overline{S}$ 称为置位端或置 1 端，$\overline{R}$ 称为复位端或置 0 端，$\overline{S}$ 和 $\overline{R}$ 表示低电平有效，即 $\overline{S}$ 和 $\overline{R}$ 端为低电平时表示有信号，为高电平时表示无信号。如图 4.2.1(b)所示，图中在输入端处的小圆圈表示低电平有效，即只有输入信号为低电平时才表示有信号输入，反之就没有信号。下面是对基本 RS 触发器的工作原理分析：

(1) 当 $\overline{R}=1$，$\overline{S}=0$ 时，$Q=1$、$\overline{Q}=0$；当 $\overline{S}=0$ 信号变为 1 时，电路的 1 状态被保持。

(2) 当 $\overline{R}=1$，$\overline{S}=0$ 时，$Q=0$、$\overline{Q}=1$，电路的状态就由 0 状态变为 1 状态；当 $\overline{S}=0$ 信号变为 1 时，电路的 1 状态被保持。

(3) 当 $\overline{R}=0$，$\overline{S}=1$ 时，$Q=1$、$\overline{Q}=0$，电路的状态就由 1 状态变为 0 状态；当 $\overline{R}=0$ 信号变为 1 时，电路的 0 状态被保持。

(4) 当 $\overline{R}=0$，$\overline{S}=1$ 时，$Q=0$、$\overline{Q}=1$；当 $\overline{R}=0$ 信号变为 1 时，电路的 1 状态被保持。

(5) 当 $\overline{R}=1$、$\overline{S}=1$ 时，触发器维持原来的状态不变，称触发器处于保持(记忆)状态。

(6) 当 $\overline{R}=0$、$\overline{S}=0$ 时，两个与非门输出均为 1(高电平)，这既不是定义的 1 状态，也不是定义的 0 状态，而且当 $\overline{R}$、$\overline{S}$ 同时从 0 变化为 1 时，无法判定触发器将回到 1 状态还是 0 状态，因此这种情况是不允许的。于是规定输入信号 $\overline{R}$、$\overline{S}$ 不能同时为 0，它们应遵循 $RS=0$ 的约束条件。

按照上述分析，列出图 4.2.1 的真值表如表 4.2.1 所示。在表中，用 Q 表示现态(即输入信号作用前的触发器状态)，用 Q^* 表示次态(即输入信号作用后触发器所进入的下一个状态)，因为触发器的次态输出 Q^* 不仅与输入信号有关，而且与触发器原来的状态(即现态)Q 有关，所以 Q 也是真值表中的一个输入变量。我们将含有状态变量 Q 的真值表称做

触发器的特性表(或功能表)。

表 4.2.1 用与非门组成的基本 RS 触发器的特性表

$\overline{R}$	$\overline{S}$	Q	Q^*
1	1	0	0
1	1	1	1
0	1	0	0
0	1	1	0
1	0	0	1
1	0	1	1
0	0	0	1*
0	0	1	1*

注：1* 表示 $\overline{R}$、$\overline{S}$ 的 0 状态同时消失以后状态不定。

基本 RS 触发器也可以用或非门构成，如图 4.2.2 所示。这个电路是用高电平作为有效输入信号的，所以用 R 和 S 分别表示置 0 端和置 1 端。表 4.2.2 是它的特性表。

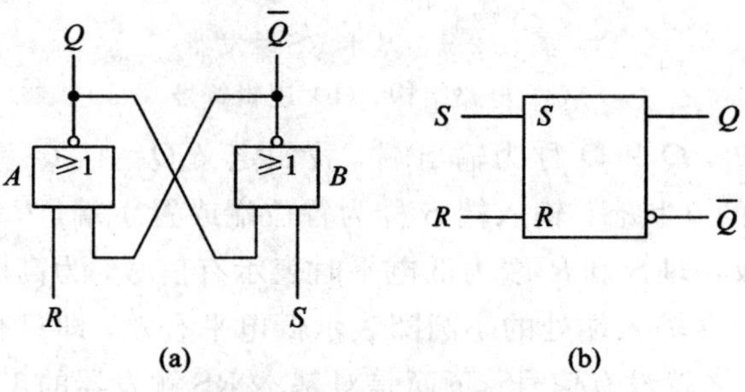

图 4.2.2 基本 RS 触发器

(a) 电路结构；(b) 逻辑符号

表 4.2.2 用或非门组成的基本 RS 触发器的特性表

R	S	Q	Q^*
0	0	0	0
0	0	1	1
0	1	0	1
0	1	1	1
1	0	0	0
1	0	1	0
1	1	0	0*
1	1	1	0*

注：0* 表示 R、S 的 1 状态同时消失以后状态不定。

根据表 4.2.1 画出 Q^* 的卡诺图如图 4.2.3 所示。

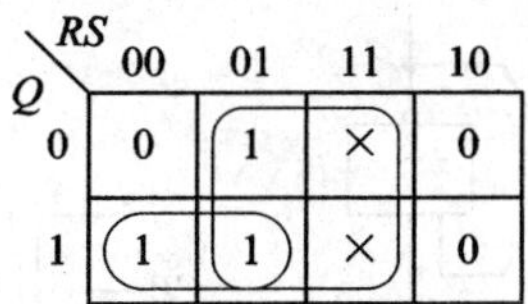

图 4.2.3　基本 RS 触发器 Q^* 的卡诺图

由图 4.2.3 可得

$$\begin{aligned} Q^* &= S+\bar{R}Q \\ RS &= 0(\text{约束条件}) \end{aligned} \tag{4.2.1}$$

此方程反映了基本 RS 触发器的次态输出 Q^* 与现态 Q 和输入 R、S 之间的关系，被称为特性方程。在遵守约束条件 $RS=0$ 的前提下，可以根据输入信号 R、S 的取值和现态 Q，利用特性方程计算出次态输出 Q^*。

2) 动作特点

在基本 RS 触发器中，输入信号直接加在输出门上，所以输入信号在全部作用时间里(即 R 或 S 为 1 的全部时间)，都能直接改变输出端 Q 和 $\bar{Q}$ 的状态，这就是基本 RS 触发器的动作特点。

在使用基本 RS 触发器时，需要特别注意，不允许在 $\bar{R}$ 端和 $\bar{S}$ 端同时加入有效信号，如果在 $\bar{R}$ 端和 $\bar{S}$ 端同时加入有效信号，则会出现：

(1) 信号同时存在时(即 $\bar{R}=\bar{S}=0$)，$Q=\bar{Q}=1$。此为非定义状态，不允许出现。

(2) 信号同时撤消时，状态无法确定。

(3) 信号分时撤消时，状态决定于后撤消的状态。即如果 $\bar{R}$ 端的信号先撤消，则触发器的状态由 $\bar{S}$ 端决定($Q=1$，$\bar{Q}=0$)；如果 $\bar{S}$ 端的信号先撤消，则触发器的状态由 $\bar{R}$ 端决定($Q=0$，$\bar{Q}=1$)。

4.2.2　同步 RS 触发器的电路结构、逻辑符号及动作特点

同步 RS 触发器就是在基本 RS 触发器的基础上，加上两个输入控制门和一个输入控制信号，当这个输入控制信号变为有效电平信号时，置 1、置 0 输入信号才能通过两个输入控制门，从而使触发器相应地发生变化，否则，保持原态不变。

1. 电路结构和逻辑符号

图 4.2.4(a)所示是同步 RS 触发器的电路结构图。门 A 和门 B 构成基本 RS 触发器，门 C、门 D 是两个输入控制门，CP 是时钟控制信号，S、R 端分别为置 1、置 0 输入信号。图 4.2.4(b)是它的逻辑符号。

当 $CP=0$ 时，门 C、门 D 控制门被封锁，输入信号 S、R 无法传送给由门 A、门 B 构成的基本 SR 触发器，故触发器保持原来的状态不变。

当 $CP=1$ 时，门 C、门 D 控制门被打开，输入信号 S、R 可以通过门 C、门 D 传送给由门 A、门 B 构成的基本 RS 触发器，这时触发器的状态将跟随输入信号 S、R 端的变化而变化。但要注意的是，这时触发器一定要遵循与基本 RS 触发器一样的约束条件。据此，可列出同步 RS 触发器的特性如表 4.2.3 所示。

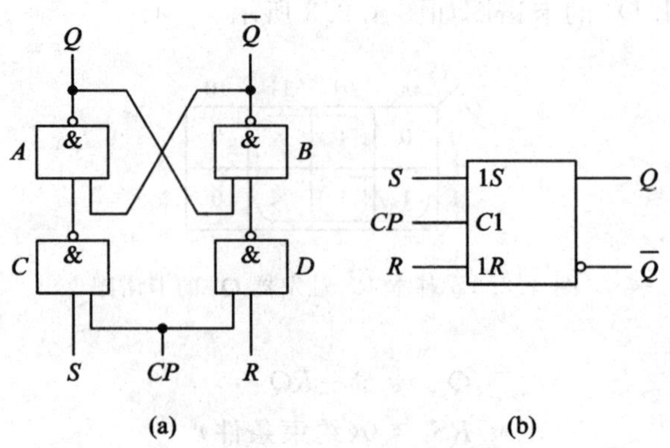

图 4.2.4 同步 RS 触发器

(a) 电路结构；(b) 逻辑符号

表 4.2.3 同步 RS 触发器的特性表

CP	R	S	Q	Q^*
0	×	×	0	0
0	×	×	1	1
1	0	0	0	0
1	0	0	1	1
1	0	1	0	1
1	0	1	1	1
1	1	0	0	0
1	1	0	1	0
1	1	1	0	1^*
1	1	1	1	1^*

注：1^* 表示 CP 回到低电平后状态不定。

由表 4.2.3 可以列出同步 RS 触发器的特性方程为

$$\begin{cases} Q^* = S + \bar{R}Q \\ RS = 0(\text{约束条件}) \end{cases} \qquad CP = 1 \text{ 期间有效} \qquad (4.2.2)$$

表 4.2.3 和式(4.2.2)都准确地表示了电路在时钟信号 CP 控制下，次态输出 Q^* 与现态 Q 和输入 R、S 之间的关系。

2. 动作特点

由上面的分析可以看出，这种触发器在 CP 为高电平时触发翻转。与基本 SR 触发器相比，同步触发器的触发翻转增加了时间控制。在 $CP=1$ 这一时间段内，S 和 R 状态的变化都可能引起输出状态的改变。在 CP 回到 0 以后，触发器保存的是 CP 回到 0 以前瞬间的状态。也就是说，这种触发器的触发翻转只是被控制在一段时间内，而不是控制在某一时刻进行，势必降低了触发器的抗干扰性。

3. 带有异步置位和复位端的同步 RS 触发器

在实际应用中，经常需要在时钟信号到来前将触发器预先置成指定的状态，为此给触发器设置了两个异步输入端——异步置位端 $\overline{S}_D$ 和异步复位端 $\overline{R}_D$，电路如图 4.2.5 所示。

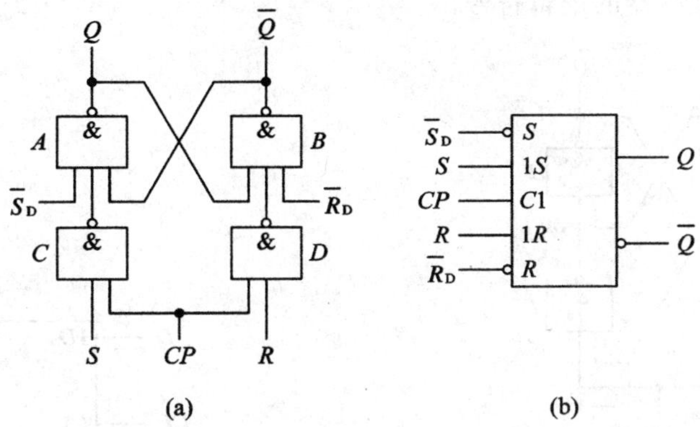

图 4.2.5　带有异步置位和复位端的同步 RS 触发器
(a) 电路结构；(b) 逻辑符号

当 $\overline{S}_D=0$ 时，触发器立刻被置成 1 态；$\overline{R}_D=0$ 时，触发器立刻被置成 0 态，而不受时钟 CP 和输入信号的控制，故 $\overline{S}_D$ 和 $\overline{R}_D$ 被称为异步输入端。当触发器在时钟 CP 控制下，按照输入信号 R、S 进行正常工作时，$\overline{S}_D$、$\overline{R}_D$ 应被置于高电平。应该注意的是，给同步 RS 触发器加入异步置位信号或异步复位信号应该在 $CP=0$ 期间进行，否则在 $\overline{S}_D$ 或 $\overline{R}_D$ 返回高电平后，预置的状态不一定能保存下来。

4. 同步 D 触发器

对于同步 RS 触发器，在 $CP=1$ 期间，R、S 端输入信号仍需满足 $SR=0$ 这个约束条件，为了解决该问题，出现了同步 D 触发器(或称 D 锁存器)。

在同步 RS 触发器的基础上，S 端和 R 端之间用一非门相连，加在 S 端的输入信号经非门反相后送给了 R 端。即原来的双端输入变为了现在的单端输入，这就是同步 D 触发器，电路如图 4.2.6 所示。

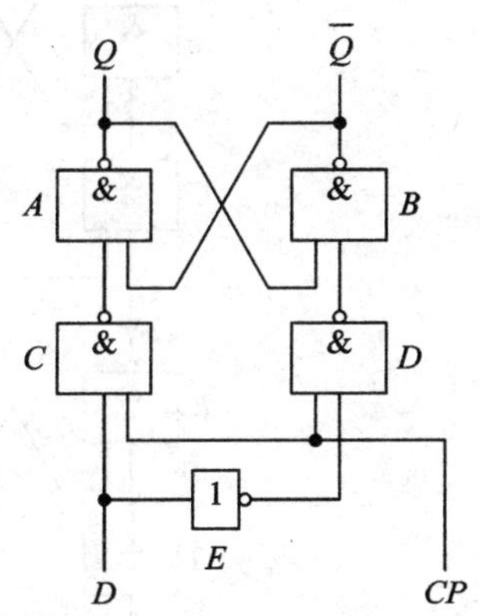

图 4.2.6　D 锁存器

由图 4.2.6 可知

$$S=D$$
$$R=\overline{D}$$

将上式代入同步 RS 触发器的特性方程可得到

$$\begin{aligned} Q^* &= S+\overline{R}Q \\ &= D+\overline{\overline{D}}Q \\ &= D \qquad CP=1 \text{ 期间有效} \end{aligned} \tag{4.2.3}$$

由式(4.2.3)可见，同步 RS 触发器中 R、S 之间有约束的问题解决了。在 $CP=1$ 期间，若 $D=1$，则 $Q^*=1$；若 $D=0$，则 $Q^*=0$，即根据输入信号 D 取值不同，触发器既可以置 1，也可以置 0。不过，当 CP 的下降沿到来时，触发器的状态由 CP 下降沿的瞬间 D 的值确定。

简化图 4.2.4，即将门 C 的输出与门 D 的输入 R 连接起来，就得到如图 4.2.7 所示的 D 锁存器简化图，它也是同步 D 触发器的一种。其逻辑功能与图 4.2.6 所示 D 锁存器的一样，特性方程也一样。

图 4.2.8 是 D 锁存器的逻辑符号。

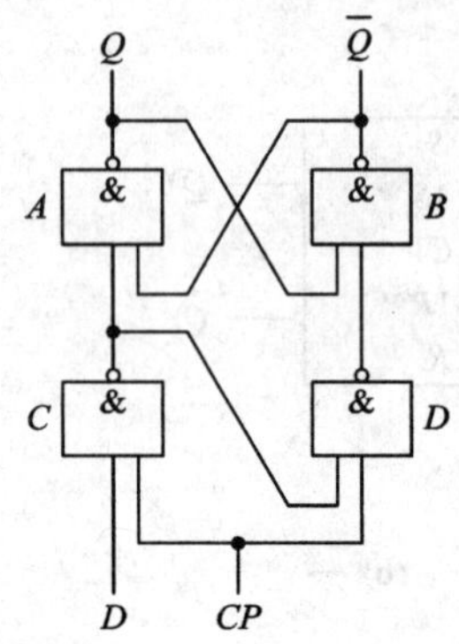

图 4.2.7　D 锁存器简化图

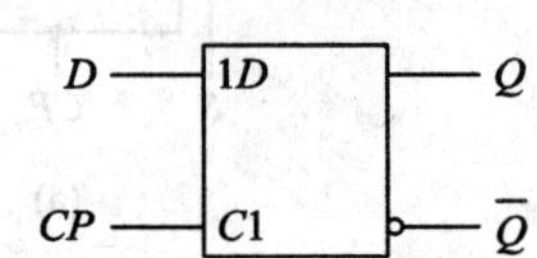

图 4.2.8　D 锁存器的逻辑符号

4.2.3　主从 RS 触发器的电路结构、逻辑符号及动作特点

1. 电路结构和逻辑符号

主从 RS 触发器的电路结构、逻辑符号如图 4.2.9 所示，此触发器由主、从两个结构完全相同的同步 RS 触发器组成。门 E～门 H 组成主触发器，门 A～门 D 组成从触发器。时钟控制信号 CP 一方面送给主触发器，另一方面通过反相器门 I 送给从触发器。

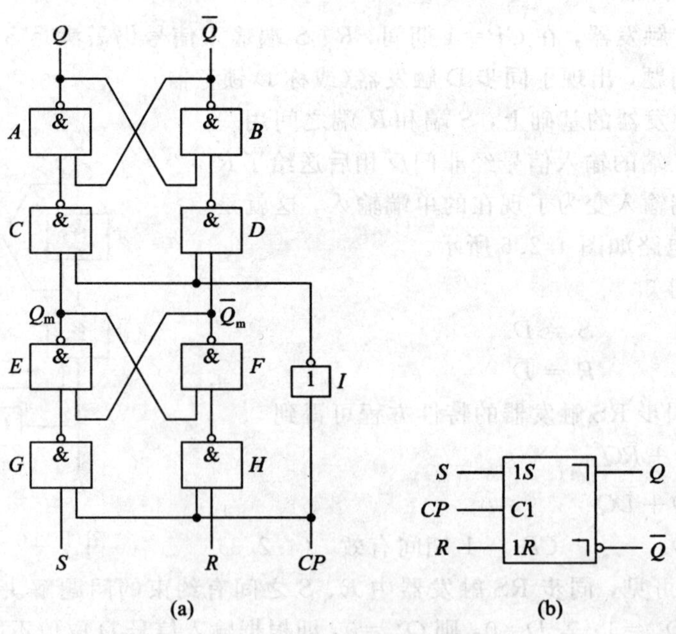

图 4.2.9　主从 RS 触发器
(a) 电路结构；(b) 逻辑符号

(1) 当 $CP=1$ 时，门 G、门 H 被打开，门 C、门 D 被封锁，即主触发器工作，从触发器不工作。那么，在 $CP=1$ 期间，无论 S、R 端输入信号如何，改变的只是主触发器的状态，从触发器的状态维持原态不变。

(2) 当 $CP=0$ 时，门 G、门 H 被封锁，门 C、门 D 被打开，即主触发器不工作，从触发器工作。这时，从触发器接收 CP 由 1 变为 0 那一时刻主触发器的状态，并且这一状态将持续到下一个 $CP=0$ 到来；主触发器在 $CP=0$ 期间，无论 S、R 端输入信号如何改变，对主触发器的状态无任何影响。

由上分析可知，主从 RS 触发器的状态改变，即从触发器的状态改变相对于主触发器来说一定是延迟了半个周期才出现。故在主从 RS 触发器的逻辑符号上，都带有一个延迟符号"¬"，它表示 CP 脉冲下降沿到来以后，即 $CP=0$ 时 Q 和 $\bar{Q}$ 端才会改变状态。根据以上分析，可写出主从 RS 触发器的特性表如表 4.2.4 所示。

表 4.2.4　主从 RS 触发器的特性表

CP	R	S	Q	Q^*
×	×	×	×	Q
⎍	0	0	0	0
⎍	0	0	1	1
⎍	0	1	0	1
⎍	0	1	1	1
⎍	1	0	0	0
⎍	1	0	1	0
⎍	1	1	0	1^*
⎍	1	1	1	1^*

注：1^* 表示 CP 回到低电平后输出状态不定。

由表 4.2.4 可知，主从 RS 触发器的特性方程为

$$\begin{cases} Q^* = S+\bar{R}Q \\ RS = 0\text{（约束条件）} \end{cases} \quad CP\text{ 下降沿到来时有效}$$

2. 带有异步置位和复位端的主从 RS 触发器

图 4.2.10 是带有异步置位 $\bar{S}_D$ 和异步复位端 $\bar{R}_D$ 的主从 RS 触发器的原理图和电路符号。当 $\bar{S}_D=0$、$\bar{R}_D=1$ 时，触发器被置 1；当 $\bar{S}_D=1$，$\bar{R}_D=0$ 时，触发器被置 0。异步置位、复位端 $\bar{S}_D$、$\bar{R}_D$ 对触发器的作用与时钟信号 CP 无关。

例如，当 $\bar{R}_D=0$ 时，这一低电平信号同时送给了门 B、F 和 G，将主触发器和从触发器同时置 0，且封住了门 G，使输入端 S 的置 1 信号无法加入。即只要 $\bar{R}_D=0$、$\bar{S}_D=1$，无论 CP 为 1 或 0，触发器均能被复位（0 态）。同理。当 $\bar{S}_D=0$ 时，触发器被置 1，不用考虑 CP 的状态。

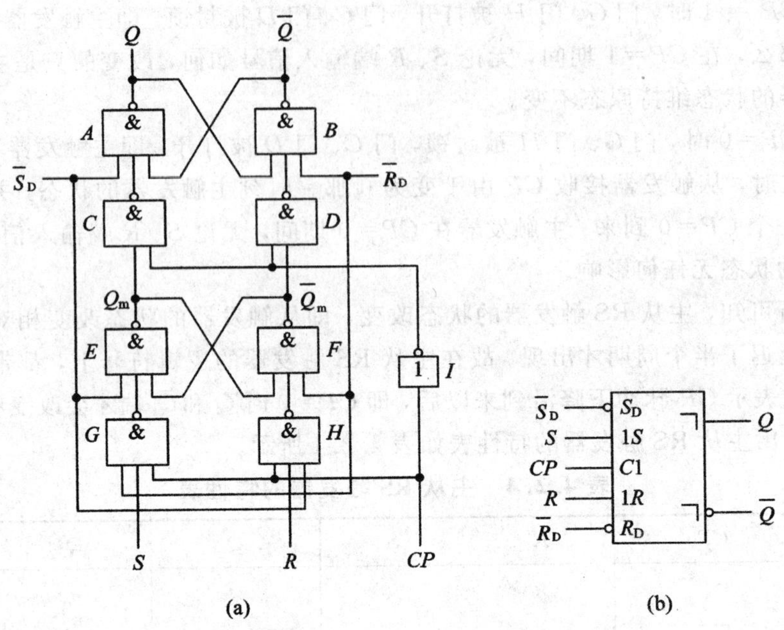

图 4.2.10 带有异步置位和复位端的主从 RS 触发器

(a) 电路结构；(b) 逻辑符号

3. 动作特点

(1) 利用控制脉冲信号 CP 进行主从控制。在 $CP=1$ 期间，主触发器按照同步 RS 触发器的原理，受 S、R 端的输入信号的控制而改变其内容；当 CP 下降沿到来时，从触发器按照主触发器在 CP 下降沿到来这一时刻的内容再更新状态——翻转。这样，就避免了同步 RS 触发器在 $CP=1$ 期间可能多次翻转的问题。

(2) 不管是主触发器还是从触发器在工作时，均要满足 $SR=0$ 这一约束条件。

4.2.4 主从 JK 触发器的电路结构、逻辑符号及动作特点

1. 电路结构和逻辑符号

为使用方便，希望即使出现 $SR\neq0$(或 $S=R=1$)的情况，触发器的次态也可以确定，故出现了主从 JK 触发器。将主从 RS 触发器的输出端 Q 和 $\overline{Q}$ 作为一对附加控制信号接回到输入端，就有了主从 JK 触发器，电路结构如图 4.2.11(a)所示。图 4.2.11(b)是主从 JK 触发器的逻辑符号。

图 4.2.11(b)中的“¬”符号表示延迟，它表示主从 JK 触发器在时钟上升沿到来时，其中的主触发器就将输入信号接收了，一直到时钟下降沿到来时，从触发器接收主触发器的内容，Q 和 $\overline{Q}$ 端的状态才会改变。

将图 4.2.9(a)和图 4.2.11(a)比较，有

$$\begin{cases} S = J\overline{Q} \\ R = KQ \end{cases} \tag{4.2.4}$$

由于 Q、$\overline{Q}$ 是互补的，当 $J=K=1$ 时，$S=\overline{Q}$、$R=Q$，即原来是 1 态，现在就为 0 态；原来是 0 态，现在就为 1 态，$Q^*=\overline{Q}$。

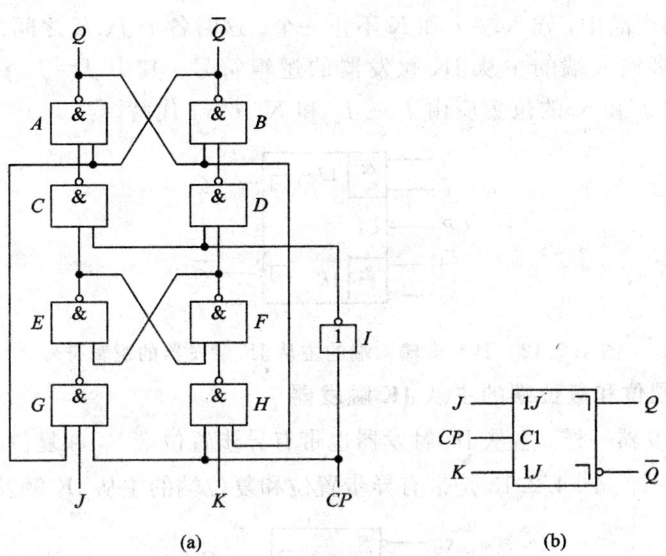

图 4.2.11　主从 JK 触发器
(a) 电路结构；(b) 逻辑符号

当 $J=K=0$ 时，无论原来是什么状态，现在都保持原来的状态不变，即 $Q^*=Q$。

当 $J=1$、$K=0$ 时，$S=\bar{Q}$、$R=0$，这样无论原来是什么状态，门 H 始终被封锁，电路不能接收置 0 信号，只能接收置 1 信号。原来为 1 态，现在保持 1 态不变，原来为 0 态，现在被置成 1 态，即 $Q^{*1}=1$。

当 $J=0$、$K=1$ 时，$S=0$、$R=Q$，这样无论原来是什么状态，门 G 始终被封锁，电路不能接收置 1 信号，只能接收置 0 信号。原来为 0 态，现在保持 0 态不变，原来为 1 态，现在被置成 0 态，即 $Q^{*1}=0$。

将式(4.2.4)代入主从 RS 触发器的特性方程中可得

$$\begin{aligned} Q^* &= S+\bar{R}Q = J\bar{Q}+\overline{KQ}Q \\ &= J\bar{Q}+\bar{K}Q \qquad CP\ \text{下降沿到来时有效} \end{aligned} \tag{4.2.5}$$

式(4.2.5)就是主从 JK 触发器的特性方程。由于将 Q、$\bar{Q}$ 分别引回到输入门，J、K 门间不会有约束，据此可列出其特性表如表 4.2.5 所示。

表 4.2.5　主从 JK 触发器的特性表

CP	J	K	Q	Q^*
×	×	×	×	Q
⎍	0	0	0	0
⎍	0	0	1	1
⎍	1	0	0	1
⎍	1	0	1	1
⎍	0	1	0	0
⎍	0	1	1	0
⎍	1	1	0	1
⎍	1	1	1	0

在有些触发器产品中，输入端 J 和 K 不止一个。这时各个 J、K 之间是“与”的逻辑关系。图 4.2.12 是具有多输入端的主从 JK 触发器的逻辑符号。其中 $J=J_1 \cdot J_2$、$K=K_1 \cdot K_2$，这样，其特性表中 J 和 K 的位置应由 $J_1 \cdot J_2$ 和 $K_1 \cdot K_2$ 代替。

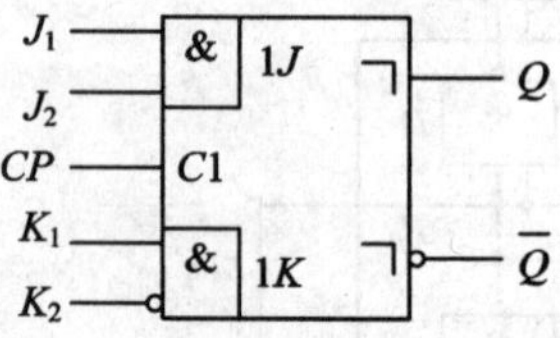

图 4.2.12 具有多输入端的主从 JK 触发器的逻辑符号

2. 带有异步置位和复位端的主从 JK 触发器

与主从 RS 触发器一样，主从 JK 触发器也带有异步置位端 $\overline{S}_D$ 和复位端 $\overline{R}_D$，它的电路符号图与图 4.2.10 一样。图 4.2.13 是带有异步置位和复位端的主从 JK 触发器的逻辑符号。

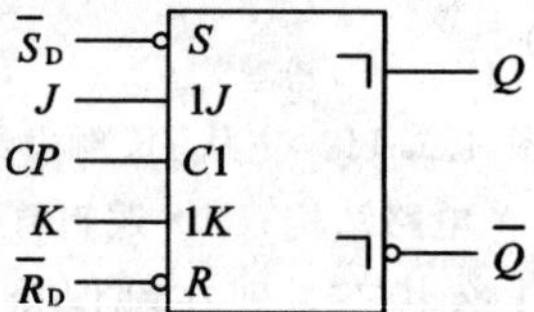

图 4.2.13 带有异步置位和复位端的主从 JK 触发器的逻辑符号

3. 动作特点

(1) 与主从 RS 触发器一样，主从 JK 触发器是利用控制脉冲 CP 进行主从控制的，但 J、K 之间没有约束。

(2) 存在一次翻转问题。所谓一次翻转，就是指在 $CP=1$ 期间，主触发器能且仅能翻转一次的现象。由于 Q、$\overline{Q}$ 是互补的，将它们分别引回到输入门，使两个输入门在任何时候总有一个被封锁，即在 $CP=1$ 期间，主触发器要么只能接收置 1 信号(如当 $Q=0$、$\overline{Q}=1$ 时，门 H 被封锁，置 0 信号无法送入，门 G 可以接收置 1 信号，$J=0$ 时主触发器保持原来的 0 态不变，$J=1$ 时主触发器就从 0 态翻转为 1 态，一旦翻转发生，输入端 J 的状态无论怎样改变，主触发器的状态也不再改变了)，要么只能接收置 0 信号(如当 $Q=1$、$\overline{Q}=0$ 时，门 G 被封锁，置 1 信号无法送入，门 H 可以接收置 0 信号，$K=0$ 时主触发器保持原来的 1 态不变，$K=1$ 时主触发器就从 1 态翻转为 0 态，一旦翻转发生，输入端 K 的状态无论怎样改变，主触发器的状态也不再改变了)。

(3) 若在 $CP=1$ 期间，有干扰信号介入，并且此干扰信号引起了主触发器的一次翻转，那么触发器将会发生错误的翻转，因此就降低了电路的抗干扰性。

(4) 一般约定在 $CP=1$ 期间，J、K 的状态保持不变。那么对于主从 JK 触发器，可以总结为“上升沿接收，下降沿翻转”。

4.2.5 维持阻塞边沿触发器的电路结构、逻辑符号及动作特点

主从 RS 触发器通过时钟信号可以控制触发器只能在 $CP=0$ 期间接收主触发器送来的信号，以便输出是“1”态还是“0”态，但是必须要满足约束条件 $SR=0$；为了消除约束条件的影响，出现了主从 JK 触发器，它克服了约束条件的限制，却带来了的新问题—— 一

次翻转，这个问题限制了主从JK触发器的应用，降低了它的抗干扰性，于是边沿触发器应运而生。边沿触发器约定：① 触发器仅在CP某一约定触发沿(时钟信号CP的下降沿或上升沿)到来时，才接收输入信号；② 在$CP=0$或$CP=1$期间，输入信号变化不会引起触发器输出状态变化。只有同时具备以上两个条件，才称为边沿触发器。

维持阻塞边沿触发器中的“维持阻塞”只是边沿触发器的一种结构形式而已，它实际上就是一种边沿触发器。

1. 边沿JK触发器

边沿JK触发器是利用门电路的传输延迟时间实现边沿触发的，图4.2.14是其电路结构和逻辑符号。

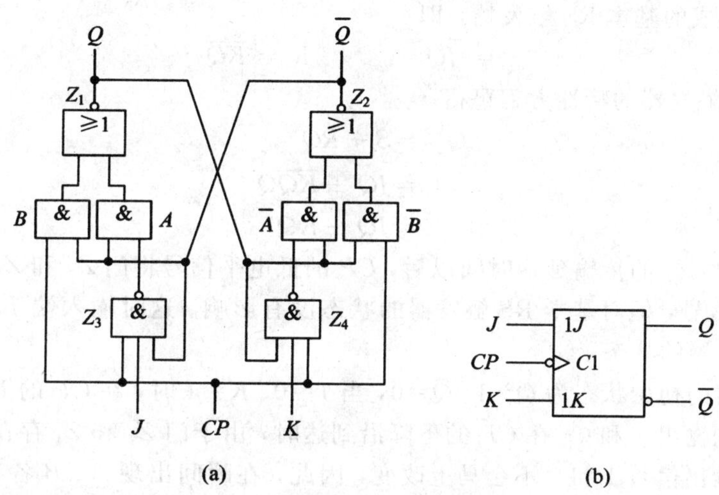

图4.2.14 边沿JK触发器

(a) 电路结构；(b) 逻辑符号

边沿JK触发器在CP为0、上升沿和1时输入信号J、K对电路都不起作用，只有在CP为下降沿时才会根据输入信号J、K的状态变为“1”态或“0”态。其状态按照式(4.2.6)改变。

$$Q^{*}=J\overline{Q}+\overline{K}Q \tag{4.2.6}$$

边沿触发器包含两部分，一是由与或非门Z_1和Z_2组成的基本RS触发器，二是由与非门Z_3和Z_4组成的控制门。门Z_3和Z_4的传输时间大于基本RS触发器的翻转时间。

边沿JK触发器的工作原理：

(1) $CP=0$时，门Z_3和Z_4被封锁，输入信号J、K无法加入，触发器保持原态。

(2) $CP=1$时，门B、$\overline{B}$、Z_3和Z_4被打开，有

$$\text{门}B\text{输出：}\overline{Q}$$

$$\text{门}\overline{B}\text{输出：}Q$$

$$\text{门}A\text{输出：}\overline{\overline{JQ}}\,\overline{Q}=\overline{J}\overline{Q}$$

$$\text{门}\overline{A}\text{输出：}\overline{KQ}Q=\overline{K}Q$$

$$\text{门}Z_1\text{输出：}\overline{\overline{Q}+\overline{J}\overline{Q}}=Q$$

$$\text{门}Z_2\text{输出：}\overline{Q+\overline{K}Q}=\overline{Q}$$

因此，输入信号J、K不起作用，触发器保持原态。

(3) CP 为上升沿后，门 B 和 $\bar{B}$ 先于门 A 和 $\bar{A}$ 打开，基本 RS 触发器可以通过门 B 和 $\bar{B}$ 继续保持原态不变。由于门 Z_3 和 Z_4 的延迟作用，导致门 A 输出 $\overline{J\bar{Q}}$ 和门 $\bar{A}$ 输出 $\overline{KQ}$ 延迟一会才出现，这时有

$$Q^* = \overline{\bar{Q} + \overline{J\bar{Q}}} = Q$$

$$\overline{Q^*} = \overline{Q + \overline{KQ}} = \bar{Q}$$

因此，输入信号 J、K 不起作用，触发器保持原态。

(4) CP 为下降沿时，门 B 和 $\bar{B}$ 立即被封锁使其输出都为 0，由于门 Z_3 和 Z_4 存在传输延迟时间，门 A 输入 $\overline{J\bar{Q}}$ 和门 $\bar{A}$ 输入 $\overline{KQ}$ 则要保持一个 t_{PD} 的传输延迟时间，如果这个传输延迟时间足够长，那么与或非门 Z_1 和 Z_2 中的与门 B、$\bar{B}$ 不起作用，而与或非门 Z_1 和 Z_2 变为由与非门组成的基本 RS 触发器，即

$$\bar{S} = \overline{J\bar{Q}} \qquad \bar{R} = \overline{KQ}$$

由基本 RS 触发器的特性方程可得

$$\begin{aligned} Q^* &= S + \bar{R}Q \\ &= J\bar{Q} + \overline{KQ}Q \\ &= J\bar{Q} + \bar{K}Q \end{aligned}$$

经过门 Z_3 和 Z_4 的传输延迟时间以后，CP 的低电平信号将门 Z_3 和 Z_4 封锁，门 Z_3 和 Z_4 输出高电平信号，但对基本 RS 触发器的状态没有影响。这时输入端 J、K 无论怎样变也不会影响触发器的状态了。

假如触发器的初始状态为 $Q=1$、$\bar{Q}=0$，当 $J=0$、$K=1$ 时，在 CP 的下降沿到达之前，门 Z_3 和 Z_4 分别输出 1 和 0；在 CP 的下降沿到达时，由于门 Z_3 和 Z_4 存在传输延迟时间，门 Z_3 和 Z_4 的输出信号 1 和 0 不会马上改变，因此，在瞬间出现 $\bar{A}$、$\bar{B}$ 各有一个输入端为低电平的状态，使 $\bar{Q}=1$，并经过门 A 使 $Q=0$。由于门 Z_4 的传输延迟时间足够长，可以保证在门 Z_4 的输出低电平信号消失之前，$Q=0$ 已反馈到了门 $\bar{A}$，因此在 Z_4 的输出低电平信号消失以后，触发器获得的 0 状态将保持下去。

根据以上分析，可写出边沿 JK 触发器的特性表(见表 4.2.6)。

表 4.2.6 边沿 JK 触发器的特性表

CP	J	K	Q	Q^*
×	×	×	×	Q
↓	0	0	0	0
↓	0	0	1	1
↓	1	0	0	1
↓	1	0	1	1
↓	0	1	0	0
↓	0	1	1	0
↓	1	1	0	1
↓	1	1	1	0

与主从 JK 触发器的特性表相比较可知，二者只是对时钟信号 CP 的要求不同而已。

2. 维持阻塞 D 触发器

维持阻塞 D 触发器是在图 4.2.6 所示 D 锁存器的基础上，加上两个控制门 E、F 和 4 根反馈线组成的，如图 4.2.15 所示。

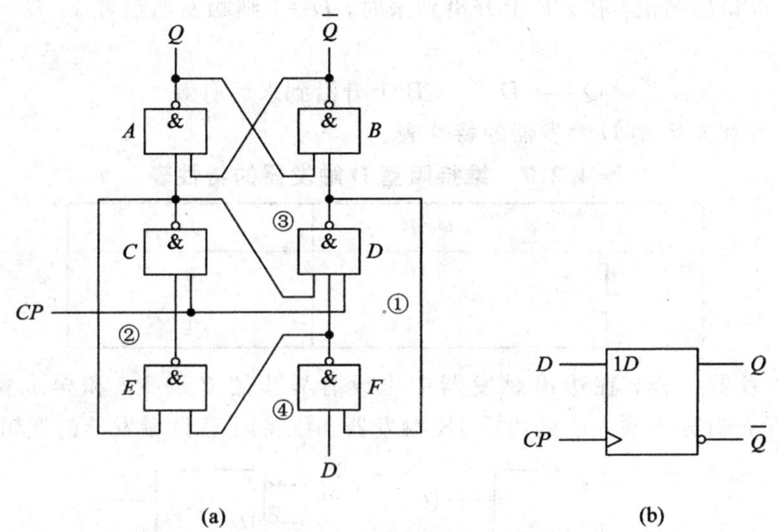

图 4.2.15　维持阻塞 D 触发器
(a) 电路结构；(b) 逻辑符号

维持阻塞 D 触发器的工作原理：

(1) $CP=0$ 时，门 C、D 被封锁，其输出都为 1，触发器保持原态。

① 若 $D=1$，则门 E 输出 1，门 F 输出 0。

② 若 $D=0$，则门 E 输出 0，门 F 输出 1。

(2) CP 的上升沿到来时：

① 若 $D=1$，由于门 E 输出 1，门 F 输出 0，则门 C 输出为 0、门 D 输出为 1。门 C 输出的 0 将分别送给门 A、门 D 和门 E。

送给门 A，使由门 A 和门 B 组成的基本 RS 触发器被置 1，即 $Q=1$、$\bar{Q}=0$。

送给门 D，使门 D 被封锁，阻止门 D 输出 0，即阻塞产生置 0 信号，所以称反馈线③为阻塞置 0 线。

送给门 E，使门 E 被封锁，以保证门 C 在整个 $CP=1$ 期间输出都维持为 0，从而使触发器保持在“1”态，所以称反馈线②为维持置 1 线。

因此，门 C 输出的 0 信号一旦送到了门 D、E 的输入端，就会产生维持阻塞作用，输入信号 D 无论怎样改变取值，对输出的“1”态无影响。

② 若 $D=0$，门 E 输出 0，门 F 输出 1，则门 C 输出为 1、门 D 输出为 0。门 D 输出的 0 将分别送给门 B 和门 F。

送给门 B，使触发器被置 0，即 $Q=0$、$\bar{Q}=1$。

送给门 F，使门 F 被封锁，以保证门 D 在整个 $CP=1$ 期间输出都维持为 0，从而使触发器保持在“0”态，所以称反馈线①为维持置 0 线。而门 F 输出的 1 信号又通过反馈线④送给门 E，使门 E 的输出维持在低电平“0”，阻止门 C 出现低电平“0”，即阻塞产生置 1 信号，因此反馈线④被称为阻塞置1线。

所以门 D 输出的0信号一旦送到了门 F 的输入端，D 信号就送不进来，就会产生维持阻塞作用，对输出的"0"态无影响。

故此，可以得出结论：在 CP 上升沿到来时，$D=1$ 则触发器被置1，$D=0$ 则触发器被置0，即

$$Q^{*}=D \qquad CP\text{ 上升沿到来后有效}$$

表4.2.7是维持阻塞D触发器的特性表。

表 4.2.7　维持阻塞 D 触发器的特性表

CP	D	Q^{*}
↑	0	0
↑	1	1

与主从触发器一样，在边沿触发器中也设有异步置0端 $\overline{R}_D$ 和异步置1端 $\overline{S}_D$。图4.2.16所示是带有异步输入端的边沿JK触发器和维持阻塞D触发器的逻辑符号。

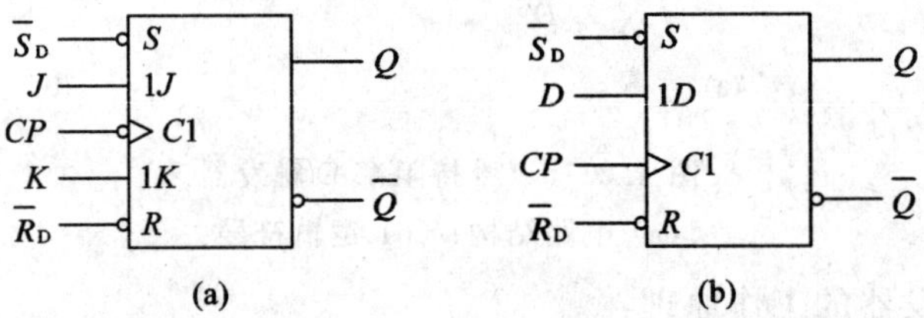

图4.2.16　带异步输入端的边沿触发器的逻辑符号

(a) 边沿JK触发器；(b) 维持阻塞D触发器

4.3　不同结构触发器的主要特点

触发器是数字电路中非常重要的基本存储单元电路，从电路结构的角度可以将触发器分为基本RS触发器、同步RS触发器、主从触发器、边沿触发器。不同结构的触发器具有不同的特点。

基本RS触发器是电路结构最简单的一种触发器，它可以存储一位二进制代码，是构成各种类型触发器的基础。它的输入信号直接加在输出门上，所以输入信号在全部时间里都能直接改变输出端 Q 和 $\overline{Q}$ 的状态。缺点是输入信号在整个存在期间都直接控制输出端的状态，置0输入信号 R 和置1输入信号 S 之间必须遵守约束条件 $SR=0$。

同步RS触发器是在基本RS触发器的基础上加上两个输入控制门，再加上一个同步控制信号 CP 构成的。同步RS触发器和基本RS触发器的区别是选通控制或者说是时钟电平直接控制，即 $CP=1$ 期间接收信号，此为它的优点。它的缺点是 $CP=1$ 期间，R、S 仍然直接控制着触发器的状态输出，即在此期间若 R、S 发生变化，则触发器的状态会发生多次翻转。$CP=1$ 期间，输入信号 R 和 S 之间也必须遵守约束条件 $SR=0$。

主从RS触发器的电路结构较为复杂，由两个同样的同步RS触发器组成，但它们的时钟信号 CP 的相位相反。在 $CP=1$ 时主触发器接收，CP 下降沿到来时从触发器跟随主触

发器变化，即主触发器把接收的信号传送给从触发器。R、S 不会直接影响 Q 和 $\bar{Q}$，从根本上解决了直接控制问题，但此电路的输入信号 R 和 S 之间也必须遵守约束条件 $SR=0$。

主从 JK 触发器是在主从 RS 触发器的基础上，引入了从输出 Q 和 $\bar{Q}$ 到输入门的两条反馈线，这时原来的 R 和 S 分别变为 KQ 和 $J\bar{Q}$。因为 Q 和 $\bar{Q}$ 总是互补的，所以 J、K 之间不会有约束。这种触发器既无直接控制问题，也无约束问题，是一种性能优良、使用方便的触发器。但它存在一次翻转问题，即在 $CP=1$ 期间主触发器的状态只能够变化一次，因此抗干扰能力较差。主从 RS 触发器和主从 JK 触发器都属于主从控制脉冲触发。

为了解决主从 JK 触发的一次变化问题，进而提高工作速度，出现了边沿触发器。这种触发器最显著的特点是边沿控制——CP 上升沿(或下降沿)触发，接收触发器的 CP 上升沿(或下降沿)时刻输入信号的值，其他时间输入信号不起作用，因此边沿触发器的抗干扰性极大提高。

4.4　常见触发器的逻辑功能及其描述

触发器有同步 RS 触发器、主从 RS 触发器、主从 JK 触发器、边沿 JK 触发器和维持阻塞 D 触发器，它们都是在时钟信号控制下工作的，故这些触发器又称为时钟触发器。从逻辑功能的角度又可以将时钟触发器分为 RS、JK、D、T 四种类型，而这四种触发器又可以相互转变。对于触发器来说，描述其逻辑功能的方法主要有特性表、特性方程、状态转换图和时序图。

4.4.1　RS 触发器的逻辑功能及其描述

在时钟信号作用下，具有置 1、置 0 和保持功能的电路，都叫做 RS 触发器。4.2.2 节介绍的同步 RS 触发器和 4.2.3 节介绍的主从 RS 触发器就是这种类型。

1. 特性表和特性方程

RS 触发器的特性表见表 4.4.1。

表 4.4.1　RS 触发器的特性表

R	S	Q	Q^*	注
0	0	0	0	保持
0	0	1	1	保持
0	1	0	1	置 1
0	1	1	1	置 1
1	0	0	0	置 0
1	0	1	0	置 0
1	1	0	×	不定
1	1	1	×	不定

根据表 4.4.1 所规定的逻辑关系可以写出它的逻辑表达式即特性方程为

$$\begin{cases} Q^* = S + \bar{R}Q \\ RS = 0\text{（约束条件）} \end{cases} \tag{4.4.1}$$

2. 状态转换图

用两个圆圈分别代表触发器的两个状态，用箭头表示状态转换的方向，在箭头旁边注明状态转换的条件，就得到了RS触发器的状态转换图如图4.4.1所示。状态转换图形象地表示了RS触发器的逻辑功能。

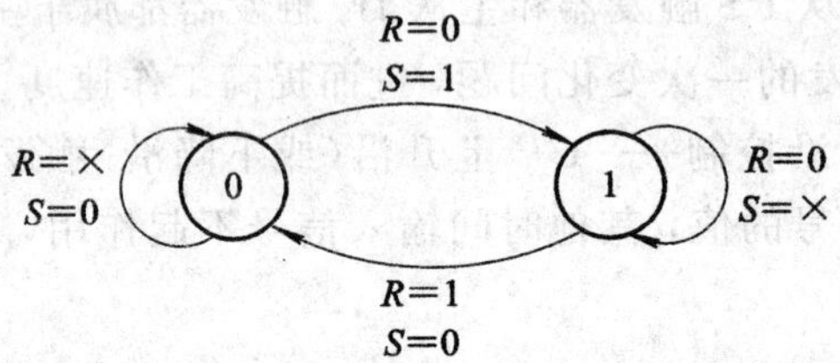

图 4.4.1 RS触发器的状态转换图

4.4.2 JK触发器的逻辑功能及其描述

在时钟信号作用下，具有置1、置0、翻转和保持功能的电路，都叫做JK触发器。它是功能最全的一种电路，可以根据需要用它转换成别的类型的触发器。4.2.3节介绍的主从JK触发器和4.2.5节介绍的边沿JK触发器就是这种类型。

1. 特性表和特性方程

JK触发器的特性表见表4.4.2。

表 4.4.2 JK触发器的特性表

J	K	Q	Q^*	注
0	0	0	0	保持
0	0	1	1	保持
0	1	0	0	置0
0	1	1	0	置0
1	0	0	1	置1
1	0	1	1	置1
1	1	0	1	翻转
1	1	1	0	翻转

根据表4.4.2画出JK触发器的卡诺图，如图4.4.2所示。

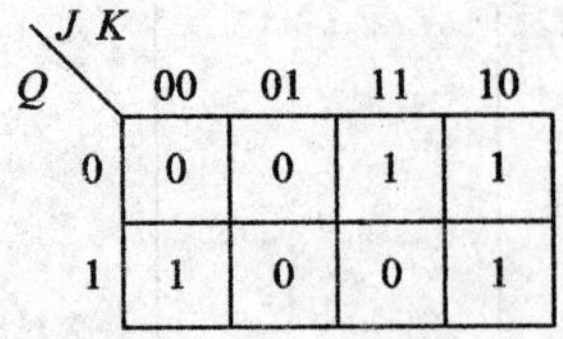

Q \ JK	00	01	11	10
0	0	0	1	1
1	1	0	0	1

图 4.4.2 Q^* 的卡诺图

由卡诺图写出其特性方程为

$$Q^{*} = J\overline{Q} + \overline{K}Q \tag{4.4.2}$$

2. 状态转换图

与 RS 触发器一样，JK 触发器的状态转换图如图 4.4.3 所示。

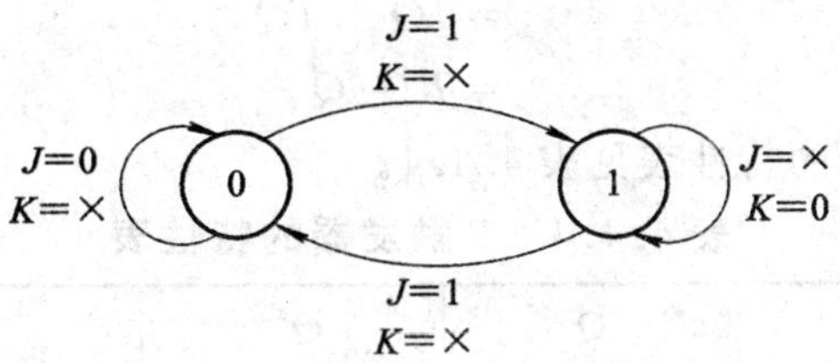

图 4.4.3 JK 触发器的状态转换图

4.4.3 D 触发器的逻辑功能及其描述

在时钟信号作用下，具有置 1、置 0 功能的电路，都叫做 D 触发器。4.2.1 节介绍的 *D* 锁存器和 4.2.5 节介绍的维持阻塞 D 触发器就是这种类型。

1. 特性表和特性方程

D 触发器的特性表见表 4.4.3。

表 4.4.3 D 触发器的特性表

D	Q	Q^{*}	注
0	0	0	置 0
0	1	0	置 0
1	0	1	置 1
1	1	1	置 1

由特性表可写出 D 触发器的特性方程为

$$Q^{*} = D \tag{4.4.3}$$

2. 状态转换图

由 D 触发器的特性表 4.4.3 可画出其状态转换图如图 4.4.4 所示。

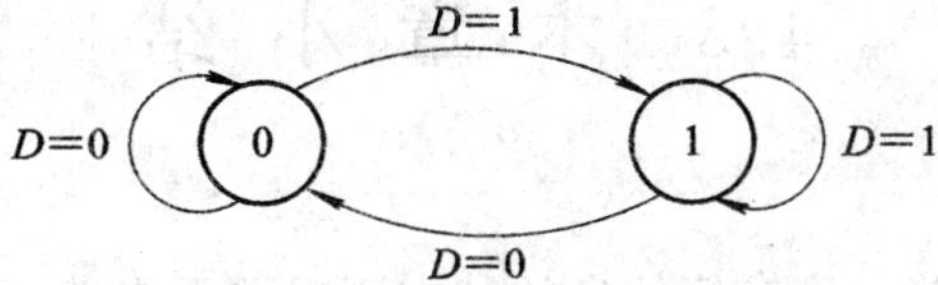

图 4.4.4 D 触发器的状态转换图

4.4.4 T 触发器的逻辑功能及其描述

在时钟信号作用下，当控制信号 $T=1$ 时，每来一个时钟信号其状态就翻转一次；当 $T=0$ 时，时钟信号到达后其状态保持不变，即具有翻转和保持功能的电路，都叫做 T 触发器。

1. 特性表和特性方程

将 JK 触发器的 J、K 端接在一起，令它等于 T，即 $J=K=T$，这时 JK 触发器就变成了 T 触发器。反映它的逻辑功能的特性方程为

$$\begin{aligned} Q^* &= J\overline{Q} + \overline{K}Q \\ &= T\overline{Q} + \overline{T}Q \\ &= T \oplus Q \end{aligned} \tag{4.4.4}$$

由此可写出 T 触发器的特性表见表 4.4.4。

表 4.4.4　T 触发器的特性表

T	Q	Q^*	注
0	0	0	保持
0	1	1	保持
1	0	1	翻转
1	1	0	翻转

2. 状态转换图

由 T 触发器的特性表 4.4.4 可画出其状态转换图如图 4.4.5 所示。

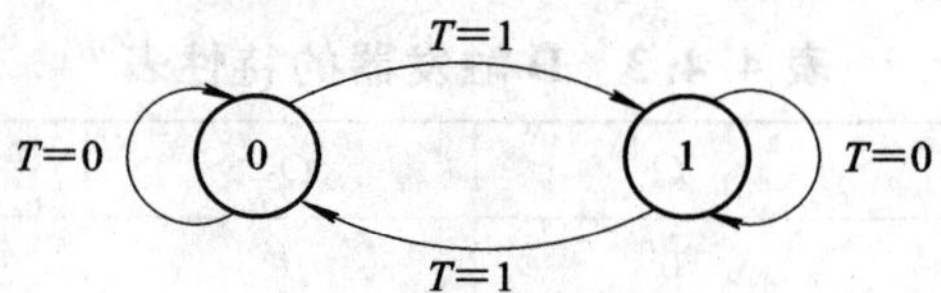

图 4.4.5　T 触发器的状态转换图

3. $\overline{\text{T}}$ 触发器

当 $T=1$ 时，式(4.4.4)变为

$$Q^* = \overline{Q} \tag{4.4.5}$$

由此可知，每来一个 CP 信号，触发器必然翻转为与原来信号相反的状态，即此触发器仅仅具有翻转的逻辑功能，我们把这种触发器称为 $\overline{\text{T}}$ 触发器。$\overline{\text{T}}$ 触发器和 T 触发器都是由 JK 触发器构成的。

4.5 本章小结

1. 本章重点内容

触发器是一种能够存储一位二值信息的基本逻辑单元电路。本章从电路结构和逻辑功能两个角度，讨论了触发器的电路结构、动作特点、逻辑功能等。我们在学习本章时，要注意区分触发器的电路结构和逻辑功能这两个不同的概念，要明白触发器的电路结构决定了每种触发器为什么会有不同的动作特点。由于动作特点的不同，不同电路结构的两个触发器即使逻辑功能相同，在同样的输入信号作用下得到的输出可能是不同的，因此不一定能互换使用。本章的另一个重点是如何利用各种方式来描述触发器的逻辑功能，目前已知的有特性表、特性方程、卡诺图和状态转换图，在后面的例题精选中会出现另一种很重要的

方法——波形图，这些方法可以很直观地表示出触发器的逻辑功能。

2. 本章难点内容

本章的难点内容是：

(1) 触发器输入端的有效电平。有非号——低电平有效，无非号——高电平有效。

(2) RS 触发器的不定状态和约束条件。

(3) 主从 JK 触发器的"一次翻转"问题，即在 $CP=1$ 期间，主触发器一旦发生一次翻转，无论输入信号怎样改变，主触发器的状态也不再改变。

(4) 异步置位端 $\overline{S}_D$、异步复位端 $\overline{R}_D$ 对输出状态的影响。

3. 本章需注意的问题

本章需注意的问题是：

(1) 同一种逻辑功能的触发器可以用不同的结构来实现；同一种电路结构的触发器可以做成不同的逻辑功能。所以，当选用触发器时，不仅要知道它的逻辑功能，还需知道它的电路结构类型，只有这样，才能把握住它的动作特点。

(2) 为了保证触发器工作时能可靠地翻转，输入信号、时钟信号及它们在时间上的互相配合要符合一定的要求，这样才能用波形图准确地描述出它的工作过程。

(3) 从逻辑功能上将时钟触发器分为 RS、JK、D、T 四种类型。其中 JK 触发器是功能最全的一种触发器，它包含了 RS 触发器和 T 触发器的所有逻辑功能，因此有时可以用 JK 触发器替代 RS 触发器和 T 触发器。

4.6 例 题 精 选

例 4.6.1 在图 4.6.1(a)所示基本 RS 触发器中，已知输入信号 $\overline{S}$ 和 $\overline{R}$ 的电压波形如图 4.6.1(b)所示，试画出输出端 Q 和 $\overline{Q}$ 的波形。

解 触发器的输出波形如图 4.6.1(b)所示。

对于基本 RS 触发器，当 $\overline{S}$ 和 $\overline{R}$ 同为低电平时，Q 和 $\overline{Q}$ 端输出将同为高电平，当 $\overline{S}$ 和 $\overline{R}$ 的低电平信号同时消失时，触发器的状态不定；当 $\overline{S}$ 和 $\overline{R}$ 的低电平信号的消失有前有后时，触发器的状态将由后消失的信号决定。

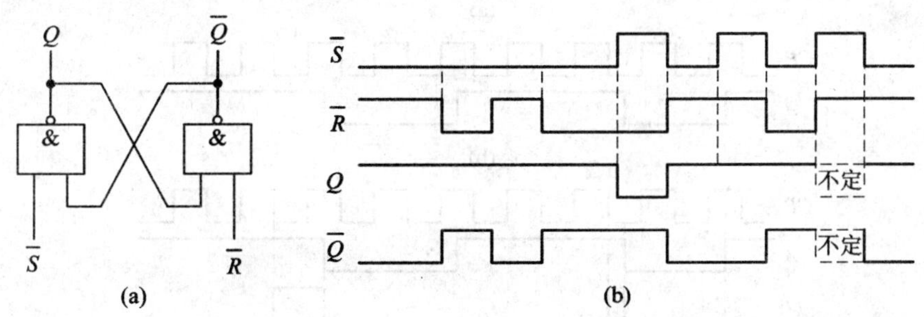

图 4.6.1

例 4.6.2 若主从 JK 触发器的 CP、J、K、$\overline{R}_D$、$\overline{S}_D$ 端的电压波形如图 4.6.2(a)所示，试画出 Q 和 $\overline{Q}$ 端对应的波形。

解 触发器的输出波形如图 4.6.2(b)所示。

主从 JK 触发器存在的主要问题是"一次翻转"。也就是说，触发器在 $CP=1$ 期间，主触发器要么只能接收置 1 信号，要么只能接收置 0 信号。一旦翻转发生，无论输入端的状态怎样改变，主触发器的状态也不再改变了。

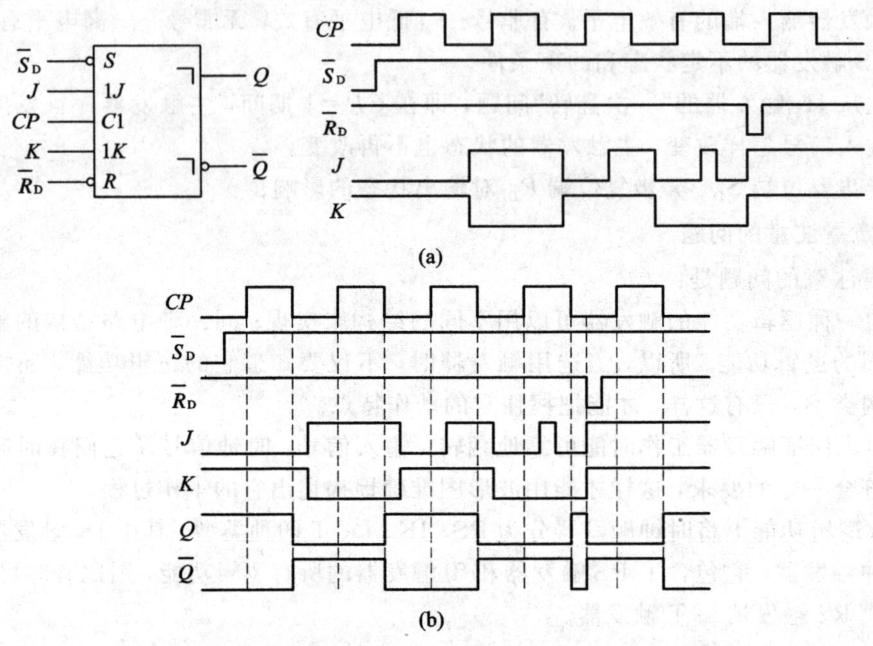

图 4.6.2

例 4.6.3 已知电路如图 4.6.3(a)所示，时钟信号 CP、A 的波形如图 4.6.3(b)所示，请画出输出端 Q_1、Q_2 的波形，设触发器的初始状态为 $Q=0$。

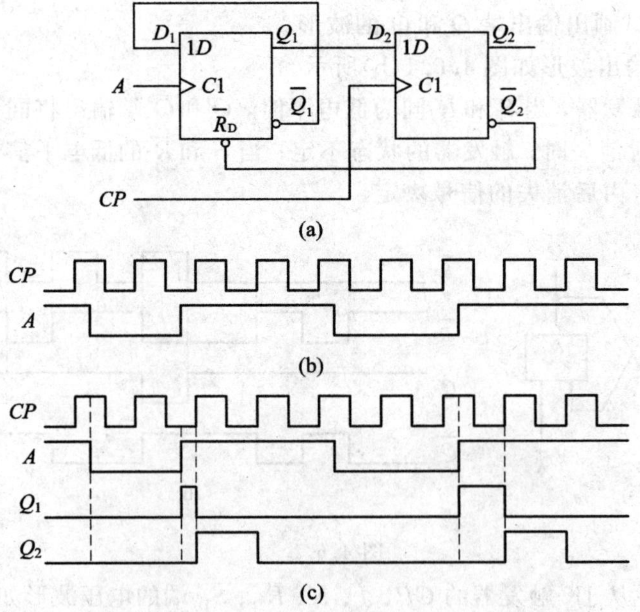

图 4.6.3

解　由电路图4.6.3(a)可知

$$Q_1^* = D_1 = \overline{Q}_1 \quad (A\text{ 的上升沿有效})$$

$$Q_1^* = D_2 = Q_1 \quad (CP\text{ 的上升沿有效})$$

同时

$$\overline{R}_D = \overline{Q}_2$$

根据以上三式可画出输出波形如图4.6.3(c)所示。

例4.6.4　已知主从RS触发器的输入端R、S和时钟信号CP的电压波形如图4.6.4(b)所示，试画出Q_m和$\overline{Q}_m$、Q和$\overline{Q}$端对应的电压波形。设触发器的初始状态为$Q=0$。

解　触发器的输出波形如图4.6.4(b)所示。

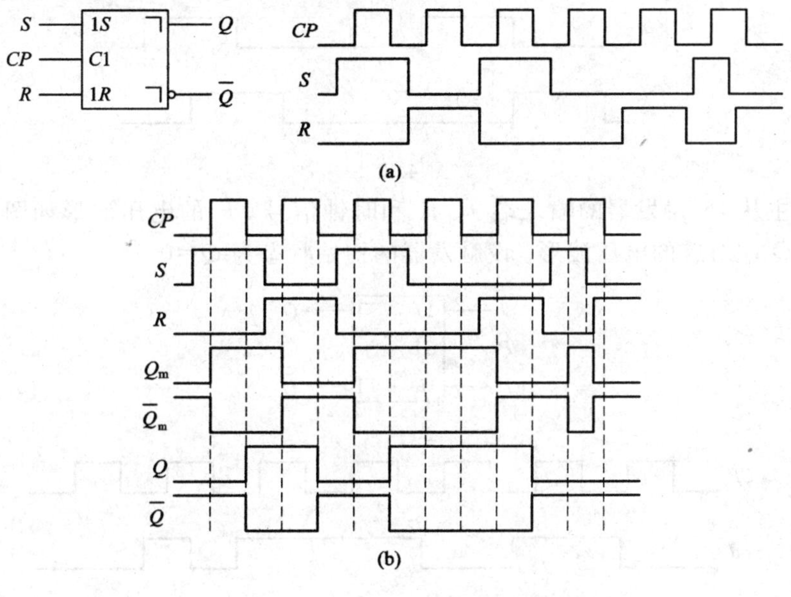

图 4.6.4

4.7　自 我 检 测 题

1. 写出RS触发器、JK触发器、D触发器、T触发器和T′触发器的特性方程，并画出它们的状态转换图。

2. 在时钟信号$CP=1$的期间，由于干扰的原因使触发器的输入信号经常有变化，此时不能选用(　　)型结构的触发器，而应选用(　　)的触发器。

3. 请列出图4.7.1所示电路的特性表，并写出Q^*的表达式。

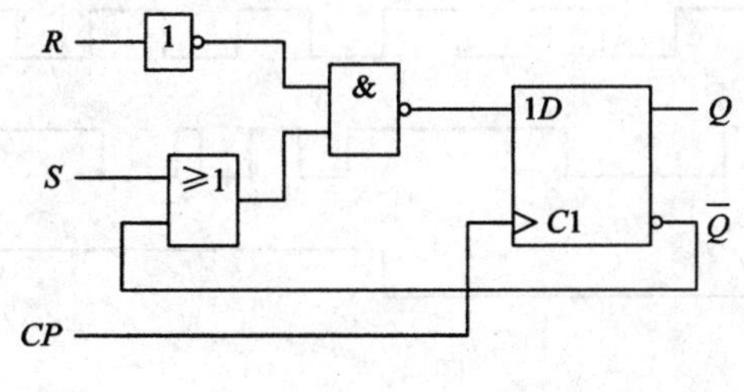

图 4.7.1

4. 根据特性方程，外加与非门，试将维持阻塞 D 触发器转换为 JK 触发器。

5. 已知主从 RS 触发器的输入端 R、S 和时钟信号 CP 的电压波形如图 4.7.2 所示，试画出 Q 和 $\overline{Q}$ 端对应的电压波形。设触发器的初始状态为 $Q=0$。

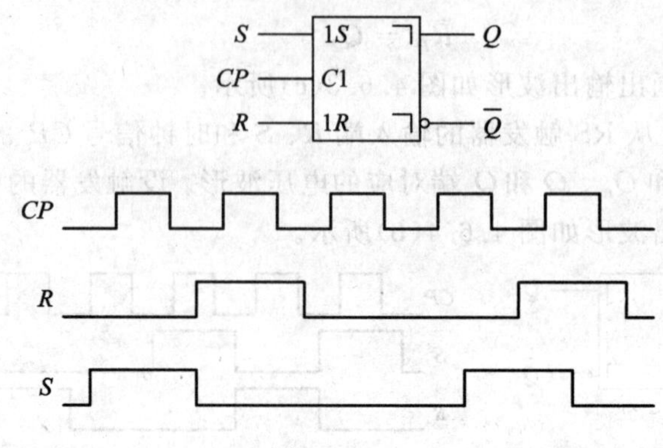

图 4.7.2

6. 已知主从 JK 触发器的输入端 J、K 和时钟信号 CP 的电压波形如图 4.7.3 所示，试画出 Q 和 $\overline{Q}$ 端对应的电压波形。设触发器的初始状态为 $Q=0$。

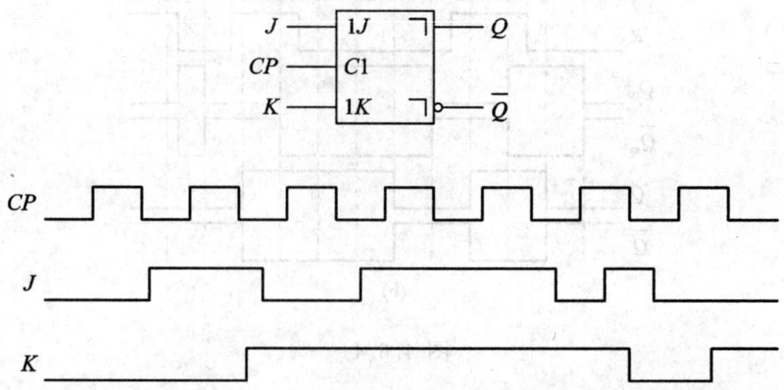

图 4.7.3

7. 已知边沿 JK 触发器的输入端 J 、K 和时钟信号 CP 的电压波形如图 4.7.4 所示，试画出 Q 和 $\overline{Q}$ 端对应的电压波形。设触发器的初始状态为 $Q=1$。

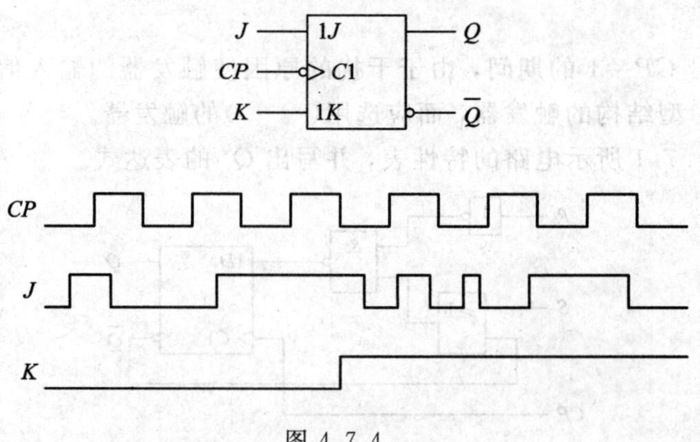

图 4.7.4

8. 已知图 4.7.5 所示各电路，请写出各个触发器次态输出的表达式。

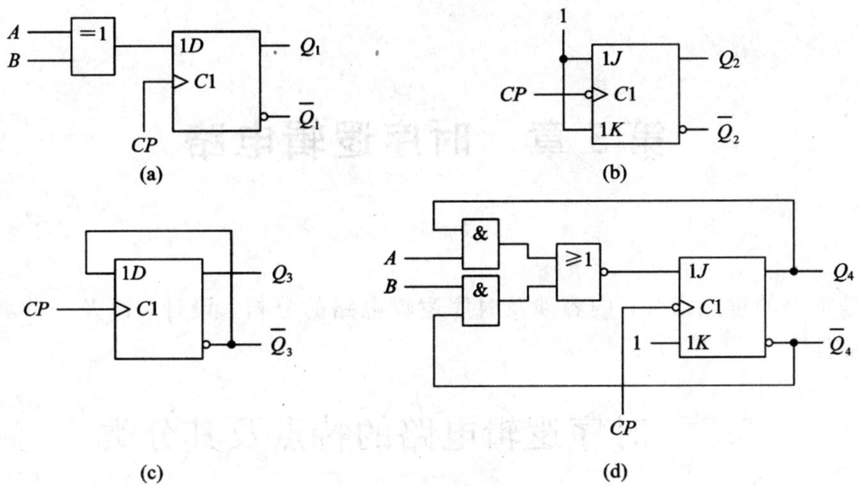

图 4.7.5

9. 已知加到图 4.7.6(a)、(b)、(c)所示电路的 CP 及输入信号 A、B、C 的波形，试画出各电路输出端 Q_1、Q_2、Q_3 的波形。设触发器的初始状态为 $Q=0$。

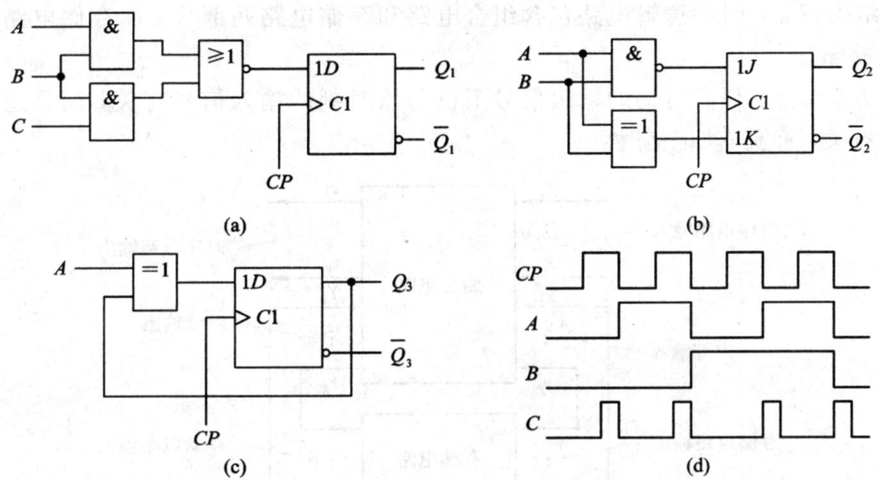

图 4.7.6

10. 在图 4.7.7(a)所示电路中，若已知输入端 A、B 信号波形如图 4.7.7(b)所示，试画出触发器输出端 Q_1 和 Q_2 的波形，并说明此电路的功能。设触发器的初始状态均为 0 态。

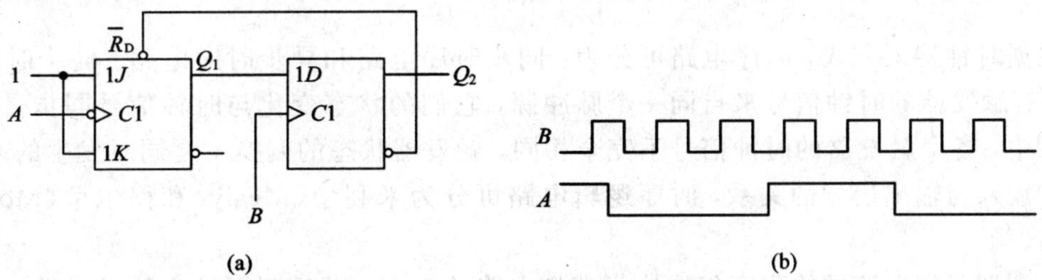

图 4.7.7

第 5 章　时序逻辑电路

本章是本书的重点章节，内容涉及时序逻辑电路的分析、设计，以及一些典型的时序逻辑功能部件。

5.1　时序逻辑电路的特点及其分类

5.1.1　时序逻辑电路的特点

时序逻辑电路的结构图如图 5.1.1 所示。时序逻辑电路的特点如下：

(1) 结构特点：时序逻辑电路包含组合电路和存储电路两部分，而存储电路是其必不可少的组成部分。

(2) 功能特点：任意时刻的输出信号不仅与该时刻的输入信号有关，而且还与电路原来的状态有关，即具有“记忆”性。

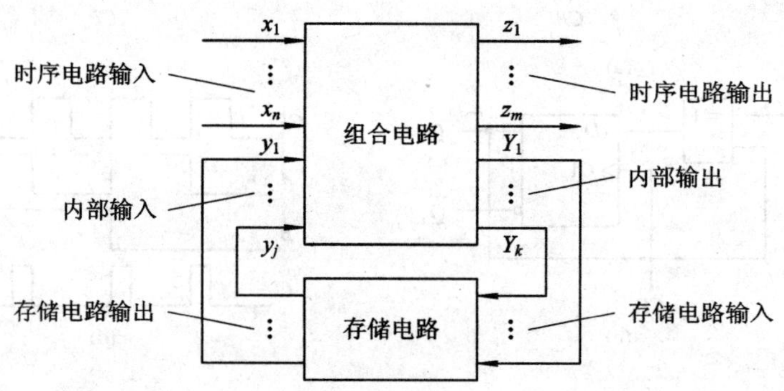

图 5.1.1　时序电路的结构图

5.1.2　时序逻辑电路的分类

根据时钟接入方式，时序电路可分为：同步时序电路和异步时序电路。同步时序电路中，所有触发器的时钟信号来自同一个脉冲源，它们的状态变化与时钟信号同步；异步时序电路中，各个触发器的时钟信号不完全相同，触发器状态的变换不是同时发生的。

按输入与输出信号的关系，时序逻辑电路可分为米利型(Mealy)和穆尔型(Moore)两种电路。

米利型时序电路的输出不仅取决于存储电路的现态，而且还与输入信号有关，即米利型的输出$=F$(输入，现态)；穆尔型时序电路的输出仅取决于存储电路的现态，即穆尔型的输出$=G$(现态)。图 5.1.2 给出了它们的一般模型。

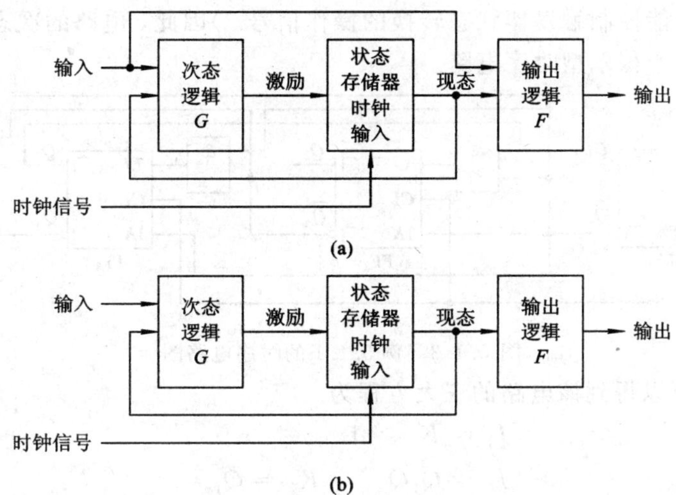

图 5.1.2 Mealy 型及 Moore 型时序电路的一般模型

(a) Mealy 型时序电路；(b) Moore 型时序电路

5.1.3 时序逻辑电路的描述方法

时序逻辑电路常见的描述方法有逻辑方程组、状态转换表、状态转换图及时序图四种。

1. 时序逻辑电路的逻辑方程组

时序电路的逻辑功能可以通过电路的逻辑方程组来全面描述。时序电路的逻辑方程组有驱动方程组、状态方程组和输出方程组。

驱动方程组：时序电路中各存储部分的输入方程，即时序电路中各触发器的输入端所需满足的方程。

状态方程组：时序电路中各触发器的次态方程，即将驱动方程代入到各触发器的特性方程后所得到的方程。

输出方程组：时序电路输出所需满足的方程。

2. 时序逻辑电路的状态转换表、状态转换图和时序图

用于描述时序电路状态转换全部过程的方法有状态转换表(也称状态转换真值表)、状态转换图和时序图。

1) 状态转换表

状态转移表(状态转换真值表)是一种用表格的形式来反映电路的现态、输入同输出、次态的关系。

若将任何一组变量及电路初态的取值代入状态方程和输出方程，即可算出电路的次态和现态下的输出值；然后再以得到的次态作为新的初态，及此时的输入变量的取值一起再次代入状态方程和输出方程进行计算，又得到一组新的次态和新的输出值。如此继续下去，便可将全部的计算结果列成真值表的形式，从而得到了状态转换表。

例 5.1.1 试列出图 5.1.3 所示电路的状态转换表。

解 由图 5.1.3 可见，这个电路没有输入变量。(需要注意的是，*CLK* 不是输入逻辑变量，它是一个只能控制触发器状态转换的操作信号。）因此，电路的次态和输出只取决于电路的初态，它属于穆尔型时序电路。

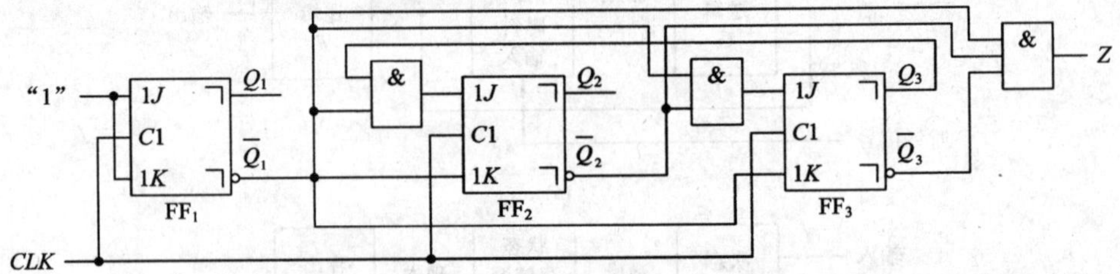

图 5.1.3 例 5.1.1 的时序电路图

由图 5.1.3 可以得到该电路的三大方程为

$$\begin{cases} J_1 = K_1 = 1 \\ J_2 = \overline{Q}_1 Q_3 \qquad K_2 = \overline{Q}_1 \\ J_3 = \overline{Q}_1 \overline{Q}_2 \qquad K_3 = \overline{Q}_1 \end{cases} \tag{5.1.1}$$

$$\begin{cases} Q_1^* = \overline{Q}_1 \\ Q_2^* = \overline{Q}_1 Q_3 \overline{Q}_2 + Q_1 Q_2 \\ Q_3^* = \overline{Q}_1 \overline{Q}_2 \overline{Q}_3 + Q_1 Q_3 \end{cases} \tag{5.1.2}$$

$$Z = \overline{Q}_1 \overline{Q}_2 \overline{Q}_3 \tag{5.1.3}$$

设电路的初始状态为 $Q_3Q_2Q_1=000$，将其代入式(5.1.2)及式(5.1.3)中就可得到其次态输出为 $Q_3^*Q_2^*Q_1^*=101$，然后将此输出作为现态再次代入式(5.1.2)及式(5.1.3)，求出对应的下个次态，如此继续下去就可得到图 5.1.3 的状态转换表如表 5.1.1 所示。当 $Q_3Q_2Q_1=001$ 时，次态为 $Q_3^*Q_2^*Q_1^*=000$，返回到了初始状态。

表 5.1.1 图 5.1.3 电路的状态转换表

Q_3	Q_2	Q_1	Q_3^*	Q_2^*	Q_1^*	Z
0	0	0	1	0	1	0
1	0	1	1	0	0	0
1	0	0	0	1	1	0
0	1	1	0	1	0	0
0	1	0	0	0	1	0
0	0	1	0	0	0	1

为了直观地反映时钟信号对状态转换的过程，还可将表 5.1.1 改写成如表 5.1.2 的形式。

表 5.1.2 图 5.1.3 电路状态转换表的另一种形式

CLK 的顺序	Q_3	Q_2	Q_1	Z
0	0	0	0	0
1	1	0	1	0
2	1	0	0	0
3	0	1	1	0
4	0	1	0	0
5	0	0	1	0
6	0	0	0	1
0	1	1	1	0
1	1	1	0	0

2）状态转换图

状态转换图就是状态转换表的图形表示方式，它比状态转换表更加直观。状态转换图中的圆圈表示电路输出的各个稳定状态，连接圆圈的线表示状态之间的转换，箭头用来表示转换的方向。引起转换的条件用逻辑表达式或输入组合来标明，将它们放在线的上面或下面。状态转换图和状态转换表是分析及设计时序电路的主要工具。图 5.1.4 给出了例 5.1.1题的状态转换图。

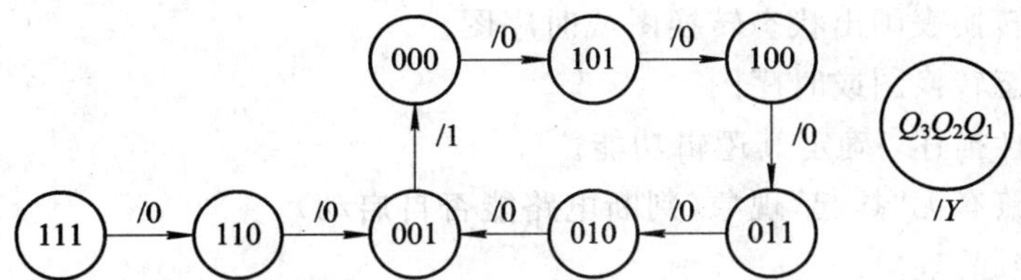

图 5.1.4　例 5.1.1 题的状态转换图

3. 时序图

时序图就是电路的状态、输出信号在时钟信号和输入信号共同作用下随时间变化的波形，时序图能直观地表达时序电路中各信号在时间上的对应关系，便于用试验的方法检查电路的逻辑功能。图 5.1.5 给出了例题 5.1.1 的时序图。

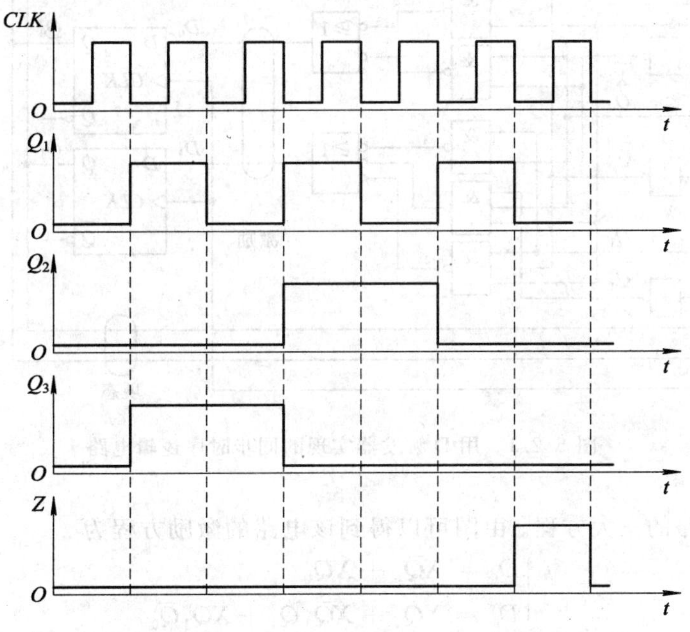

图 5.1.5　例 5.1.1 题的时序图

5.2　时序电路的分析

时序逻辑电路的分析就是根据给定的时序逻辑电路图，求出在输入时钟脉冲的作用下，电路状态和输出信号的变化规律，进而确定时序逻辑电路的逻辑功能。

5.2.1 同步时序电路的分析

同步时序电路的分析步骤：

(1) 根据给定的时序电路图写出电路的逻辑方程组，即激励(驱动)方程、输出方程及状态方程。

(2) 由状态方程和输出方程列出状态转换表。

(3) 由状态转换表画出状态转换图或时序图。

(4) 分析状态转换图或时序图。

(5) 电路特性描述，确定其逻辑功能。

(6) 判断电路有无“挂起”现象(判断电路能否自启动)。

(7) 消除“挂起”现象。

需要指出的是，以上的步骤并非是固定的，实际应用时可根据具体情况加以取舍。

例 5.2.1 分析图 5.2.1 所示电路的特性。

解 从图 5.2.1 所示的电路图可以看出，该电路的输出不仅与现态有关，而且与输入信号有关，因此该电路属于 Mealy 型电路。

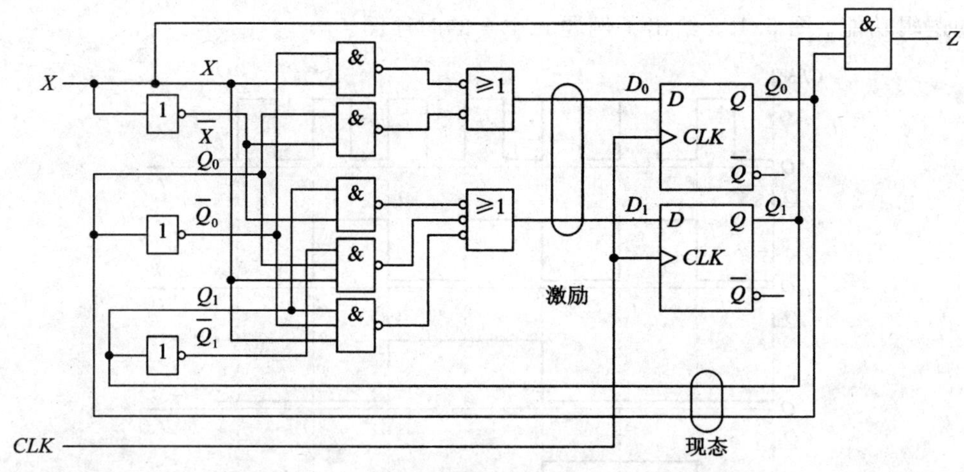

图 5.2.1 用 D 触发器实现的同步时序逻辑电路

分析步骤如下：

(1) 写出电路的三大方程。由图可以得到该电路的激励方程为

$$\begin{cases} D_0 = X\overline{Q}_0 + \overline{X}Q_0 \\ D_1 = \overline{X}Q_1 + X\overline{Q}_1 Q_0 + XQ_1\overline{Q}_0 \end{cases} \tag{5.2.1}$$

由图可以得到该电路的输出方程为

$$Z = XQ_1 Q_0 \tag{5.2.2}$$

由 D 触发器的特性方程可以得到电路的状态方程为

$$\begin{cases} Q_0^* = X\overline{Q}_0 + \overline{X}Q_0 \\ Q_1^* = \overline{X}Q_1 + X\overline{Q}_1 Q_0 + XQ_1\overline{Q}_0 \end{cases} \tag{5.2.3}$$

(2) 由三大方程写状态转换表。该电路的状态转换表如表 5.2.1 所示。

(3) 根据状态转换表画出状态转换图，如图 5.2.2 所示。

表 5.2.1　例 5.2.1 题的状态转换表

Q_1Q_0 \ X ($Q_1^*Q_0^*/Z$)	0	1
00	00/0	01/0
01	01/0	10/0
10	10/0	11/0
11	11/0	00/1

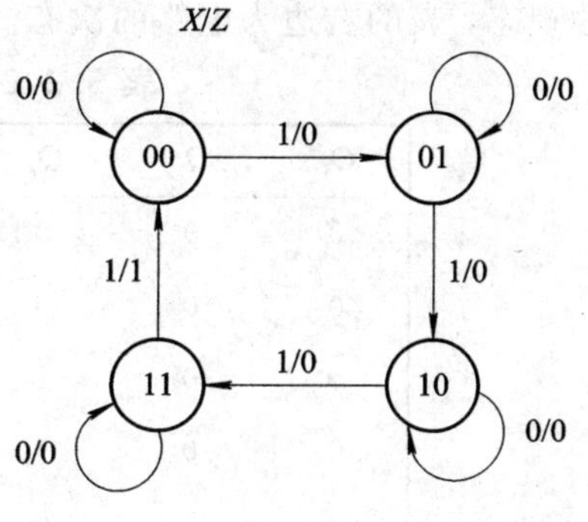

图 5.2.2　例 5.2.1 题的状态转换图

(4) 电路特性描述。当输入出现 4 个 1 时，输出为 1，换句话说，就是对输入 1 进行计数，当计数到 4 时，输出为 1，并且重新开始下次计数。

(5) 判断电路有无“挂起”。如图 5.2.2 所示，该电路不存在无关项，故该电路无“挂起”。即该电路是可以自启动的。

例 5.2.2　分析图 5.2.3 所示电路的逻辑功能。

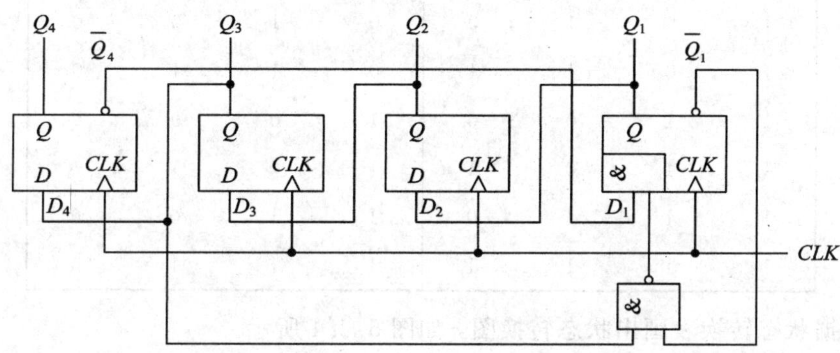

图 5.2.3　例 5.2.2 题的逻辑电路

解　该电路由 4 个 D 触发器及 1 个与非门组成。无输入，输出为触发器的状态变量，且时钟脉冲同时加在 4 个触发器上。因此该电路属于 Moore 型电路。

分析步骤如下：

(1) 写出电路的激励方程、状态方程。该电路的激励方程为

$$\begin{cases} D_1 = \overline{Q}_4\ \overline{\overline{Q}_3\overline{Q}_1} = \overline{Q}_4\overline{Q}_3 + \overline{Q}_4Q_1 \\ D_2 = Q_1 \\ D_3 = Q_2 \\ D_4 = Q_3 \end{cases} \tag{5.2.4}$$

由 D 触发器的特性方程可以得到电路的状态方程为

$$\begin{cases} Q_1^* = D_1 = \overline{Q}_4\overline{Q}_3 + \overline{Q}_4Q_1 \\ Q_2^* = D_2 = Q_1 \\ Q_3^* = Q_2 \\ Q_4^* = Q_3 \end{cases} \tag{5.2.5}$$

(2) 由状态方程写状态转换表。该电路的状态转换表如表 5.2.2。其中表的左边为电路的现态，表的右边为电路的次态。

表 5.2.2　例 5.2.2 题的状态转换表

Q_4	Q_3	Q_2	Q_1	Q_4^*	Q_3^*	Q_2^*	Q_1^*
0	0	0	0	0	0	0	1
0	0	0	1	0	0	1	1
0	0	1	0	0	1	0	1
0	0	1	1	0	1	1	1
0	1	0	0	1	0	0	0
0	1	0	1	1	0	1	1
0	1	1	0	1	1	0	0
0	1	1	1	1	1	1	1
1	0	0	0	0	0	0	0
1	0	0	1	0	0	1	0
1	0	1	0	0	1	0	0
1	0	1	1	0	1	1	0
1	1	0	0	1	0	0	0
1	1	0	1	1	0	1	0
1	1	1	0	1	1	0	0
1	1	1	1	1	1	1	0

(3) 根据状态转换表画出状态转换图，如图 5.2.4 所示。

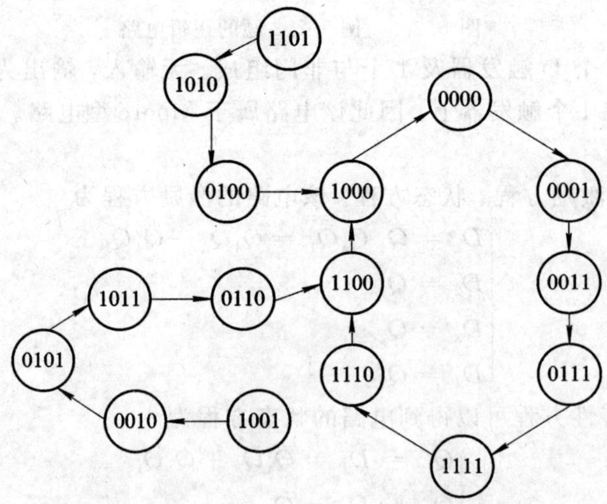

图 5.2.4　例 5.2.2 题的状态转换图

(4) 电路特性描述。该电路共有 16 个状态。只要电路的初始态为状态图闭合环中的某一状态，在时钟脉冲作用下，电路将按箭头所指方向在闭合环中 8 个状态间循环。这是一个模 8 的计数器，时钟脉冲便是计数信号。

(5) 判断电路有无“挂起”。在图 5.2.4 所示的闭合环中有 8 个不同的状态，我们把这 8 个状态称为“有效状态”，在闭环以外的 8 个状态称为“无效状态”。并将“有效状态”构成的闭合回路称为“有效循环”，将“无效状态”构成的闭合回路称为“无效循环”。

如果由于某种因素(如加电初始时或其他外界偶然因素)，使电路处于“无效状态”中的某一状态，则在时钟脉冲作用下，经过若干节拍后，电路将能自动进入“有效状态”，那么，该电路就无“挂起”，即可以自启动。如果电路不能自动的从“无效状态”进入到“有效状态”，那么该电路就存在“挂起”或着说该电路不能自启动。

从图 5.2.4 可以看到，该电路的“无效状态”在时钟脉冲作用下，经过若干节拍后，均能自动地进入到“有效状态”。所以说该电路无“挂起”现象，即该电路可以自启动。

“挂起”问题是时序逻辑电路设计中的一项重要的课题。只要存在无关状态(即状态未被全部利用)，就有可能产生“挂起”现象。

* 解决“挂起”问题的方法有以下几种：

(1) 让无效状态的次态无关项全部指向 0。这种方法的优点是效率高，速度快，一步即可到达“有效状态”。而缺点也很明显，因为没有利用无关项来简化设计，所以电路复杂。

(2) 打断“无效循环”一处，令其指向“有效循环”中的某一有效状态。

这种方法的优点是，虽然方法改动较小，但仍会涉及大部分触发器的输入端电路的改造，电路并非最佳，效果也并非最佳。

(3) 根据真值表和卡诺图研究“无效循环”的生成规律，尽可能只改变某一触发器的输入端电路，同时进行最简设计。

以上所述方法的实质是：采取强制措施，使触发器的次态强制置位或强制复位使之处于有效状态之一。

例 5.2.3　试分析图 5.2.5 电路的逻辑功能。

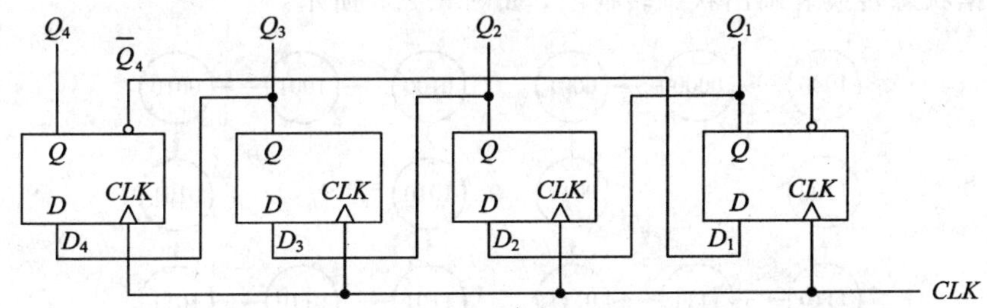

图 5.2.5　例 5.2.3 题的逻辑电路

解　分析步骤如下：

(1) 写出电路的激励方程、状态方程。该电路的激励方程为

$$\begin{cases} D_1 = \overline{Q}_4 \\ D_2 = Q_1 \\ D_3 = Q_2 \\ D_4 = Q_3 \end{cases} \tag{5.2.6}$$

由 D 触发器的特性方程可以得到电路的状态方程为

$$\begin{cases} Q_1^* = D_1 = \overline{Q}_4 \\ Q_2^* = D_2 = Q_1 \\ Q_3^* = Q_2 \\ Q_4^* = Q_3 \end{cases} \tag{5.2.7}$$

(2) 由状态方程写出状态转换表。该电路的状态转换表如表 5.2.3 所示。其中表的左边为电路的现态，表的右边为电路的次态。

表 5.2.3　例 5.2.3 题的状态转换表

Q_4	Q_3	Q_2	Q_1	Q_4^*	Q_3^*	Q_2^*	Q_1^*
0	0	0	0	0	0	0	1
0	0	0	1	0	0	1	1
0	0	1	0	0	1	0	1
0	0	1	1	0	1	1	1
0	1	0	0	1	0	0	1
0	1	0	1	1	0	1	1
0	1	1	0	1	1	0	1
0	1	1	1	1	1	1	1
1	0	0	0	0	0	0	0
1	0	0	1	0	0	1	0
1	0	1	0	0	1	0	0
1	0	1	1	0	1	1	0
1	1	0	0	1	0	0	0
1	1	0	1	1	0	1	0
1	1	1	0	1	1	0	0
1	1	1	1	1	1	1	0

(3) 根据状态转换表画出状态转换图，如图 5.2.6 所示。

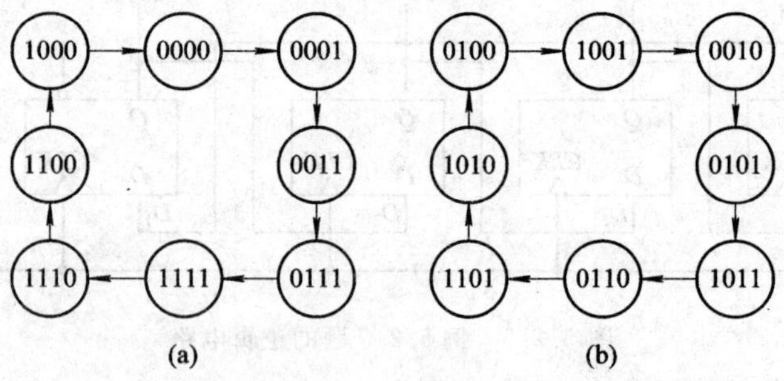

图 5.2.6　例 5.2.3 题的状态转换图

(4) 电路特性描述。由图 5.2.6 可知，该电路是一个不能自启动的模 8 计数器，时钟脉冲便是它的计数信号。

(5) 判断电路有无"挂起"。图 5.2.6(a)中的状态循环符合格雷码编码，故为有效循环；那么，图 5.2.6(b)中的状态循环就为无效循环。由于无效循环也是一个独立的闭合环，因此如果某种原因使电路进入无效状态，则电路就无法自动进入有效循环中的任意有效状态，故该电路存在“挂起”，即此电路为不能自启动电路。

*（6）消除“挂起”现象。本题采用两种方法来消除“挂起”现象。

方法一：打断“无效循环”一处，令其指向“有效循环”中的某一有效状态。

第一步：设计能解除“挂起”现象的状态转换图。图 5.2.7 给出了设计方案的状态转换图。当然这并非是唯一的方法。

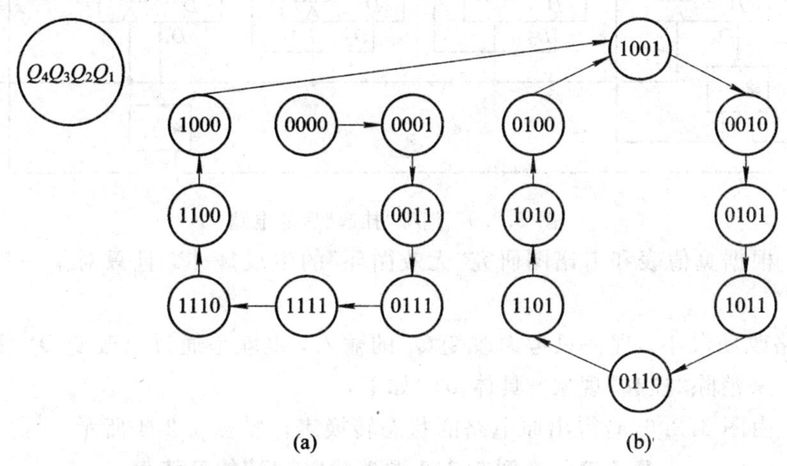

图 5.2.7　例 5.2.3 题消除“挂起”的状态转换图

第二步：由图 5.2.7 画出各触发器的次态卡诺图。如图 5.2.8 所示。

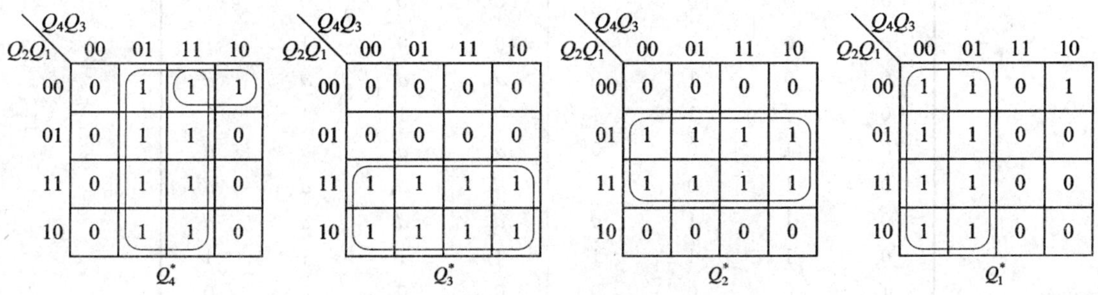

图 5.2.8　例 5.2.3 各触发器次态卡诺图

第三步：由卡诺图 5.2.8 写出各触发器的次态方程。

$$\begin{cases} Q_1^* = \overline{Q}_4 + \overline{Q}_3\overline{Q}_2\overline{Q}_1 \\ Q_2^* = Q_1 \\ Q_3^* = Q_2 \\ Q_4^* = Q_3 + Q_4\overline{Q}_2\overline{Q}_1 \end{cases} \tag{5.2.8}$$

第四步：由式(5.2.8)写出各触发器的输入端的方程。

$$\begin{cases} D_1 = Q_1^* = \overline{Q}_4 + \overline{Q}_3\overline{Q}_2\overline{Q}_1 \\ D_2 = Q_2^* = Q_1 \\ D_3 = Q_3^* = Q_2 \\ D_4 = Q_4^* = Q_3 + Q_4\overline{Q}_1\overline{Q}_2 \end{cases} \tag{5.2.9}$$

第五步：根据各触发器输入端的方程画出电路，如图 5.2.9 所示。

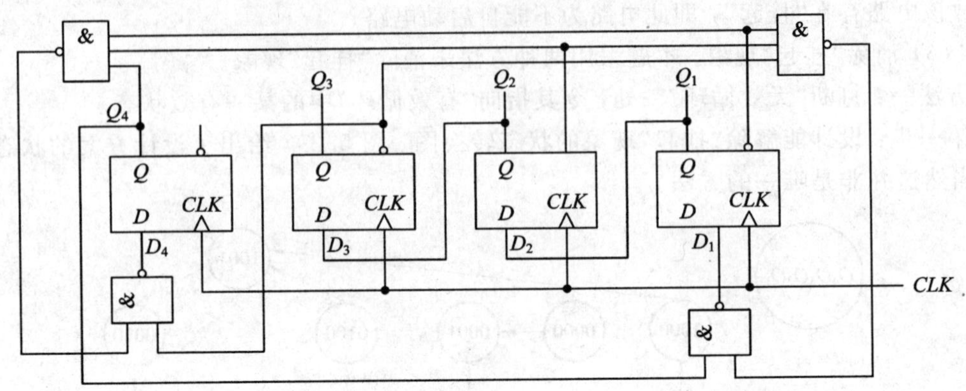

图 5.2.9 消除"挂起"后的电路

方法二：根据真值表和卡诺图研究"无效循环"的生成规律，且只对某一触发器的输入端进行设计。

为使电路改动最小，现在只考虑改变 Q_1 的输入，也就是通过只改变 Q_1^* 卡诺图中无关项 d 的取值，来消除"挂起"现象。具体步骤如下：

第一步：由图 5.2.6(a)得出原电路的状态转换表。如表 5.2.4 所示。

表 5.2.4 例 5.2.3 题消除"挂起"的真值表

Q_4	Q_3	Q_2	Q_1	Q_4^*	Q_3^*	Q_2^*	Q_1^*
0	0	0	0	0	0	0	1
0	0	0	1	0	0	1	1
0	0	1	0	d	d	d	d
0	0	1	1	0	1	1	1
0	1	0	0	d	d	d	d
0	1	0	1	d	d	d	d
0	1	1	0	d	d	d	d
0	1	1	1	1	1	1	1
1	0	0	0	0	0	0	0
1	0	0	1	d	d	d	d
1	0	1	0	d	d	d	d
1	0	1	1	d	d	d	d
1	1	0	0	1	0	0	0
1	1	0	1	d	d	d	d
1	1	1	0	1	1	0	0
1	1	1	1	1	1	1	0

第二步：由表 5.2.4 画出各触发器的次态卡诺图。

由图 5.2.10 可知，在 Q_1^* 卡诺图中有 8 个无关项 d，适当的改变 d 的取值，就可以消除"挂起"现象。但是并不是改变任意一个无关项都能起到"解挂"的作用。如图 5.2.11 中的 Q_1^* 卡诺图里，如果仅把 1 号圈中无关项 d 取为 0，那么 $Q_1^*=\overline{Q}_4$，这与式(5.2.7)中的表达式相同，这样，电路依然存在"挂起"现象。

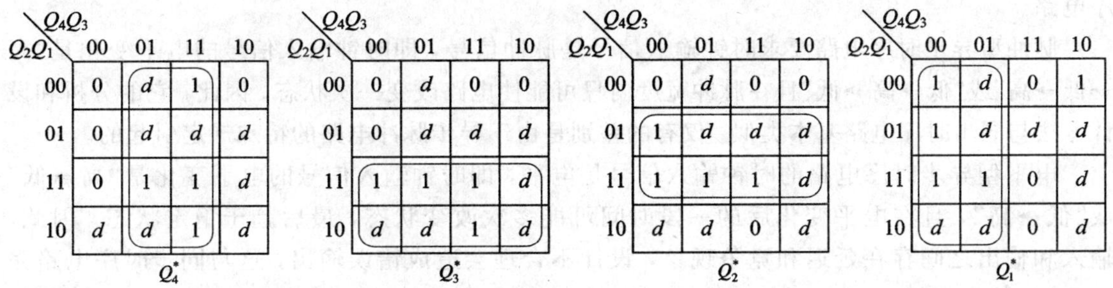

图 5.2.10　由表 5.2.4 得到的各触发器的次态卡诺图

从逻辑化简的角度出发，在此不妨取 $m_4=m_6=0$，就可得到图 5.2.11 中的第二个卡诺圈，即 2 号圈。

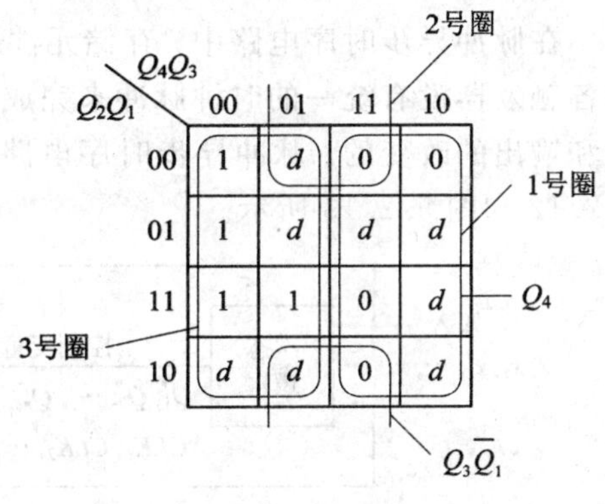

图 5.2.11　Q_1^* 的卡诺图

第三步：由图 5.2.11 写出 Q_1^* 的表达式。

$$Q_1^*=\overline{Q_4+Q_3\overline{Q}_1}=\overline{Q}_4\ \overline{Q_3\overline{Q}_1}\quad(5.2.10)$$

由式(5.2.10)所得到的逻辑图与图 5.2.3 的完全一样，即消除了原来图 5.2.5 中的"挂起"现象。当然，还可以取 3 号圈中 $m_2=0$，则 $Q_1^*=\overline{Q_4Q_2\overline{Q}_1}$，或取 $m_9=m_{11}=1$，则 $Q_1^*=\overline{Q}_4+\overline{Q}_3Q_1$ 等，都可以消除"挂起"现象。

同样，还可以保持 Q_1 的输入不变，只改变 Q_2 的输入来解决"挂起"问题。在对图 5.2.10 的 Q_2^* 卡诺图的分析中可以发现，如果取 $m_2=m_6=1$，则 $Q_2^*=Q_1+\overline{Q}_4Q_2$，这种方法也能消除电路中的"挂起"现象。

由以上的几个例子可以看出，同步时序电路分析的关键是要找出反映电路状态变化规律的状态转换表或状态转换图，据此，电路的逻辑功能特性才能描述出来。

另外，同步时序电路的分析方法还可以帮助人们分析电路的特性，这在实际工作中是很有用处的。

5.2.2　异步时序电路的分析

1. 异步时序电路的特点及分类

由于同步时序电路中，所有触发器的时钟信号来自同一个脉冲源，它们的状态变化与时钟信号同步，从而大大简化了其分析和设计工作。但上述特点又使得同步时序电路的工作速度的提高受到限制，且对时钟脉冲到达各触发器的时间及外部信号的变化有较严格的要求。

1) 异步时序电路的特点

异步时序电路的运行速度比同步时序电路快，电路中没有统一的同步时钟脉冲，电路状态的改变是由输入信号的变化直接引起的。因此，异步时序电路在超高速微处理机及超高速数字电路中占有重要的位置。

2) 异步时序电路的分类

根据状态改变的方式不同，异步时序电路又分成脉冲型异步时序电路和电平型异步时序电路。

脉冲型异步时序电路要求时钟输入信号是脉冲信号，即时钟输入信号的电平变化是“高→低→高”或“低→高→低”且在脉冲宽度内只可能使电路改变一次状态。因此，它的分析和设计方法与同步时序电路基本类似，仅有的差别是由于异步脉冲电路的特殊规定引起的。

电平型异步时序电路的时钟输入信号是电平，即时钟输入信号的电平变化是“高→低”或“低→高”，且在电平变化后的一段时间可能多次改变状态，最后趋于稳定状态。因此，输入和输出之间存在延迟和竞争现象，设计不合理会造成错误输出，这与同步时序电路完全不同，它的分析和设计比较复杂。

2. 脉冲异步时序电路的结构

在脉冲异步时序电路中，存储元件通常采用触发器，输入信号具有脉冲形式，电路中的各触发器没有统一的时钟脉冲来完成同步作用，它是由输入脉冲直接引起电路状态的改变和输出的改变的。脉冲异步时序电路也可分为 Mealy 型和 Moore 型，它们的结构如图 5.2.12 和图 5.2.13 所示。

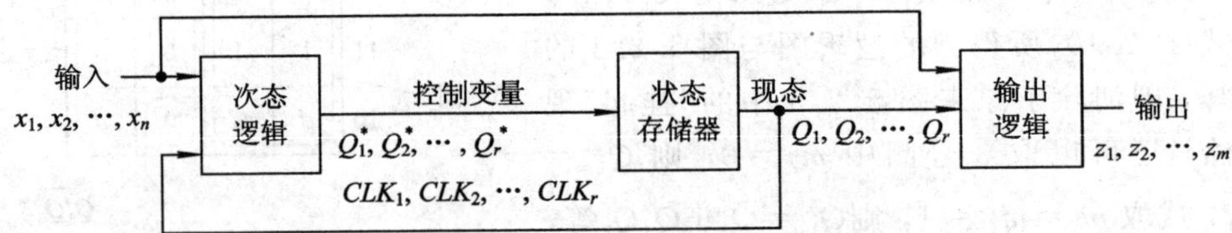

图 5.2.12　Mealy 型脉冲异步时序电路结构

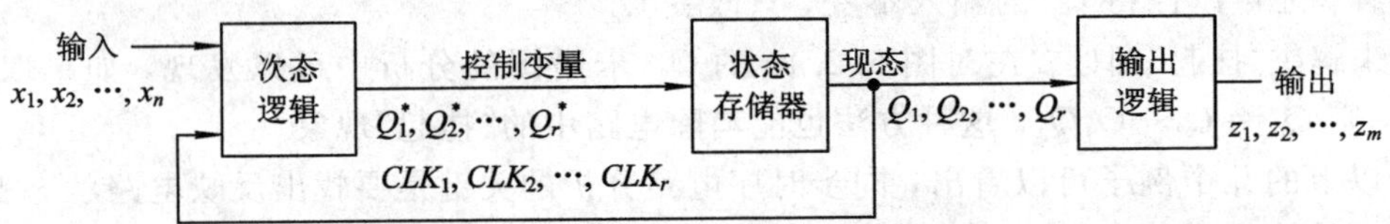

图 5.2.13　Moore 型脉冲异步时序电路结构

脉冲异步时序电路与同步时序电路的相同点是：

(1) 状态的改变都依赖于外加脉冲。

(2) 存储元件都是触发器。

基于上述的相同点，可将同步时序电路的分析和设计方法及工具稍加修改直接应用于脉冲异步时序电路。二者的差异仅是：

(1) 脉冲异步时序电路无外加的统一的时钟脉冲。

(2) 输入变量为脉冲信号，由输入脉冲直接引起电路的状态改变。

(3) 由次态逻辑产生各触发器的控制输入信号 Q_1^*，Q_2^*，…，Q_r^*，而且还产生时间上有先后的各触发器的时钟信号 CLK_1，CLK_2，…，CLK_r。

为使电路工作可靠，电路状态变化可预知，对脉冲异步时序电路的输入作如下限制：

(1) 不允许两根或两根以上的输入线上同时有输入脉冲。

(2) 在上一个输入脉冲引起的电路状态变化未稳定之前，不允许加入新的输入脉冲。

只有在上述限制下，电路状态的变化才可按预期的路径进行。

3. 异步时序逻辑电路的分析方法

由于同步时序逻辑电路与异步时序逻辑电路两者的结构不同，在分析过程中，有些步骤也就存在着某些差别。

在同步时序电路中，由于所有触发器的时钟都接至同一个时钟脉冲源，它们状态的变化与时钟同步，因此，在同步时序电路分析过程中无须写出每个触发器时钟逻辑表达式。而在异步时序电路中，由于各触发器的时钟脉冲不同，因此一定要写出各个触发器时钟脉冲的表达式。另外，在写每个触发器状态方程时，除考虑激励信号外，还必须考虑每个触发器有无时钟脉冲的作用。

异步时序逻辑电路的主要分析步骤如下：

(1) 根据给定的时序电路图写出下列各逻辑方程组。

① 各触发器的时钟脉冲信号 CP 的逻辑表达式；

② 各触发器的激励方程；

③ 时序电路的输出方程；

④ 时序电路的状态方程。

(2) 由状态方程和输出方程列出状态转换表。

(3) 由状态转换表画出状态转换图或时序图。

(4) 分析状态转换图或时序图。

(5) 由电路特性描述确定其逻辑功能。

需要指出的是，以上的步骤并非是固定的，实际应用时可根据具体情况加以取舍。

例 5.2.4　已知异步时序逻辑电路的逻辑图如图 5.2.14 所示，试分析它的逻辑功能。

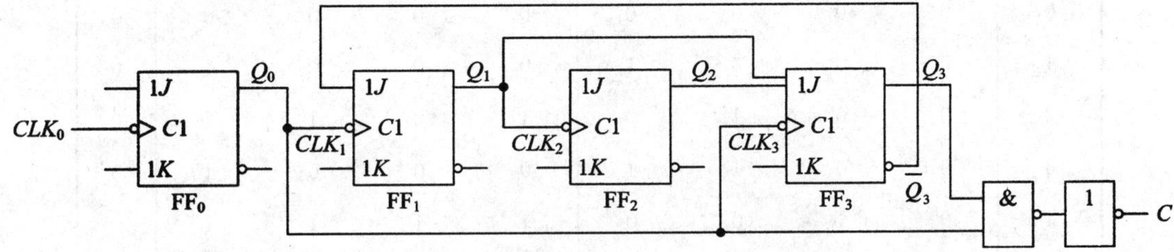

图 5.2.14　例 5.2.4 题的异步时序逻辑电路

解　第一步：根据给定的时序电路图写出下列各逻辑方程组。

① 由图 5.2.14 可得各触发器的时钟脉冲信号 CP 的逻辑表达式为

$$\begin{cases} CP_0 = CLK_0 \\ CP_1 = CLK_1 = Q_0 \\ CP_2 = CLK_2 = Q_1 \\ CP_3 = CLK_3 = CP_1 = Q_0 \end{cases} \tag{5.2.11}$$

② 由图 5.2.14 可得各触发器的激励方程为

$$\begin{cases} J_0 = K_0 = 1 \\ J_1 = \bar{Q}_3, \quad K_1 = 1 \\ J_2 = K_2 = 1 \\ J_3 = Q_1 Q_2, \quad K_3 = 1 \end{cases} \tag{5.2.12}$$

③ 由JK触发器的特性方程可得电路的状态方程为

$$\begin{cases} Q_0^* = \overline{Q}_0 \cdot CP_0 \\ Q_1^* = \overline{Q}_3\overline{Q}_1 \cdot CP_1 \\ Q_2^* = \overline{Q}_2 \cdot CP_2 \\ Q_3^* = Q_1Q_2\overline{Q}_3 \cdot CP_3 \end{cases} \tag{5.2.13}$$

其中，CP 表示时钟输入信号，它不是输入变量。当 $CP=1$ 时，表示有时钟脉冲到达，当 $CP=0$ 时，表示无时钟脉冲到达。

④ 由图5.2.14可得电路的输出逻辑表达式为

$$C = Q_0Q_1 \tag{5.2.14}$$

第二步：由状态方程和输出方程列出状态转换表。

为了画出电路的状态转换图，需要列出电路的状态转换表。在计算触发器的次态时，首先应找出每次电路状态转换时各个触发器是否有 CP 信号。为此，可以在给定的 CLK_0 的连续作用下列出 Q_0 的对应值(如表5.2.5所示)。根据 Q_0 每次从1变0的时刻产生 CP_1 和 CP_3，即可得到表5.2.5中 CP_1 和 CP_3 的对应值。而 Q_1 每次从1变0的时刻将产生 CP_2。以 $Q_3Q_2Q_1Q_0=0000$ 为初态代入式(5.2.13)和式(5.2.14)，依次计算下去就得到了表5.2.5所示的状态转换表。

表5.2.5 图5.2.14电路的状态转换表

CLK_0 的顺序	触发器状态				时钟信号				输出
	Q_3	Q_2	Q_1	Q_0	CLK_3	CLK_2	CLK_1	CLK_0	C
0	0	0	0	0	0	0	0	0	0
1	0	0	0	1	0	0	0	1	0
2	0	0	1	0	1	0	1	1	0
3	0	0	1	1	0	0	0	1	0
4	0	1	0	0	1	1	1	1	0
5	0	1	0	1	0	0	0	1	0
6	0	1	1	0	1	0	1	1	0
7	0	1	1	1	0	0	0	1	0
8	1	0	0	0	1	1	1	1	0
9	1	0	0	1	0	0	0	1	1
10	0	0	0	0	1	0	1	1	0

第三步：由状态转换表画出状态转换图或时序图。

由于图5.2.14所示电路是由4个触发器构成的，它们的状态组合有16种，而表5.2.5中状态组合只有10种，因此需要分别求出其余6种状态下的输出和次态。将这些计算结果补充到表5.2.5中，才是完整的状态转换表，如表5.2.6所示。完整的电路状态转换图如图5.2.15所示。

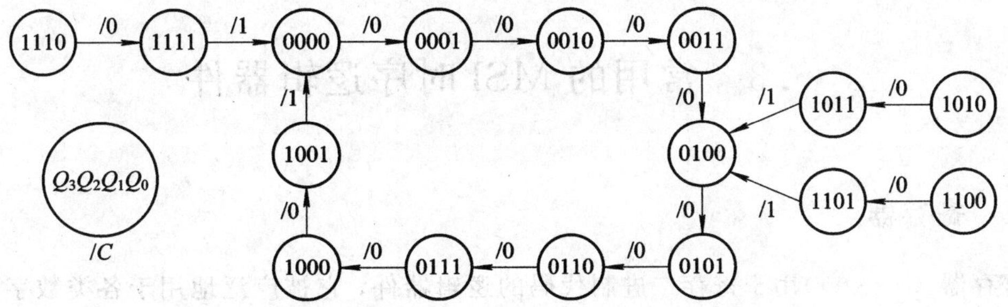

图 5.2.15　图 5.2.14 电路的状态转换图

表 5.2.6　图 5.2.14 电路完整的状态转换表

CLK_0 的顺序	触发器状态				时钟信号				输出
	Q_3	Q_2	Q_1	Q_0	CLK_3	CLK_2	CLK_1	CLK_0	C
0	0	0	0	0	0	0	0	0	0
1	0	0	0	1	0	0	0	1	0
2	0	0	1	0	1	0	1	1	0
3	0	0	1	1	0	0	0	1	0
4	0	1	0	0	1	1	1	1	0
5	0	1	0	1	0	0	0	1	0
6	0	1	1	0	1	0	1	1	0
7	0	1	1	1	0	0	0	1	0
8	1	0	0	0	1	1	1	1	0
9	1	0	0	1	0	0	0	1	1
10	0	0	0	0	1	0	1	1	0
0	1	0	1	0	0	0	0	0	0
1	1	0	1	1	0	0	0	1	1
2	0	1	0	0	1	1	1	1	0
0	1	1	0	0	0	0	0	0	0
1	1	1	0	1	0	0	0	1	1
2	0	1	0	0	1	0	1	1	0
0	1	1	1	0	0	0	0	0	0
1	1	1	1	1	0	0	0	1	1
2	0	0	0	0	1	1	1	1	0

第四步：分析状态转换图或时序图。

由图 5.2.15 可知，该电路的任何一个无效状态均能够在 CP 的作用下最终自动地转换到有效循环状态中的某一有效状态上，故该电路是可以自启动的。另外，从完整的电路状态转换图中还可以发现每经过 10 个 CP_0 电路的状态将重复循环一次。

第五步：由电路特性描述确定其逻辑功能。

由第四步的分析的结果可知，该电路的逻辑功能是能自启动的十进制异步加法计数器。

5.3 常用的MSI时序逻辑器件

5.3.1 寄存器

寄存器(Register)用于寄存二进制代码的逻辑器件，它被广泛地用于各类数字系统的数字计算机中。

寄存器按主要的逻辑功能划分，可分为并行寄存器、串行寄存器及串并行寄存器。并行寄存器没有移位功能，通常简称为寄存器；串行寄存器及串并行寄存器具有移位功能，通常称为移位寄存器。

1. 并行寄存器

并行寄存器具有将代码并行输入、保存及在适当时刻并行输出的功能。

常用的并行寄存器有：2 位寄存器 74LS75、4 位寄存器 74LS175 及 8 位的寄存器 74LS374 等。图 5.3.1 给出了 74LS175 的逻辑图和逻辑符号。从图中可知：该电路由 4 个边沿触发的 D 触发器组成，该电路提供了高电平及低电平两种有效输出，当清零脉冲 $\overline{CLR}=1$ 时，电路在外加时钟脉冲 CLK 的正边沿作用下，将接于 D_0、D_1、D_2、D_3 端的信息写入寄存器，清零脉冲$\overline{CLR}$是一个非同步信号，在整个系统初始化时通过它可以将整个电路清零。

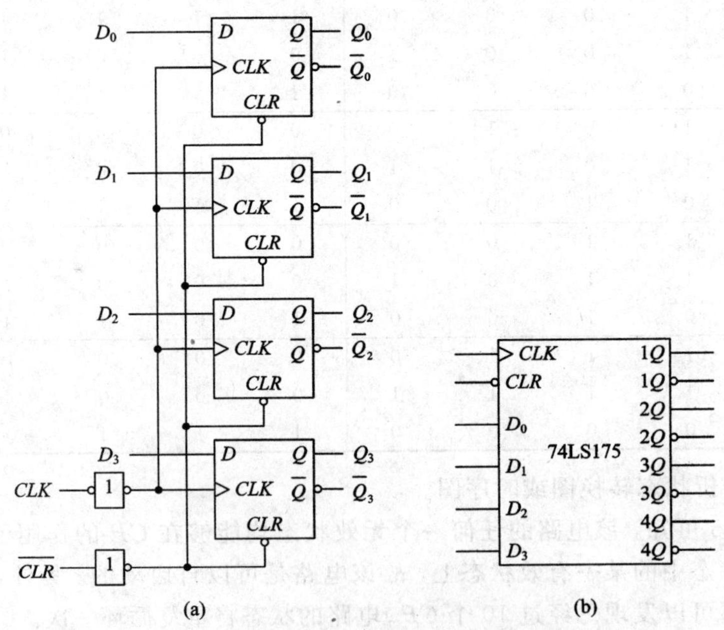

图 5.3.1 74LS175 寄存器的逻辑图和逻辑符号

(a) 逻辑图和逻辑符号；(b) 74LS175 逻辑符号

在计算机和数字通信等系统中，通常处理的信息是以字节(byte)为单位，如 1 字节(8 bit)、2 字节、4 字节等。因此，8 位寄存器应用较广泛。图 5.3.2 给出了 74LS374(8 位寄存器)的逻辑图和逻辑符号。该逻辑器件的工作原理是：

(1) 在外加时钟脉冲上升沿作用下，将 1D～8D 端的 8 位代码并行存入寄存器。

(2) 当输出使能$\overline{OE}$=0 时，8 位寄存器中代码并行输出；当$\overline{OE}$=1 时，寄存器输出端为高阻抗。故多个寄存器可以实现“线与”。并行寄存器的品种还很多，可根据实际功能需要在有关技术手册中查阅选用。

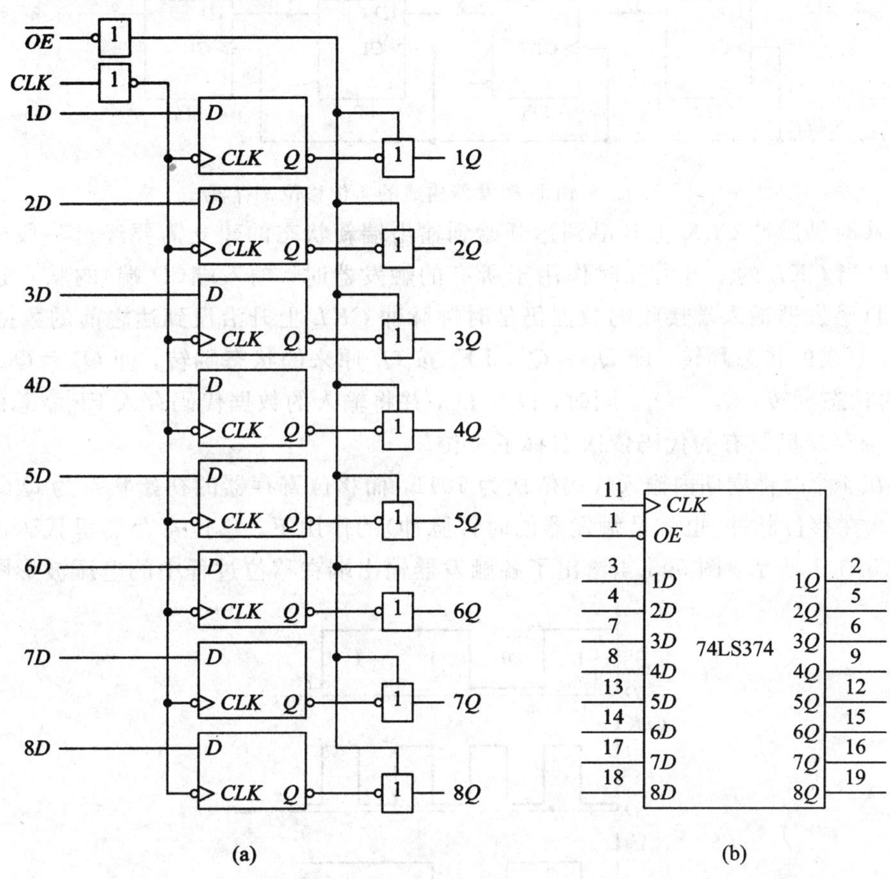

图 5.3.2 74LS374 寄存器的逻辑图和逻辑符号

(a) 逻辑图；(b) 逻辑符号

2. 移位寄存器

移位寄存器是一种既能存储数据，又能对所存数据在时钟节拍作用下按位向高位(或低位)顺移的寄存器。按其逻辑功能可分为串行输入串行输出、串行输入并行输出、并行输入串行输出及并行输入并行输出等四类。按移位方式可分为单向移位、双向移位、循环移位及扭环移位等。

利用移位操作，不仅可以实现数据传输的串—并行转换，还可完成简单的乘除法运算及数据处理等。例如，将原寄存器的数据向高位移一位，相当于将原来的数据乘以 2；如向低位移一位，相当于将原数除以 2。在数字通信系统中，移位寄存器广泛用于并行数据和串行数据之间的转换。

图 5.3.3 所示电路是由边沿触发方式的 D 触发器组成的 4 位移位寄存器，其中第一个触发器 FF_0 的输入端接收输入信号，其余的每个触发器的输入端均与前边一个触发器的 Q 端相连。

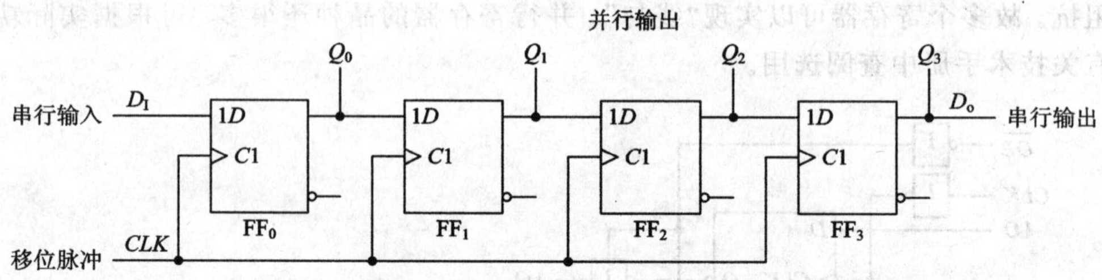

图 5.3.3　由 D 触发器构成的 4 位移位寄存器

因为从时钟脉冲 CLK 上升沿到达开始到输出端新状态的建立需要经过一段传输延迟时间，所以当 CKL 的上升沿同时作用于所有的触发器时，输入端(D 端)的状态还没有改变，即各 D 触发器输入端接收的数据仍是时钟脉冲 CKL 上升沿没到达之前的数据。于是，FF_1 按 Q_0 原来的状态翻转，即 $Q_1^*=Q_0$，FF_2 按 Q_1 原来的状态翻转，即 $Q_2^*=Q_1$，FF_3 按 Q_2 原来的状态翻转，$Q_3^*=Q_2$。同时，$D_0=D_i$，并将输入的数据代码存入 FF_0。总的效果相当于移位寄存器里原有的代码依次右移了 1 位。

如果在 4 个时钟周期内输入代码依次为 1011，而移位寄存器的初始状态为 $Q_3Q_2Q_1Q_0=0000$，那么在移位脉冲(也就是触发器的时钟脉冲)的作用下，移位寄存器里代码的移动情况将如表 5.3.1 所示。图 5.3.4 给出了各触发器输出端在移位过程中的电压波形图。

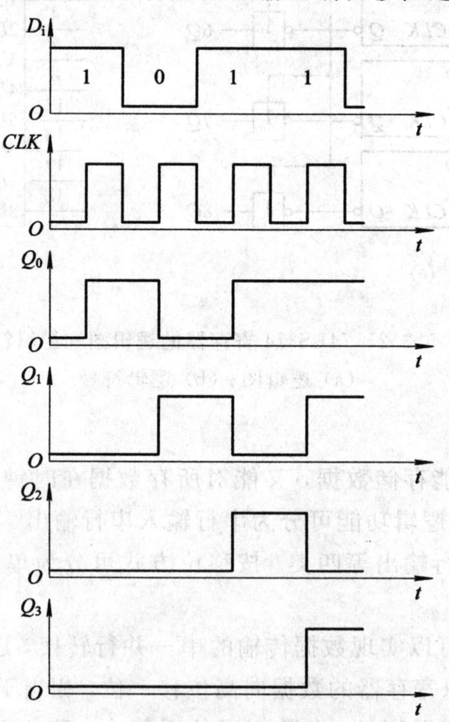

图 5.3.4　图 5.3.3 电路的时序图

表 5.3.1　图 5.3.3 4 位移位寄存器的移动表

CLK 的顺序	D_i	Q_0	Q_1	Q_2	Q_3
0	0	0	0	0	0
1	1	1	0	0	0
2	0	0	1	0	0
3	1	1	0	1	0
4	1	1	1	0	1

从表 5.3.1 中可以知道，经过 4 个时钟脉冲 CLK 信号以后，串行输入的 4 位代码将全部移入到寄存器中，同时在 4 个触发器的输出端可以得到并行输出的代码。因此，利用移位寄存器可以实现代码的串行—并行转换。

如果将 4 位数据提前并行地输入到移位寄存器的 4 个触发器中，那么，在连续加入 4 个移位脉冲后，则移位寄存器里的 4 位代码将从串行输出端依次送出，这样就实现了数据的并行—串行转换。

MSI 移位寄存器产品的品种很多。在使用时，应根据应用的功能要求、技术指标要求及价格来综合考虑。图 5.3.5 给出 74LS194A 的逻辑图及逻辑符号。

由图 5.3.5(a)可知，该电路的存储部分是由带异步清零的 4 位 SR 触发器构成的，4 位 SR 触发器的输入控制电路是由基本逻辑门电路组成的。图中的 D_{IR}、D_{IL} 分别为数据右移输入端及数据左移输入端，$D_0 \sim D_3$ 为该芯片的数据并行输入口，$Q_0 \sim Q_3$ 为该芯片的数据并行输出口。S_0 和 S_1 为该芯片的控制端，利用它们可以控制电路的工作状态。

74LS194A 的工作原理如下：

由于电路中各触发器的输入控制电路及输出电路的结构完全相同，故各部分的工作原理彼此类同，现以 FF_0 为例，分析该电路的工作原理。

当 $S_0 = S_1 = 0$ 时，G_1 最右边的输入信号为 Q_0（此时 G_1 最右边的与门输出为 $\overline{S}_1\overline{S}_0Q_0$，而 G_1 的其他输入信号均为 0），从而使触发器 FF_0 的输入为 $S_0 = Q_0$，$R_0 = \overline{Q}_0$，故 CLK 上升沿到达时，FF_0 被置成 $Q_0^* = Q_0$。因此，移位寄存器此时的工作状态为保持态。

当 $S_1 = S_0 = 1$ 时，G_1 左边第二个输入信号 D_0 被选中，使触发器 FF_0 的输入 $S_0 = D_0$，$R_0 = \overline{D}_0$，故当 CLK 上升沿到达时，FF_0 被置成 $Q_0^* = D_0$，此时移位寄存器处于数据并行输入状态。

当 $S_1 = 0$，$S_0 = 1$ 时，G_1 最左边的输入信号 D_{IR} 被选中，使触发器 FF_0 的输入 $S_0 = D_{IR}$，$R_0 = \overline{D}_{IR}$，故当 CLK 上升沿到达时，FF_0 被置成 $Q_0^* = D_{IR}$，此时移位寄存器处于数据右移状态。

当 $S_1 = 1$，$S_0 = 0$ 时，G_1 右边第二个输入信号 Q_1 被选中，使触发器 FF_0 的输入 $S_0 = Q_1$，$R_0 = \overline{Q}_1$，故当 CLK 上升沿到达时，触发器被置成 $Q_0^* = Q_1$，这时移位寄存器处于数据左移工作状态。

此外，当 $\overline{R}_D = 0$ 时，$FF_0 \sim FF_3$ 将同时被置成 0，所以正常工作时，应使 $\overline{R}_D = 1$。表 5.3.2给出了该芯片的逻辑功能。

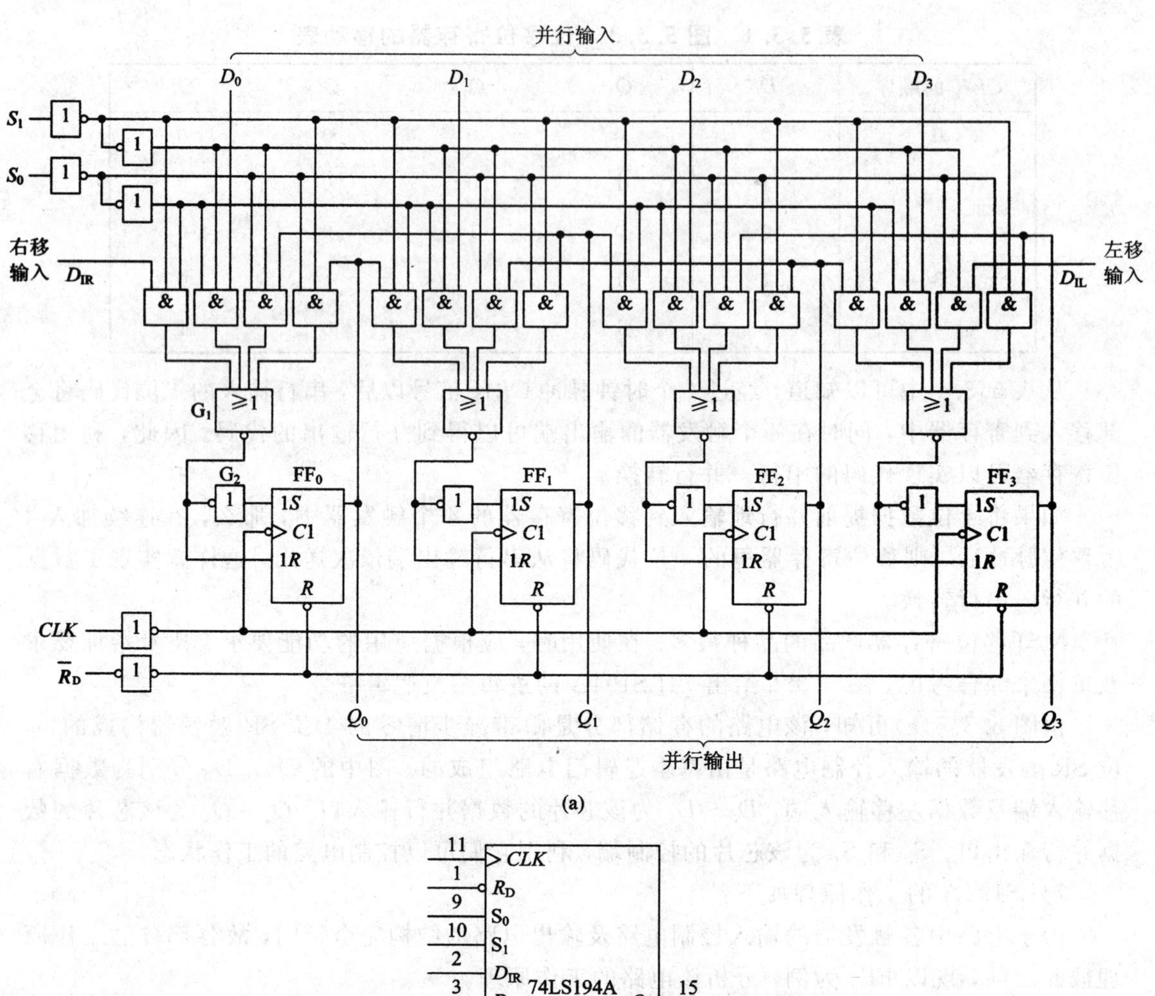

图 5.3.5　双向移位寄存器 74LS194A 的逻辑图及逻辑符号

(a) 逻辑图；(b) 逻辑符号

表 5.3.2　双向移位寄存器 74LS194A 功能表

$\overline{R}_D$	S_1	S_2	工作状态
0	d	d	置零
1	0	0	保持
1	0	1	右移
1	1	0	左移
1	1	1	并行输入

3. MSI 寄存器的应用

1）数据串行—并行数据的转换

在计算机、通信、测量等数字系统中，数据的串行—并行之间的转换已被广泛应用。如图 5.3.6 给出了一个典型的两个电路系统模块串—并数据转换框图。图中模块 1 在控制电路的作用下将输入的并行数据转换成串行数据并发送到数据传输线上，模块 2 接收串行数据并在控制电路的作用下将其转换成并行数据输出。

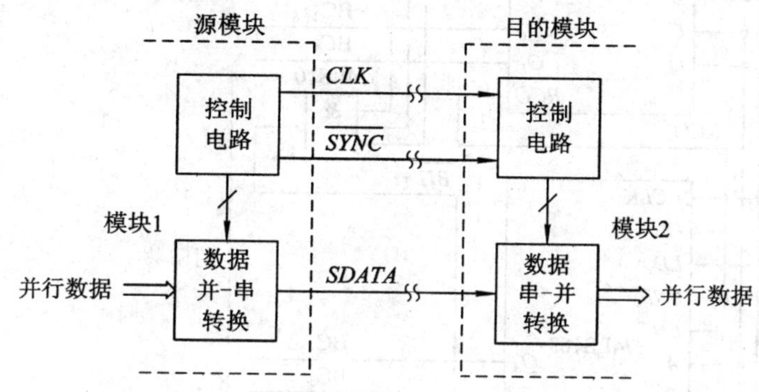

图 5.3.6　寄存器用于数据串—并转换图

为了正确、有序地发送、接收数据，双方有三根信号线分别传送三种信号，它们是：

(1) 时钟信号(CLK)：用于传送 1 位二进制数的定时信号，在两个模块的系统中，该时钟信号由控制电路产生。

(2) 同步信号($\overline{SYNC}$)：用于定义所传送的串行数据格式中的某时间标志。例如串行数据流中一个字节或一个字的开始时刻。

(3) 串行数据($SDATA$)：在一条信号线上传送的数据。

有时为节省系统成本，在两模块之间只用一根信号，这时，上述的三种信号将按一定的数据格式组合在一起，由源模块通过一根信号线发送，然后目的模块将所接收到的串行数据流按约定的数据格式及传输的规程将三种信号分离出来。

由并行移位寄存器及计数器组成的并—串数据转换电路如图 5.3.7 所示。该电路的时钟、同步信号及串行传送的数据格式的时序关系如图 5.3.8 所示。图中，74LS166(8 位并行输入—串行输出的移位寄存器)执行并行数据输入，并在时钟 CLK 作用下将寄存器中的数据串行移至 $SDATA$ 信号线上。两个 74LS163 计数器级联成一个模 256 的 8 位计数器，在初始化信号$\overline{RESET}$及时钟 CLK 的共同作用下，寄存器清零，并做好接收并行数据的准备。与此同时，8 位计数器处于 11111111 状态，并发出同步信号$\overline{SYNC}$(该信号用于表示标志帧即将开始工作)、0 时隙即将开始的工作信号以及寄存器准备接收数据的加载信号$\overline{BIT_7}$。电路在紧接着下一时钟脉冲到来时，寄存器便接收数据并将 D_0 位的数据传送到 $SDATA$ 数据线上，与此同时，8 位计数器处于 00000000 状态，$\overline{BIT_7}$、$\overline{SYNC}$处于无效。这样电路就能够在一系列的时钟序列作用下开始了一帧数据的传送。

图 5.3.7 中计数器用于控制电路的正常工作：每当计数器计完 8 个时钟时，就可将移位寄存器中的 1 个字节的数据全部串行移至 $SDATA$ 线上，并立即发出移位寄存器的加载信号$\overline{BIT_7}$，以便并行接收下一字节数据；每当计数完 256 个时钟脉冲时，74LS166 就可传输完 1 帧数据，同时发出下一帧即将开始的同步信号$\overline{SYNC}$，从而使接收数据方做好接收

下一帧数据的准备。

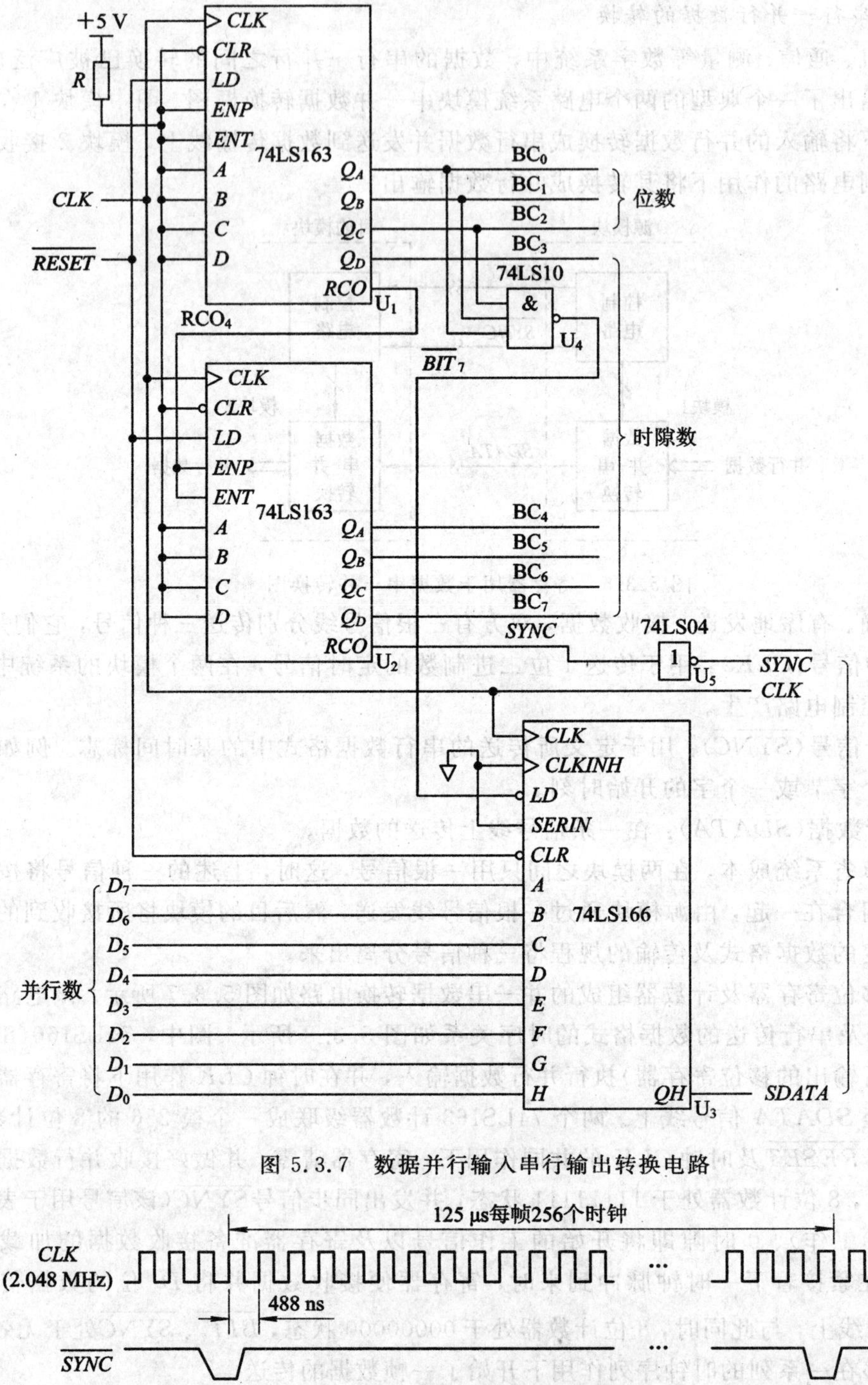

图 5.3.7　数据并行输入串行输出转换电路

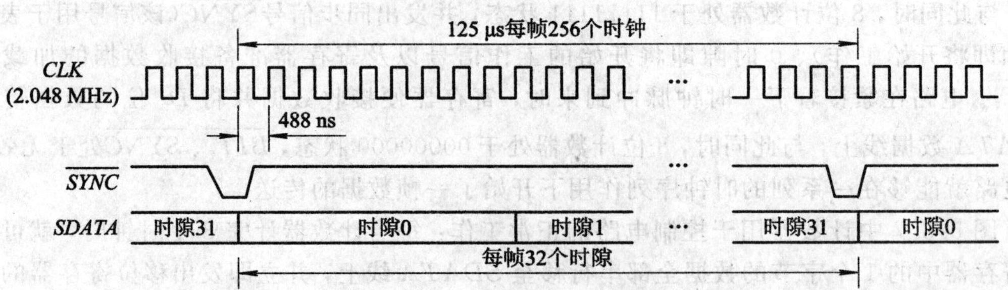

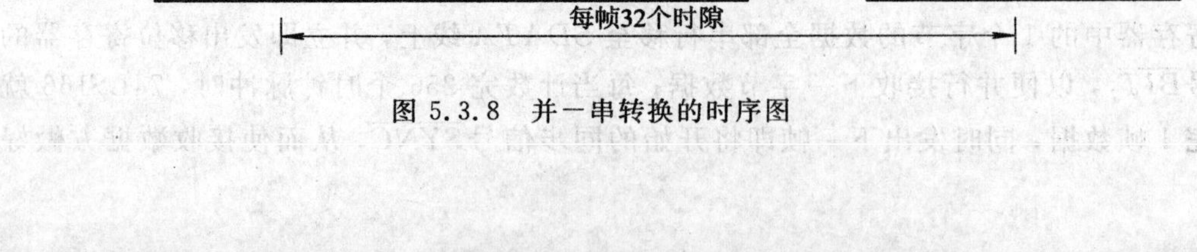

图 5.3.8　并一串转换的时序图

2）MSI 寄存器的扩展

在计算机及数字系统中，经常要完成多位数的移位，这时就需要将多块 MSI 移位寄存器进行级联来实现。用 74LS194A 接成多位双向移位寄存器的接法十分简单。

例 5.3.1　用 2 片 74LS194A 接成一个 8 位双向移位寄存器。

解　首先要考虑的问题是片间如何连接，才能使得数据移位时不会出错。图 5.3.9 给出了用 2 片 74LS194 接成一个 8 位双向寄存器的连接图，为了确保数据右移时不会出错，只需将左边芯片的 Q_3 接到右边芯片的 D_{IR} 端；同时，为了确保数据左移时不会出错，我们就必须把左边芯片的 Q_0 与右边芯片的 D_{IL} 相连。为了确保两块芯片同步工作，将它们的 S_1、S_2、$\overline{CLK}$ 及 $\overline{R}_D$ 并联使用。

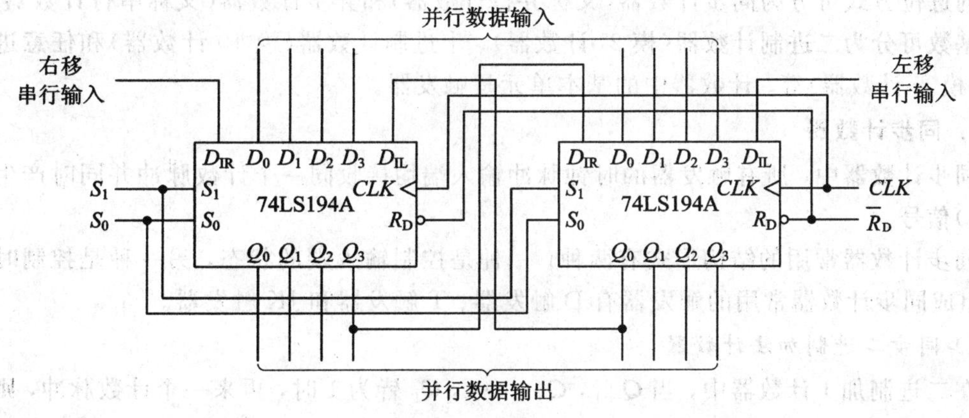

图 5.3.9　用 2 片 74LS194A 接成 8 位双向移位寄存器

3）用 MSI 寄存器设计序列信号发生器

例 5.3.2　由 74LS194A 构成的 0100110 序列发生器由图 5.3.10 所示分析该电路的工作原理。

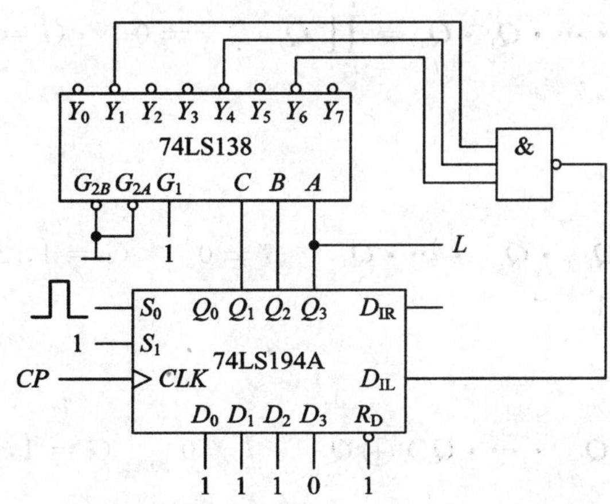

图 5.3.10　由移位寄存器构成 0100110 序列发生器的逻辑图

解　在 S_0 端的正脉冲到来时，$S_0S_1=11$，此时 74LS194A 处于并行置数态，在 CP 的作用下将数据 0111 置于 $Q_3Q_2Q_1Q_0$ 上，随后在 $S_1S_0=10$ 时，74LS194A 开始将 D_{IL} 中的数据左移进入 74LS194 中。由于 $D_{IL}=\overline{\overline{Y}_6\cdot\overline{Y}_4\cdot\overline{Y}_1}$，因此 $L(Q_3)$就得到了 0100110 序列。

5.3.2 计数器

计数器被广泛应用于数字系统中，它不仅可以对输入的脉冲信号进行计数，还可以用于分频、定时产生脉冲序列等，它的计数状态的个数称为计数器的模。如计数器状态的个数为 m 时，则称该计数器为模 m 计数器，有时也将 m 称为计数器的容量。n 位二进制计数器的最大计数容量为 2^n。

计数器的种类很多，按计数的功能可分为加法计数器、减法计数器和可逆计数器；按计数的进位方式可分为同步计数器(又称并行计数器)和异步计数器(又称串行计数器)；按进位基数可分为二进制计数器(模 2^n 计数器)、十进制计数器(模 10 计数器)和任意进制计数器(模 m 计数器)等。计数器中的基本单元是触发器。

1. 同步计数器

同步计数器中，所有触发器的时钟脉冲输入端均接收同一个计数脉冲并同时产生进位(借位)信号。

同步计数器常用的结构形式有两种。一种是控制输入端的状态，另一种是控制时钟信号。组成同步计数器常用的触发器有 D 触发器、T 触发器和 JK 触发器。

1) 同步二进制加法计数器

在二进制加 1 计数器中，当 Q_{i-1}，Q_{i-2}，…，Q_1 皆为 1 时，再来一个计数脉冲，则就会产生到第 i 位触发器的进位信号，此时 Q_i 应改变状态(由 0→1，或由 1→0)，否则 Q_i 将保持不变。

如果电路的结构形式采用控制输入端状态的方式，则可以直接写出用 D 触发器、T 触发器及 JK 触发器第 i 位触发器的驱动方程(CLK 的前沿触发)。

T 触发器：

$$\begin{cases} T_i = Q_{i-1}\cdot Q_{i-2}\cdot\cdots\cdot Q_1\cdot Q_0 = \prod\limits_{j=0}^{i-1} Q_j \quad i\neq 0 \quad (i=1,\ 2,\ \cdots,\ n-1) \\ T_0 = 1 \end{cases} \tag{5.3.1}$$

JK 触发器：

$$\begin{cases} J_i = K_i = Q_{i-1}\cdot Q_{i-2}\cdot\cdots\cdot Q_0 \quad i\neq 0 \quad (i=1,\ 2,\ \cdots,\ n-1) \\ J_0 = K_0 = 1 \end{cases} \tag{5.3.2}$$

D 触发器：

$$\begin{cases} D_i = (Q_{i-1}\cdot Q_{i-2}\cdot\cdots\cdot Q_0)\oplus Q_i \quad i\neq 0 \quad (i=1,\ 2,\ \cdots,\ n-1) \\ D_1 = \overline{Q}_1 \end{cases} \tag{5.3.3}$$

图 5.3.11 给出了采用控制输入端 T 的方式组成 4 位二进制加法计数器的电路。由图 5.3.11 可见，各触发器的驱动方程为

$$\begin{cases} T_0 = 1 \\ T_1 = Q_0 \\ T_2 = Q_0 Q_1 \\ T_3 = Q_0 Q_1 Q_2 \end{cases} \tag{5.3.4}$$

由 T 触发器的特性方程，可得到该电路的状态方程为

$$\begin{cases} Q_0^* = \bar{Q}_0 \\ Q_1^* = Q_0 \bar{Q}_1 + \bar{Q}_0 Q_1 \\ Q_2^* = Q_0 Q_1 \bar{Q}_2 + \overline{Q_0 Q_1} Q_2 \\ Q_3^* = Q_0 Q_1 Q_2 \bar{Q}_3 + \overline{Q_0 Q_1 Q_2} Q_3 \end{cases} \tag{5.3.5}$$

电路的输出方程为

$$C = Q_0 Q_1 Q_2 Q_3 \tag{5.3.6}$$

由式(5.3.6)可得其电路状态转换表如表 5.3.3 所示、状态转换图如图 5.3.12 所示及时序图如图 5.3.13 所示。由图 5.3.13 可知，Q_0、Q_1、Q_2、Q_3 输出波形的频率分别为时钟脉冲 CLK 信号频率 f_{cp} 的 $\frac{1}{2}$、$\frac{1}{4}$、$\frac{1}{8}$、$\frac{1}{16}$，即 $f_{Q_0} = \frac{1}{2} f_{cp}$、$f_{Q_1} = \frac{1}{4} f_{cp}$、$f_{Q_2} = \frac{1}{8} f_{cp}$、$f_{Q_3} = \frac{1}{16} f_{cp}$。

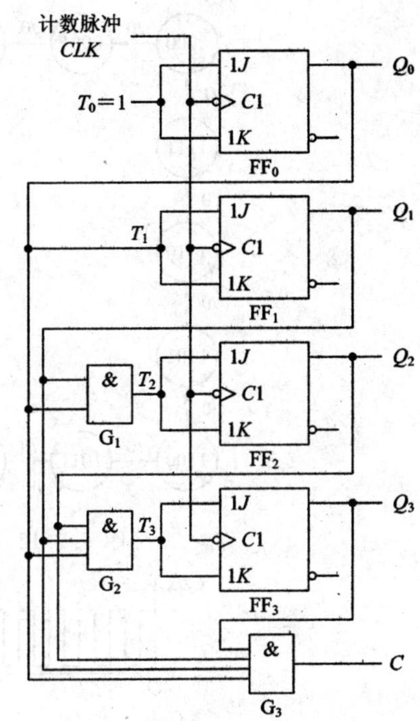

图 5.3.11　采用控制 T 端的方式组成的 4 位二进制同步加法计数器

表 5.3.3　5.3.11 电路的状态转换表

计数顺序	电路状态				等效十进制数	进位输出
	Q_3	Q_2	Q_1	Q_0		
0	0	0	0	0	0	0
1	0	0	0	1	1	0
2	0	0	1	0	2	0
3	0	0	1	1	3	0
4	0	1	0	0	4	0
5	0	1	0	1	5	0
6	0	1	1	0	6	0
7	0	1	1	1	7	0
8	1	0	0	0	8	0
9	1	0	0	1	9	0
10	1	0	1	0	10	0
11	1	0	1	1	11	0
12	1	1	0	0	12	0
13	1	1	0	1	13	0
14	1	1	1	0	14	0
15	1	1	1	1	15	1
16	0	0	0	0	0	0

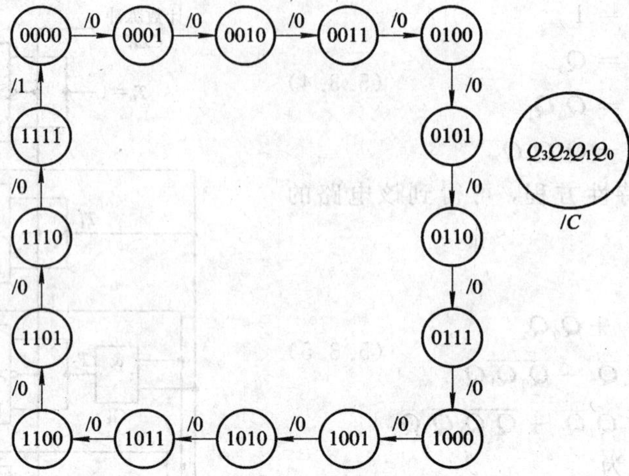

图 5.3.12　图 5.3.11 电路的状态转换图

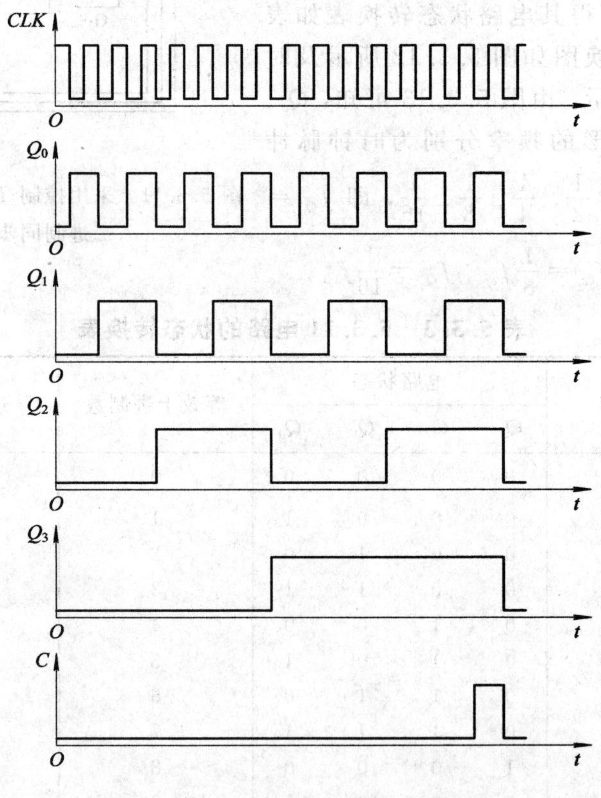

图 5.3.13　图 5.3.11 电路的时序图

如果电路的结构形式采用控制时钟信号的方法，则可以直接写出第 i 位触发器的时钟方程，如式(5.3.7)给出了用 T 触发器组成的同步二进制加法计数器第 i 位触发器的时钟方程。

$$\begin{cases} CLK_i = CLK \prod_{j=0}^{i-1} Q_j \qquad i \neq 0 \quad (i = 1, 2, \cdots, n-1) \\ CLK_0 = CLK \end{cases} \tag{5.3.7}$$

图 5.3.14 给出了采用控制时钟的方法组成的 4 位同步二进制加法计数器的电路图。

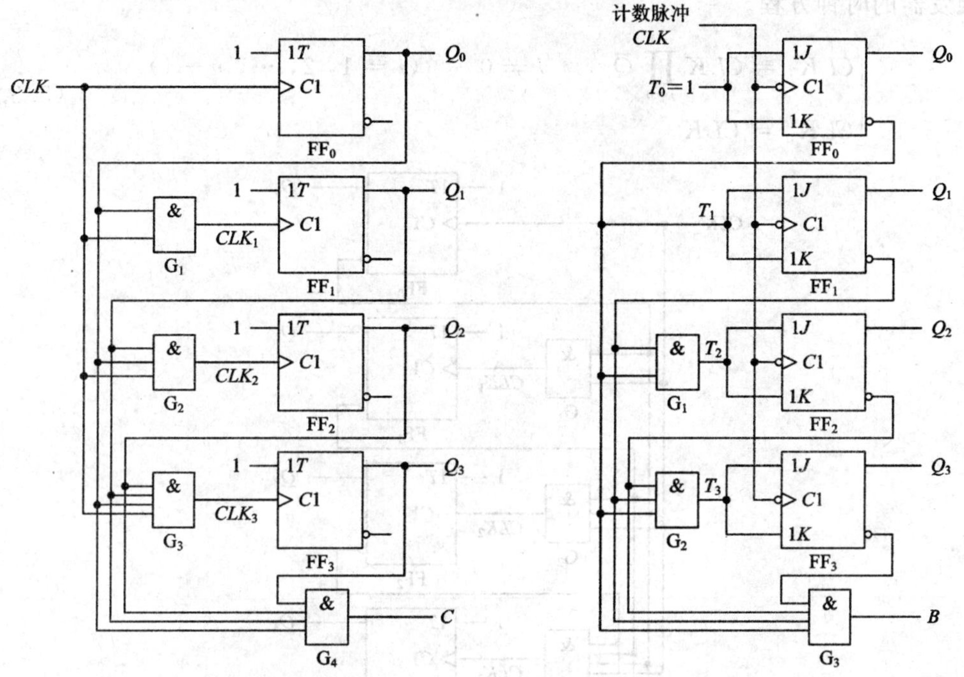

图 5.3.14 采用控制时钟脉冲方法组成的 4 位同步二进制加法计数器

图 5.3.15 采用控制 T 端的方式组成的 4 位二进制同步减法计数器

2）同步二进制减法计数器

在二进制减法计数器中，当$\bar{Q}_{i-1}\ \bar{Q}_{i-2}\cdots\ \bar{Q}_0$均为 1 时，如果再来一个计数脉冲，则就会产生第 i 位触发器的借位信号，此时 Q_i 应改变状态(由 0→1，或由 1→0)，否则 Q_i 将保持不变。

如果电路的结构形式采用控制输入端状态的方式，则可以直接写出用 D 触发器、T 触发器及 JK 触发器第 i 位触发器的驱动方程(CLK 的前沿触发)。如图 5.3.15 给出了由 T 触发器组成的采用控制 T 端状态的方式组成的 4 位二进制同步减法计数器的电路图。

T 触发器：

$$\begin{cases} T_i = \bar{Q}_{i-1}\bar{Q}_{i-2}\cdots\bar{Q}_1\bar{Q}_0 = \prod\limits_{j=0}^{i-1}\bar{Q}_i & i \neq 0 \quad (i = 1,\ 2,\ \cdots,\ n-1) \\ T_0 = 1 \end{cases} \tag{5.3.8}$$

JK 触发器：

$$\begin{cases} J_i = K_i = \bar{Q}_{i-1}\bar{Q}_{i-2}\cdots\bar{Q}_0 & i \neq 0 \quad (i = 1,\ 2,\ \cdots,\ n-1) \\ J_0 = K_0 = 1 \end{cases} \tag{5.3.9}$$

D 触发器：

$$\begin{cases} D_i = (\bar{Q}_{i-1}\bar{Q}_{i-2}\cdots\bar{Q}_0) \oplus Q_i & i \neq 0 \quad (i = 1,\ 2,\ \cdots,\ n-1) \\ D_1 = \bar{Q}_1 \end{cases} \tag{5.3.10}$$

如果电路的结构形式采用控制时钟脉冲信号的方法，如图 5.3.16 所示，则可以直接写

出第 i 位触发器的时钟方程，式(5.3.11)给出了用 T 触发器组成的同步二进制减法计数器第 i 位触发器的时钟方程。

$$\begin{cases} CLK_i = CLK \prod_{j=0}^{i-1} \overline{Q}_j \quad i \neq 0 \quad (i = 1, 2, \cdots, n-1) \\ CLK_0 = CLK \end{cases} \tag{5.3.11}$$

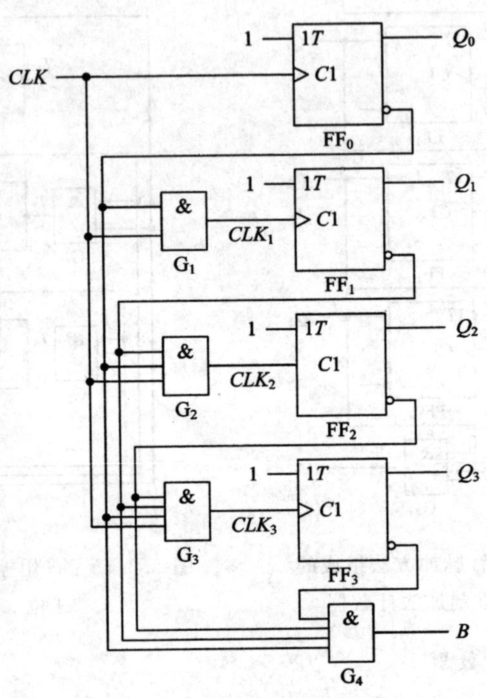

图 5.3.16 采用控制时钟脉冲方法组成的 4 位同步二进制减法计数器

3) 同步十进制加法计数器

同步十进制加法计数器是在同步二进制加法计数器的基础上跳过 6 个状态之后实现的，如果计数器的初始状态从 0000 开始，则当计数器计数到第 9 个计数脉冲时计数器的工作状态为 1001，当第 10 个计数脉冲到达时，电路将从 1001 跳回到 0000。

图 5.3.17 给出了用 T 触发器组成的同步十进制加法计数器。由图可知，各触发器的驱动方程为

$$\begin{cases} T_0 = 1 \\ T_1 = Q_0\overline{Q}_3 \\ T_2 = Q_0Q_1 \\ T_3 = Q_0Q_1Q_2 + Q_0Q_3 \end{cases} \tag{5.3.12}$$

由 T 触发器的特性方程，可得到该电路的状态方程为

$$\begin{cases} Q_0^* = \overline{Q}_0 \\ Q_1^* = Q_0\overline{Q}_3\overline{Q}_1 + \overline{(Q_0\overline{Q}_3)}Q_1 \\ Q_2^* = Q_0Q_1\overline{Q}_2 + \overline{Q_0Q_1}Q_2 \\ Q_3^* = (Q_0Q_1Q_2 + Q_0Q_3)\overline{Q}_3 + \overline{Q_0Q_1Q_2 + Q_0Q_3}Q_3 \end{cases} \tag{5.3.13}$$

电路的输出方程为

$$C = Q_0 Q_3 \tag{5.3.14}$$

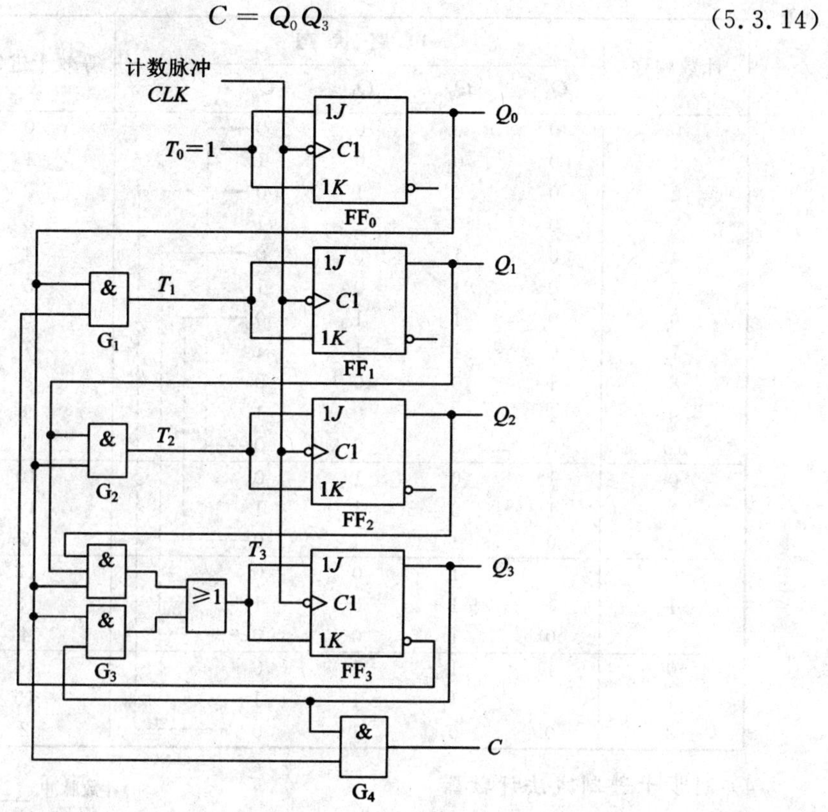

图 5.3.17　同步十进制加法计数器电路

由式(5.3.13)及式(5.3.14)可得其状态转换表如表 5.3.4 所示及状态转换图如图 5.3.18 所示。

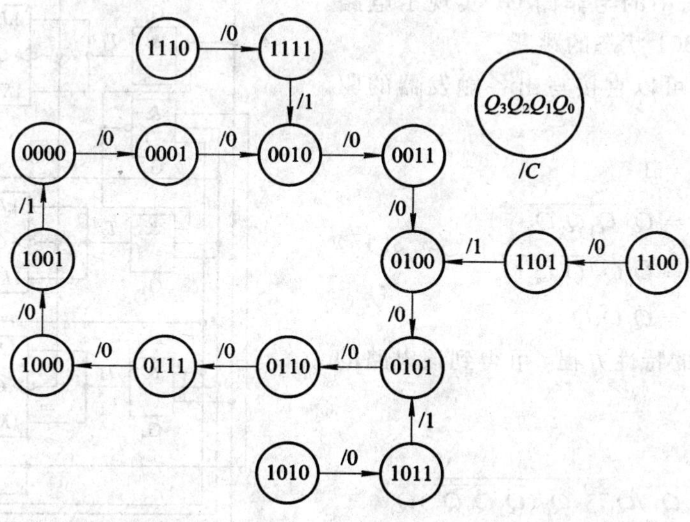

图 5.3.18　图 5.3.15 电路的状态转换图

由图 5.3.18 可知，该电路是一个能自启动的同步十进制加减法计数器。

表 5.3.4　图 5.3.15 电路的真值表

计数顺序	电路状态				等效十进制数	输出 C
	Q_3	Q_2	Q_1	Q_0		
0	0	0	0	0	0	0
1	0	0	0	1	1	0
2	0	0	1	0	2	0
3	0	0	1	1	3	0
4	0	1	0	0	4	0
5	0	1	0	1	5	0
6	0	1	1	0	6	0
7	0	1	1	1	7	0
8	1	0	0	0	8	0
9	1	0	0	1	9	1
10	0	0	0	0	0	0
0	1	0	1	0	10	0
1	1	0	1	1	11	1
2	0	1	1	0	6	0
0	1	1	0	0	12	0
1	1	1	0	1	13	1
2	0	1	0	0	4	0
0	1	1	1	0	14	0
1	1	1	1	1	15	1
2	0	0	1	0	2	0

4）同步十进制减法计数器

同步十进制减法计数器是在同步二进制减法计数器的基础上演变而来的。图 5.3.19 给出了由 JK 构成的 T 触发器组成的十进制减法计数器的电路。图中的与非门 G_2 实现了电路从 0000 状态向 1001 状态的跳跃。

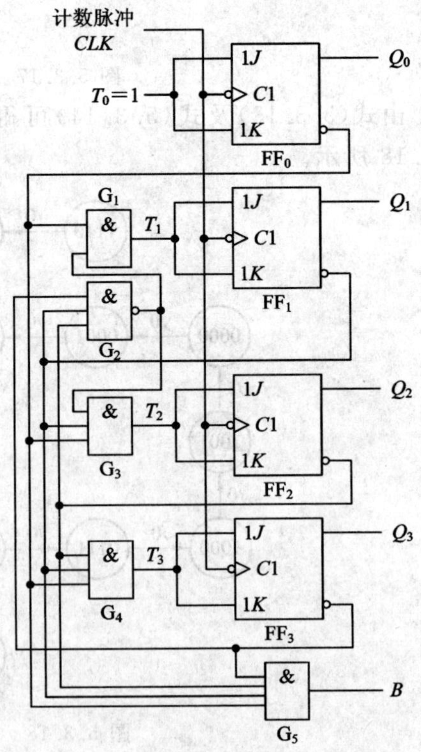

图 5.3.19　同步十进制减法计数器

由图 5.3.19 可以直接写出各触发器的驱动方程为

$$\begin{cases} T_0 = 1 \\ T_1 = \bar{Q}_0\,\overline{\bar{Q}_1\bar{Q}_2\bar{Q}_3} \\ T_2 = \bar{Q}_0\bar{Q}_1\,\overline{\bar{Q}_1\bar{Q}_2\bar{Q}_3} \\ T_3 = \bar{Q}_0\bar{Q}_1\bar{Q}_2 \end{cases} \tag{5.3.15}$$

由 T 触发器的特性方程，可得到该电路的状态方程为

$$\begin{cases} Q_0^* = \bar{Q}_0 \\ Q_1^* = \bar{Q}_0(\overline{\bar{Q}_3\bar{Q}_2\bar{Q}_1})\bar{Q}_1 + \overline{\bar{Q}_0(\overline{\bar{Q}_1\bar{Q}_2\bar{Q}_3})}Q_1 \\ Q_2^* = \bar{Q}_0\bar{Q}_1\,\overline{\bar{Q}_1\bar{Q}_2\bar{Q}_3}\bar{Q}_2 + \overline{\bar{Q}_0\bar{Q}_1(\overline{\bar{Q}_1\bar{Q}_2\bar{Q}_3})}Q_2 \\ Q_3^* = \bar{Q}_0\bar{Q}_1\bar{Q}_2\bar{Q}_3 + \overline{\bar{Q}_0\bar{Q}_1\bar{Q}_2}Q_3 \end{cases}$$

化简后得：

$$\begin{cases} Q_0^* = \overline{Q}_0 \\ Q_1^* = \overline{Q}_0(Q_2 + Q_3)\overline{Q}_1 + Q_0 Q_1 \\ Q_2^* = (\overline{Q}_0\overline{Q}_1 Q_3)\overline{Q}_2 + (Q_0 + Q_1)Q_2 \\ Q_3^* = (\overline{Q}_0\overline{Q}_1\overline{Q}_2)\overline{Q}_3 + (Q_0 + Q_1 + Q_2)Q_3 \end{cases} \tag{5.3.16}$$

电路的输出方程为

$$B = \overline{Q}_0\overline{Q}_1\overline{Q}_2\overline{Q}_3 \tag{5.3.17}$$

由式(5.3.16)及式(5.3.17)可以得到电路的状态转换表如表 5.3.5 所示及状态转换图如图 5.3.20 所示。由图 5.3.20 可知，该电路是一个能自启动的同步十进制减法计数器。

表 5.3.5 图 5.3.19 电路的真值表

计数顺序	电路状态				等效十进制数	借位 B
	Q_3	Q_2	Q_1	Q_0		
0	0	0	0	0	0	1
1	1	0	0	1	9	0
2	1	0	0	0	8	0
3	0	1	1	1	7	0
4	0	1	1	0	6	0
5	0	1	0	1	5	0
6	0	1	0	0	4	0
7	0	0	1	1	3	0
8	0	0	1	0	2	0
9	0	0	0	1	1	0
10	0	0	0	0	0	1
0	1	1	1	1	15	0
1	1	1	1	0	14	0
2	1	1	0	1	13	0
3	1	1	0	0	12	0
4	1	0	1	1	11	0
5	1	0	1	0	10	0
6	1	0	0	1	9	0

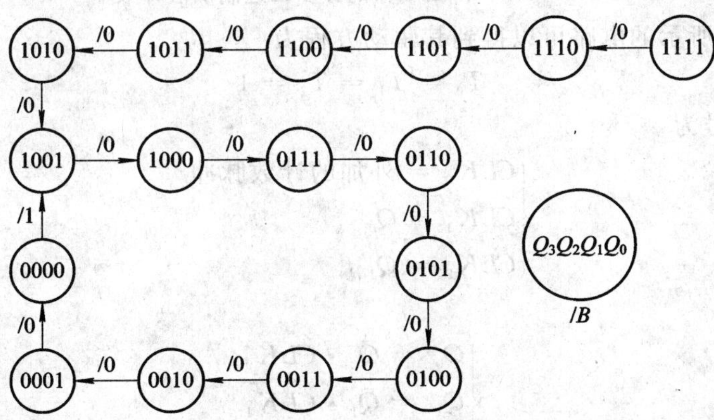

图 5.3.20 图 5.3.19 电路的状态转换图

2. 异步计数器

异步计数器中，所有触发器的时钟脉冲输入端接收的计数脉冲不是同一个计数脉冲并且各触发器产生进位(借位)信号是按串行方式工作的，即逐位进位方式工作的。所以各触发器不是同时翻转的。

1) 二进制异步计数器

一个 n 位二进制异步计数器由于每一位均可能产生进位或借位，因此每一位触发器的状态变化只与它的低一位触发器的状态变化有关，即第 i 位的状态是否变化仅由第 $i-1$ 位触发器的状态变化决定。

(1) 二进制异步加法计数器。在加法运算中，当第 $i-1$ 位触发器状态从 1→0 时，产生进位，此时第 i 位触发器的状态将变反；当第 $i-1$ 位状态从 0→1 时，不产生进位，此时第 i 位触发器状态保持不变。

因此，二进制异步加法计数器各位触发器时钟控制端的连接应满足如下规则：

上升沿触发的触发器：

$$CLK_i = \bar{Q}_{i-1}$$

下降沿触发的触发器：

$$CLK_i = Q_{i-1}$$

最低位的触发器：

$$CLK_0 = CLK \quad (\text{外加计数脉冲})$$

图 5.3.21 给出了由 JK 触发器组成的下降沿触发的 T 触发器构成的 3 位二进制加法计数器的电路。

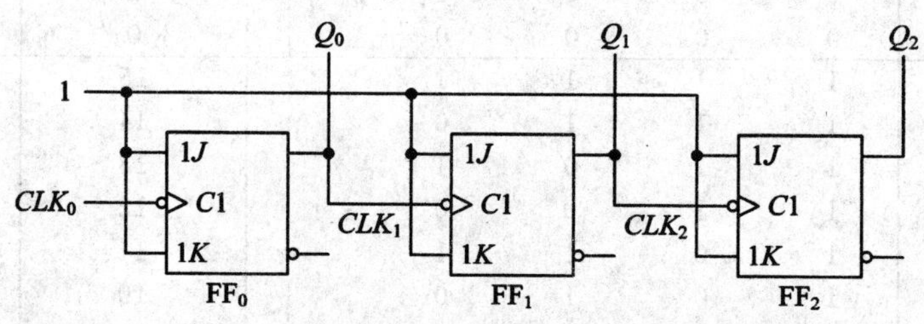

图 5.3.21　下降沿工作的异步二进制加法计数器

由图 5.3.21 所示的电路可以得到其驱动方程为

$$T_0 = T_1 = T_2 = 1$$

时钟脉冲信号为

$$\begin{cases} CLK_0 = \text{外加的计数脉冲} \\ CLK_1 = Q_0 \\ CLK_2 = Q_1 \end{cases} \tag{5.3.18}$$

状态方程为

$$\begin{cases} Q_0^* = \bar{Q}_0 \cdot CLK_0 \\ Q_1^* = \bar{Q}_1 \cdot CLK_1 \\ Q_2^* = \bar{Q}_2 \cdot CLK_2 \end{cases} \tag{5.3.19}$$

由式(5.3.18)及式(5.3.19)可得到其状态转换表如表 5.3.6 所示、状态转换图如图

5.3.22所示及时序图如图 5.3.23 所示。

表 5.3.6　图 5.3.21 电路的状态转换表

CLK_0 的顺序	触发器状态			时钟信号		
	Q_2	Q_1	Q_0	CLK_2	CLK_1	CLK_0
0	0	0	0	0	0	0
1	0	0	1	0	0	1
2	0	1	0	0	1	1
3	0	1	1	0	0	1
4	1	0	0	1	1	1
5	1	0	1	0	0	1
6	1	1	0	0	1	1
7	1	1	1	0	0	1
8	0	0	0	1	1	1

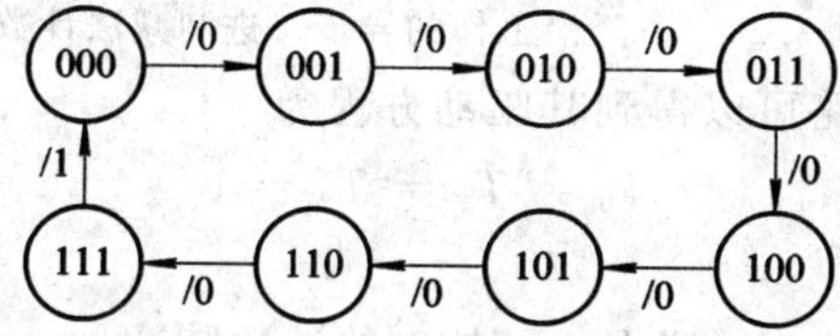

图 5.3.22　图 5.3.21 电路的状态转换图

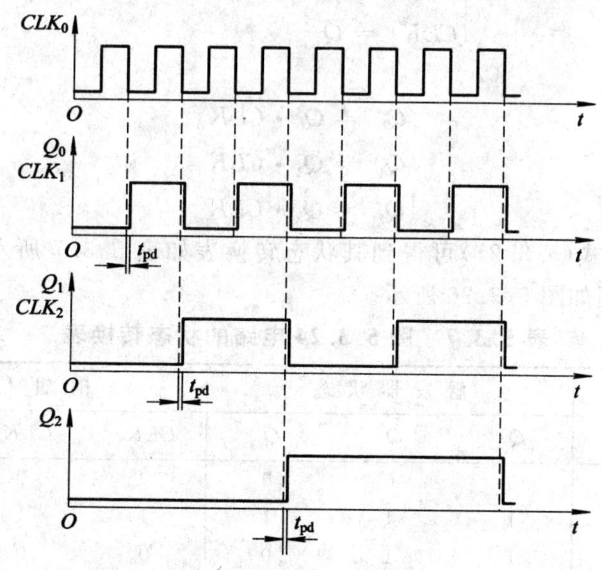

图 5.3.23　图 5.3.21 电路的时序图

(2) 二进制异步减法计数器。在减法计数中，当第 $i-1$ 位触发器状态从 0→1 时，产生借位，此时第 i 位触发器的状态将变反；当第 $i-1$ 位状态从 1→0 时，不产生借位，此时第 i 位触发器状态保持不变。

因此，二进制异步减法计数器的各位触发器时钟控制端的连接应满足如下规则：

上升沿触发的触发器：

$$CLK_i = Q_{i-1}$$

下降沿触发的触发器：

$$CLK_i = \bar{Q}_{i-1}$$

最低位的触发器：

$$CLK_0 = CLK\text{(外加计数脉冲)}$$

图 5.3.24 给出了由 JK 触发器组成的下降沿触发的 T 触发器构成的 3 位二进制减法计数器的电路。

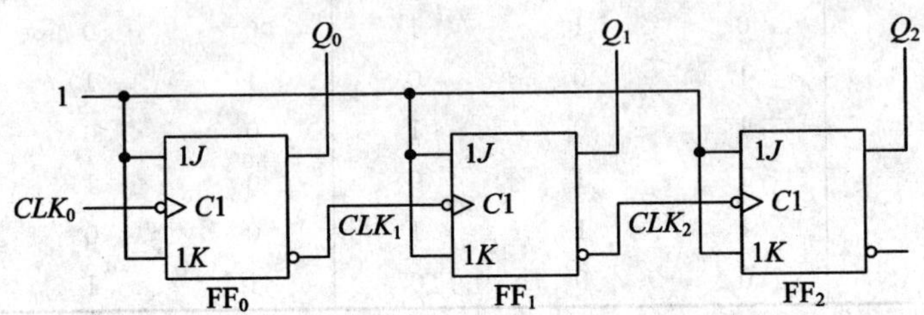

图 5.3.24 下降沿工作的异步二进制减法计数器

由图 5.3.24 所示的电路可以得到其驱动方程为

$$T_0 = T_1 = T_2 = 1$$

时钟脉冲信号为

$$\begin{cases} CLK_0 = \text{外加的计数脉冲} \\ CLK_1 = \bar{Q}_0 \\ CLK_2 = \bar{Q}_1 \end{cases} \tag{5.3.20}$$

状态方程为

$$\begin{cases} Q_0^* = \bar{Q}_0 \cdot CLK_0 \\ Q_1^* = \bar{Q}_1 \cdot CLK_1 \\ Q_2^* = \bar{Q}_2 \cdot CLK_2 \end{cases} \tag{5.3.21}$$

由式(5.3.20)及式(5.3.21)可得到其状态转换表如表 5.3.7 所示、状态转换图如图 5.3.25 所示及时序图如图 5.3.26 所示。

表 5.3.7 图 5.3.24 电路的状态转换表

CLK_0 的顺序	触发器状态			时钟信号		
	Q_2	Q_1	Q_0	CLK_2	CLK_1	CLK_0
0	0	0	0	0	0	0
1	1	1	1	1	1	1
2	1	1	0	0	0	1
3	1	0	1	0	1	1
4	1	0	0	0	0	1
5	0	1	1	1	1	1
6	0	1	0	0	0	1
7	0	0	1	0	1	1
8	0	0	0	0	0	1

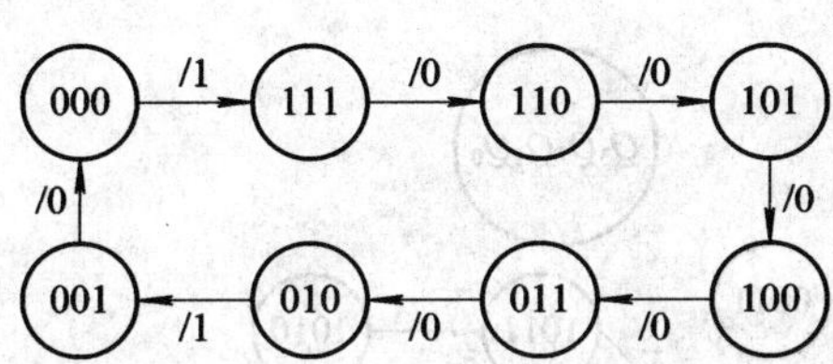

图 5.3.25　图 5.3.24 电路的状态转换图

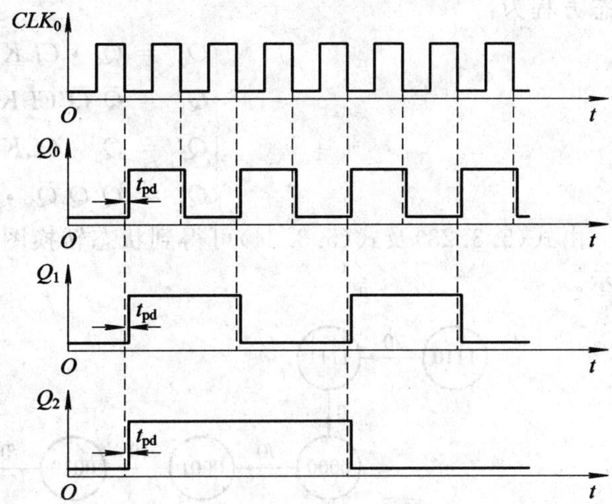

图 5.3.26　图 5.3.24 电路的时序图

2）十进制异步计数器

十进制异步计数器是在二进制异步计数器的基础上跳过 6 个状态之后实现的。十进制异步计数器按计数功能可分为十进制异步加法计数器和十进制异步减法计数器。

在十进制异步加法计数器中，如果计数器的初始状态从 0000 开始，则当计数器计数到第 9 个计数脉冲时计数器的工作状态为 1001，当第 10 个计数脉冲到达时，电路将从 1001 跳回到 0000。图 5.3.27 给出了用 JK 触发器组成的十进制异步加法计数器的电路。

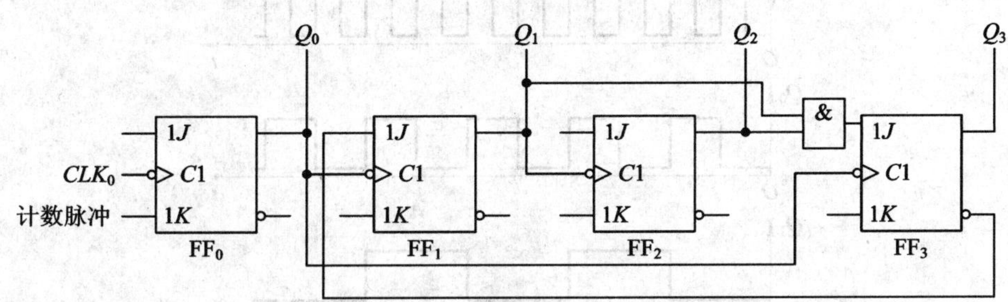

图 5.3.27　十进制异步加法计数器的电路

由图可知，各触发器的驱动方程为

$$\begin{cases} J_0 = K_0 = 1 \\ J_1 = \bar{Q}_3 \qquad K_1 = 1 \\ J_2 = K_2 = 1 \\ J_3 = Q_3 Q_2 \qquad K_3 = 1 \end{cases} \tag{5.3.22}$$

时钟脉冲信号为

$$\begin{cases} CLK_0 = \text{外加的计数脉冲} \\ CLK_1 = Q_0 \\ CLK_2 = Q_1 \\ CLK_3 = Q_0 \end{cases} \tag{5.3.23}$$

状态方程为：

$$\begin{cases} Q_0^* = \overline{Q}_0 \cdot CLK_0 \\ Q_1^* = \overline{Q}_3\overline{Q}_1 CLK_1 \\ Q_2^* = \overline{Q}_2 \cdot CLK_2 \\ Q_3^* = Q_3Q_2\overline{Q}_3 \cdot CLK_3 \end{cases} \tag{5.3.24}$$

由式(5.3.23)及式(5.3.24)可得到状态转换图如图 5.3.28 所示及时序图如图 5.3.29 所示。

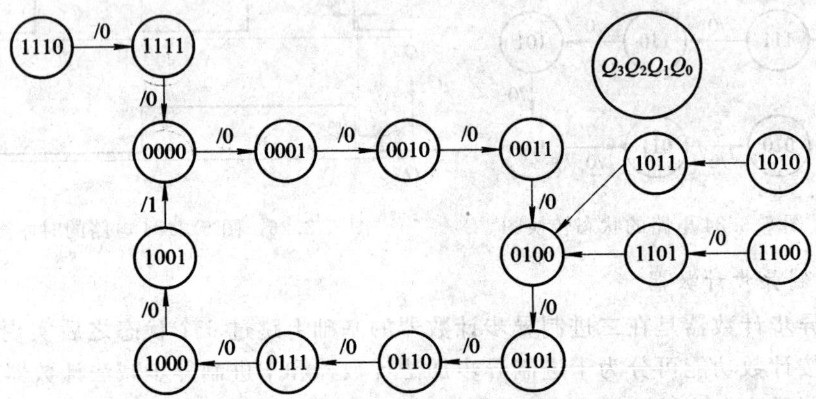

图 5.3.28　图 5.3.27 电路的状态转换图

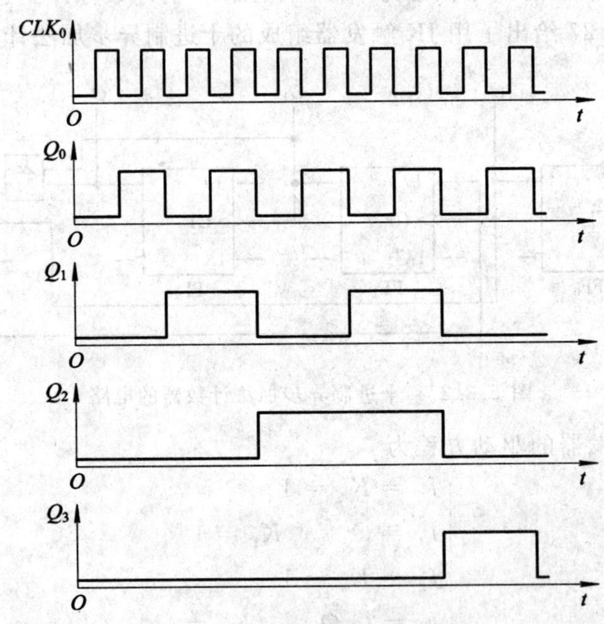

图 5.3.29　图 5.3.27 电路的时序图

3. 移位寄存型计数器

所谓移位寄存型计数器，就是以移位寄存器为主体构成的同步计数器，它的状态转换关系除第一级外均具有移位功能，而第一级的状态可根据需要移进的“0”或者“1”来定。

移位寄存型计数器按结构可分为环形计数器及扭环型计数器。

1）环形计数器

一个 n 位触发器组成的环形计数器其结构特点为 $D_0=Q_{n-1}$。图 5.3.30 给出了 4 位触发器组成的环形计数器电路，其结构特点是 $D_0=Q_3$。

如果电路的初始状态为 $Q_3Q_2Q_1Q_0=1000$，则当不断输入时钟信号时电路的状态将按 1000→0100→0010→0001→1000 的次序循环变化。因此，该电路是一个模 4 的计数器，同时，由于该寄存器的首尾相接，即 $D_0=Q_3$，因此该电路又可在输入时钟脉冲的作用下将输入的数据向右循环移动。故该电路是一个模 4 右移环形计数器。

根据移位寄存器的工作特点，可以直接画出图 5.3.30 所示电路的状态转换图，如图 5.3.31 所示。由图 5.3.31 不难发现，如果电路的初始状态为 1000，那么电路将按 1000→0100→0010→0001→1000 的次序循环变化，如果将该循环作为电路的有效循环，那么，其余几种循环，均为电路的无效循环。而且，一旦电路脱离了有效循环之后，电路将不会自动返回有效循环中去，所以图 5.3.31 所示的环形计数器是一个不能自启动的。为确保它能正常工作，必须首先通过串行输入端或并行输入端将电路置成有效循环中的某个状态，然后再开始计数；或是利用前面已学的消除“挂起”的方法加以解决。

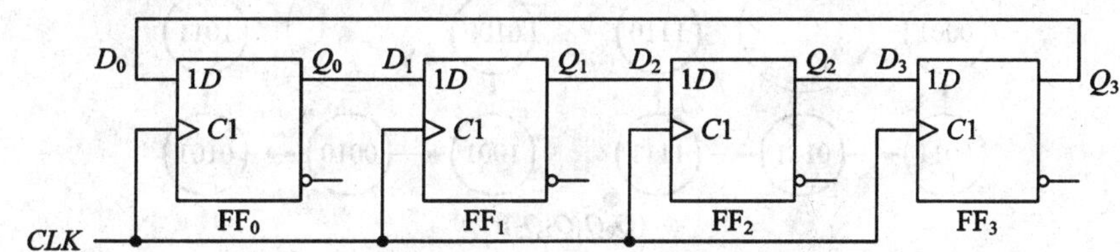

图 5.3.30　4 位环形计数器电路

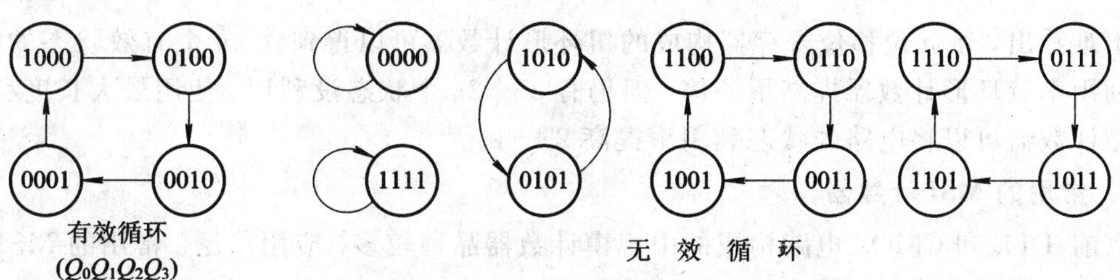

图 5.3.31　图 5.3.30 电路的状态转换图

环形计数器的主要优点是电路结构简单，它的主要缺点是没有充分利用电路的状态。用 n 位移位寄存器组成的环形计数器只用了 n 个状态，而电路总共有 2^n 个状态，这显然是一种浪费。

2）扭环形计数器

为了克服环形计数器的缺点，可将环形计数器中的反馈逻辑函数改为 $D_0=\overline{Q}_{n-1}$，则得到的电路就为扭环形计数器。图 5.3.32 给出了 4 位扭环形计数器电路（该电路也称为约翰逊计数器）。由图 5.3.32 可以得到它的状态转换图，如图 5.3.33 所示。不难看出，它有两个状态循环，如果电路的初始状态为 $Q_3Q_2Q_1Q_0=0000$，则当不断输入时钟信号时电路的状态将按左边的一个状态循环，此时左边的状态循环就为电路的有效循环。若电路的初始状态为 $Q_3Q_2Q_1Q_0=1010$，则当不断输入时钟信号时电路的状态将按右边的一个状态循环，此时右边的状态循环就为电路的有效循环。因此，该电路是一个模 8 的计数器，同时，由于该寄存器的首尾相接，即 $D_0=\overline{Q}_3$，因此该电路又可在输入时钟脉冲的作用下将输入的数据向右循环移动。故该电路是一个模 8 右移扭环形计数器，若取图中左边的一个为有效循环，则余下的一个就是无效循环了。显然，这个计数器不能自启动，可以利用前面已学的消除“挂起”的方法加以解决。

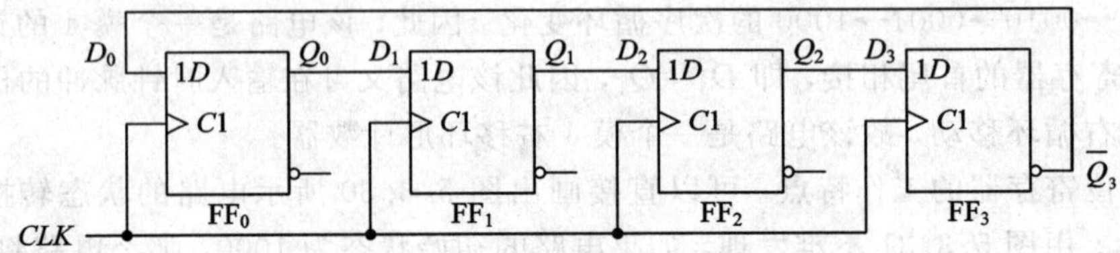

图 5.3.32 4 位扭环形计数器电路

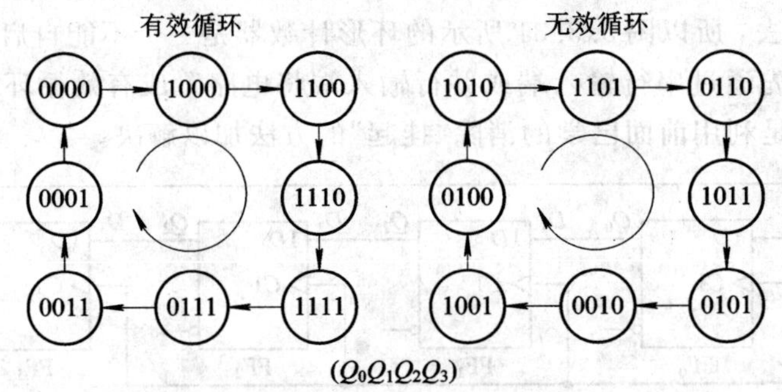

图 5.3.33 图 5.3.32 电路的状态转换图

不难看出，用 n 位移位寄存器构成的扭环形计数器可以得到含 $2n$ 个有效状态的循环，状态利用率较环形计数器提高了一倍，但仍有 2^n-2n 个状态没利用。使用最大长度移位寄存器型计数器可以将电路的状态利用率提高 2^n-1。

4. 常用的 MSI 计数器

目前 TTL 和 CMOS 电路构成的中规模计数器品种较多，应用广泛。常用的 MSI 计数器有同步十进制计数器、同步二进制计数器、异步二—五—十进制计数器、十进制可逆计数器等，表 5.3.8 给出了几种常用的 TTL 型 MSI 计数器型号及工作特点。下面将介绍几种常用的 MSI 计数器的功能及应用。

表 5.3.8 常用的 TTL 型 MSI 计数器

类型	名　称	型号	预置	清 0	工作频率/MHz
异步计数器	二—五—十进制计数器	74LS90	异步置 9 高	异步　高	32
		74LS290	异步置 9 高	异步　高	32
		74LS196	异步　低	异步　低	30
	二—八—十六进制计数器	74LS293	无	异步　高	32
		74LS197	异步　低	异步　低	30
	双四位二进制计数器	74LS393	无	异步　高	35

续表

类型	名　　称	型号	预置		清 0		工作频率/MHz
同步计数器	十进制计数器	74LS160	同步	低	异步	低	25
		74LS162	同步	低	同步	低	25
	十进制可逆计数器	74LS190	异步	低	无		20
		74LS168	同步	低	无		25
	十进制可逆计数器(双时钟)	74LS192	异步	低	异步	高	25
	四位二进制计数器	74LS161	同步	低	异步	低	25
		74LS163	同步	低	同步	低	25
	四位二进制可逆计数器	74LS169	同步	低	无		25
		74LS191	异步	低	无		20
	四位二进制可逆计数器(双时钟)	74LS193	异步	低	异步	高	25

1）异步集成计数器 74LS290

74LS290 异步式二—五—十进制计数器的逻辑图及符号如图 5.3.34 所示。它由 4 个 JK 触发器、2 个与非门和 2 个或非门组成。

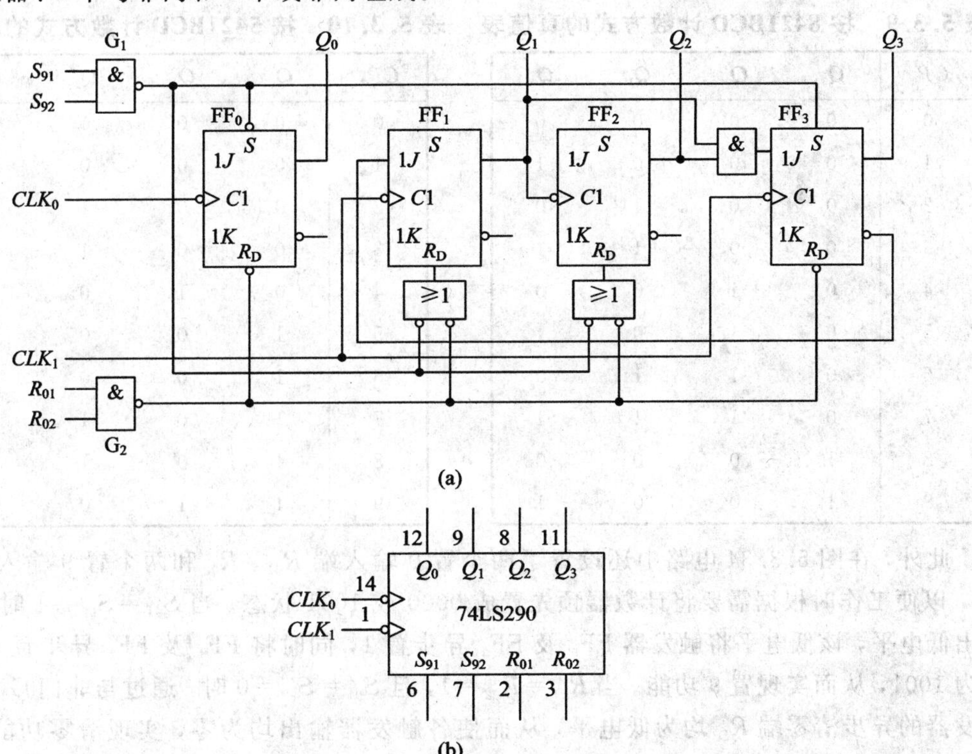

图 5.3.34　二—五—十进制异步计数器 74LS290 的逻辑图及符号

(a) 逻辑电路；(b) 逻辑符号

当 $CLK_0=CP$ 时，触发器 FF_0 构成模 2 计数器，完成对计数脉冲 CLK_0 的计数，当 $CLK_1=CP$ 时，触发器 FF_1、FF_2、FF_3 组成异步模 5 计数器，完成对计数脉冲 CLK_1 的计数，若将这两个独立的计数器组合起来可组成一个十进制计数器。当 $CLK_0=CP$ 且 $CLK_1=Q_0$ 时，则构成 2×5 的十进制计数器如图 5.3.35(a)所示，其状态转换表如表 5.3.9 所示，此时，电路的状态 $Q_3Q_2Q_1Q_0$ 输出为 8421BCD 码。当 $CLK_1=CP$ 且 $CLK_0=Q_3$ 时，则构成 5×2 的十进制计数器如图 5.3.35(b)所示，其状态转换表如表 5.3.10 所示，此时，电路的状态 $Q_3Q_2Q_1Q_0$ 的输出为 5421BCD 码。

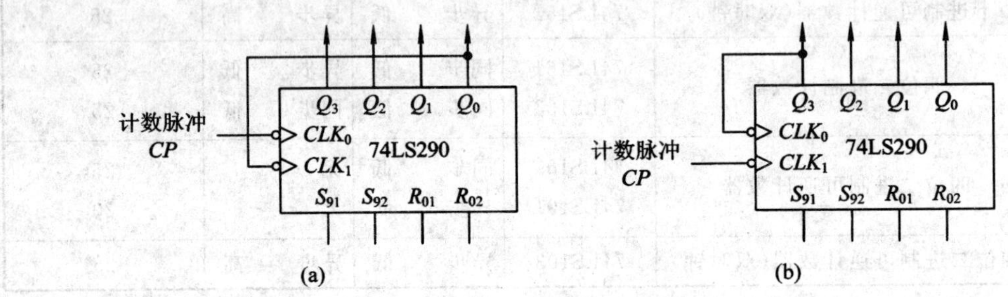

图 5.3.35　74LS290 构成十进制计数器的两种方式

(a) 8421BCD 码计数方式；(b) 5421BCD 码计数方式

表 5.3.9　按 8421BCD 计数方式的真值表

CP_1	Q_3	Q_2	Q_1	Q_0
0	0	0	0	0
1	0	0	0	1
2	0	0	1	0
3	0	0	1	1
4	0	1	0	0
5	0	1	0	1
6	0	1	1	0
7	0	1	1	1
8	1	0	0	0
9	1	0	0	1

表 5.3.10　按 5421BCD 计数方式的真值表

CP_2	Q_0	Q_3	Q_2	Q_1
0	0	0	0	0
1	0	0	0	1
2	0	0	1	0
3	0	0	1	1
4	0	1	0	0
5	1	0	0	0
6	1	0	0	1
7	1	0	1	0
8	1	0	1	1
9	1	1	0	0

此外，在图 5.3.34 电路中还设置了两个置 0 输入端 R_{01}、R_{02} 和两个置 9 输入端 S_{91}、S_{92}，以便工作时根据需要将计数器预先置成 0000 或 1001 状态。当 $S_{91}=S_{92}=1$ 时，门 G_1 输出低电平，该低电平将触发器 FF_0 及 FF_3 异步置 1，同时将 FF_1 及 FF_2 异步置 0，使输出为 1001，从而实现置 9 功能。当 $R_{01}=R_{02}=1$，且 $S_{91}=S_{92}=0$ 时，通过与非门 G_2 可使各触发器的异步清零端 R_D 均为低电平，从而使各触发器输出均为零，实现清零功能，由于“清零”功能与时钟无关，这种清零称为异步清零。

当 $R_{01}=R_{02}=S_{91}=S_{92}=0$ 时，G_1、G_2 两与非门输出为高电平，各 JK 触发器处在计数状态，从而实现计数功能，表 5.3.11 给出了 74LS290 的功能表。

表 5.3.11　74LS290 的功能表

输入						输出			
R_{01}	R_{02}	S_{91}	S_{92}	CLK_0	CLK_1	Q_3	Q_2	Q_1	Q_0
1	1	0	d	d	d	0	0	0	0
1	1	d	0	d	d	0	0	0	0
0	d	1	1	d	d	1	0	0	1
d	0	1	1	d	d	1	0	0	1
$\overline{R_{01}R_{02}}=1$		$\overline{S_{91}S_{92}}=1$		CP	0	二进制计数			
				0	CP	五进制计数			
				CP	Q_0	8421 码十进制计数			
				Q_3	CP	5421 码十进制计数			

2）同步二进制 MSI 计数器 74161

74161 是一个 4 位的同步二进制计数器，图 5.3.36 给出了 74161 的内部逻辑图及逻辑符号。

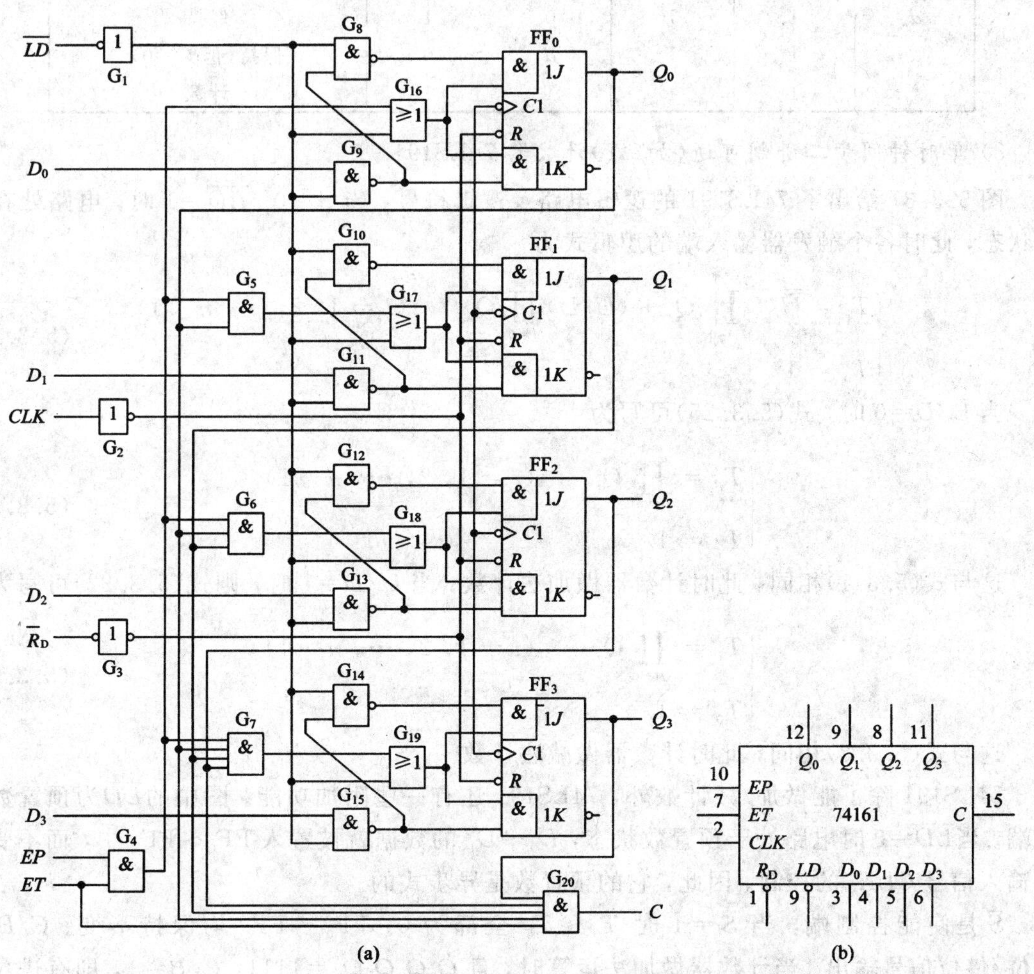

图 5.3.36　4 位同步二进制计数器 74161 的逻辑图及逻辑符号

(a) 逻辑图；(b) 逻辑符号

图中，$\bar{R}_D$ 为电路的异步清零端，$\overline{LD}$为电路的预置数端，当 $\bar{R}_D=1$、$\overline{LD}=0$ 时，电路工作在同步预置数状态。这时门 $G_{16}\sim G_{19}$ 的输出为高电平，所以触发器 $FF_0\sim FF_3$ 的状态由 $D_0\sim D_3$ 的状态决定。

当 $\bar{R}_D=\overline{LD}=1$ 而 $EP=0$、$ET=1$ 时，$FF_0\sim FF_3$ 处于保持状态，所以 CLK 信号到达时它们的状态将保持原来的状态不变，同时 C 的状态也保持不变。如果 $ET=0$，则 EP 无论为何状态，计数器的状态将始终保持不变，但这时进位输出 C 等于 0。

当 $\bar{R}_D=\overline{LD}=EP=ET=1$ 时，电路工作在计数状态，如果电路的状态从 0000 状态开始连续输入 16 个计数脉冲，电路将从 1111 状态返回 0000 状态，同时，C 端从高电平跳变至低电平。表 5.3.12 给出了 74161 的功能表。

表 5.3.12 4 位同步二进制计数器 74161 的功能表

CLK	$\bar{R}_D$	$\overline{LD}$	EP	ET	工作状态
d	0	d	d	d	置零
↑	1	0	d	d	预置数
d	1	1	0	1	保持
d	1	1	d	0	保持(但 $C=0$)
↑	1	1	1	1	计数

3) 单时钟同步二进制可逆(加/减)计数器 74LS191

图 5.3.37 给出了 74LS191 的逻辑电路及逻辑符号，当 $\bar{S}=0$、$\overline{LD}=1$ 时，电路处在计数状态，此时各个触发器输入端的逻辑式为

$$\begin{cases} T_i=\overline{\bar{U}/D}\prod_{j=0}^{i-1}Q_j+(\bar{U}/D)\prod_{j=0}^{i-1}\bar{Q}_j \qquad (i=1,2,\cdots,n-1) \\ T_0=1 \end{cases} \tag{5.3.25}$$

当 $\bar{U}/D=0$ 时，式(5.3.25)可写为

$$\begin{cases} T_i=\prod_{j=0}^{i-1}Q_j \qquad (i=1,2,\cdots,n-1) \\ T_0=1 \end{cases} \tag{5.3.26}$$

这与式(5.3.1)相同，此时计数器做加法计数；当 $\bar{U}/D=1$ 时，则式(5.3.22)可写为

$$\begin{cases} T_i=\prod_{j=0}^{i-1}\bar{Q}_j \qquad (i=1,2,\cdots,n-1) \\ T_0=1 \end{cases} \tag{5.3.27}$$

这与式(5.3.8)相同，此时计数器做减法计数。

74LS191 除了能做加/减计数外，74LS191 还有一些附加功能。图中的$\overline{LD}$为预置数控制端。当$\overline{LD}=0$ 时电路处于预置数状态，$D_0\sim D_1$ 的数据就被置入 $FF_0\sim FF_3$ 中，而不受时钟输入信号 CLK_i 的控制。因此，它的预置数是异步式的。

$\bar{S}$ 是使能控制端，当 $\bar{S}=1$ 时 $T_0\sim T_3$ 全部为 0，$FF_0\sim FF_3$ 均保持不变。C/B 是进位/借位信号输出。当计数器做加法运算时，且 $Q_3Q_2Q_1Q_0=1111$，$C/B=1$，即有进位输出。当计数器做减法运算时，且 $Q_3Q_2Q_1Q_0=0000$ 时，$C/B=1$，有借位输出。74LS191 (74HC191)的功能表如表 5.3.13 所示。

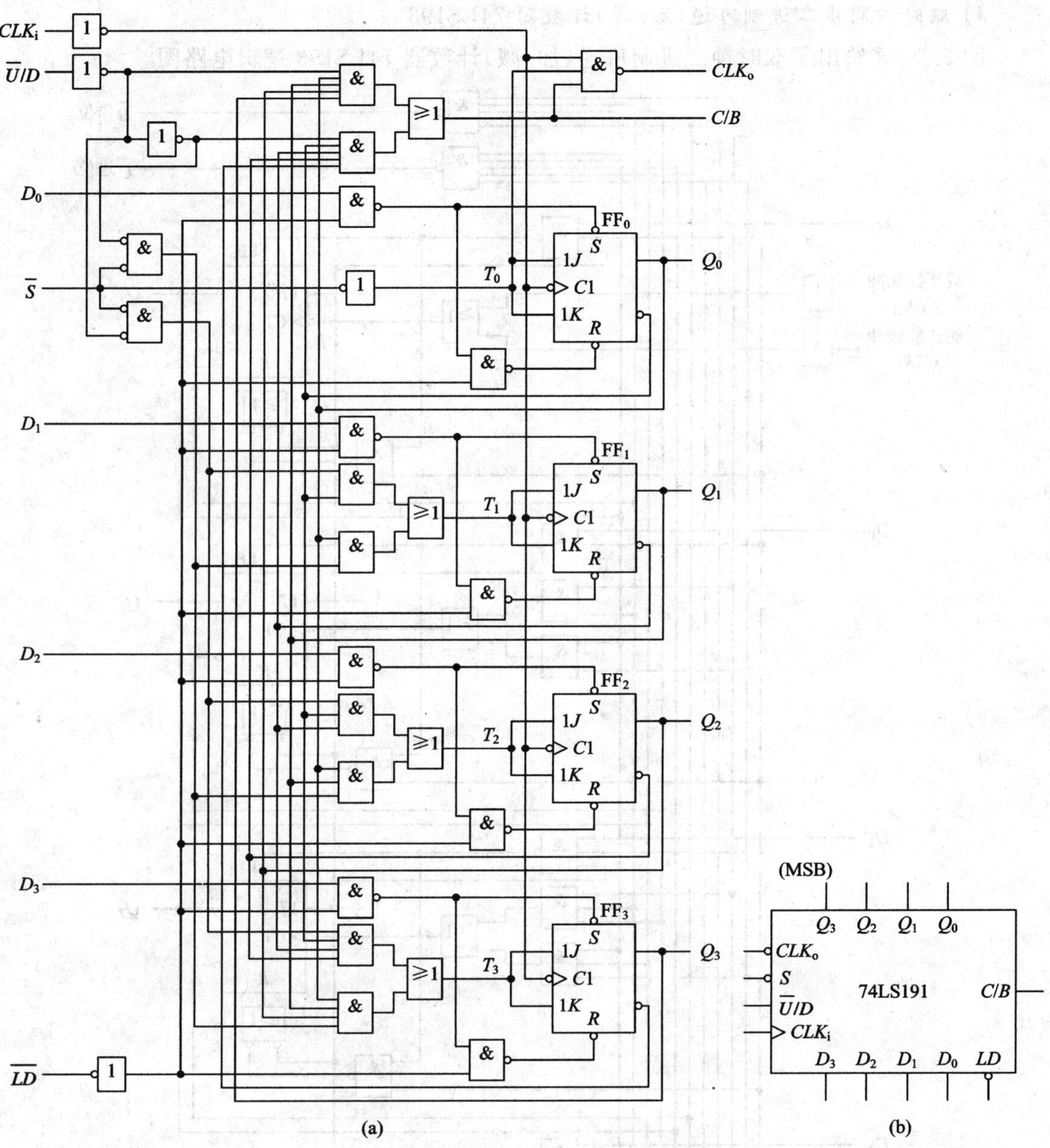

图 5.3.37　单时钟同步二进制可逆(加/减)计数器 74LS191 的逻辑图及逻辑符号

(a) 逻辑电路；(b) 逻辑符号

表 5.3.13　同步二进制可逆(加/减)计数器 74LS191 的功能表

CLK_i	$\overline{S}$	$\overline{LD}$	$\overline{U}/D$	工作状态
d	1	1	d	保持
d	d	0	d	预置数
↑	0	1	0	加法计数
↑	0	1	1	减法计数

4）双时钟同步二进制可逆（加/减）计数器 74LS193

图 5.3.38 给出了双时钟二进制可逆（加/减）计数器 74LS193 逻辑电路图。

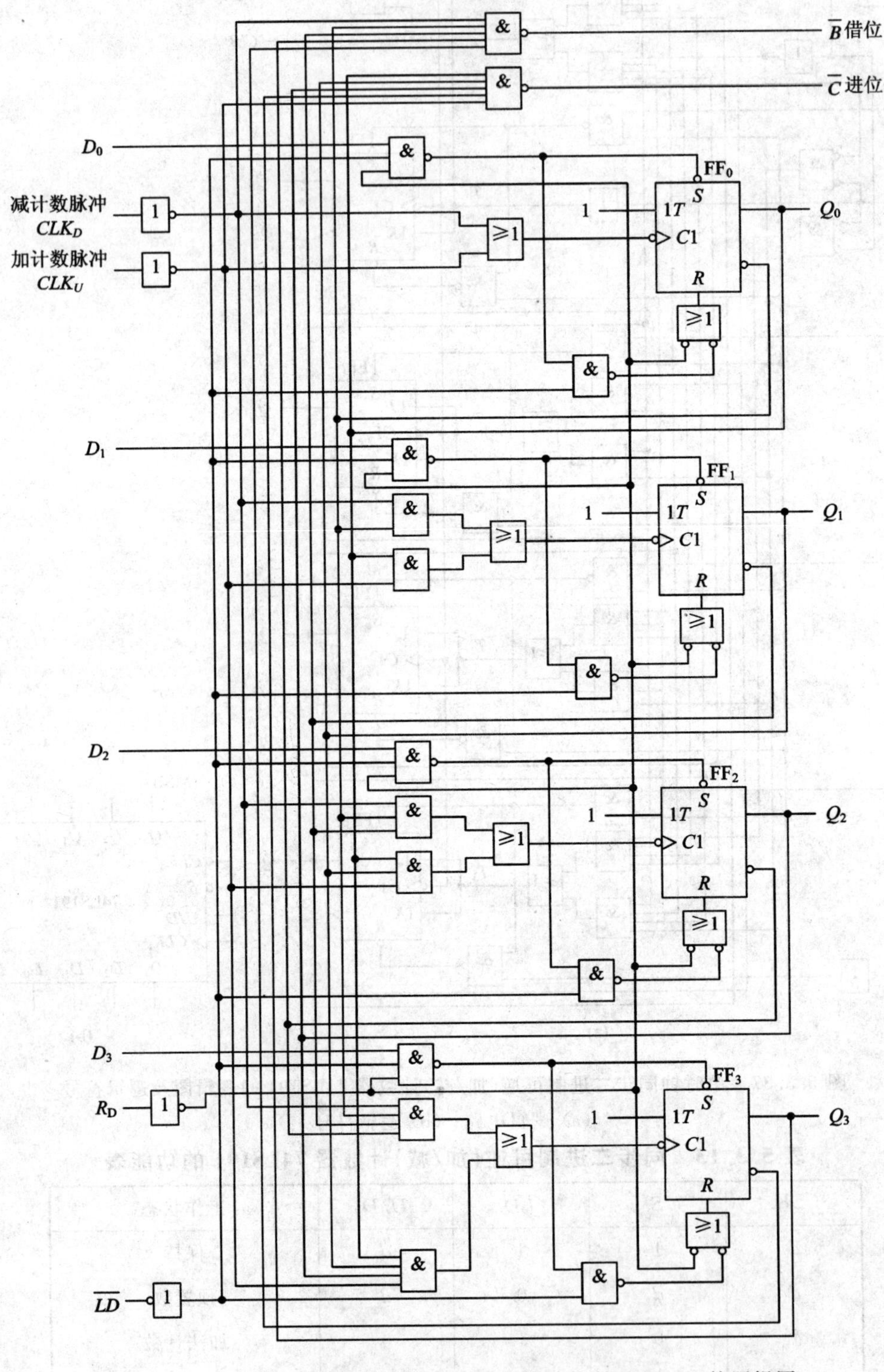

图 5.3.38 双时钟同步二进制可逆（加/减）计数器 74LS193 的逻辑图

图 5.3.38 中的 4 个触发器 $FF_0 \sim FF_3$ 均工作在计数状态，只要有时钟脉冲加到触发器上，它就翻转。当 $CLK_U=0$ 且 $CLK_D=1$ 时，计数器做加法计数，当 $CLK_U=1$ 且 $CLK_D=0$ 时，计数器做减法计数。(注意：加到 CLK_U 及 CLK_D 上的计数脉冲在时间上必须错开。)

此外，74LS193 也具有异步置零和异步预置数功能。当 $R_D=1$ 时，将使所有触发器异步清零，当 $\overline{LD}=0$ 且 $R_D=0$ 时，数据 $D_0 \sim D_3$ 通过各触发器的异步置位端将数据 $D_0 \sim D_3$ 分别异步置位于对应的触发器中，此时，电路处在预置数状态。

5) 同步十进制加法计数器 74LS160

图 5.3.39 给出了中规模集成同步十进制加法计数器 74LS160 的逻辑图。图 5.3.39 中的预置数端 $\overline{LD}$、清零端 $\overline{R}_D$、数据输入端 $D_0 \sim D_3$、EP 和 ET 等各输入端的功能和用法与中规模集成同步二进制加法计数器 74LS161 相同，不再赘述。74LS160 的功能表与 74LS161 的功能表(表 5.3.12)相同，所不同的仅在于 74LS160 是十进制加法计数器而 74LS161 是二进制加法计数器。

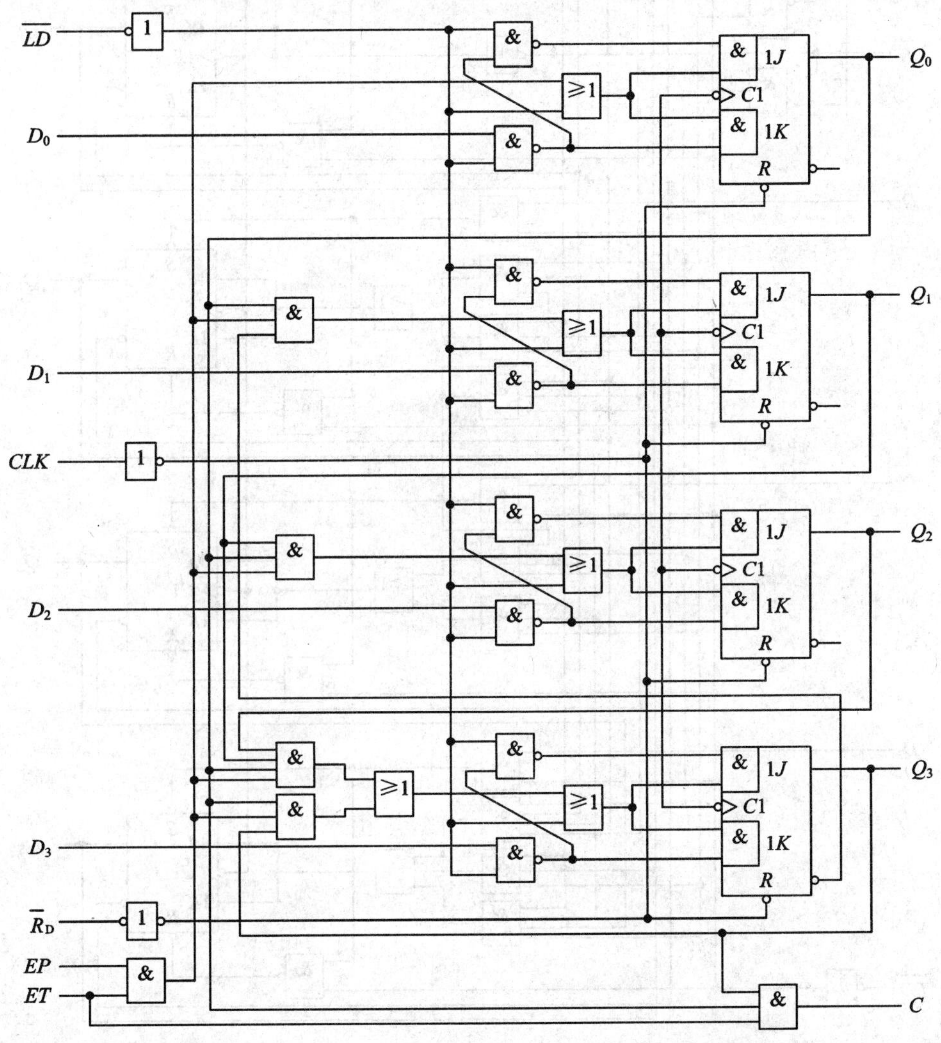

图 5.3.39　同步十进制加法计数器 74LS160 的逻辑图

6）同步十进制可逆（加/减）计数器 74LS190

图 5.3.40 给出了中规模集成同步十进制可逆（加/减）计数器 74LS190 的逻辑图。图 5.3.40 中的预置数端$\overline{LD}$、使能控制端$\overline{S}$、数据输入端$D_0 \sim D_3$、CLK_i和$\overline{U}/D$等各输入端的功能和用法与中规模集成同步二进制可逆（加/减）计数器 74LS191 相同，这里不再赘述。74LS190 的功能表与 74LS191 的功能表（表 5.3.13）相同，所不同的仅在于 74LS190 是十进制可逆计数器而 74LS191 是二进制可逆计数器。

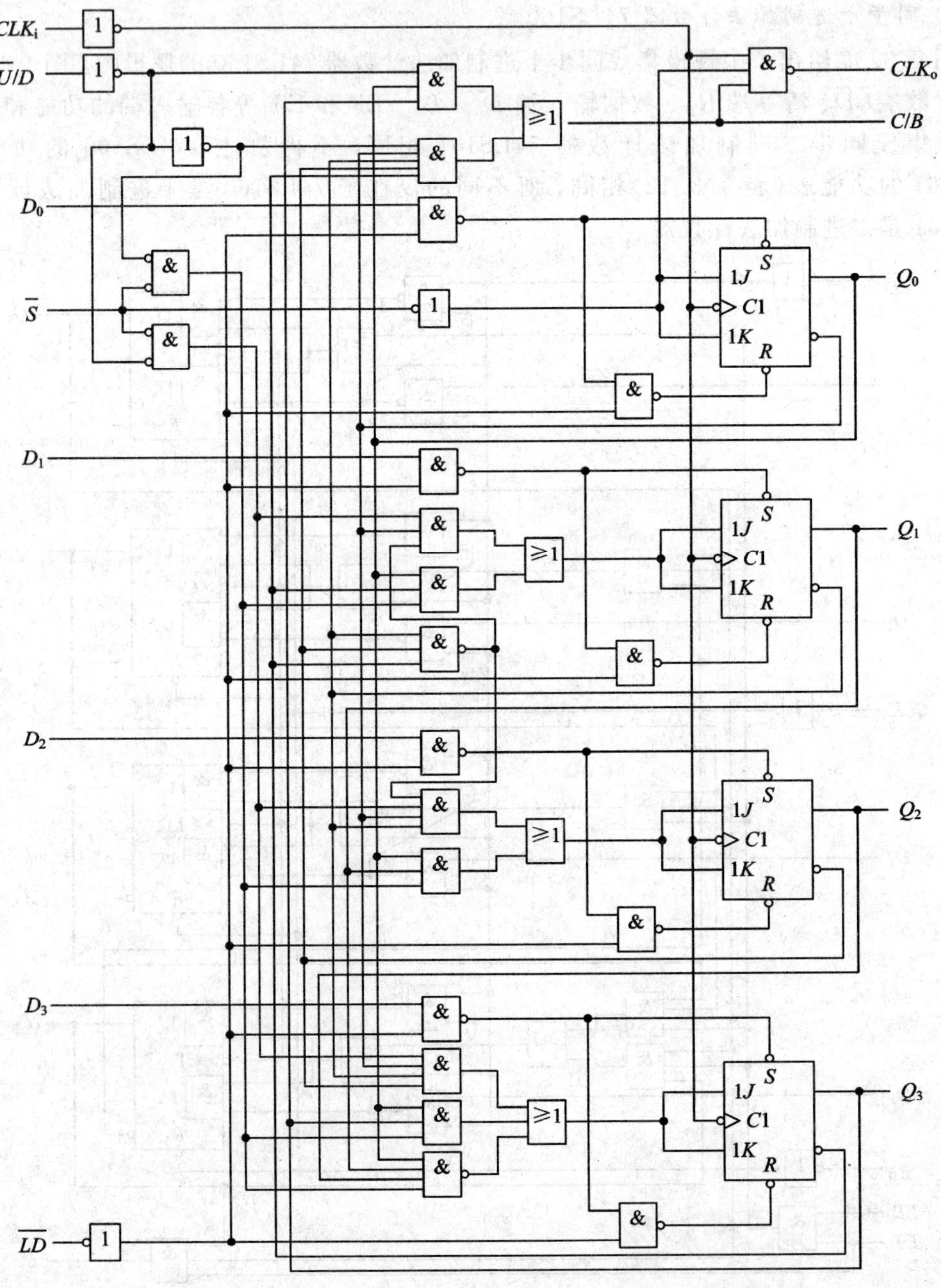

图 5.3.40　同步十进制可逆（加/减）计数器 74LS190

同步十进制可逆(加/减)计数器也有单时钟和双时钟两种结构形式，并各有定型的集成电路产品出售。属于单时钟类型的除 74LS190 以外还有 74LS168、CC4510 等，属于双时钟类型的有 74LS192、CC40192 等。

5. MSI 计数器的应用

1) 用 MSI 计数器构成任意进制计数器

MSI 计数器的应用很广，几乎所有的数字系统均要用到计数器，但是，在实际应用中，往往计数器的模 m 不等于 2^n，为了能用模为 2^n 的二进制计数器实现模 m 的计数器($2^{n-1}<m<2^n$)，则需要从 2^n 个状态中跳跃过 $K=2^n-m$ 个状态，使计数器以 m 为周期循环。而要实现这一跳跃，只能用已有的 MSI 计数器产品通过外电路的不同连接方式而得到。

实现跳跃的方法有置零法(或称复位法)和置数法(或称置位法)两种。置零法适用于有置零输入端的计数器。

对于有异步置零输入端的计数器，如果原有的计数器为 N 进制，当它从全 0 状态 S_0 开始计数并接收了 m 个计数脉冲以后，电路进入 S_m 状态。如果用 S_m 状态设计外电路，产生一个置零信号加到计数器的异步置零输入端，则计数器将立刻返回状态 S_0，这样就可以跳过 $N-m$ 个状态而得到模 m 计数器(或称为分频器)。图 5.3.41(a)为置零法原理示意图。

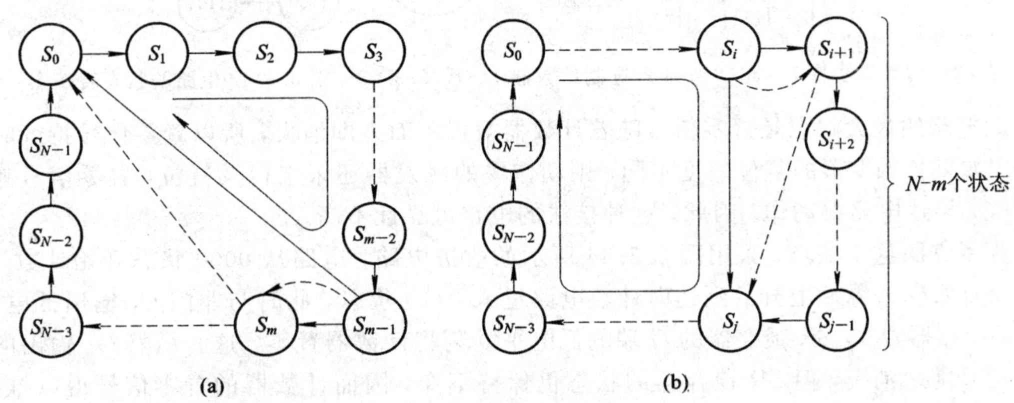

图 5.3.41　任意进制计数器的两种设计方法

(a) 置零法；(b) 置数法

这种利用异步置零输入端进行的设计，一旦电路进入 S_m 状态后电路将立即被置成 S_0 状态，所以 S_m 状态仅在极短的瞬时出现，故在稳定的状态循环中不应包括 S_m 状态。

对于有同步置零输入端的计数器(如同步十进制计数器 74LS162，同步十六进制计数器 74LS163)，由于电路的置零是要通过时钟信号才能实现的，即置零输入端变为有效电平后计数器并不会立刻被置零，必须等下一个时钟信号到达后，才能将计数器置零，因此应该用 S_{m-1} 状态设计外电路，产生一个同步置零信号。而且，S_{m-1} 状态包含在稳定状态的循环当中。

置数法与置零法不同，它是通过给计数器重复置入某个数值的方法跳跃 $N-m$ 个状态，从而获得模 m 计数器的，如图 5.3.41(b)所示。置数操作可以在电路的任何一个状态下进行。这种方法适用于有预置数功能的计数器电路。

对于有同步式预置数端的计数器(如 74LS160、74LS161)，当 $\overline{LD}=0$ 时，计数器并不会立刻被置数，必须等下一个时钟信号到来时，才将要置入的数据置入计数器。稳定的状态循环中包含有末状态。而对于异步式预置数的计数器(如 74LS190、74LS191)，只要 $\overline{LD}=0$ 信号一出现，电路立刻将数据置入计数器中，而不受时钟信号的控制，因此，稳定的状态循环中不包含电路的末态，如图 5.3.41(b)中虚线所示。

例 5.3.3 试用同步十进制计数器 74LS160 接成同步六进制计数器。

解 因为 74LS160 兼有异步置零和同步预置数功能，所以置零法和置数法均可采用。图 5.3.42 所示电路是采用异步置零法接成的六进制计数器。当计数器计数到 $Q_3Q_2Q_1Q_0=0110$ 状态时，门 G 输出低电平信号给 74LS161 中的 $\overline{R}_D$ 端，此低电平将计数器立刻置零，回到 0000 状态。电路的状态转换图如图 5.3.43 所示。

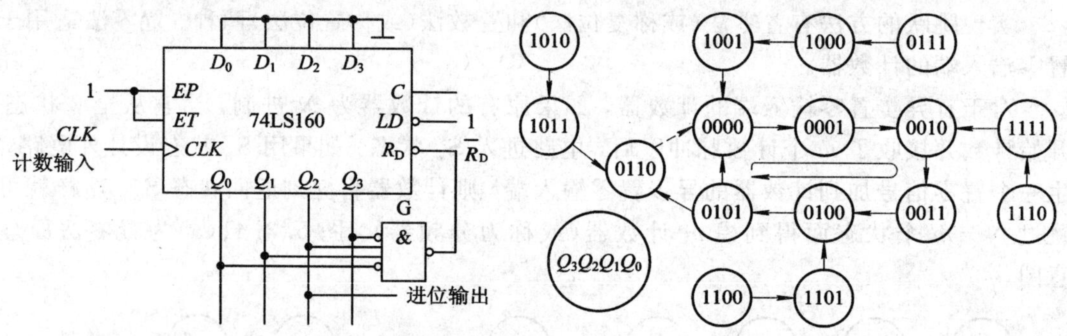

图 5.3.42 用置零法将 74LS160 接成六进制计数器　　图 5.3.43 图 5.3.42 电路的状态转换图

此电路的最大缺点是置零信号随着计数器被置零而立即消失，所以置零信号持续时间极短。如果各触发器的复位速度不同，则动作慢的触发器还未来得及复位，置零信号就已经消失，导致电路误动作。因此，这种接法的电路可靠性不高。

为了克服这个缺点，采用图 5.3.44 所示的改进电路。电路从 0000 状态开始计数，则第六个计数输入脉冲上升沿到达时计数电路进入 0110 状态，此时与非门 G_1 输出低电平，将 SR 锁存器置 1，SR 锁存器的 $\overline{Q}$ 端的低电平立刻将计数器置零。这时虽然 G_1 输出的低电平信号随之消失，但 SR 锁存器的状态仍保持不变，因而计数器的置零信号得以维持。直到计数脉冲回到低电平以后，SR 锁存器才被置零，$\overline{Q}$ 端的低电平信号才消失。可见，加到计数器 $\overline{R}_D$ 端的置零信号宽度与输入计数脉冲高电平持续时间相等。

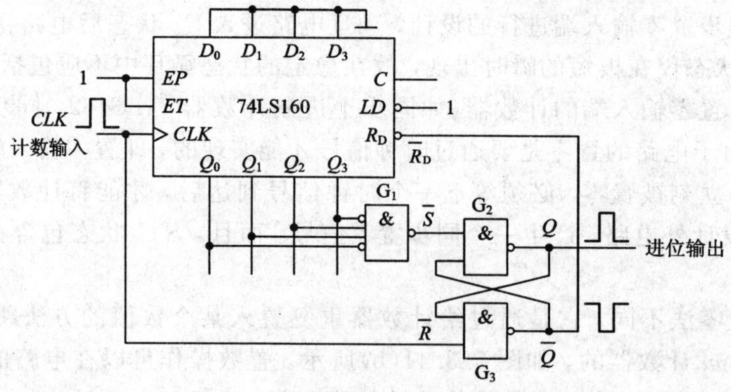

图 5.3.44 图 5.3.42 电路的改进

同时，进位输出脉冲也可以从 SR 锁存器的 Q 端引出。这个脉冲的宽度与计数脉冲高电平宽度相等。

采用置数法时可以从计数循环中的任何一个状态置入适当的数值而跳跃 K 个状态，得到 m 进制计数器。图 5.3.45 中给出了两个不同的方案，其中图 5.3.45(a)的接法是电路从 0000 开始计数，当第五个计数脉冲上升沿到达时计数电路进入 0101 状态，同时 G_1 输出低电平信号，使得 $\overline{LD}=0$，但此时电路并未被置为 0000，仍保持 0101 状态，直到第六个 CLK 信号到达时电路才被置入 0000 状态，从而跳过 0110～1001 这 4 个状态，得到六进制计数器，如图 5.3.46 中的实线所表示的那样。

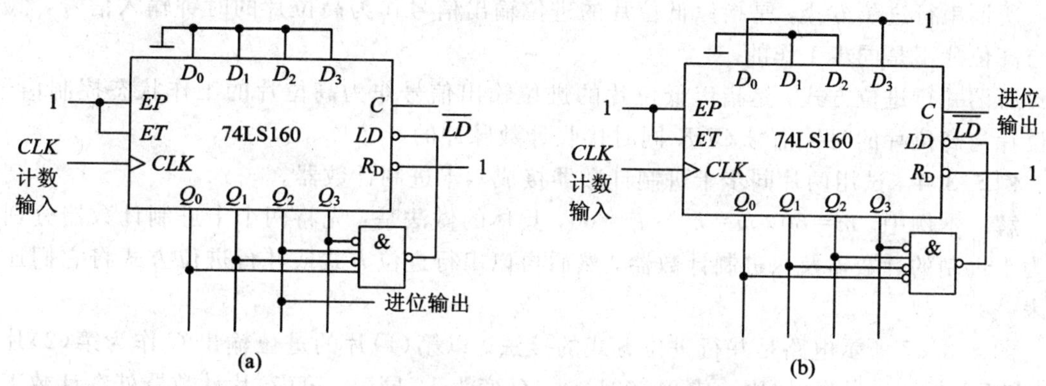

图 5.3.45　用置数法将 74LS160 接成六进制计数器

(a) 置入 0000；(b) 置入 1001

图 5.3.45(b)的接法是电路从 1001 开始计数，当第五个计数输入脉冲上升沿到达时计数电路进入 0100 状态，同时 G_1 输出低电平信号，使得 $\overline{LD}=0$，但此时电路并未被置为 1001，仍保持 0100 状态，直到第六个 CLK 信号到达时电路才被置入 1001 状态，从而跳过 0000～0011 这 4 个状态，得到六进制计数器，如图 5.3.46 中的虚线所表示的那样。由于循环状态中包含了 1001 状态，故该电路每经过一个计数循环都会在 C 端给出一个进位脉冲，而不需另设计进位输出。

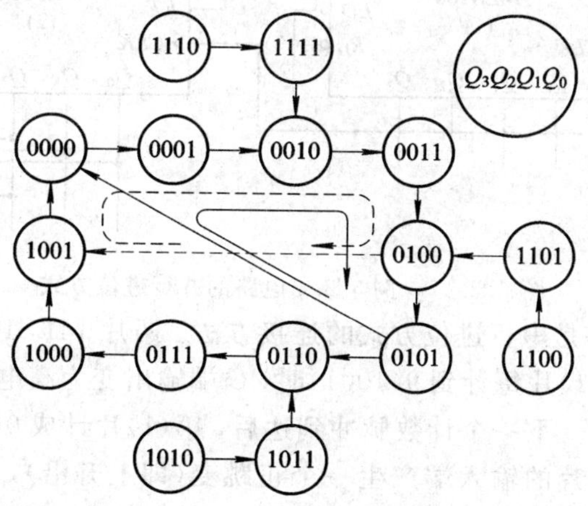

图 5.3.46　图 5.3.45 电路的状态转换图

2）MSI 计数器的级联

如果所要设计的计数器模值 m 大于一块 MSI 计数器所能提供的计数值 n 时（即 $m>n$），就必须用多片 MSI 计数器级联起来，才能构成任意进制计数器。

各片之间（或称为各级之间）的连接方式可分为串行进位方式、并行进位方式、整体置零方式和整体置数方式几种。下面仅以两级之间的连接为例说明这四种连接方式的原理。

（1）串行进位方式或并行进位方式的级联。如果 m 为大于 n 的非素数，且可以将 m 分解为两个小于 n 的因数相乘，即 $m=n_1\times n_2$，此时可采用串行进位方式或并行进位方式将一个 n_1 进制计数器和一个 n_2 进制计数器连接起来，构成一个 m 进制计数器。

所谓串行进位方式，是指以低位片的进位输出信号作为高位片的时钟输入信号，低位片与高位片不是同步工作的。

所谓并行进位方式，是指以低位片的进位输出信号作为高位片的工作状态控制信号，低位片与高位片的时钟信号 CLK 同时接收计数脉冲的。

例 5.3.4　试用两片同步十进制计数器接成六十进制计数器。

解　本例中，$m=60$，$m=n_1\times n_2=60$，具体的做法是：先将两个十进制计数器分别接成为十进制的计数器及六进制计数器，然后再以串行进位方式或并行进位方式将它们连接起来。

图 5.3.47 所示电路是并行进位方式的接法。以第(1)片的进位输出 C 作为第(2)片的 EP 和 ET 输入，当第(1)片计成 9(1001)时，C 变为 1，同时，第(2)片计数器处在计数工作状态，在下个 CLK 信号到达时，第(2)片计入 1，而第(1)片计成 0(0000)，同时它的 C 端回到低电平。由于第(1)片的 EP 和 ET 恒为 1，因此始终处于计数工作状态。在第 59 个计数脉冲到达时，第(1)片计到 9(1001)，它的 C 端输出从低电平变为高电平，此时，第(2)片计到 5(0101)且第(2)片计数器处在计数工作状态，所以当第 60 个计数脉冲到达时，第(1)片从 9(1001)跳回 0(0000)，第(2)片从 6(0110)到 0(0000)，电路完成六十进制计数。

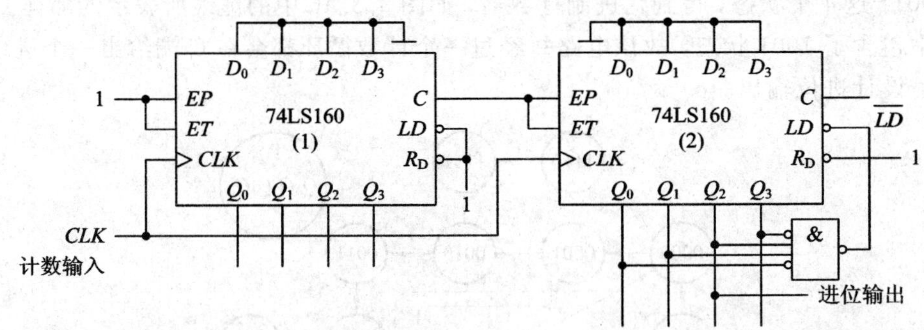

图 5.3.47　例 5.3.4 电路的并行进位方式

图 5.3.48 所示电路是串行进位方式的连接方法。两片 74LS160 的 EP 和 ET 恒为 1，都工作在计数状态。第(1)片每计到 9(1001)时，C 端输出变为高电平，经反相器后使第(2)片的 CLK 端变为低电平。下一个计数脉冲到达后，第(1)片计成 0(0000)状态，C 端跳回低电平，经反相后使第(2)片的输入端产生一个正跳变（即上升沿），于是第(2)片计入 1。可见，在这种接法下两片 74LS160 不是同步工作的。第 59 个计数脉冲到达时，第(1)片计到 9(1001)，且它的 C 端输出从低变为高电平，经反相器后使第(2)片的 CLK 端为低电平。直

到第 60 个计数脉冲到达后，第(1)片计成 0(0000)状态，C 端跳回低电平，经反相后使第(2)片的时钟脉冲输入端 CLK 产生一个正跳变(即上升沿)，于是第(2)片从 5(0101)状态跳回 0(0000)，电路完成六十进制计数。

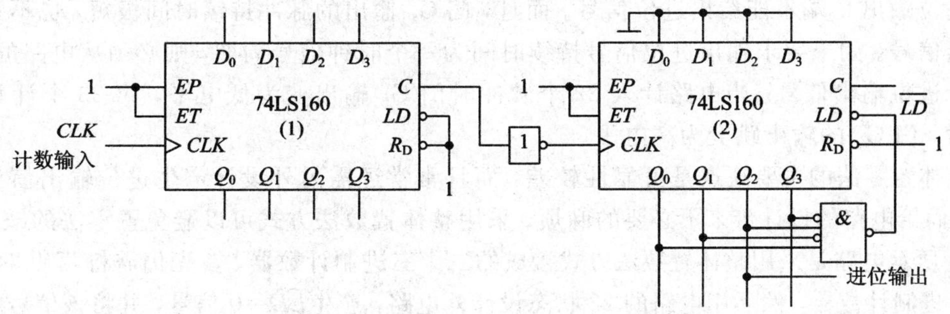

图 5.3.48　例 5.3.4 电路的串行进位方式

(2) 整体置零方式或整体置数方式的级联。当 m 为大于 n 的素数时，由于不能分解成两个小于 n 的因数相乘，故上面讲的并行进位方式和串行进位方式就行不通了，这时必须采取整体置零方式或整体置数方式构成。

所谓整体置零方式，是指首先将两片 n 进制计数器按最简单的方式(如用前面介绍的串行和并行方法)接成一个大于 m 进制的计数器(例如 n^2 进制)，然后根据 m 的值来设计能使 $\overline{R}_D=0$ 的外电路，再将两片 n 进制计数器同时置零，从而获得 m 进制计数器。

所谓整体置数方式，是指首先将两片 n 进制计数器按最简单的方式接成一个大于 m 进制的计数器(例如 n^2 进制)，然后根据 $m-1$ 的状态设计能使 $\overline{LD}=0$ 的外电路，再将两片 n 进制计数器同时置入适当的数据，跳过多余的状态，从而获得 m 进制计数器。这种接法要求已有的 n 进制计数器本身必须具有预置数功能。

例 5.3.5　试用两片同步十进制计数器 74LS160 接成二十三进制计数器。

解　因为 $m=23$ 是一个素数，所以必须用整体置零法或整体置数法构成二十三进制计数器。

图 5.3.49 给出了整体置零方式的接法。

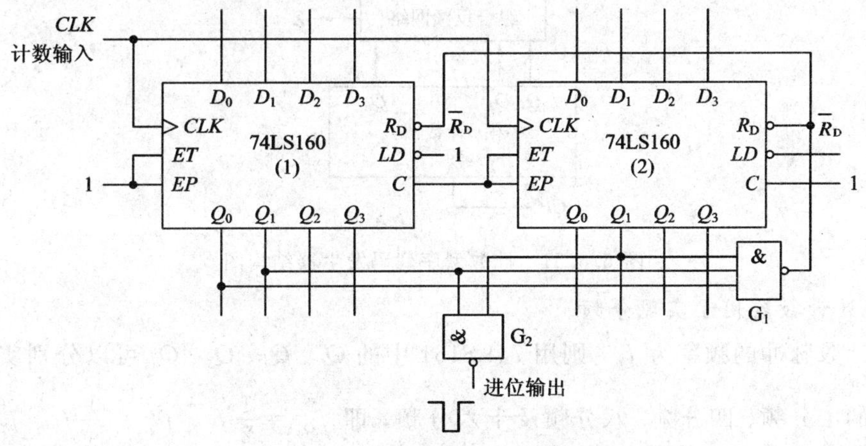

图 5.3.49　例 5.3.5 电路的整体置零方式

首先将两片 74LS160 以并行进位方式连成一个百进制计数器。当计数器从全 0 状态开始计数，计入 23 个脉冲时，经门 G_1 产生低电平信号，并将两片 74LS160 同时置零，于是便得到了二十三进制计数器。由于计数过程中第(2)片 74LS160 不会出现 1001 状态，因而它的进位输出 C 端不能给出进位信号。而且，门 G_1 输出的脉冲持续时间极短，也不宜作进位输出信号。如果要求输出进位信号持续时间为一个时钟信号周期，则必须从电路的 22 状态设计进位输出信号。当电路计入 22 个脉冲时门 G_2 输出变为低电平，第 23 个计数脉冲到达后，门 G_2 的输出跳变为高电平。

整体置零法的主要缺点是可靠性较差，而且常常还需另外设计产生进位输出信号的电路，从而给电路的设计带来不必要的麻烦。采用整体置数法方式可以避免置零法的缺点。图 5.3.50 所示电路是采用整体置数法方式接成的二十三进制计数器。首先仍需将两片 74LS160 接成百进制计数器，然后用电路的 22 状态设计外电路，产生$\overline{LD}=0$ 信号，并将该信号同时加到两片 74LS160 上，在第 23 个计数脉冲到达时，将 0000 同时置入两片 74LS160 中，从而实现二十三进制计数器的设计。进位信号可以直接由门 G 的输出端引出。

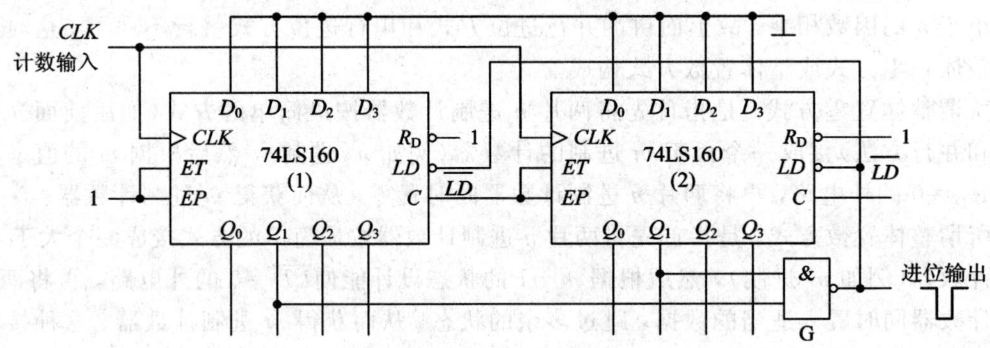

图 5.3.50 例 5.3.5 电路的整体置数方式

3) 计数型序列码发生器

计数型序列码发生器结构图如图 5.3.51 所示。它由模 m 计数器和组合反馈网络两部分组成，序列码从组合反馈网络输出。此部分内容将在 5.3.3 节中阐述。

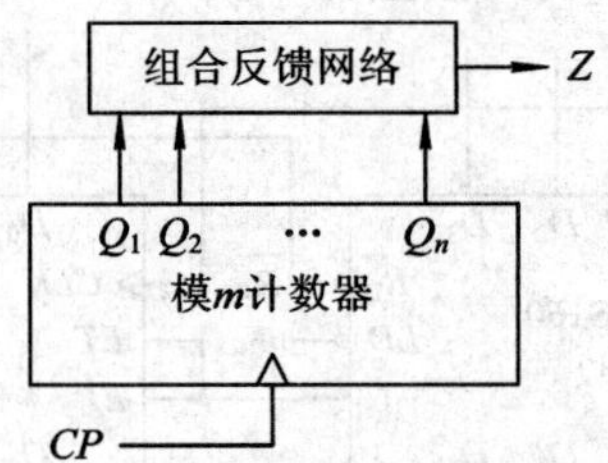

图 5.3.51 计数型序列码发生器结构图

4) MSI 计数器用于实现分频

如果计数脉冲的频率为 f_0，则用 74LS161 中的 Q_0、Q_1、Q_2、Q_3 可以分别实现对时钟脉冲信号的二分频、四分频、八分频及十六分频，即 $f_{Q_0}=\frac{1}{2}f_0$、$f_{Q_1}=\frac{1}{4}f_0$、$f_{Q_2}=\frac{1}{8}f_0$、$f_{Q_3}=\frac{1}{16}f_0$。

另外，前面已经介绍了扭环形计数器可以获得偶数计数器(或称为偶数分频器)，如要获得奇数分频器，则只需将相邻两个触发器的输出经过必要的门电路，产生正确的反馈函数来实现。例如，用与非门时其反馈函数的通式为 $F=\overline{Q_nQ_{n+1}}$。其规律如下：以右移为例，$F=\overline{Q_0Q_1}$得三分频电路；$F=\overline{Q_1Q_2}$得五分频电路；$F=\overline{Q_2Q_3}$得七分频电路。如要得九分频以上的电路，则可将多片 4 位 74LS194 级联之后，再设计反馈函数。图 5.3.52 分别给出了三分频、五分频、十三分频的电路。

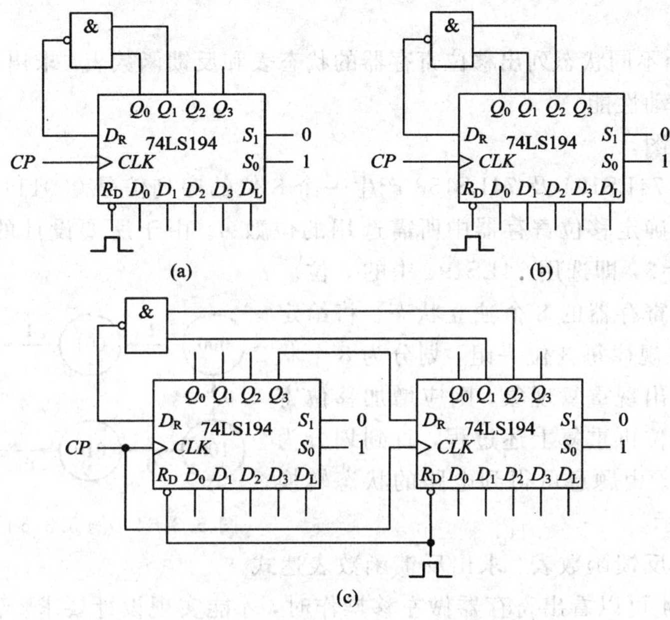

图 5.3.52　三种奇数分频电路

(a) 三分频；(b) 五分频；(c) 十三分频

*5.3.3　序列信号发生器

序列信号发生器是能够循环产生一组或多组序列信号的时序电路，它可以由移位寄存器或计数器构成。常见的结构形式有反馈移位型、计数型两种。

1. 反馈移位型序列信号发生器

1) 反馈移位型序列信号发生器的结构

图 5.3.53 给出了反馈移位型序列信号发生器的框图，它是由移位寄存器和组合反馈网络组成的，所需要的周期性的序列码可以从移位寄存器的某一输出端得到。

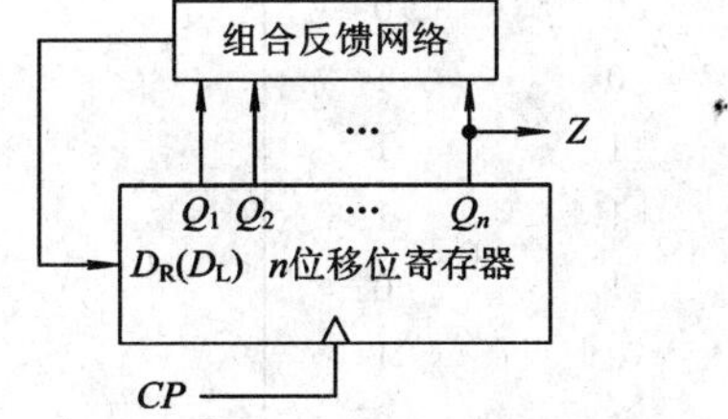

图 5.3.53　反馈移位型序列信号发生器的框图

2）反馈移位型序列信号发生器的设计

反馈移位型序列信号发生器的设计步骤如下：

(1) 根据给定的序列信号的循环长度 M，确定移位寄存器的移位数 n，$2^{n-1}\leqslant M\leqslant 2^n$。

(2) 确定移位寄存器的 M 个独立状态。

将给定的序列码按照移位规律每 n 位一组，划分为 M 个状态。若 M 个状态中出现重复现象，则应增加移位寄存器的位数。用 $n+1$ 位再重复上述过程，直到划分为 M 个独立状态为止。

(3) 根据 M 个不同状态列出移位寄存器的状态表和反馈函数表，求出反馈函数表达式。

(4) 检查自启动性能。

(5) 画出逻辑图。

例 5.3.6 用 74LS194 及 74LS153 产生一个 8 位的序列信号 00011101 发生器。

解 第一步：确定移位寄存器中所需选用的位数 n。由于所要设计的序列信号的循环长度 $M=8$，故 $n=3$，即选用 74LS194 中的 3 位。

第二步：确定寄存器的 8 个独立状态。将给定的序列码按照移位规律每 3 位一组，划分为 8 个状态。若 8 个状态中出现重复现象，则应增加移位寄存器的位数。用 4 位再重复上述过程，直到划分为 8 个独立状态为止。由题意可得到电路的状态转换图如图 5.3.54 所示。

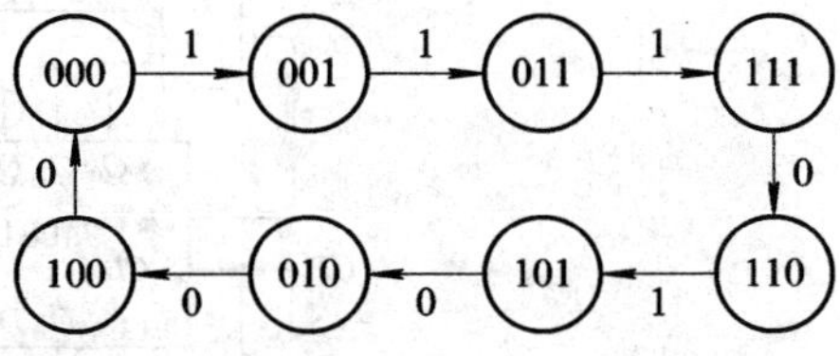

图 5.3.54 例 5.3.6 的状态分配转换图

第三步：作出反馈函数表，求出反馈函数表达式。

根据图 5.3.54 可以看出寄存器做左移操作时，才能实现设计要求。于是可以得出电路的反馈函数表如表 5.3.14 所示，得到的反馈函数表达式为

$$F(S_L)=\overline{Q}_0\overline{Q}_1\overline{Q}_2+\overline{Q}_0\overline{Q}_1Q_2+\overline{Q}_0Q_1Q_2+Q_0Q_1\overline{Q}_2 \tag{5.3.28}$$

若用 Q_1、Q_2 作地址且分别与 74LS153 的地址输入端 B、A 相连，则可得到数据端的输入分别为

$$\begin{cases}D_0=D_1=D_3=\overline{Q}_0\\D_2=Q_0\end{cases} \tag{5.3.29}$$

若使 74LS194 移位寄存器进行左移操作，则 74LS194 中的控制端必须设计为 $S_1=1$，$S_0=0$。

表 5.3.14 例 5.3.6 的反馈函数表

Q_0	Q_1	Q_2	$F(S_L)$
0	0	0	1
0	0	1	1
0	1	1	1
1	1	1	0
1	1	0	1
1	0	1	0
0	1	0	0
1	0	0	0

图 5.3.55 给出了由 74LS194 及 74LS153 产生一个 8 位的序列信号 00011101 发生器的电路图。该电路由移位寄存器 74LS194 和组合输出网络 74LS153 两部分组成，它属于移位寄存器型序列信号发生器。当时钟信号 CLK 连续不断地加到移位寄存器 74LS194 上时，$Q_2Q_1Q_0$ 的状态便按照表 5.3.15 中所示的顺序不断循环，于是输出端 Y 便得到不断循环的序列信号 00011101。

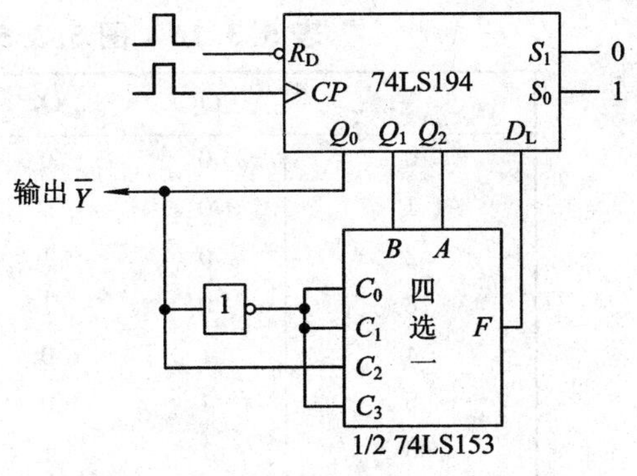

图 5.3.55　00011101 序列信号发生器

表 5.3.15　图 5.3.55 电路的状态转换表

Q_1	Q_2	Q_3	$F(S_L)$	$\overline{Y}$
0	0	0	1	0
0	0	1	1	0
0	1	1	1	0
1	1	1	0	1
1	1	0	1	1
1	0	1	0	1
0	1	0	0	0
1	0	0	0	1

2. 计数型序列信号发生器

计数型序列信号发生器的框图如图 5.3.51 所示。

例 5.3.7　用 74LS151 及 74LS161 产生一个 8 位的序列信号 00010111 发生器。

解　图 5.3.56 给出了由 74LS151 及 74LS161 产生一个 8 位的序列信号 00010111 发生器的电路图。该电路由计数器和组合反馈网络两部分组成，它属于计数型序列信号发生器。当时钟信号 CLK 连续不断地加到计数器上时，$Q_2Q_1Q_0$ 的状态便按照表 5.3.16 中所示的顺序不断循环，于是输出端 $\overline{Y}$ 便得到不断循环的序列信号 00010111。

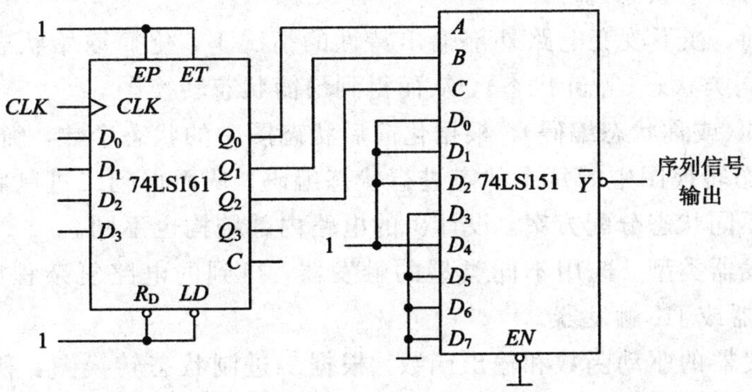

图 5.3.56　用计数器和数据选择器组成的序列信号发生器

表 5.3.16 图 5.3.56 电路的状态转换表

	Q_2	Q_1	Q_0	$\bar{Y}$
0	0	0	0	$\bar{D}_0(0)$
1	0	0	1	$\bar{D}_1(0)$
2	0	1	0	$\bar{D}_2(0)$
3	0	1	1	$\bar{D}_3(1)$
4	1	0	0	$\bar{D}_4(0)$
5	1	0	1	$\bar{D}_5(1)$
6	1	1	0	$\bar{D}_6(1)$
7	1	1	1	$\bar{D}_7(1)$
8	0	0	0	$\bar{D}_8(0)$

5.4 同步时序电路的设计

时序逻辑电路的设计是按实际的逻辑功能要求设计逻辑电路的过程。它与时序逻辑电路的分析过程正好相反。

时序逻辑电路的设计包括同步时序逻辑电路和异步时序逻辑电路的设计两部分，但由于两大电路的设计步骤基本相同，故在此只介绍同步时序逻辑电路的设计方法。至于异步时序电路的设计步骤请参看清华大学闫石主编的《数字电子技术》第 6.4.3 节或鲍家元主编的《数字逻辑》中的第 6 章中的相关内容。

同步时序逻辑电路的设计是一个比较复杂的问题，尽管，目前有关同步时序逻辑电路的设计问题在许多方面已有较为完善的方法可以遵循。但在设计过程中的某些环节(如状态化简、状态分配)还没有完全成熟的方法。本章尽可能详细地介绍同步时序逻辑电路设计的主要步骤和方法，并通过一些例子作进一步说明。

同步时序逻辑电路的主要设计步骤如下：

(1) 原始状态图的建立。根据文字描述的功能要求，构造出电路的大致框图(确定输入端、输出端的个数及内部状态。值得注意的是，同步时序逻辑电路的时钟脉冲一般是不作为输入变量考虑的)，建立同步时序逻辑电路的原始状态图(状态图中的状态采用字母符号表示，并允许包含多余状态)。

(2) 状态化简。在不改变电路外部输出特性的情况下，化简原始状态转换图，即合并原始状态图中的同类状态(等价状态)，从而得到最简状态转换图。

(3) 状态分配(或称状态编码)。根据化简后状态图中的状态个数，确定触发器的个数，同时给最简的状态转换图中的每个状态进行状态编码，从而得到二进制状态转换图。值得注意的是，对于不同状态分配方案，设计出的电路内部结构也不同。

(4) 选择触发器类型。选用不同类型的触发器，得到的电路复杂程度及性能也不同。通常选择 D 触发器或 JK 触发器。

(5) 确定触发器的驱动函数和输出函数。根据二进制状态转换图，利用卡诺图或常用公式对各触发器的次态卡诺图或次态函数进行化简，从而得到各触发器的简化后的次态方程，最后利用被选用的触发器的特性方程得出各触发器的驱动函数和输出函数。

(6) 画出逻辑图。根据第(5)步得到的各触发器的驱动函数和输出函数连接线路。需要强调的是，在所设计的电路中，所有的触发器的时钟输入均由同一个时钟脉冲所驱动。

(7) 分析电路是否有"挂起"。若所设计的电路存在无关状态(即状态未被全部利用)，就有可能产生"挂起"现象。因此，必须对设计方案加以讨论，如有"挂起"现象，必须加以解决。

(8) 解除"挂起"。若所设计的电路存在"挂起"，则必须加以消除。关于如何消除"挂起"的问题请参看例 5.2.3。

上述各步骤是同步时序逻辑电路的一般设计步骤。对于一些典型的或选用 MSI 芯片的电路设计，由于 MSI 芯片的状态数、状态编码和触发器类型已给定，设计步骤将会大为化简。

5.4.1　原始状态转换图或状态转换表的建立

原始状态转换图的建立是同步时序逻辑电路设计过程中最重要的一步，此步需要解决的问题有：

(1) 确定所描述的电路应包括多少个状态。

(2) 确定状态之间的转换关系。

(3) 确定输出情况。

上述三个问题是互相联系的，至今尚没有一种系统算法可以解决，往往要用试凑法逐步逼近设计的要求，确保逻辑功能的正确性，而不必过于注意是否有多余的状态。

常用的方法有直接构图(表)法、信号序列法、正则表达式法及 SM(Sequential Machine，时序机流程)图法，其中后两种方法有较强的规律可循，但仍需设计者的经验和技巧。下面介绍比较简洁又比较实用的直接构图(表)法。

直接构图法的基本步骤如下：

(1) 根据文字描述的设计要求，先假设一个初态。

(2) 从初态出发，每加入一个输入就确定其一个次态，该次态可能是现态本身或另一个已有的状态或是一个新的次态。

(3) 不断重复第(2)过程，直至每一个现态向次态的转换都已被确定且不再能产生新的状态。

值得注意的是，原始状态表中的状态名通常为字符，可由设计者任意选取。为了便于检查，在建立原始状态图的过程中，应使各个状态名能直接反映该状态所代表的含义。

例 5.4.1　设计一个"1101"序列检测器，当输入 x 连续出现"1101"(或在出现"1101"保持为 1)时，输出 $Z=1$；否则，输出 $Z=0$。

解　设初态 S_0 为未收到"1101"序列中的任意一个元素，并且分别用状态名 S_0、S_1、S_2、S_3 依次表示已收到 1101 序列中的第 1～4 个元素。图 5.4.1 给出了满足设计要求的初始状态转换图的形成过程。设计思路如下：

(1) 从初态 S_0 出发，当输入 $x=0$ 时，由于所期望的第 1 个元素仍未到来，因此电路应该停留在初态 S_0 处，此时输出 $Z=0$；当输入 $x=1$ 时，由于第 1 个元素已到来，因此电路应该进入到一个新的状态 S_1。但由于输入的序列仍未达到设计的要求，故 $Z=0$。

(2) 从状态 S_1 出发，若输入 $x=0$，则由于不是预期的第 2 个元素，因此电路应返回到

初态 S_0，输出 $Z=0$；若输入 $x=1$，由于预期的第 2 个元素已到来，此时电路就应该进入到另一个新的状态 S_2，但由于输入的序列仍未达到设计的要求，故 $Z=0$。

(3) 从状态 S_2 出发，若输入 $x=0$，所期望的第 3 个元素已到来，此时电路就应该进入到下一个新的状态 S_3，但由于输入的序列仍未达到设计的要求，故 $Z=0$；若输入 $x=1$，由于不是所期望的第 3 个元素，而且上一次输入的也是 1，因此可认为已收到的仍是被测序列的第 2 个元素，电路就将继续停留在 S_2，此时输出 $Z=0$。

(4) 从状态 S_3 出发，当输入 $x=0$ 时，由于不是所期待的第 4 个元素，也不能认为是已收到的第 3 个元素，因此电路应返回到初态 S_0；当输入 $x=1$ 时，由于所期望的第 4 个元素已到来，此时电路就应该进入到下一个新的状态 S_4，并且此时输出 $Z=1$。

(5) 从状态 S_4 出发，由于输入"1101"序列已检测完毕，输出 $Z=1$。若输入 $X=0$，则返回初始状态；若输入 $x=1$，则应继续停在状态 S_4，以便保持输出 $Z=1$。

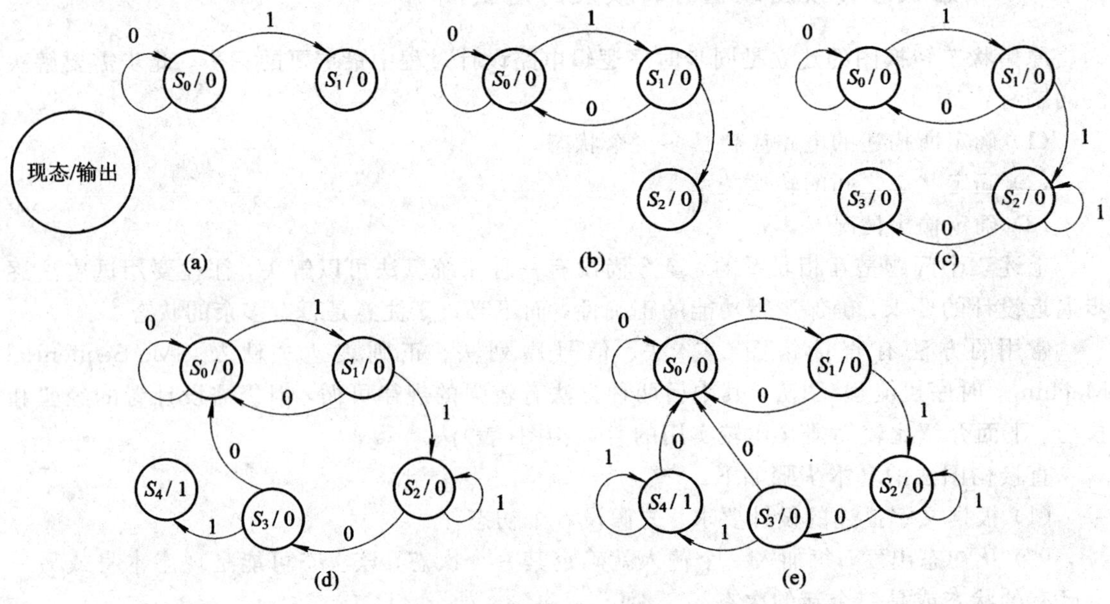

图 5.4.1 例 5.4.1 初始状态转换图的形成过程

按照图 5.4.1(e)所示的原始状态图，可以列出该题的原始状态表如表 5.4.1 所示。表中 S 表示电路的现态，S^* 表示电路的次态。

表 5.4.1 例题 5.4.1 的状态转换表

S^*/Z (x \ S)	S_0	S_1	S_2	S_3	S_4
0	$S_0/0$	$S_0/0$	$S_3/0$	$S_0/0$	$S_0/0$
1	$S_1/0$	$S_2/0$	$S_2/0$	$S_4/1$	$S_4/1$

5.4.2 状态化简

所谓状态化简，是指要求在不改变电路的外部特性的情况下，利用状态化简技术，将原始状态转换图中的多余状态消去，求得最小化的状态转换图的过程。

所谓最小化状态表，是指一个包含状态数目最少的状态表。它与原始状态表相比，虽然电路的内部结构不同，但却具有相同的外部性能，即对于所有输入序列，它们都具有相同的输出序列。

由于在设计原始状态转换图时，其主要任务是使原始状态转换图能正确地反映电路的设计要求，因此原始状态转换图中可能会包含多余的状态，即状态数不是最少的。如果不进行状态的化简，那么所设计的电路就不是最简的，这将带来不必要的浪费。

在实际应用中，根据问题的要求所得到的原始状态表中常常包含不确定的(或任意的)次态或输出，即含有无关项(d)。这种原始状态表中包含无关项的电路，称之为不完全给定时序电路。而对于那些原始状态表中的所有次态和输出都能完全确定的电路称之为完全给定时序电路。

1. 完全给定的时序电路状态化简的方法

1) 等效的概念

(1) 状态等效。设 S_1 和 S_2 是某两个完全给定的时序电路 M_1 和 M_2(M_1 和 M_2 也可以是同一电路)的两个状态，若它们作为初态且同时加入任意输入序列，所产生的输出序列完全一致，则状态 S_1 和 S_2 是等效(或等价)的，称 S_1 和 S_2 就为一个等效对，记为(S_1，S_2)。等效状态可以合并为一个状态。

(2) 等效的传递性。如果状态 S_1 和 S_2 等效，状态 S_2 和 S_3 等效，则状态 S_1 和 S_3 等价，记为(S_1，S_2)、(S_2，S_3)、(S_1，S_3)。

(3) 等效类。所谓等效类，是指能够相互构成等效对的所有等效状态的集合。例如设(S_1，S_2，S_3)为一个等效类，则有(S_1，S_2)、(S_2，S_3)、(S_1，S_3)，反过来由等效的传递性可知，若有(S_1，S_2)、(S_2，S_3)、(S_1，S_3)，则有(S_1，S_2，S_3)。

(4) 最大等效类。在一个原始状态转换图中，不能被其他等效类所包含的等效类称为一个最大等效类。

2) 判别两个状态是否等效的标准

判别原始状态表中两个状态是否等效的标准是：如果两个状态对所有的相同输入均能同时满足以下两个条件，那么它们是两个等效状态(等价状态)。

条件一：它们的输出完全相同。

条件二：它们的次态满足下列情况之一：① 次态相同；② 次态交错；③ 次态维持；④ 后继状态等效；⑤ 次态循环。图 5.4.2 给出了上述几种状态等效的原理图。

在图 5.4.2(a)中，由于状态 S_1 和 S_2 在所有的相同输入时其输出相同，故满足条件一；又因为状态 S_1 和 S_2 在所有的相同输入时其次态也相同，故状态 S_1 和 S_2 又满足条件二，则状态 S_1 和 S_2 等效(等价)。

在图 5.4.2(b)中，状态 S_1 和 S_2 在输入值为 0 时，它们产生的输出都为 0，且次态互为交错，当输入值变为 1 时，它们产生的输出都为 1，且它们都将进入同一次态 S_3，因此状态 S_1 和 S_2 等效(等价)。

在图 5.4.2(c)中的情况类似于图 5.4.2(b)。它是次态交错的另一种情况，叫次态维持。

在图 5.4.2(d)中，由于状态 S_3 和 S_4 等效，故可将它们合并为一个状态，从而导致状态 S_1 和 S_2 当输入为 1 时，它们的次态相同，因此状态 S_1 和 S_2 等效。

在图 5.4.3(e)中，如果将状态 S_1 和 S_2、S_3 和 S_4 以及 S_4 和 S_5 分别看成状态对，可以发现：① 在各状态对中，每个状态均满足在任意相同输入时其输出相同，即满足条件一。② 状态对 S_1 和 S_2 是否等效取决于状态对 S_3 和 S_4 是否等效；而状态对 S_3 和 S_4 是否等效又取决于状态对 S_4 和 S_5 是否等效；状态对 S_4 和 S_5 是否等效取决于状态对 S_1 和 S_2 是否等效，即次态循环，其他次态都相同或交错。故状态对为等效对。

在图 5.4.2(f)中表达了各状态对是否为等效对的次态循环的等效依赖关系。

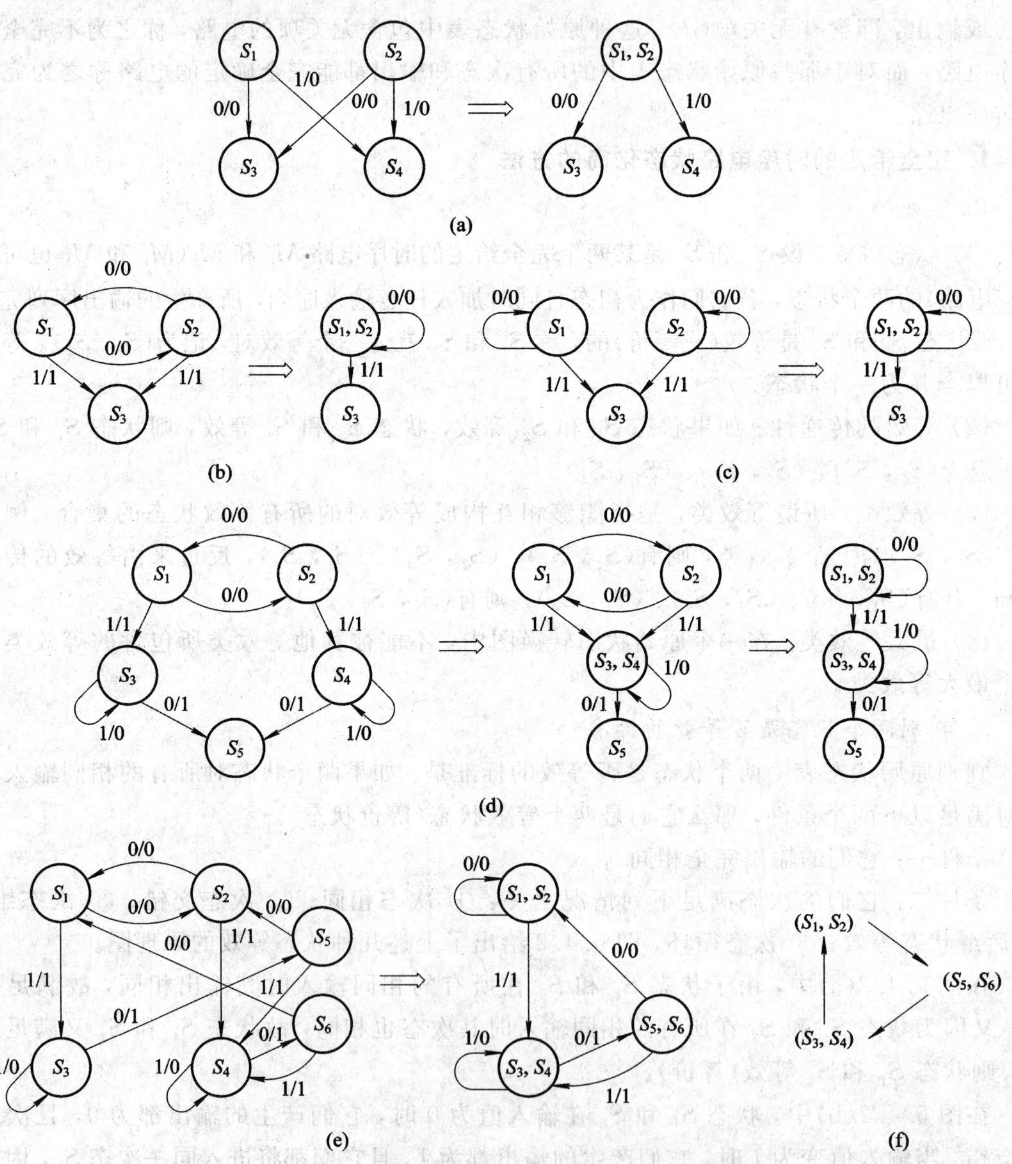

图 5.4.2 几种状态等效(等价)的原理说明图

(a) 次态相同；(b) 次态交错；(c) 次态维持；(d) 后继状态等效；

(e) 次态循环；(f)(e) 图的等效依赖关系

3）利用隐含表进行状态化简

状态化简需要找出原始状态表中所有的最大等效类，这就需要确定表中全部等效状态对。如果原始状态表较复杂，直接寻找等效对就不那么简单、直观。通常是利用隐含表来确定，这是一种系统的比较方法。

隐含表是用来标注原始状态表中所有的状态之间，按照等效的条件进行两两比较的一种表格，即直角梯形表，两直角边网格数相同，它等于原始状态表中状态数减 1。其坐标标注的特点为“缺头少尾”，即按照状态顺序，纵坐标从上到下标注且“缺头”(缺第一个状态)，横坐标从左至右标注且“少尾”(缺末位状态)，则纵横坐标交汇的一个格子决定了一对状态。

利用隐含表进行状态化简的步骤如下：

(1) 画出原始状态表的隐含表。

(2) 顺序比较。

(3) 关联比较。

(4) 列出最大等效类。

(5) 最小化状态表。

例 5.4.2　化简图 5.4.3(a)所示的原始状态转换表。

解　第一步：画出原始状态表的隐含表。由于图 5.4.3(a)所示的原始状态表中状态数为 8，因而隐含表两直角边网格数应该为 7。隐含表网格纵向坐标从上到下标注且“缺头”(缺第一个状态)，隐含表网格横坐标从左至右标注且“少尾”(缺末位状态)，如图 5.4.3(b)所示。

第二步：顺序比较。将隐含表纵横坐标所对应的两状态按原始状态表所表达的关系进行比较，比较的结果填入相应的格子内，不能遗漏。比较的结果有三种可能：第一，输出不同，即不等效，则在相应格内打“×”；第二，输出相同，次态全部为相同或交错，即等效，在相应格内打“√”；第三，输出相同，次态不完全为相同或交错，而需要进一步确定其后继状态的等效关系。在相应小方格内填入次态不相同或交错的状态对名，见图 5.4.3(b)。

第三步：关联比较。在填满隐含表后，检查隐含表中填入需要进一步确定的状态对是否等效。在检查过程中有时需进行多次追寻，多次反复，直到明确待查的状态对等效或不等效为止。例如，状态 B 和 C 对应的方格内为 AF，BC 是否等效取决于 AF 是否等效。从隐含表上可看到 AF 是等效对，所以 BC 也是等效的。此时在 B 和 C 对应的方格内所填的 AF 不作更改，表明 BC 是等效的。

又例如，A 和 D 对应的方格内为 AF 和 BD，AD 是否等效取决于 AF 和 BD 是否等效，AF 是等效的，但 BD 不等效，因此 AD 也不等效。此时在 A 和 D 对应的方格中用“/”或“□”表示其不等效的结果，按上述的关联比较方法，将隐含表中未确定是否等效的状态逐对确定下来并标示在隐含表中，如图 5.4.3(c)所示。

第四步：列出最大等效类。在关联比较后，可以确定全部等效对，根据等效的性质构成等效类和最大等效类。本例中由隐含表可列出以下等效对：(A, F)、(B, C)、(B, H)、(C, H)，它们共属两个等价类：(A, F)和(B, C, H)。因此，本例原始状态表中所有的最大等效类是：

$$(A, F), (B, C, H), (D), (E), (G)$$

其中，状态 D、E、G 没有与之等效的状态。因此，它们各自单独构成一个最大等效类。

S \ xy	00	01	10	11
A	D/0	D/0	F/0	A/0
B	C/1	D/0	E/1	F/0
C	C/1	D/0	E/1	A/0
D	D/0	B/0	A/0	F/0
E	C/1	F/0	E/1	A/0
F	D/0	D/0	A/0	F/0
G	G/0	G/0	A/0	A/0
H	B/1	D/0	E/1	A/0

S^*/Z

(a)

B	×						
C	×	AF					
D	AF BD	×	×				
E	×	AF DF	DF	×			
F	√	×	×	BD	×		
G	AF DG	×	×	AF BG	×	AF DG	
H	×	AF BC	BC	×	BC DF	×	×
	A	B	C	D	E	F	G

(b)

B	×						
C	×	AF					
D	AF BD	×	×				
E	×	AF DF	DF	×			
F	√	×	×	BD	×		
G	AF DG	×	×	AF BG	×	AF DG	
H	×	AF BC	BC	×	BC DF	×	×
	A	B	C	D	E	F	G

(c)

S \ xy	00	01	10	11
A_1	$C_1/0$	$C_1/0$	$A_1/0$	$A_1/0$
B_1	$B_1/1$	$C_1/0$	$D_1/1$	$A_1/0$
C_1	$C_1/0$	$B_1/0$	$A_1/0$	$A_1/0$
D_1	$B_1/1$	$A_1/0$	$D_1/1$	$A_1/0$
E_1	$E_1/0$	$E_1/0$	$A_1/0$	$A_1/0$

(d)

图 5.4.3　例 5.4.2 完全给定的时序电路状态简化过程

(a) 原始状态表；(b) 顺序比较后的隐含表；(c) 关联比较后的隐含表；(d) 最小化后的状态表

第五步：最小化状态表。将所有的最大等效类重新命名，即可得到最小化状态表。设最大等效类的命名方式为

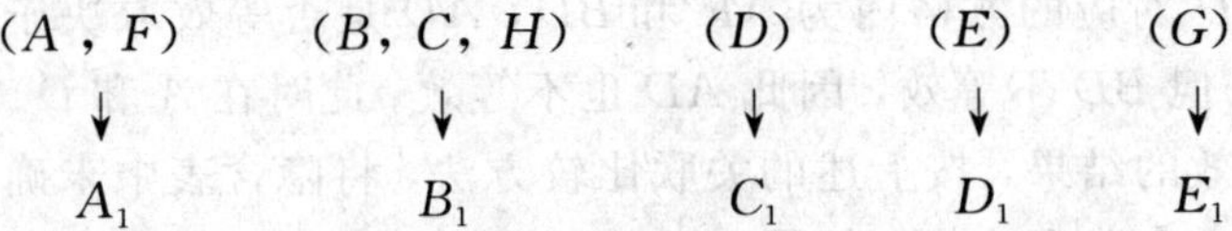

得到的最小化状态表如图 5.4.3(d)所示。

2. 不完全给定同步时序电路状态表的化简方法

1) 相容的概念

相容是针对无关项而言的，它是一个广义的等效概念。下面给出相容的几个重要概念。

(1) 状态相容。设 S_1 和 S_2 是不完全给定的时序电路 M_1 和 M_2(M_1 和 M_2 可以是同一

电路)的两个状态，如果分别以状态 S_1 和 S_2 作为初态，同时加入相同的输入序列(加入该序列后除最后一个次态外，其他次态都是确定的)，所产生的输出序列一致(指定不确定的输出与确定的输出相同)，则状态 S_1 和 S_2 是相容的，称 S_1 和 S_2 是相容对，记为(S_1，S_2)。

相容反映在状态表上为：两个状态的确定部分相同，两个状态中的无关项按照确定的部分取相同的值，则这两个状态就变为等效状态。因此，相容状态有可能变为等效，从而导致合并。在表5.4.2中，若将图中 d 视为0，则 A 和 B 相容；若将图中的 d 视为1，则 A 和 C 也相容，即(A，B)、(A，C)可以认为也是相容对。

(2) 状态相容无传递性。若状态 S_1 和 S_2 相容及 S_1 和 S_3 相容，但不能认为状态 S_2 和 S_3 也相容。如表5.4.2所示，(A，B)、(A，C)是相容对，但(B，C)不是相容对。

(3) 相容类。两两相容的状态的集合称为相容类。由于相容无传递性，如果要求(S_1，S_2，S_3)是相容的，则(S_1，S_2)、(S_2，S_3)、(S_1，S_3)必须都是相容对。

(4) 最大相容类。在原始状态表中，不能被其他相容类所包含的相容类称为最大相容类。

2) 判别两个状态是否相容的标准

在原始状态表中，判别两个状态是否相容的标准为：如果两个状态对任意一个允许的相同输入都满足以下两个条件，则这两个状态相容。

条件一：它们输出相同(一方输出给定，一方输出为无关项，均为相同)。

条件二：它们的次态必须满足下列情况之一：① 欠态相同；② 次态交错；③ 后继状态相容；④ 次态循环。

在此需要注意的是，当一方输出给定，而一方输出为无关项时，此无关项均与给定的输出一方相同。根据相容判别标准，不难得出表5.4.2中的相容对为(A，B)、(A，C)、(A，D)、(D，C)。

3) 状态合并图

由于状态相容没有传递性，为了从各相容对中方便地找出相容类，通常采用"状态合并图"。所谓状态合并图，是指将时序电路中的状态以"点"的形式均匀地标示在一个圆周上，然后把所有"相容对"都用直线连结起来。顶点之间都有连线的多边形就构成了一个"相容类"，如图5.4.4所示。从图5.4.4可以看出，表5.4.2只有两个相容类(A，B)和(A，C，D)，且(A，B)和(A，C，D)不相容，所以相容类(A，B)和(A，C，D)又是两个最大的相容类。

表5.4.2　某状态表

y \ x	0	1
A	$A/0$	D/d
B	$A/0$	$D/0$
C	$A/0$	$D/1$
D	$A/0$	$C/1$

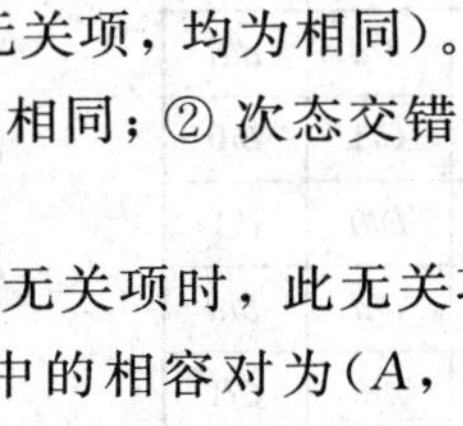

图5.4.4　表5.4.2的状态合并图

4) 状态最小化表

从最大相容类中选择出一组相容类，每一个相容类用一个状态符号作代表，这样一组状态就可以构成最小化状态表。

为了确保被选择出的那组相容类能包含原始状态表中所有的状态及可能的输入条件下的所有次态，为此，被选择出的相容类集必须同时满足下列三个条件：

(1) 覆盖性。该集能包含全部的原始状态，即被选择出的相容类集应该满足覆盖性。

(2) 闭合性。对该集内的任一个相容类而言，在任一可能输入条件下所产生的次态均应属于该集内的一个相容类，即被选择出的相容类集应该满足闭合性。

(3) 最小化。能满足上述条件的相容类数目应选取的最少，即被选择出的相容类集应该满足最小化。

5) 不完全给定状态表的化简方法

(1) 利用隐含表寻找相容对。

(2) 用状态合并图确定最大相容类。

(3) 采用覆盖闭合表进行相容类集的选择，从而建立最小化状态表。

例 5.4.3　化简图 5.4.5(a)所示的原始状态表。

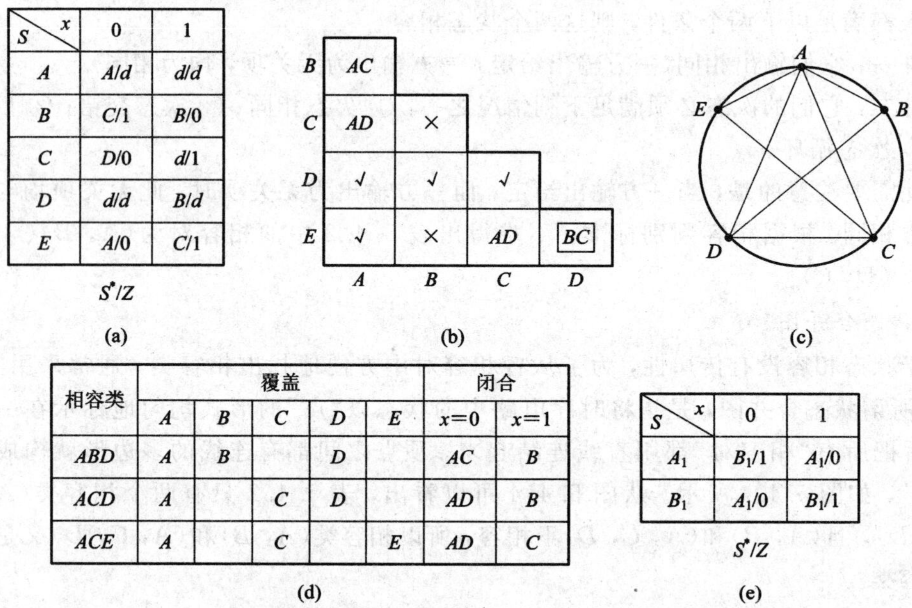

S \ x	0	1
A	A/d	d/d
B	C/1	B/0
C	D/0	d/1
D	d/d	B/d
E	A/0	C/1

S^*/Z

(a)

相容类	覆盖					闭合	
	A	B	C	D	E	x=0	x=1
ABD	A	B		D		AC	B
ACD	A		C	D		AD	B
ACE	A		C		E	AD	C

(d)

S \ x	0	1
A_1	$B_1/1$	$A_1/0$
B_1	$A_1/0$	$B_1/1$

S^*/Z

(e)

图 5.4.5　例 5.4.3 的不完全给定原始状态表的简化过程

(a) 原始状态表；(b) 隐含表；(c) 合并图；(d) 覆盖闭合表；(e) 最小化状态表

解　第一步：利用隐含表寻找相容对。隐含表的作法与完全给定时序电路中讨论的类似，其差别仅在于“相容对”的判别条件。图 5.4.5(b)给出了图 5.4.5(a)的隐含表，从表中不难得到原始状态表中的相容对为(A，B)、(A，C)、(A，D)、(A，E)、(B，D)、(C，D)、(C，E)。

第二步：用状态合并图确定最大相容类。

图 5.4.5(c)给出了图 5.4.5(a)的状态合并图，由此可得到最大相容类为(A，B，D)，(A，C，D)，(A，C，E)。

第三步：采用覆盖闭合表作出最小化状态表。

所谓覆盖闭合表，是指用来反映最大相容类的覆盖性及闭合性的表格，该表包含两部分：一部分反映最大相容类对状态的覆盖情况，另一部分反映最大相容类的闭合关系。

覆盖闭合表的画法是：表的左边“最大相容类”栏列出所有最大相容类，“覆盖”栏列出原始状态表中的所有状态，表的右边“闭合”栏列出所有输入的条件。

表的填法是：将每个最大相容类包含的所有状态填入覆盖栏相应列，将该最大相容类在每一输入条件下所有的次态列入闭合栏的相应列中。图 5.4.5(d)给出了图 5.4.5(a)的覆盖闭合表。从该表可以看出，状态 B 仅属于(A, B, D)、状态 E 仅属于(A, C, E)，而(A, B, D)和(A, C, E)已包含了原始状态表(见图 5.4.5(a))中的所有状态，所以(A, B, D)和(A, C, E)满足覆盖性要求。同时，当输入 $x=0$ 时，(A, B, D)的次态是 AC(属于(A, C, E))，(A, C, E)的次态是 AD(属于(A, B, D))；当 $x=1$ 时，(A, B, D)的次态是 B(属于(A, B, D))，(A, C, E)的次态是 C(属于(A, C, E))，所以(A, B, D)和(A, C, E)满足闭合性要求。因此(A, B, D)和(A, C, E)满足了最小化的要求。

将同时满足覆盖性及闭合性的那组最大相容类重新命名，即可得最小化状态表 5.4.5(e)。其中 A_1 代表 (A, B, D)，B_1 代表(A, C, E)。

例 5.4.4　化简图 5.4.6(a)所示的原始状态表。

解　第一步：利用隐含表寻找相容对。图 5.4.6(b)给出了图 5.4.6(a)的隐含表，从表中不难得到原始状态表中的相容对为(A, B)、(A, C)、(A, D)、(A, E)、(B, C)、(C, D)、(D, E)，不相容的状态对为(E, B)、(E, C)、(B, D)。

第二步：用状态合并图确定最大相容类。图 5.4.6(c)给出了图 5.4.6(a)的状态合并图，由此可得到最大相容类为(A, B, C)、(A, C, D)及(A, D, E)。

第三步：采用覆盖闭合表作出最小化状态表。首先做出覆盖闭合表如图 5.4.6(d)所示。从表中不难看出，状态 B 仅属于相容类(A, B, C)，状态 E 仅属于相容类(A, D, E)，所以满足覆盖性条件的相容类集有[(A, B, C)，(A, C, D)，(A, D, E)]、[(A, B, C)，(A, D, E)]、[(A, B, C)，(D, E)]、[(B, C)，(A, D, E)]等。

选择最大相容类集[(A, B, C)，(A, C, D)，(A, D, E)]进行闭合性检验。检验结果如图 5.4.6(d)所示。将该组最大相容类重新命名，即可得简化后的状态表如图 5.4.6(e)所示。其中 A_1 代表 (A, B, C)，B_1 代表(A, C, D)，C_1 代表(A, D, E)。尽管最大相容类集[(A, B, C)，(A, C, D)，(A, D, E)]既满足覆盖性，同时又满足闭合性，但它并非是最简的状态表，因此，还需继续对其他相容类进行闭合性检验。

然后对相容类集[(A, B, C)，(A, D, E)]进行闭合性检查。(A, D, E)在输入 $x=0$ 时次态为 CD，而 CD 属于(A, C, D)，但(A, C, D)不在所选相容类集内。因此，所选的相容类集不符合闭合性要求。

最后对相容类集(A, B, C)，(D, E)进行闭合性检查。此相容类集的覆盖闭合表如图 5.4.6(f)所示。从图上可看出它符合闭合性要求，且相容类数为最少，设(A, B, C)为 A_1，(D, E)为 B_1，可得到图 5.4.6(g)所示的最小化状态表。

由例题 5.4.4 可以看出，选择全部最大相容类集不一定能满足最小化要求；选择部分最大相容类集又不一定满足闭合性要求；适当地选择最大相容类及相容类组成相容类集可以得到最小化状态表，但是目前还没有一种系统化的唯一选择方法，需要设计者多次进行试探、优选。

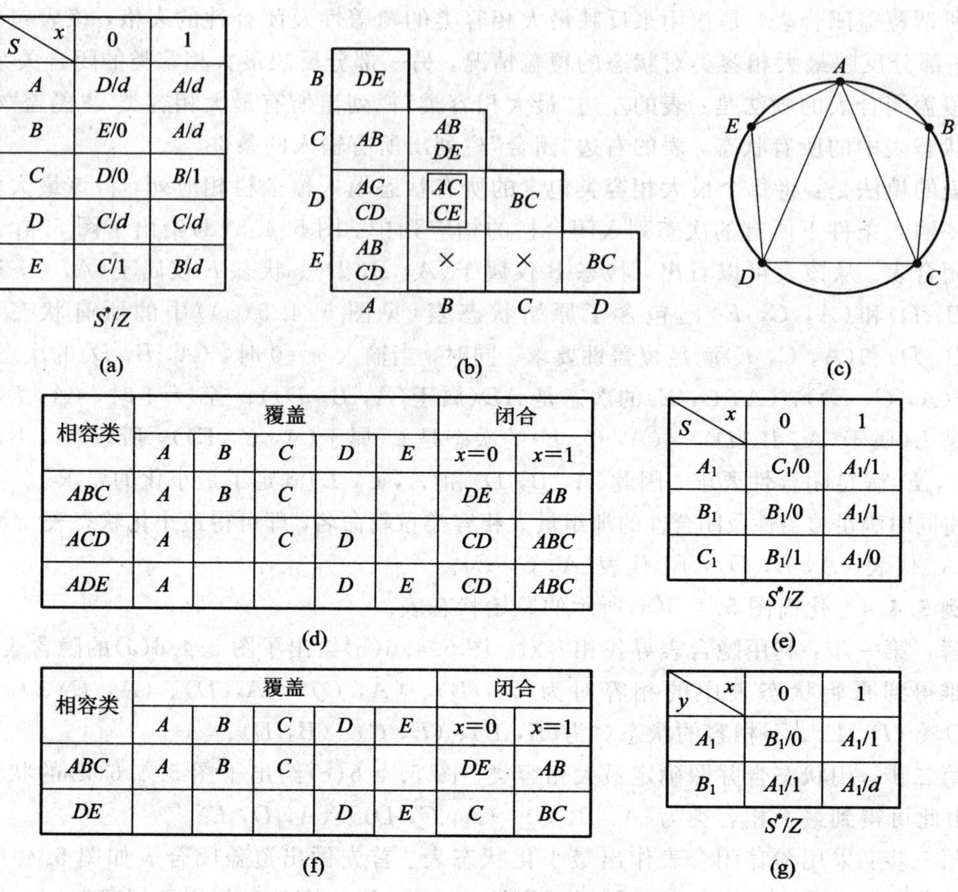

(a)

S \ x	0	1
A	D/d	A/d
B	E/0	A/d
C	D/0	B/1
D	C/d	C/d
E	C/1	B/d
	S^*/Z	

(d)

相容类	覆盖					闭合	
	A	B	C	D	E	x=0	x=1
ABC	A	B	C			DE	AB
ACD	A		C	D		CD	ABC
ADE	A			D	E	CD	ABC

(e)

S \ x	0	1
A_1	$C_1/0$	$A_1/1$
B_1	$B_1/0$	$A_1/1$
C_1	$B_1/1$	$A_1/0$
	S^*/Z	

(f)

相容类	覆盖					闭合	
	A	B	C	D	E	x=0	x=1
ABC	A	B	C			DE	AB
DE				D	E	C	BC

(g)

y \ x	0	1
A_1	$B_1/0$	$A_1/1$
B_1	$A_1/1$	A_1/d
	S^*/Z	

图 5.4.6　例 5.4.3 不完全给定状态表的简化过程

(a) 原始状态表；(b) 隐含表；(c) 合并图；(d) 覆盖闭合表一；(e) 简化状态表；(f) 覆盖闭合表二；(g) 最小化状态表

需特别注意的是：在不完全给定的状态表中，两状态相容只对允许输入的序列有效，而不对任意输入序列有效。在化简状态时，为了考虑相容，人为地对无关项进行了指定，而设计出来的实际时序电路，在输入序列不是预定允许的序列时，电路的状态变化不一定按设计的状态变化规律进行，因而达不到预期的目的。

5.4.3　状态分配

状态分配就是给最小化状态表中的每个用字母表示的状态指定一个二进制代码来表示，又称为状态编码。状态分配将影响到所设计的同步时序逻辑电路的复杂程度。因此，合理的进行状态分配是非常重要的。

状态编码要解决两个问题：其一是如何由状态数确定触发器的个数，其二是如何选择状态分配方案。

(1) 状态个数和触发器个数的关系。设状态个数为 n，触发器个数为 m，则 n、m 之间应满足下列关系：

$$2^m \geqslant n \geqslant 2^{m-1} \tag{5.4.1}$$

(2) 正确选择状态分配方案。目前，用于状态分配的方法有多种，如通用程序法、减少相关法等，但这些方法具有一定的局限性，这里介绍一种常用的方法，即相邻状态分配法。

相邻状态分配法的基本思想是：在选择状态编码时，尽可能地命名次态和输出函数在卡诺图上“1”单元的分布为相邻，以便形成较大的卡诺圈，从而得到最简的次态和输出函数表达式。它的主要规则如下：

规则Ⅰ：在相同输入条件下，次态相同，现态相邻。即在相同输入条件下，具有相同次态所对应的现态，应给以相邻编码。

规则Ⅱ：在相邻的输入条件下，同一现态，次态相邻。即同一现态在相邻的输入条件下的次态，应给以相邻编码。

规则Ⅲ：输出完全相同，现态相邻。即在每一个可能的输入条件下，对输出全部相同的那些现态，应给以相邻编码。

上述规则中的相邻编码，是指各二进制编码中只有一位元素不同。通常，次态表达式最简，所得到的激励函数表达式也最简单，电路结构也必定较简单。要得到更简单的次态及输出函数逻辑表达式，不但要求卡诺图上“1”单元相邻情况最好，也同样要求“0”单元的相邻情况最好。

上述三条规则是分别实施的，没有考虑三者之间的联系和相互制约关系。因此，即使同时满足三个规则的编码分配方案，也不一定是最佳的，尤其在状态数大于 4 时，更难得出满意的方案。如果方案的计算比较简单，在一般情况下又能得到较好的结果，该方案就是一种比较实用的方法。

给状态分配二进制编码的步骤如下：

(1) 找出状态表中出现最多的次态 S_i^* 所对应的现态 S_i，并令 S_i 的二进制编码全为 0。

(2) 按已确定的相邻关系给其他状态分配二进制编码。

如果要得到的是次态函数的最简或与式，则应使出现在二进制状态中的“0”尽可能地少。

例 5.4.5　完成图 5.4.7(a)所示状态表的分配。

解　由图 5.4.7(a)可知它有 4 个状态，故应该选择 2 块触发器。

根据规则Ⅰ，当 $x=0$ 时，现态 A、B 的次态均为 C，故 A、B 应该相邻；同理可知：当 $x=1$ 时，A、C 的次态均为 D，故 A、C 也应该相邻。

由规则Ⅱ，对现态 A 要求 C、D 相邻，同理，对现态 B、C、D 可分别要求 A、C 相邻；B、C 相邻及 A、B 相邻。

由规则Ⅲ，现态 A、B 在所有输入条件下，输出全部相同，故要求 A、B 相邻。图 5.4.7(b)给出了满足规则要求的状态相邻图。

从原始状态表中可以看到，各现态出现的次态数均为 2，因此可任选一个状态(例如选 A)，令其二进制编码为 00，结合状态相邻图可得到分配方案，如图 5.4.7(c)所示。相应的二进制状态表如图 5.4.7(d)所示。至此状态分配完毕。对状态表进一步分析可以发现，仅当现态为 D，输入 $x=1$ 时，输出 $Z=1$，其他情况下输出均为 0，此时无论怎样改变状态间的相邻关系，也不可能改变输出函数卡诺图上“1”单元的相邻情况。因此，在状态分配时可不必考虑规则Ⅲ的相邻要求。

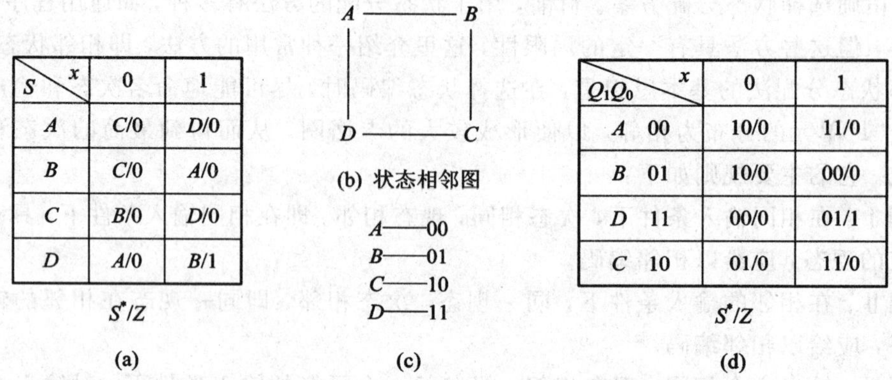

图 5.4.7 例 5.4.5 的状态分配过程

(a) 最小化原始状态；(b) 状态相邻图；(c) 状态分配图；(d) 最小化的二进制状态转换表

5.4.4 触发器类型的选择及其激励函数和输出函数的确定

1. 触发器类型的选择

一般来说各种类型触发器(D、JK、SR、T)均可选用，但是，选用的触发器不同其逻辑函数的繁简度也不同，因此，在选触发器类型时要以能使函数最简为标准。在大多数情况下，最常选用的是 D 触发器、T 触发器、JK 触发器。在非计数型的时序电路中，有时可选用 SR 型触发器。

2. 激励函数和输出函数的确定

一旦选定了触发器类型，就可以根据最小化二进制状态表及该类型触发器的特性方程确定时序电路中各触发器输入端的激励函数。通常的步骤如下：

(1) 根据最小化的二进制状态转换表画出各触发器的次态及输出卡诺图。

(2) 利用卡诺图化简，写出各触发器的次态方程及输出方程。

(3) 根据所选类型触发器的特性方程求出各触发器驱动方程。

(4) 根据各触发器的驱动方程及输出方程连接线路。

例 5.4.6 分别用 D 触发器、JK 触发器和 T 触发器确定图 5.4.8(a)所示的二进制状态表的驱动方程及输出方程。

解 (1) 选用 D 触发器。由图 5.4.8(a)可知，所设计的电路有 4 个状态，故需用两位触发器 FF_1、FF_0，用 $Q_1^* Q_0^*$ 分别表示它们的次态，图 5.4.8 分别给出了 Q_1^* 的卡诺图、Q_0^* 的卡诺图及输出 Z 的卡诺图。由图 5.4.8 可分别写出各触发器的状态方程及输出方程分别为

$$\begin{cases} Q_0^* = Q_1\bar{Q}_0 + Q_1 x + \bar{Q}_0 x = Q_1\bar{Q}_0 + (Q_1 + \bar{Q}_0)x \\ Q_1^* = \bar{Q}_1\bar{x} + \bar{Q}_0 x \end{cases} \tag{5.4.2}$$

$$Z = Q_1 Q_0 x \tag{5.4.3}$$

由 D 触发器的特性方程 $Q^* = D$，不难得出，由 D 触发器组成的满足图 5.4.8(a)的同步时序电路的驱动方程为

$$\begin{cases} D_0 = Q_0^* = Q_1\bar{Q}_0 + (Q_1 + \bar{Q}_0)x \\ D_1 = Q_1^* = \bar{Q}_1\bar{x} + \bar{Q}_0 x \end{cases} \tag{5.4.4}$$

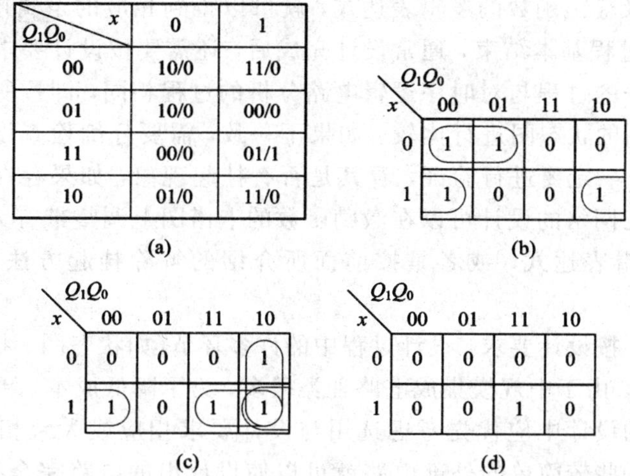

Q_1Q_0 \ x	0	1
00	10/0	11/0
01	10/0	00/0
11	00/0	01/1
10	01/0	11/0

(a)

x \ Q_1Q_0	00	01	11	10
0	1	1	0	0
1	1	0	0	1

(b)

x \ Q_1Q_0	00	01	11	10
0	0	0	0	1
1	1	0	1	1

(c)

x \ Q_1Q_0	00	01	11	10
0	0	0	0	0
1	0	0	1	0

(d)

图 5.4.8　例 5.4.6 的各触发器的次态卡诺图及输出卡诺图

(a) 二进制状态转换表；(b) Q_1^* 的卡诺图；(c) Q_0^* 的卡诺图；(d) 输出 Z 的卡诺图

(2) 选用 JK 触发器。首先将式(5.4.2)整理为

$$\begin{cases} Q_0^* = Q_1\bar{Q}_0 + Q_1x + \bar{Q}_0x = Q_1\bar{Q}_0 + Q_1x(\bar{Q}_0 + Q_0) + \bar{Q}_0x = (Q_1 + x)\bar{Q}_0 + Q_1xQ_0 \\ Q_1^* = \bar{Q}_1\bar{x} + \bar{Q}_0x(\bar{Q}_1 + Q_1) = (\bar{x} + \bar{Q}_0)\bar{Q}_1 + \bar{Q}_0xQ_1 \end{cases} \tag{5.4.5}$$

由于 JK 触发器的特性方程为 $Q^* = J\bar{Q} + \bar{K}Q$，因此从式(5.4.5)中得出由 JK 触发器组成的满足图 5.4.8(a)的同步时序电路的驱动方程为

$$\begin{cases} J_0 = Q_1 + x,\ K_0 = \overline{Q_1x} \\ J_1 = \bar{x} + \bar{Q}_0,\ K_1 = \overline{\bar{Q}_0x} \end{cases} \tag{5.4.6}$$

(3) 选用 T 触发器。根据 T 触发器特性方程 $Q^* = T\bar{Q} + \bar{T}Q = T \oplus Q$，可以得到其激励方程为 $T = Q \oplus Q^*$，图 5.4.9(a)给出了它的激励表，由此，可分别得到各 T 触发器的激励表如图 5.4.9(b)所示。由图 5.4.9(b)就可以得到由 T 触发器组成的满足图 5.4.8(a)的同步时序电路的驱动方程为

$$\begin{cases} T_0 = \bar{Q}_1Q_0 + Q_1\bar{x} + \bar{Q}_0x \\ T_1 = \bar{x} + \bar{Q}_0\bar{Q}_1 + Q_0Q_1 \end{cases} \tag{5.4.7}$$

以上三种方法各有所长，在实际应用中，设计者可根据实际情况决定取舍。

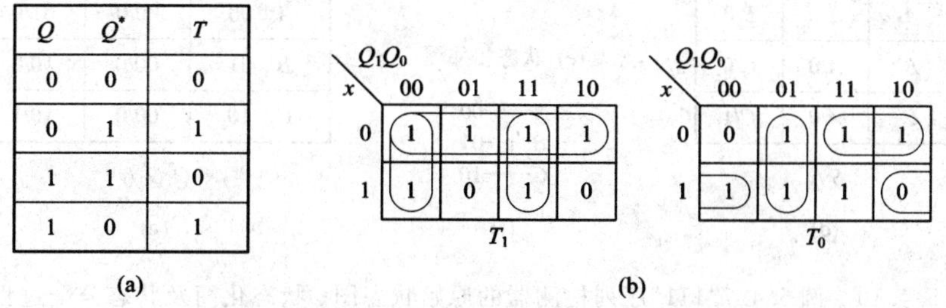

Q	Q^*	T
0	0	0
0	1	1
1	1	0
1	0	1

(a)

T_1:

x \ Q_1Q_0	00	01	11	10
0	1	1	1	1
1	1	0	1	0

T_0:

x \ Q_1Q_0	00	01	11	10
0	0	1	1	1
1	1	1	1	0

(b)

图 5.4.9　例 5.4.6 题由 T 触发器组成的各触发器的激励函数的卡诺图及 T 触发器的激励表

(a) T 触发器的激励表；(b) 各触发器激励函数的卡诺图

根据激励函数及输出函数的逻辑表达式，就可以得到相应的逻辑电路。至此，同步时序逻辑电路的设计过程基本结束，通常设计完成后，还需要按设计要求验证设计出的逻辑电路是否正确。验证的过程与对时序逻辑电路分析的过程相同，即按所设计的电路画出状态图，并与设计时画的状态图进行比较。如果不一致，需要仔细检查设计过程，尤其对具有多余状态的电路，一定要进行验证，看其是否有挂起现象，如果存在挂起现象，还需要设计校正网络。校正网络的设计可以在激励函数的卡诺图上调整带有无关项的卡诺圈，以改变激励函数的逻辑表达式，或者是按前面所介绍的解除挂起方法直接设计一个校正网络。

在某些情况下，按设计要求，设计过程中的许多环节(如状态图、状态化简、状态分配等)可以省略。另外，由于中规模集成电路种类很多，为了降低成本，更好地保证电路的可靠性，在时序电路的设计中应优先考虑选用与设计要求相应或大致相应的中规模集成电路，这样需要设计一些较简单的外部电路就可以使设计出的电路完全符合设计要求(在前面几节 MSI 应用中已讨论过一些设计举例)。

例 5.4.7　设计一个“111”序列检测器。当连续收到 3 个(或 3 个以上)“1”后，电路输出 $y=1$；否则，输出 $y=0$。

第一步：建立原始状态转换图。设输入的数据信号用 x 表示，取检测结果为输出量，并用 y 表示。则按上述说明，可以得出原始的状态转换图如图 5.4.10(a)所示。其中 S_0 表示没有开始输入时的状态即电路的初始状态；S_1 表示输入一个 1 以后的状态；S_2 表示连续输入两个 1 以后的状态；S_3 表示连续输入 3 个或 3 个以上的 1 以后的状态。由原始状态转换图就可以得到满足设计要求的状态转换表如图 5.4.10(b)所示。

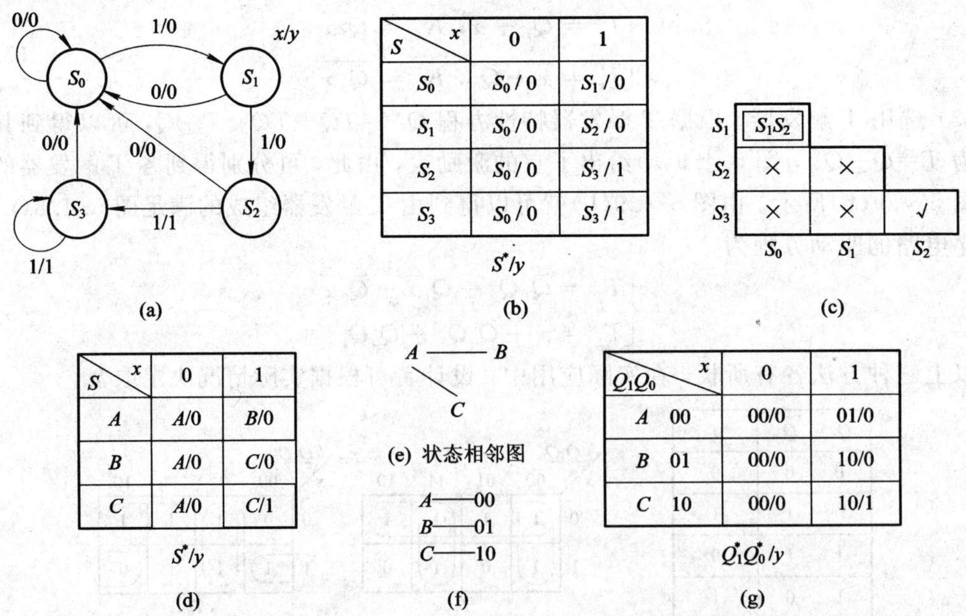

S \ x	0	1
S_0	$S_0/0$	$S_1/0$
S_1	$S_0/0$	$S_2/0$
S_2	$S_0/0$	$S_3/1$
S_3	$S_0/0$	$S_3/1$

S^*/y

(b)

S \ x	0	1
A	$A/0$	$B/0$
B	$A/0$	$C/0$
C	$A/0$	$C/1$

S^*/y

(d)

Q_1Q_0 \ x	0	1
A　00	00/0	01/0
B　01	00/0	10/0
C　10	00/0	10/1

$Q_1^*Q_0^*/y$

(g)

图 5.4.10　例 5.4.7“111”序列检测器的原始状态图、状态化简及状态分配过程图

(a) 原始状态转换图；(b) 原始状态转换表；(c) 隐含表；(d) 最小化状态表；

(e) 状态相邻图；(f) 状态分配表；(g) 二进制状态转换表

第二步：状态化简。制作隐含表，如图 5.4.9(c)所示，可得到最大等效类且命名如下：

$$\begin{matrix}(S_0) & (S_1) & (S_2S_3)\\ \downarrow & \downarrow & \downarrow\\ A & B & C\end{matrix}$$

由此可得到最小化状态表，如图 5.4.10(d)所示。

第三步：状态分配。应用相邻状态分配法进行状态分配。状态表中有 3 个状态，应选用 2 个触发器，其状态变量为 Q_1Q_0。状态分配过程如下：

根据规则Ⅰ，由于在 $x=0$ 时，各状态的次态全部相同，因此可统一忽略 $x=0$ 列对规规则Ⅰ的满足情况，这样对 $x=1$ 列进行考察。当 $x=1$ 时，现态 B、C 的次态均为 C，故 B、C 相邻。

根据规则Ⅱ：在相邻的输入时，同一现态，次态相邻，故有 A、B 相邻及 A、C 相邻。

根据规则Ⅲ，输出完全相同时现态相邻。故有 A、B 相邻。根据上述分析可知：A、B 相邻的次数为 2 次，多于 B、C 相邻的次数。故可得到电路的状态相邻图如图 5.4.10(e)所示。由于状态表中出现次数最多的次态为 A，故令状态 A 的编码为 00，由此得到状态的分配方案，如图 5.4.10(f)所示，相应的二进制状态表如图 5.4.10(g)所示。

第四步：选择触发器，确定驱动方程及输出方程。若选择 JK 触发器，则由图 5.4.10(g)可得到各触发器的次态卡诺图及输出卡诺图如图 5.4.11 所示。由图 5.4.11 可以分别得出各触发器的状态方程如下：

$$\begin{cases}Q_0^* = x\bar{Q}_1\bar{Q}_0 = (x\bar{Q}_1)\bar{Q}_0\\ Q_1^* = xQ_1 + xQ_0 = xQ_1 + xQ_0(Q_1+\bar{Q}_1) = (xQ_0)\bar{Q}_1 + xQ_1\end{cases} \tag{5.4.8}$$

x \ Q_1Q_0	00	01	11	10
0	00/0	00/0	dd/d	00/0
1	01/0	10/0	dd/d	10/1

(a)

x \ Q_1Q_0	00	01	11	10
0	0	0	d	0
1	1	0	d	0

(b)

x \ Q_1Q_0	00	01	11	10
0	0	0	d	0
1	0	1	d	1

(c)

x \ Q_1Q_0	00	01	11	10
0	0	0	d	0
1	0	0	d	1

(d)

图 5.4.11　例 5.4.7 各触发器的次态卡诺图及输出卡诺图

(a) Q^*Q_0/y 的卡诺图；(b) Q_0^* 的卡诺图；(c) Q_1^* 的卡诺图；(d) 输出 y 的卡诺图

由式可得到电路的驱动方程为

$$\begin{cases}J_0 = x\bar{Q}_1,\ K_0 = 1\\ J_1 = xQ_0,\ K_1 = \bar{x}\end{cases} \tag{5.4.9}$$

由图 5.4.11(d)可得到电路的输出方程为

$$Y = xQ_1 \tag{5.4.10}$$

值得注意的是，上述确定的各触发器的驱动方程并不是唯一的，有时还可以选用其他的方法，例如用列出触发器激励表的方法来实现。此方法的步骤是：先列出触发器的激励表，再分别做出各触发器的激励函数卡诺图，最后由卡诺图直接写出电路的驱动方程，如图 5.4.12 所示。

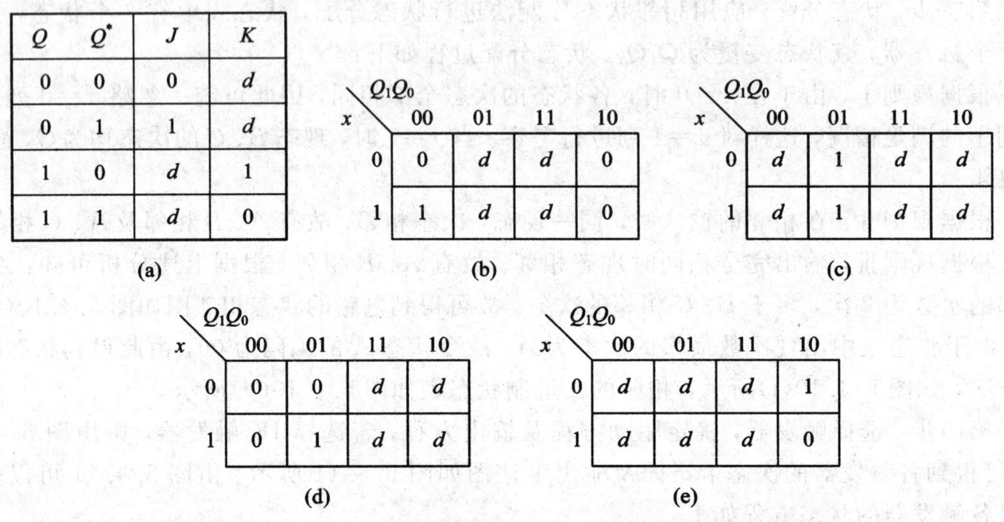

(a)

Q	Q^*	J	K
0	0	0	d
0	1	1	d
1	0	d	1
1	1	d	0

(b)

x \ Q_1Q_0	00	01	11	10
0	0	d	d	0
1	1	d	d	0

(c)

x \ Q_1Q_0	00	01	11	10
0	d	1	d	d
1	d	1	d	d

(d)

x \ Q_1Q_0	00	01	11	10
0	0	0	d	d
1	0	1	d	d

(e)

x \ Q_1Q_0	00	01	11	10
0	d	d	d	1
1	d	d	d	0

图 5.4.12　JK 触发器的激励表及例 5.4.7 各触发器激励函数卡诺图

(a) JK 触发器的激励表；(b) J_0 的卡诺图；(c) K_0 的卡诺图；(d) J_1 的卡诺图；(e) K_1 的卡诺图

由图 5.4.12 可得到电路的驱动方程为

$$\begin{cases} J_0 = x\bar{Q}_1,\ K_0 = 1 \\ J_1 = xQ_0,\ K_1 = \bar{x} \end{cases} \tag{5.4.11}$$

式(5.4.11)与式(5.4.9)完全相同。

第五步：画逻辑图。由上述所得电路的驱动方程及输出方程可以画出该电路的逻辑图如图 5.4.13 所示。

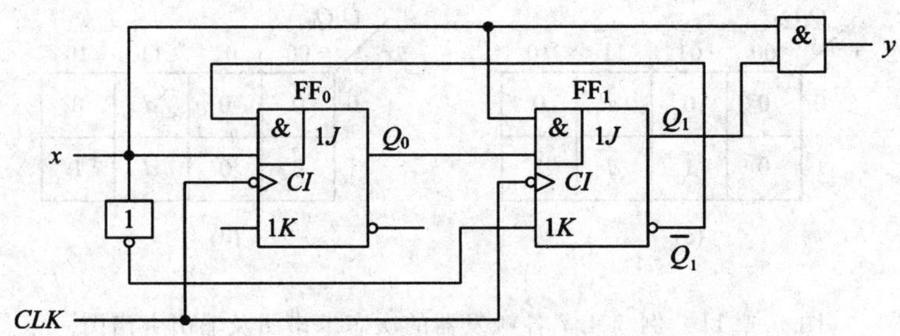

图 5.4.13　用 JK 触发器组成的例 5.4.7 的电路

第六步：检测电路有无挂起现象。由电路的状态方程式(5.4.8)不难得出电路的状态转换图如图 5.4.14 所示。当电路进入无效状态 11 后，当 $x=1$ 时，电路将自动转换到状态 10；当 $x=0$ 时，电路则自动转换到状态 00，可见该电路无挂起现象，由此可知该电路是能够自启动的。

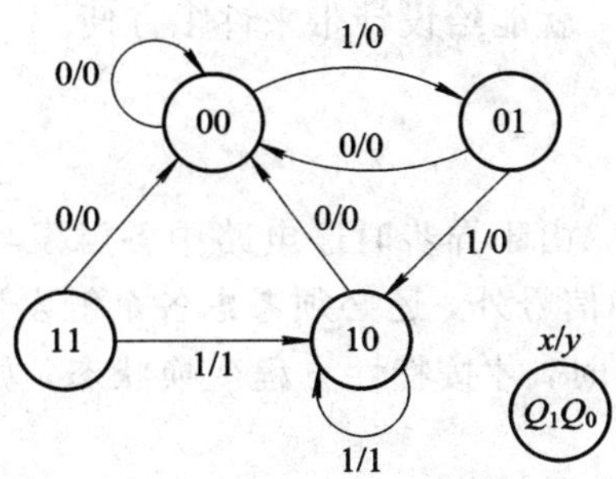

图 5.4.14　例 5.4.7 的状态转换图

本题若改用 D 触发器进行设计，则由式(5.4.8)可得到 D 触发器的驱动方程为

$$\begin{cases} D_0 = x\overline{Q}_1\overline{Q}_0 \\ D_1 = xQ_1 + xQ_0 = x(\overline{\overline{Q}_1\overline{Q}_0}) \end{cases} \tag{5.4.12}$$

由于原输出函数不会因为触发器的不同而发生变化，故输出方程与式(5.4.11)仍然相同。由式(5.4.12)及式(5.4.11)可得到其逻辑电路如图 5.4.15 所示。

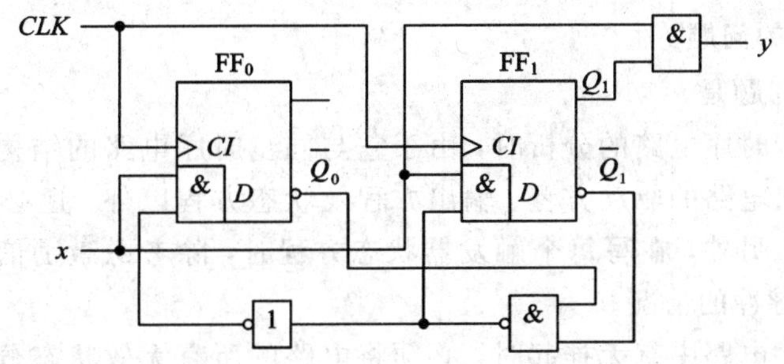

图 5.4.15　用 D 触发器设计的例 5.4.7 的电路图

5.5　本 章 小 结

1. 本章重点内容

本章是全课程的重点章节，内容涉及了时序逻辑电路的分析、设计以及一些典型的时序逻辑器件。通过本章的学习，要求熟练掌握时序电路的描述方法，SSI 时序电路的分析、设计，寄存器、移位寄存器、计数器等典型时序逻辑部件的功能和应用，并会用这些 MSI 组件设计其他功能的时序逻辑电路。

由于具体的时序电路千变万化，因此它们的种类不胜枚举。本章在 5.3 节中介绍的寄存器、移位寄存器、计数器、顺序脉冲发生器和序列信号发生器只是其中常见的几种，因此，必须掌握时序电路的共同特点和一般的分析方法和设计方法，才能适应对各种时序电路进行分析和设计的需要。

在 5.2 节和 5.3 节中介绍了分析和设计时序电路的一般步骤，这是本章学习的重点。对于任何一种复杂的时序电路，这些步骤和方法都是适用的。当然，解决一些简单的时序电路问题并不需要机械地按这些步骤进行。另外，在 5.3 中介绍的中规模集成芯片的应用也是本章的重点内容之一，因为它介绍了如何使用常用的中规模集成片设计时序电路的方法，若能熟练的掌握这些方法，就能给设计带来许多方便。

2. 本章难点内容

本章的难点内容是：

(1) 异步时序电路的分析。由于异步时序电路中各触发器的时钟脉冲不同，因此在分析时除要考虑各触发器的激励信号外，还必须考虑各个触发器有无时钟脉冲的作用。每个触发器只在有时钟脉冲有效沿时，才按特性方程变换状态，如果没有时钟脉冲有效沿，则触发器保持状态不变。

(2) 同步时序电路的设计。同步时序电路的设计就是要求设计者从实际逻辑问题出发，设计出满足设计要求的逻辑电路。而实际逻辑问题的描述的形式多种多样，可以用语言描述，也可以用时序图、状态图或状态表等方式描述。相对来说，用语言表达的时序电路设计过程比较复杂、困难。它要求设计者认真、仔细地分析实际逻辑问题，将逻辑功能的语言描述准确地转化为原始的状态图或状态转换表等数字逻辑方式，这一转化过程通过逻辑抽象来完成，逻辑抽象是整个设计过程的关键步骤，也是时序电路设计过程中的一个难点。另外，状态化简也是时序电路设计中的一个难点。

3. 本章需注意的问题

本章需注意的问题是：

(1) 在进行异步时序电路的分析时，由于它与同步时序电路的结构不同，因此在分析过程中，除了要写出电路的驱动方程、输出方程及状态方程以外，还必须写出各个触发器的时钟脉冲表达式。另外，在写每个触发器状态方程时，除考虑激励信号外，还必须考虑每个触发器的时钟脉冲的情况。

(2) 在判断时序电路中有无挂起时，必须将电路的所有无效状态分别检测出来，不能有遗漏。

(3) 在 MSI 设计中，除了要对 MSI 输入端、输出端进行必要的设计，还必须对其功能端进行设计，这是初学者经常忽视的地方。

(4) 在利用移位寄存器进行序列信号发生器的设计，并确定移位寄存器的 M 个独立状态时，若 M 个状态中出现重复现象，则应增加移位寄存器的位数。用 $n+1$ 位再重复上述过程，直到划分的状态都为独立状态为止。

5.6 例题精选

例 5.6.1　分析图 5.6.1 电路的逻辑功能(设各触发器初始状态为 000)。

解　由图 5.6.1 可知，电路是由下降沿触发的 JK 触发器和 8 选 1 数据选择器 74LS151 组成，Q_2、Q_1、Q_0 分别接 74LS151 的地址选择输入端 S_2、S_1、S_0。由图不难写出电路的激励方程、驱动方程及状态方程。

(1) 激励方程：

$$\begin{cases} J_0 = K_0 = \bar{Q}_2 \\ J_1 = K_1 = Q_0 \\ J_2 = K_2 = Q_1 Q_0 + Q_2 \end{cases}$$

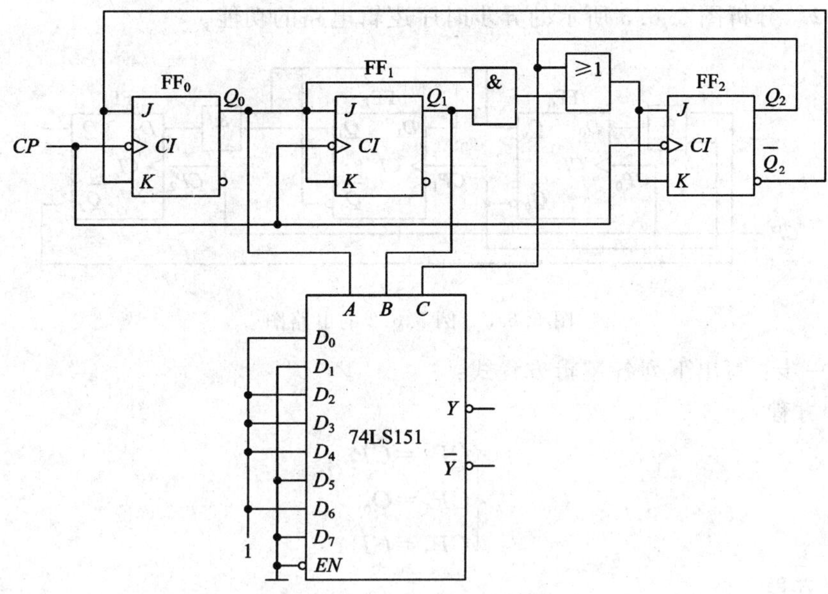

图 5.6.1　例 5.6.1 的电路

（2）输出方程：

$$Y(CBA)=\sum m(0,\ 2,\ 3,\ 4,\ 6)$$

（3）状态方程组：

$$\begin{cases}Q_0^* = \overline{Q}_2\overline{Q}_0 + Q_2Q_0 \\ Q_1^* = Q_0\overline{Q}_1 + \overline{Q}_0Q_1 \\ Q_2^* = (Q_1Q_0 + Q_2)\overline{Q}_2 + (\overline{Q_1Q_0 + Q_2})Q_2 = \overline{Q}_2Q_1Q_0\end{cases}$$

（4）由状态方程组列出电路的状态转换表，画出状态图。根据状态方程列出的状态表如表 5.6.1 所示及状态图如图 5.6.2 所示。

表 5.6.1　例 5.6.1 的状态转换表

Q_2	Q_1	Q_0	Q_2^*	Q_1^*	Q_0^*	Y
0	0	0	0	0	1	1
0	0	1	0	1	0	0
0	1	0	0	1	1	1
0	1	1	1	0	0	1
1	0	0	0	0	0	1
1	0	1	0	1	1	0
1	1	0	0	1	0	1
1	1	1	0	0	1	0

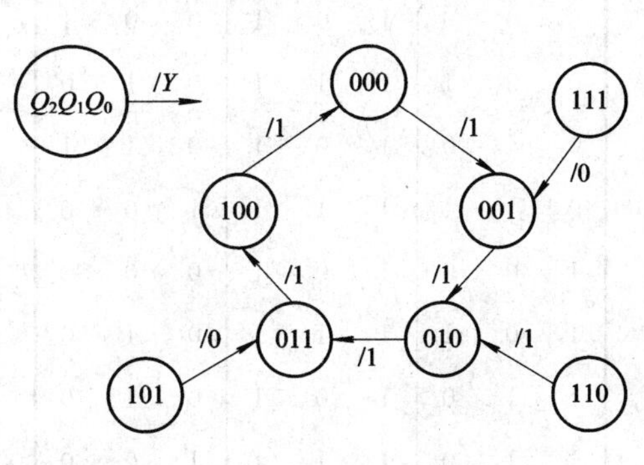

图 5.6.2　例 5.6.1 的状态转换图

（5）用文字描述给定的时序电路的逻辑功能。由图 5.6.1 可知，该电路是具有自启动能力的序列产生电路，输出序列为 101111。

例 5.6.2　分析图 5.6.3 所示的异步时序逻辑电路的功能。

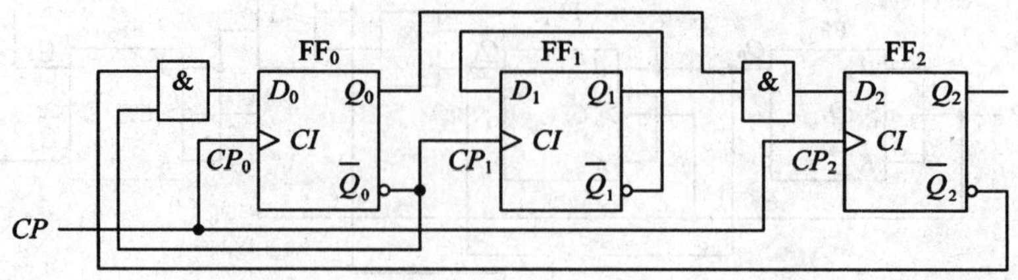

图 5.6.3　例 5.6.2 的电路图

解　第一步：写出下列各逻辑方程式：

① 时钟方程：

$$\begin{cases} CP_0 = CP \\ CP_1 = \overline{Q}_0 \\ CP_2 = CP \end{cases}$$

② 激励方程：

$$\begin{cases} D_0 = \overline{Q}_2 \overline{Q}_1 \\ D_1 = \overline{Q}_1 \\ D_2 = Q_1 Q_0 \end{cases}$$

③ 状态方程：

$$\begin{cases} Q_0^* = \overline{Q}_2 \overline{Q}_0 CP_0 \\ Q_1^* = \overline{Q}_1 CP_1 \\ Q_2^* = Q_1 Q_0 CP_2 \end{cases}$$

第二步：列出状态表。由状态方程可以列出该电路的状态转换表如表 5.6.2 所示。根据状态表，就可画出电路的状态图如图 5.6.4 所示。

表 5.6.2　例 5.6.2 电路的状态转换表

Q_2	Q_1	Q_0	CP_2	CP_1	CP_0	Q_2^*	Q_1^*	Q_0^*
0	0	0	1	0	1	0	0	1
0	0	1	1	1	1	0	1	0
0	1	0	1	0	1	0	1	1
0	1	1	1	1	1	1	0	0
1	0	0	1	0	1	0	0	0
1	0	1	1	1	1	0	1	0
1	1	0	1	0	1	0	1	0
1	1	0	1	1	1	1	0	0

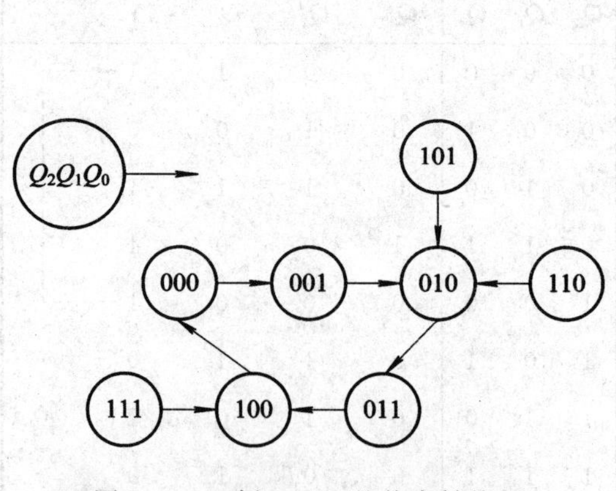

图 5.6.4　例 5.6.2 的状态转换图

第三步：用文字描述给定的时序电路的逻辑功能。从状态转换图我们不难得知该电路是一个具自启动能力的异步五进制计数器。

例 5.6.3　分析图 5.6.5 电路的逻辑功能。

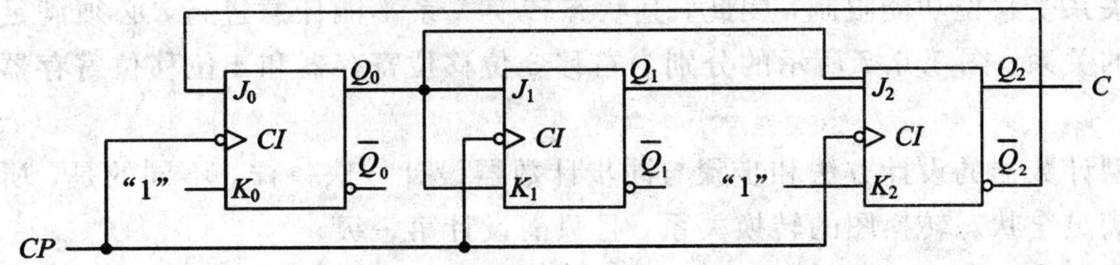

图 5.6.5　例 5.6.3 的电路图

解　第一步：写出下列各逻辑方程式：

① 激励方程：

$$\begin{cases} J_0=\bar{Q}_2,\ K_0=1 \\ J_1=Q_0,\ K_1=Q_0 \\ J_2=Q_0Q_1,\ K_2=1 \end{cases}$$

② 状态方程：

$$\begin{cases} Q_0^*=\bar{Q}_2\bar{Q}_0 \\ Q_1^*=Q_0\bar{Q}_1+Q_1\bar{Q}_0 \\ Q_2^*=Q_1Q_0\bar{Q}_2 \end{cases}$$

③ 输出方程：

$$C=Q_2$$

第二步：列出状态表。由状态方程可以列出该电路的状态转换表如表 5.6.3 所示。根据状态表，就可画出电路的状态图如图 5.6.6 所示。

表 5.6.3　例 5.6.3 电路的状态转换表

Q_2	Q_1	Q_0	Q_2^*	Q_1^*	Q_0^*	C
0	0	0	0	0	1	0
0	0	1	0	1	0	0
0	1	0	0	1	1	0
0	1	1	1	0	0	0
1	0	0	0	0	0	1
1	0	1	0	1	0	0
1	1	0	0	1	0	0
1	1	0	0	0	0	0

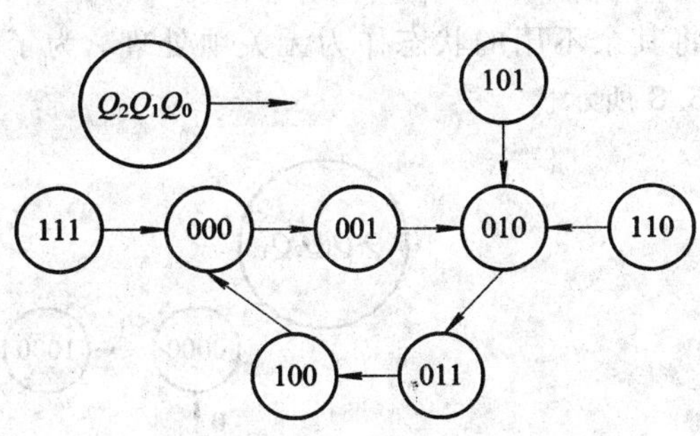

图 5.6.6　例 5.6.3 的状态转换图

第三步：用文字描述给定的时序电路的逻辑功能。从状态转换图不难得知该电路是一个具有自启动能力的同步五进制计数器。

例 5.6.4　设计一个模 10 的移位型计数器。

解题思路：所谓移位型计数器，就是以移位寄存器为主体构成的同步计数器，它的状态转换关系除第一级外必须具有移位功能，而第一级可根据需要移进“0”或者“1”。所以，只需对这类计数器的第一级进行设计，而其他各级仍维持移位功能。由于移位型计数器的状态转换关系受移位功能限制，因此，其状态转换关系不能任意进行，必须满足全状态转换图所示的关系。图 5.6.7 所示的分别为右移 3 位移位寄存器和 4 位移位寄存器的全状态转换图。

移位型计数器的设计方法和步骤与同步计数器设计方法一样。不同的是，所选的状态转换必须满足全状态转换图的转换关系，且只需设计第一级。

解　第一步：建立原始状态转换图。由于模 10 计数器需要 4 位触发器，因此从图 5.6.7 的 4 位移位寄存器全状态转换图中选择循环周期为 10 的状态转换序列（选择的方法不唯一）。

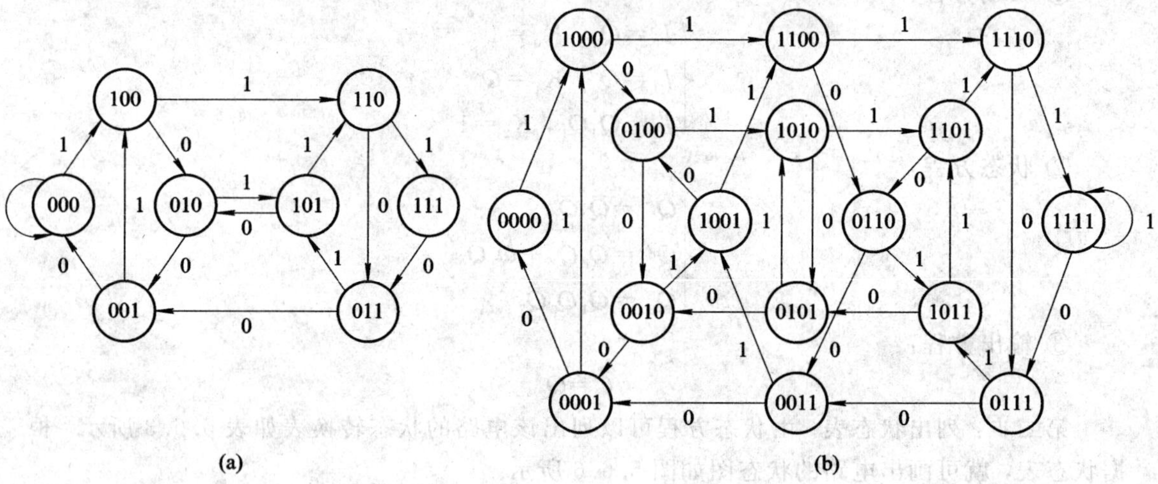

图 5.6.7　移位寄存器的全状态图

(a) 3 位移位寄存器全状态图；(b) 4 位移位寄存器全状态图

本题选择图 5.6.7(b)中的闭合循环为

0000→1000→0100→1010→1101→1110→1111→0111→0011→0001→0000

而将其余不用的状态作为无关项处理，为了保证具有自启动能力，将其引入有效循环如图 5.6.8 所示。

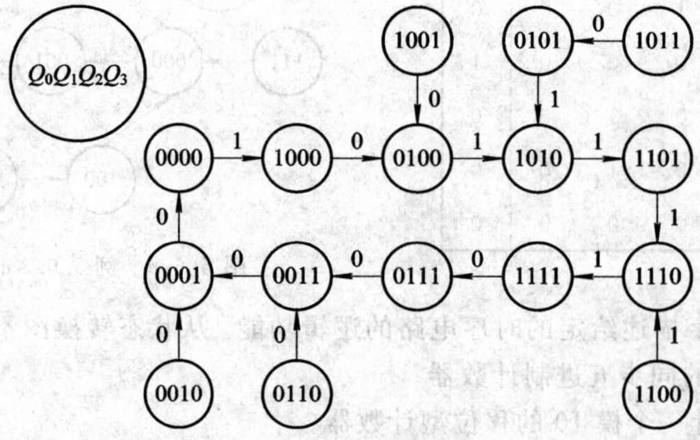

图 5.6.8　原始的状态转换图

第二步：求反馈函数。为了能得到如图 5.6.8 所示的状态转换关系，反馈函数就必须按图 5.6.8 中的要求取值。比如若现态为 1000，要想得到次态为 0100，则反馈函数的取值必须为 0。这样就可以由图 5.6.8 中的反馈函数的取值要求得到电路的状态转换表如表 5.6.4 所示，从而可以得到反馈函数 F 的卡诺图如图 5.6.9(a)所示。为了保证电路自校正能力，表中还列出了多余项。

表 5.6.4　例 5.6.4 的状态转换表

Q_0	Q_1	Q_2	Q_3	F
0	0	0	0	1
1	0	0	0	0
0	1	0	0	1
1	0	1	0	1
1	1	0	1	1
1	1	1	0	1
1	1	1	1	0
0	1	1	1	0
0	0	1	1	0
0	0	0	1	0
0	0	1	0	0
0	1	0	1	1
0	1	1	0	0
1	0	0	1	0
1	0	1	1	0
1	1	0	0	1

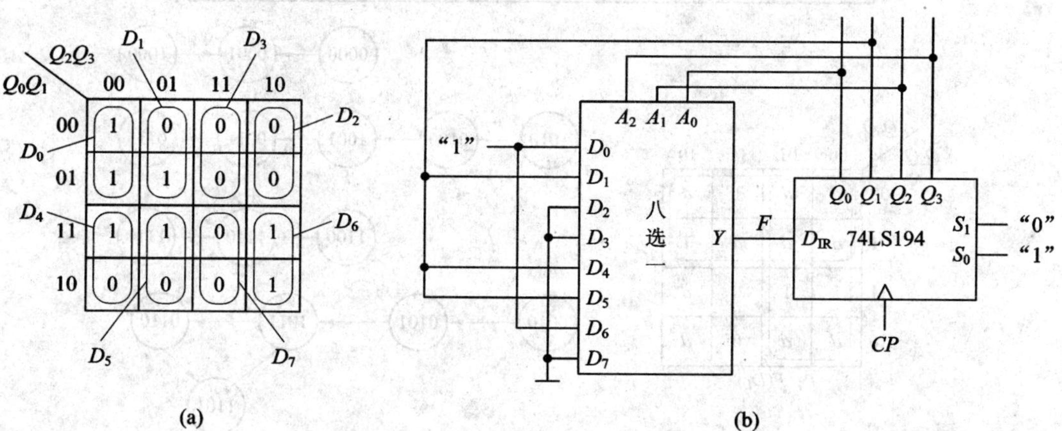

图 5.6.9　例 5.6.4 题的反馈函数 F 的卡诺图及设计出的模 10 计数器电路

(a) 反馈函数 F 的卡诺图；(b) 例 5.6.4 模 10 计数器电路

第三步：选取器件。选 74LS194 和八选一多路选择器来实现电路，且选择地址变量为 $Q_0Q_2Q_3=A_0A_1A_2$。

第四步：设计电路的输入端口。由于在第三步中，已将地址变量选择为 $Q_0Q_2Q_3=A_0A_1A_2$，故由图 5.6.9(a)可得电路的输入端口数据应分别为：$D_0=1$；$D_1=Q_1$；$D_2=0$；$D_3=0$；$D_4=Q_1$；$D_5=Q_1$，$D_6=1$；$D_7=0$。

第五步：连接线路。按前面设计的结果连接线路，如图 5.6.9(b)所示。

第六步：检测能否自启动。由图 5.6.8 可知所设计的电路是可以自启动的。

例 5.6.5 设计一个产生 100111 序列的反馈移位型序列信号发生器。

解 第一步：建立原始的状态转换图。

(1) 确定移位寄存器位数 n。因 $M=6$，故 $n\geqslant 3$。

(2) 确定移位寄存器的 6 个独立状态。

将序列码 100111 按照移位规律每 3 位一组，划分 6 个状态为 100、001、011、111、111、110。其中状态 111 重复出现，故取 $n=4$，并重新划分 6 个独立状态为 1001、0011、0111、1111、1110、1100。因此确定 $n=4$，用一片 74LS194 即可。

第二步：建立反馈函数表，求反馈函数 F 的表达式。根据上述确定的 6 个独立状态就可以得出每一状态所需要的移位输入，即反馈输入信号必须满足表 5.6.5 的变化规律。从表中可见，移位寄存器只需进行左移操作，因此反馈函数 $F=D_L$。由表可填出 F 的卡诺图如图 5.6.10(a)所示，并可得 $F(D_L)=\overline{Q}_0+\overline{Q}_2=\overline{\overline{Q}_0\overline{Q}_2}$。

表 5.6.5 例 5.6.5 的反馈函数表

Q_0	Q_1	Q_2	Q_3	$F(D_L)$
1	0	0	1	1
0	0	1	1	1
0	1	1	1	1
1	1	1	1	0
1	1	1	0	0
1	1	0	0	1

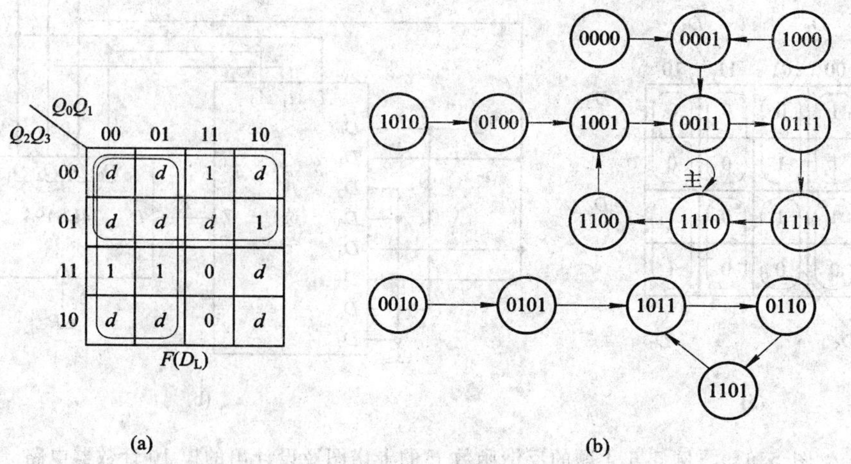

图 5.6.10 例 5.6.5 的反馈函数 F 的卡诺图及移位寄存器的全状态转换图

第三步：检查自启动性能。根据以上结果，作出完全状态转移图如图 5.6.10(b)所示，可见，它有一个无效循环。故所设计的电路存在挂起现象，是一个不能自启动的电路。

第四步：消除挂起。为了使电路具有自启动功能，应重新修改设计。其思路就是打破无效循环，将无效状态引入到有效循环中的有效状态，即将 0110→1100，0010→0100，其完全状态转移图如图 5.6.11(a)所示。修改后的反馈函数 F 的卡诺图如图 5.6.11(b)所示，并求得 $F=\bar{Q}_2+\bar{Q}_0Q_3$。

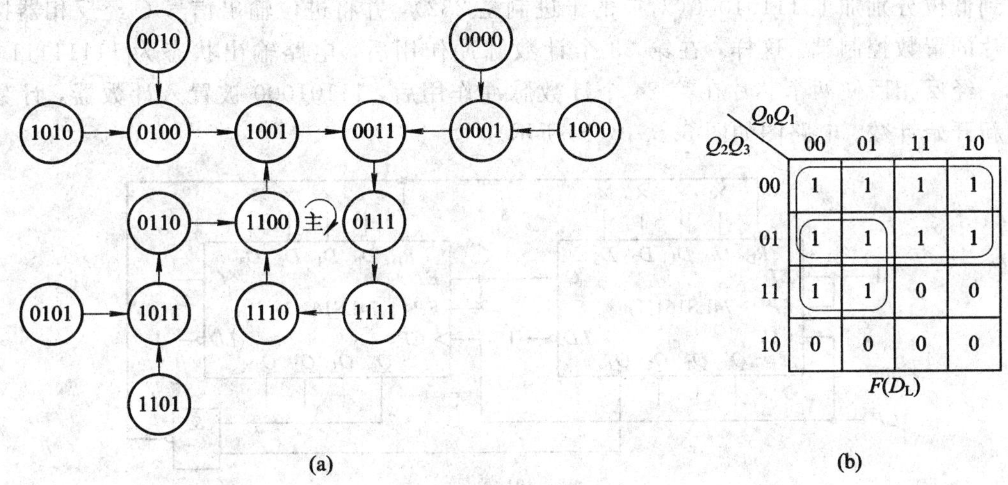

图 5.6.11　例 5.6.5 修改后的全状态转换图和 F 的卡诺图

第五步：设计数据输入端口。如果选用四选一数据选择器实现，且地址选为 $Q_0Q_2=A_1A_0$，则可得：

$$D_0=1,\ D_1=Q_3,\ D_2=1,\ D_3=0,\ D_0=1$$

故所设计的电路具有自启动能力，其逻辑电路图如图 5.6.12 所示

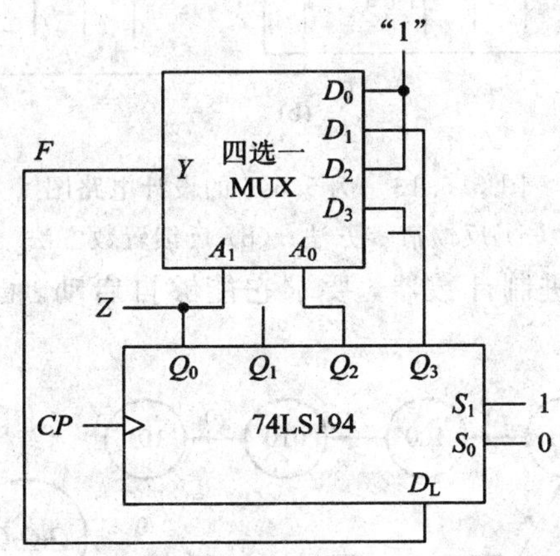

图 5.6.12　例 5.6.5 的逻辑电路图

例 5.6.6　试用 74LS161 及必要的与非门构成同步二十四进制计数器，要求采用两种不同的方法。

解题思路：因为 $M=24$，所以要用两片 74LS161。将两片 74LS161 先连成一个同步百进制计数器，然后用“反馈清零法”或“反馈置数法”跳过 256－24＝232 个多余状态，构成一

个同步二十四进制计数器。

解 (1) 反馈清零法：利用 74LS161 的"异步清零"功能，在第 24 个计数脉冲作用后，电路的输出状态为 00011000 时，将低位片的 Q_3 及高位片的 Q_0 经过与非门，给两片的异步清零端提供一个清零信号，使计数器重新从 00000000 状态开始计数。其电路如图 5.6.13(a)所示。

(2) 反馈置数法：利用 74LS161 的"同步置数"功能，将两片 74LS161 的置数输入端从高位到低位分别加上 11101000(对应的十进制是 232)，并将进位输出信号 C 经反相器接至两芯片的置数控制端。这样，在第 23 个计数脉冲作用后，电路输出状态为 11111111 时，$C=1$，经反相后使两个芯片在第 24 个计数脉冲作用后，11101000 被置入计数器，计数器又重新开始计数。电路图如图 5.6.13(b)所示。

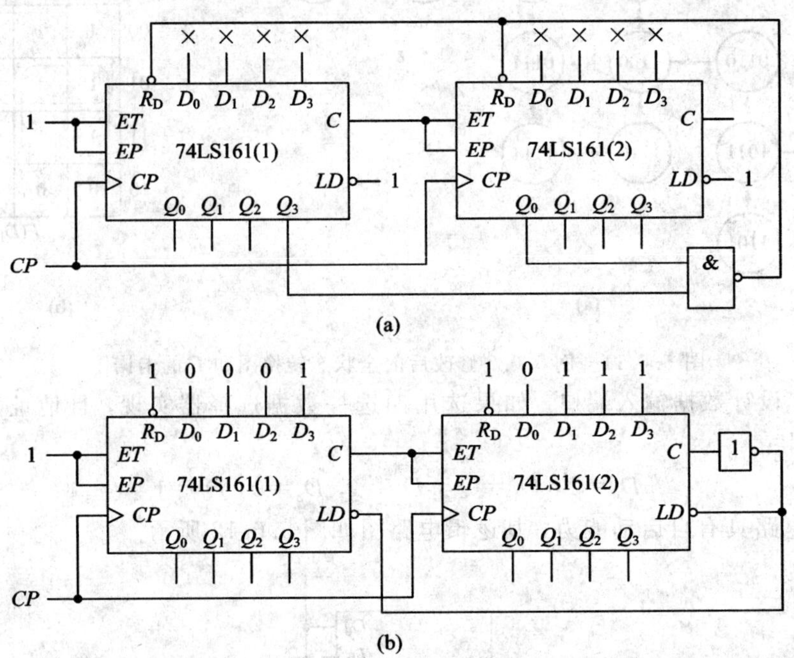

图 5.6.13 例 5.6.6 的设计电路图

(a) 反馈清零方法；(b) 反馈置数方法

例 5.6.7 设计一个七进制计数器，要求它能够自启动。已知该电路的状态转换图及状态编码如图 5.6.14 所示。

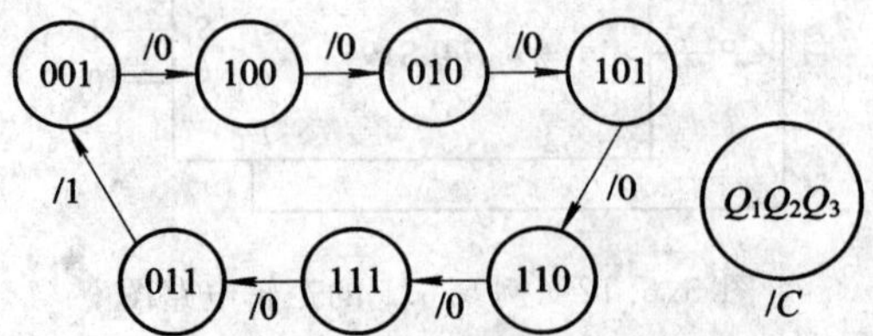

图 5.6.14 例 5.6.7 的状态转换图

解 由图 5.6.14 所示的状态转换图画出设计电路的次态 $Q_1^* Q_2^* Q_3^*$ 的卡诺图，如图 5.6.15(a)所示。为清楚起见，将图 5.6.15(a)所示的卡诺图分解为图 5.6.15(b)、

图 5.6.15(c)及图 5.6.15(d)三个卡诺图，分别表示 Q_1^*、Q_2^*、Q_3^*。如果将三个卡诺图中的无关项均视为 0 处理，则可得到电路的状态方程为

$$\begin{cases} Q_1^* = Q_2 \oplus Q_3 \\ Q_2^* = Q_1 \\ Q_3^* = Q_2 \end{cases}$$

而根据状态方程所设计的电路就一定存在挂起现象，这是因为状态 000 是该电路的一个无关项，由于在化简 Q_1^*、Q_2^*、Q_3^* 卡诺图时又将各卡诺图中的无关项视为 0，这无形中已经将 000 的次态指定为 000 状态，这个指定的次态仍属于无效状态，因此电路是不能自启动的，这就需要无效状态的次态改为某个有效状态，例如，取为 010。这时 Q_2^* 的卡诺图被修改为图 5.6.15(e)所示的形式。由 5.6.15(e)可得到：

$$Q_2^* = Q_1 + \bar{Q}_2\bar{Q}_3$$

则电路的状态方程被修改为：

$$\begin{cases} Q_1^* = Q_2 \oplus Q_3 \\ Q_2^* = Q_1 + \bar{Q}_1\bar{Q}_2 \\ Q_3^* = Q_2 \end{cases}$$

(a)

Q_1 \ Q_2Q_3	00	01	11	10
0	ddd/d	100/0	001/1	101/0
1	010/0	110/0	011/0	111/0

(b)

Q_1 \ Q_2Q_3	00	01	11	10
0	d	0	1	1
1	0	0	1	1

(c)

Q_1 \ Q_2Q_3	00	01	11	10
0	d	0	0	0
1	1	1	1	1

(d)

Q_1 \ Q_2Q_3	00	01	11	10
0	d	1	0	1
1	0	1	0	1

(e)

Q_1 \ Q_2Q_3	00	01	11	10
0	d	0	0	0
1	1	1	1	1

(f)

Q_1 \ Q_2Q_3	00	01	11	10
0	d	0	1	0
1	0	0	0	0

图 5.6.15　例 5.6.7 题的各触发器次态卡诺图及输出卡诺图

(a) $Q_1^*Q_2^*Q_3^*$ 的卡诺图；(b) Q_3^* 的卡诺图；(c) Q_2^* 的卡诺图；

(d) Q_1^* 的卡诺图；(e) 修改后 Q_2^* 的卡诺图；(f) 输出卡诺图

若选用 JK 触发器组成这个电路，则应将上式化成 JK 触发器特性方程的标准形式，于是得到：

$$\begin{cases} Q_1^* = (Q_2 \oplus Q_3)(Q_1 + \bar{Q}_1) = (Q_2 \oplus Q_3)Q_1 + (Q_2 \oplus Q_3)\bar{Q}_1 \\ Q_2^* = Q_1(Q_2 + \bar{Q}_2) + \bar{Q}_2\bar{Q}_3 = (Q_1 + \bar{Q}_3)\bar{Q}_2 + Q_1Q_2 \\ Q_3^* = Q_2(Q_3 + \bar{Q}_3) = Q_2Q_3 + Q_2\bar{Q}_3 \end{cases}$$

各触发器的驱动方程应为

$$\begin{cases} J_1 = Q_2 \oplus Q_3,\ K_1 = \overline{Q_2 \oplus Q_3} \\ J_2 = \overline{\bar{Q}_1 Q_3},\ K_2 = \bar{Q}_1 \\ J_3 = Q_2,\ K_3 = \bar{Q}_2 \end{cases}$$

由图 5.6.15(f)可得到计数器的输出方程为

$$C=\overline{Q}_1 Q_2 Q_3$$

图 5.6.16 是根据上两式设计出的逻辑图，就一定能够自启动，已无需再进行检验。它的状态转换图如图 5.6.17 所示。

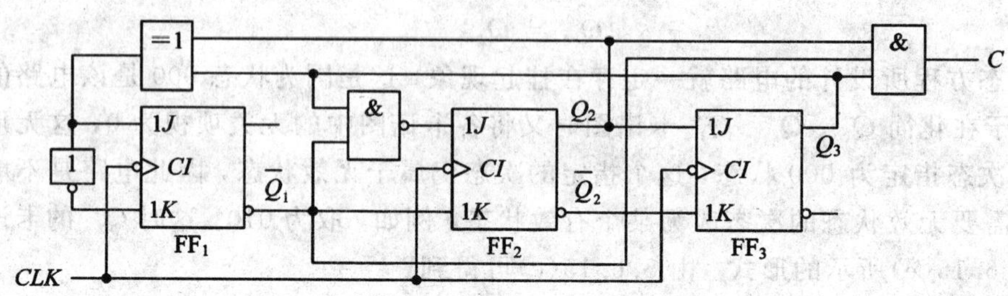

图 5.6.16 例 5.6.7 题逻辑电路

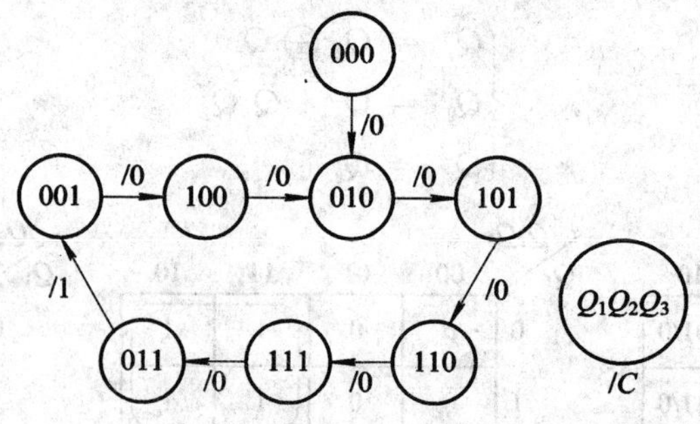

图 5.6.17 图 5.6.16 的状态转换图

5.7 自我检测题

一、填空题

1. 时序逻辑电路一般由________和________两部分组成。按电路时钟信号的接入方式，时序电路分为________和________两种；按输入与输出关系，时序电路分为________和________两种。

2. 计数器按计数的功能不同，可分为________、________和________；按进位基数方式可分为________、________和________等。

3. 寄存器可分为________和________。

4. 移位寄存器按移位方式可分为________、________及________等。

5. 用 n 级触发器构成的计数器，计数容量最多可为________。

6. 四位同步二进制减法计数器的初始状态为 $Q_3Q_2Q_1Q_0=0101$，经过 7 个 CP 时钟脉冲作用后，它的状态为 $Q_3Q_2Q_1Q_0$ ________。

7. 串行输入 8 位移位寄存器经________个 CP 脉冲后，8 位数码全部移入寄存器中。若该寄存器已存满 8 位数码，欲将其并行输出，则需________个 CP 脉冲后，数码能全部输出。

8. 若最简状态表中的状态数为 10，则所需的状态变量至少为________，最少需要

________个触发器。

9. 某移位寄存器的时钟脉冲 CP 频率为 50 kHz，若将存放在该寄存器中的数右移 8 位，完成该操作需要________时间。

10. 某时序电路的状态转换图如图 5.7.1 所示，状态转换图中________状态和________状态等价。

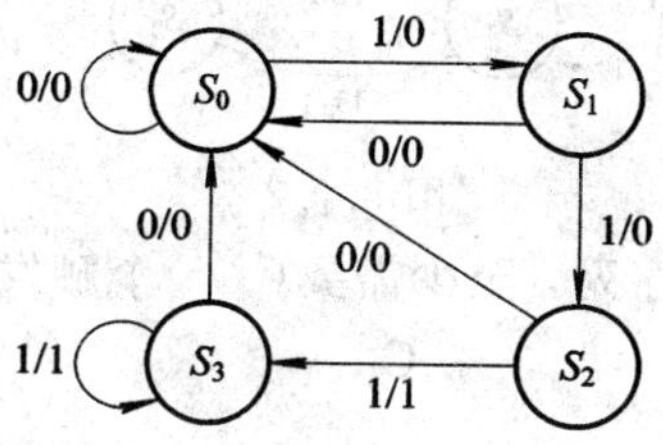

图 5.7.1

二、选择题

1. 用 n 个触发器构成计数器，可得到的最大计数长度为(　　)。

A. n　　B. $2n$　　C. n^2　　D. 2^n

2. 下列电路中(　　)不是时序电路。

A. 计数器　　B. 触发器　　C. 寄存器　　D. 译码器

3. 米利型时序电路的输出(　　)。

A. 只与当前外输入有关

B. 只与内部状态有关

C. 与外输入和内部状态均有关

D. 与外输入和内部状态均无关

4. 穆尔型时序电路的输出(　　)。

A. 仅与当前外输入有关

B. 仅与内部状态有关

C. 与外部输入和内部状态均有关

D. 与外输入和内部状态均无关

5. 同步时序电路和异步时序电路的区别是(　　)。

A. 没有触发器　　B. 没有统一的时钟脉冲控制

C. 没有稳定状态　　D. 输出只与内部状态有关

6. 一位 8421BCD 码计数器至少需要(　　)个触发器。

A. 3　　B. 4　　C. 5　　D. 10

7. 四位二进制减法计数器的初始状态 1001 经过 100 个 CP 脉冲作用之后的状态为(　　)。

A. 1100　　D. 0100　　C. 1101　　D. 0101

8. 4 个触发器构成 8421BCD 码计数器，共有(　　)个无效状态

A. 6　　B. 8　　C. 10　　D. 不定

9. 某时序电路状态图转换如图 5.7.2 所示。如果输入/输出序列为 00/0，01/0，10/0，11/0，11/1，则该电路原始处于(　　)状态。

A. S_0　　B. S_1　　C. S_2　　D. S_3

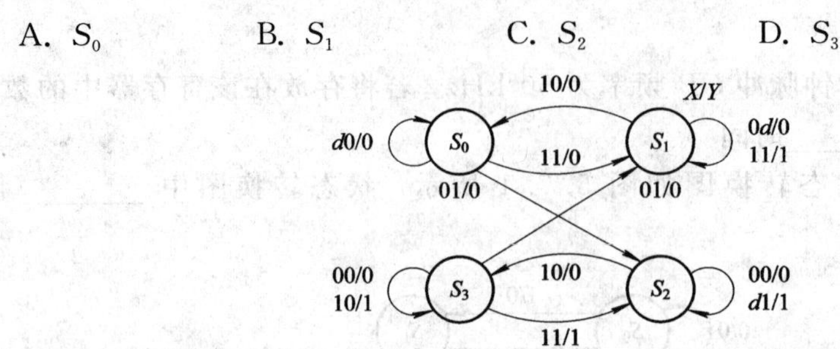

图 5.7.2

10. 用计数器产生 000101 序列，至少需要(　　)个触发器。

A. 2　　B. 3　　C. 4　　D. 8

三、分析、设计题

1. 分析如图 5.7.3 所示电路的逻辑功能，写出电路的驱动方程、状态方程和输出方程，画出电路的状态转换图和时序图。(设触发器的原始状态均为 0。)

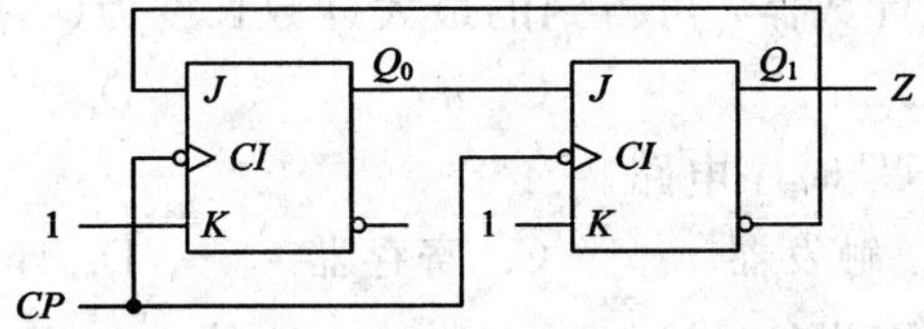

图 5.7.3

2. 分析如图 5.7.4 所示电路的逻辑功能，写出电路的驱动方程、状态方程和输出方程，画出电路的状态转换图和时序图。(设触发器的原始状态均为 0。)

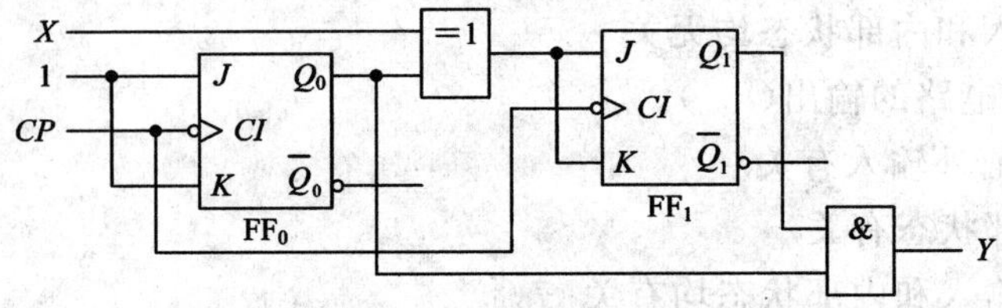

图 5.7.4

3. 分析图 5.7.5 所示的电路在控制端 $X=0$ 和 $X=1$ 时电路的工作状态，写出各触发器的驱动方程和状态方程、画出状态转换图、指出该电路所完成的逻辑功能。

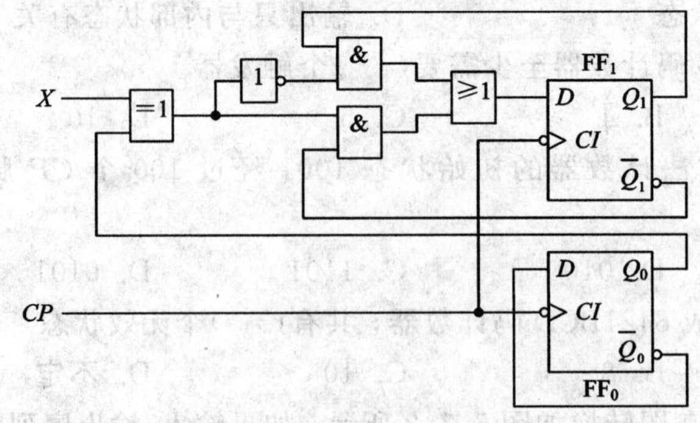

图 5.7.5

4. 图 5.7.6(a)为由 D 触发器构成的异步计数器，试说明其逻辑功能，并根据图 5.7.6(b)所示的 CP 波形画出 Q_0、Q_1、Q_2 的波形。

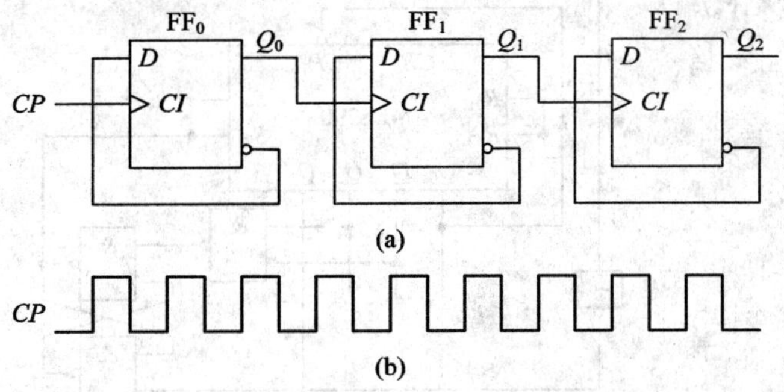

图 5.7.6

5. 分析图 5.7.7 所示的电路，试画出在 CP 时钟脉冲信号作用下，电路的状态转换图和 $L_1 \sim L_2$ 的波形图，并确定电路的逻辑功能。(设各触发器的初始状态均为 0。)

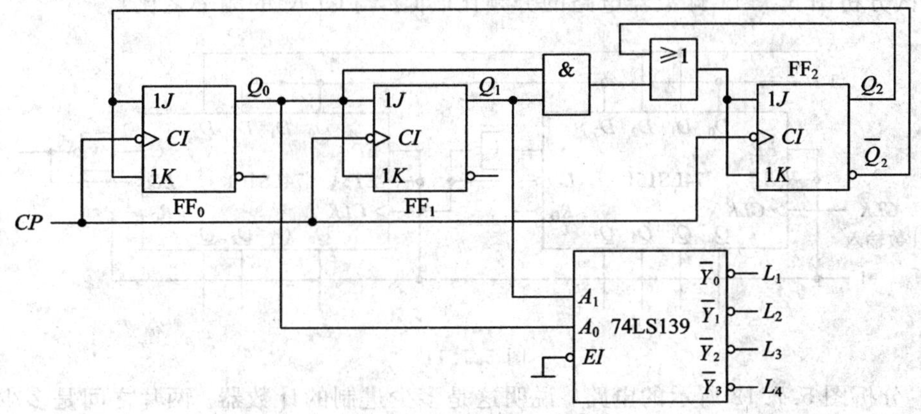

图 5.7.7

6. 分析图 5.7.8 的计数器电路，画出电路的状态转换图，说明电路的逻辑功能。

7. 分析图 5.7.9 的计数器电路，分别画出 $M=1$ 和 $M=0$ 时电路的状态转换图，并说明电路的逻辑功能。

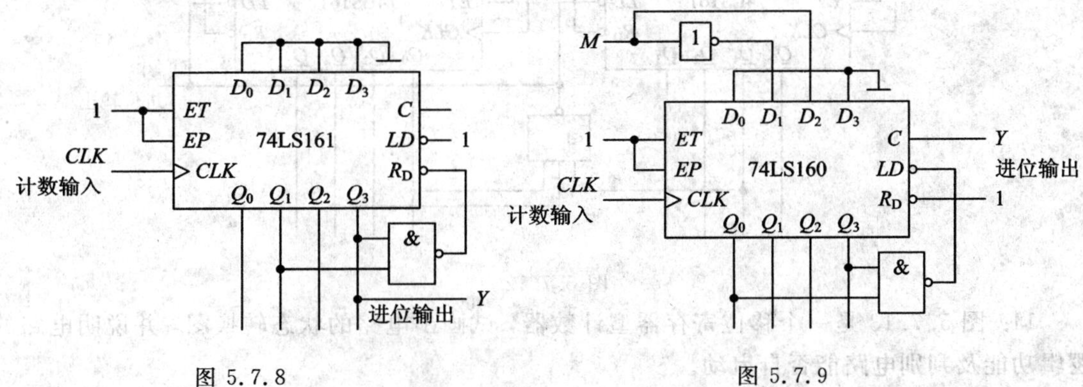

图 5.7.8　　　　图 5.7.9

8. 分析图 5.7.10 给出的计数器电路，画出电路的状态转换图，说明电路的逻辑功能。

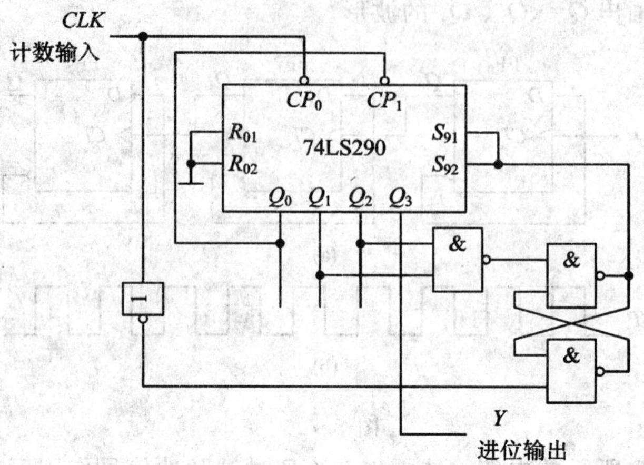

图 5.7.10

9. 试分析图 5.7.11 计数器电路的分频比(即 Y 与 CLK 的频率之比)。

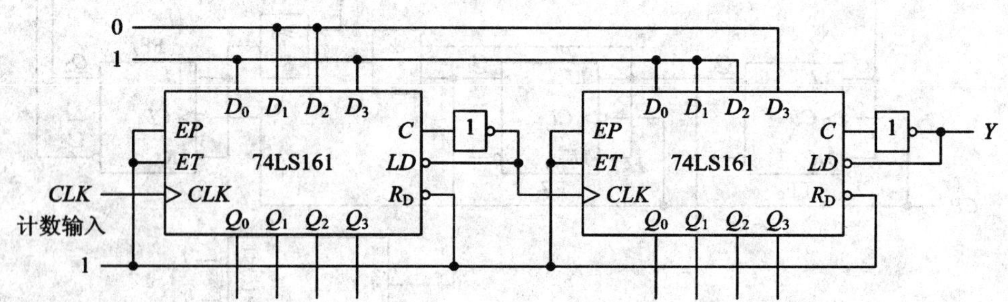

图 5.7.11

10. 分析图 5.7.12 所示的电路，说明这是多少进制的计数器。两片之间是多少进制的计数器。

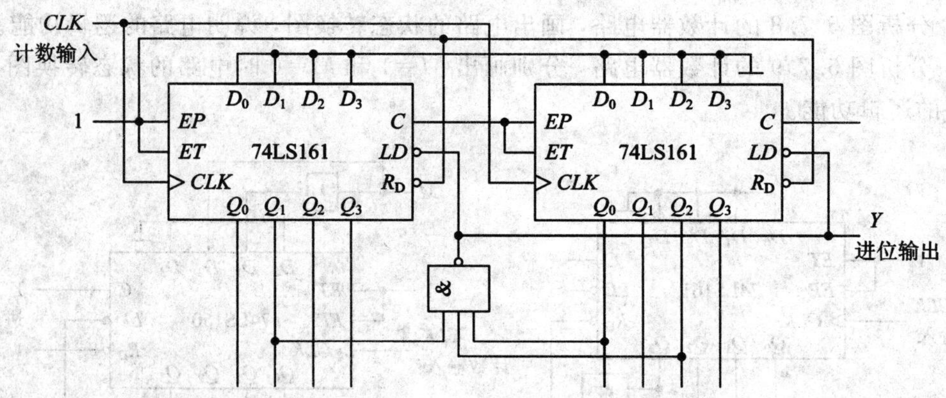

图 5.7.12

11. 图 5.7.13 是一个移位寄存器型计数器，试画出电路的状态转换图，并说明电路的逻辑功能及判别电路能否自启动。

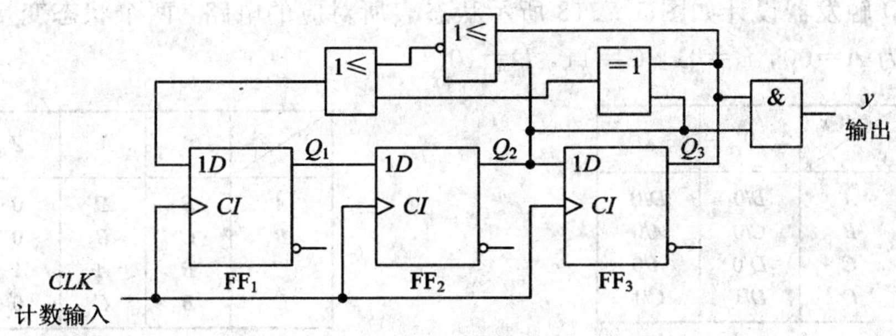

图 5.7.13

12. 图 5.7.14 是一个移位寄存器型计数器，试画出电路的状态转换图，并说明电路的逻辑功能及判别电路能否自启动。

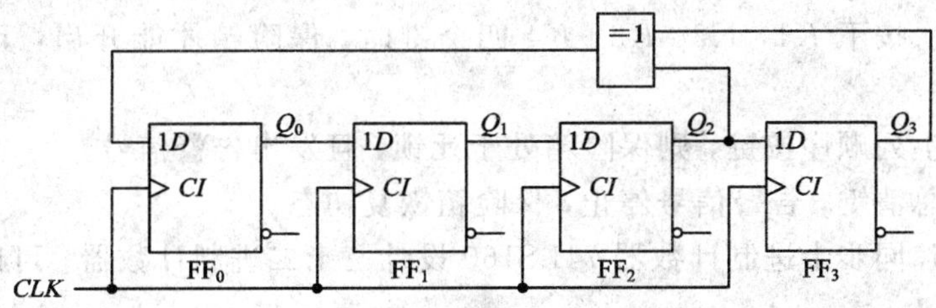

图 5.7.14

13. 化简图 5.7.15(a)、(b)所示的原始状态转换图。

(a)

y \ x	0	1
A	B/0	A/1
B	C/0	A/0
C	C/0	B/0
D	E/0	D/1
E	C/0	D/0

y^*/Z

(b)

y \ x_2x_1	00	01	11	10
A	D/1	C/0	E/1	C/0
B	D/0	E/0	C/1	B/0
C	A/0	E/0	B/1	A/0
D	A/1	B/0	E/1	D/0
E	A/1	C/0	B/1	B/0

y^*/Z

图 5.7.15

14. 化简图 5.7.16(a)、(b)所示的不完全确定的原始状态转换图。

(a)

S \ x	0	1
A	B/d	C/0
B	D/d	E/d
C	d/d	E/1
D	A/0	C/d
E	B/1	C/d

S^*/Z

(b)

y \ x_2x_1	00	01	11	10
1	1/0	d/d	2/1	3/0
2	d/d	4/0	5/1	2/0
3	1/0	d/d	2/1	1/0
4	3/0	4/0	5/1	4/0
5	6/1	1/0	2/1	d/d
6	5/1	3/0	d/d	2/0

y^*/Z

图 5.7.16

15. 按状态分配原则，写出采用 D 触发器来实现图 5.7.17 所示状态表的激励函数及输出方程。

16. 用D触发器设计如图 5.7.18 所示状态表所对应的电路，两个状态变量为 Q_1、Q_2，且状态分配为 $A=00$，$B=01$，$C=11$，$D=10$。

y \ x	0	1
A	B/0	D/0
B	C/0	A/0
C	D/0	A/0
D	D/1	C/1

y^*/Z

图 5.7.17

S \ x	0	1	Z
A	B	D	0
B	C	B	0
C	B	A	1
D	B	C	0

S^*

图 5.7.18

17. 试用门电路及D触发器设计一个保险箱暗码锁的控制电路，设计要求如下：

(1) 只有依次按下 $K1$，$K2$、$K3$、$K4$ 四个键时，保险箱才能开启，且电路恢复初始状态。

(2) 如未按上列顺序按键，则保险箱处于死锁，且发出告警信号。

(3) 当按下总清键，告警信号停止，保险箱恢复初态。

18. 试用两片同步十进制计数器 74LS160 设计三十二进制计数器，可以附加必要的门电路。

19. 设计一个数字钟电路，要求能用七段数码管显示从 0 时 0 分 0 秒到 23 时 59 分 59 秒之间的任一时刻。

20. 设计一个序列信号发生器电路，使之在一系列 CLK 信号作用下能周期性地输出"0010110111"的序列信号。

21. 用D触发器和门电路设计一个十一进制计数器，并检查所设计的电路能否自启动。

22. 设计一个控制步进电动机三相六状态工作的逻辑电路。如果用 1 表示电机绕组导通，0 表示电机绕组截止，则 3 个绕组 ABC 的状态转换图应如图 5.7.19 所示。M 为输入控制变量，当 $M=1$ 时为正转，$M=0$ 时为反转。

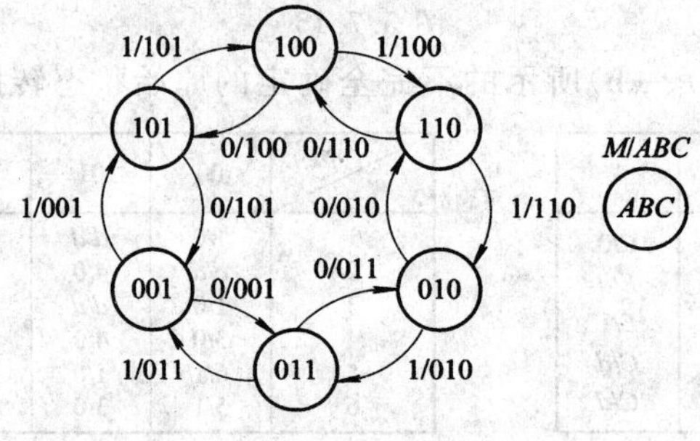

图 5.7.19

23. 试用四位同步二进制计数器 74LS161 设计一个十二进制计数器，标出输入、输出端。可以附加必要的门电路。

24. 设计一个可控制的计数器，当输入控制变量 $M=0$ 时，电路工作在五进制，当 $M=1$ 时，电路工作在十二进制，请标出输入、输出端。可以附加必要的门电路。

第 6 章　脉冲波形的产生与变换

本章首先介绍了常见的两大脉冲波形的变换电路——施密特触发器(Schmitt Trigger)及单稳态电路的组成、工作原理及有关参数计算；然后介绍了几种常见的脉冲波形的产生电路——多谐振荡器的组成、工作原理及有关参数计算；最后介绍了由 555 定时器构成的施密特触发器、单稳态电路及多谐振荡器的组成、工作原理及有关参数计算。

6.1　概　述

1. 获取矩形脉冲波形的途径

获取矩形脉冲波形的途径有两种：一种是直接产生所需要的矩形脉冲，另一种则是通过各种整形电路将已有的周期性变化波形变换为符合要求的矩形脉冲。

2. 时钟脉冲信号的主要指标

矩形脉冲常作为时钟信号，它控制和协调着整个系统的工作。为了定量描述矩形脉冲的特性，通常给出图 6.1.1 中所标注的几个主要指标。

脉冲周期 T——周期性重复的脉冲序列中，两个相邻脉冲之间的时间间隔。

脉冲频率 f——单位时间内脉冲重复的次数。

脉冲幅度 U_m——脉冲电压的最大变化幅度。

脉冲宽度 t_w——从脉冲前沿到达 $0.5U_m$ 起到脉冲后沿到达 $0.5U_m$ 为止的一段时间。

上升时间 t_r——脉冲上升沿从 $0.1U_m$ 上升到 $0.9U_m$ 所需要的时间。

下降时间 t_f——脉冲下降沿从 $0.9U_m$ 下降到 $0.1U_m$ 所需要的时间。

占空比 q——脉冲宽度与脉冲周期的比值，即 $q=t_w/T$。

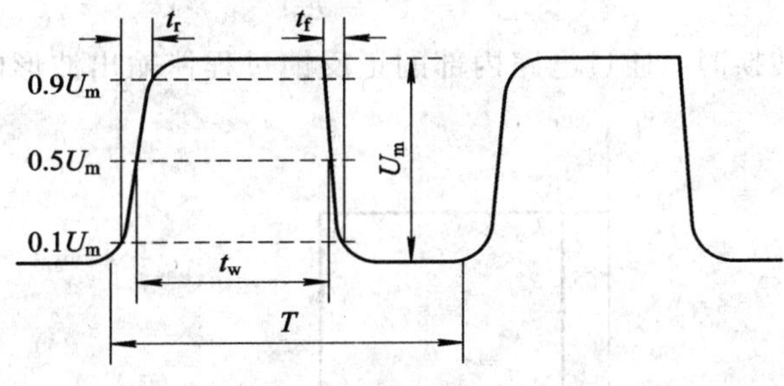

图 6.1.1　矩形脉冲波形及主要参数

3. 脉冲波形产生的机理

脉冲波形是通过惰性电路(如 RC 电路)的充放电过程而形成的。图 6.1.2 给出了两种 RC 电路的工作情况，图中 $\tau=RC$ 为 RC 电路的时间常数，T_s 为开关转换时间。当 $\tau \ll T_s$

时，图 6.1.2(a)的输出端就得到一个尖脉冲；当 $\tau \gg T_s$ 时，在图 6.1.2(b)的输出端就得到一个矩形脉冲。

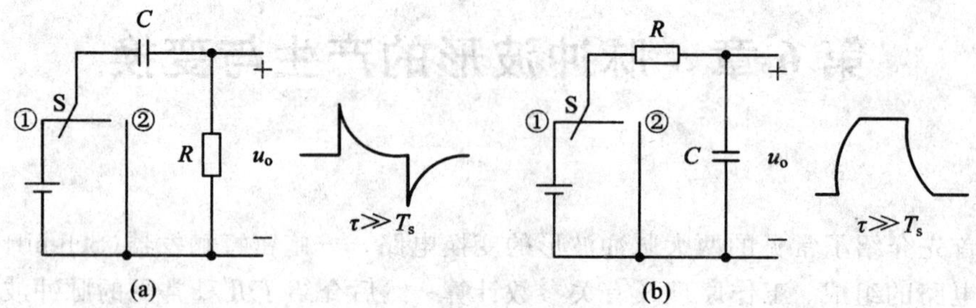

图 6.1.2 RC 暂稳态波形

由上述可知，产生脉冲波形的电路必须由两大部分组成：一部分是惰性电路，另一部分是开关电路。其中开关电路部分可用来使电路从稳态进入到暂态，惰性电路部分用来产生暂态的过程，由电路知识，不难得到暂稳态的时间(脉冲宽度 t_w)的计算公式。

$$X(t) = X(\infty) + [X(0^+) - X(\infty)]e^{-t/\tau} \tag{6.1.1}$$

或

$$t = \tau \ln \frac{X(\infty) - X(0^+)}{X(\infty) - X(t)} \tag{6.1.2}$$

式中，$X(0^+)$为变量 X 的起始值，$X(\infty)$为变量 X 的趋向值，τ 为电路的时间常数。

6.2 施密特触发器

6.2.1 施密特触发器的特点

施密特触发器的主要特点如下：

(1) 施密特触发器具有两个稳定状态。

(2) 施密特触发器具有两个翻转电平，即对正向和反向增长的输入信号，电路的触发转换电平不同，电路具有回差特性，如图 6.2.1 所示。回差电压为

$$\Delta U = U^+ - U^- \tag{6.2.1}$$

(3) 在电路状态转换时，通过电路内部的正反馈过程使输出波形的边沿变得很陡。

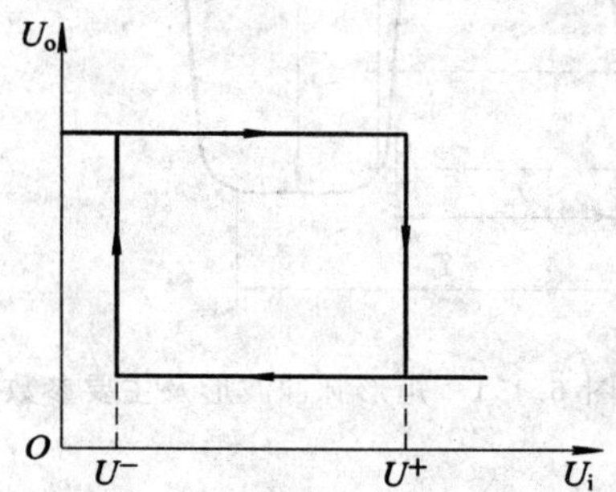

图 6.2.1 施密特触发器的回差特性

6.2.2 门电路构成的施密特触发器

1. 结构及符号

图 6.2.2(a)给出了一个用门电路构成的施密特触发器的电路。其结构特点是：

(1) 它是由两级反相器串接而成的。

(2) 电路通过分压电阻将输出端的电压反馈到输入端，即有一个正反馈电路。

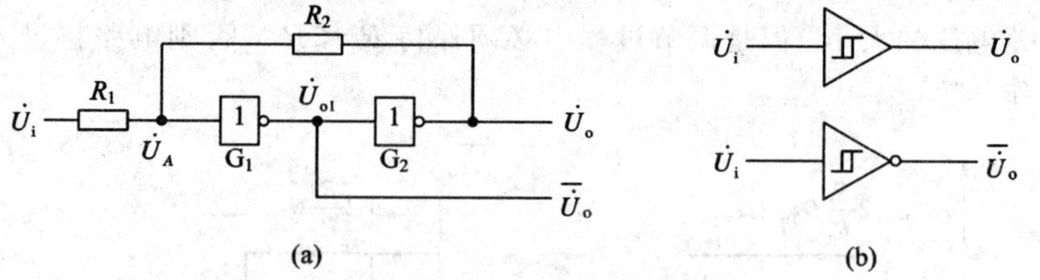

图 6.2.2　用 CMOS 反相器构成的施密特触发器的电路及符号

(a) 电路图；(b) 符号

2. 工作原理及参数计算

假定反相器 G_1 和 G_2 是 CMOS 电路，它们的阈值电压为 $U_{th}=\frac{1}{2}U_{DD}$ 且 $R_1<R_2$。由图 6.2.2 可知：

$$\dot{U}_A=\frac{R_1\dot{U}_o+R_2\dot{U}_i}{R_1+R_2}$$

当 $\dot{U}_i$ 为低电位($\dot{U}_i=0$)时，$\dot{U}_A$ 也为低电位($\dot{U}_A=0$)，则 $\dot{U}_{o1}$ 为高电位($\dot{U}_{o1}=1$)，同时 $\dot{U}_o$ 为低电位($\dot{U}_o=0$)。所以，通过电阻 R_2 反馈到 G_1 的信号为低电位 0，这时 G_1 的输出为高电位，即 $\dot{U}_{o1}=1$。

当 $\dot{U}_i$ 从 0 逐渐升高，$\dot{U}_A$ 随之升高且达到 $\dot{U}_{th}=\frac{1}{2}\dot{U}_{DD}$ 时，由于 G_1 进入了电压传输特性的转折区(放大区)，因此，$\dot{U}_A$ 的增加将引发如下的正反馈过程：

$$\dot{U}_i\uparrow\rightarrow\dot{U}_A\uparrow\rightarrow\dot{U}_{o1}\downarrow\rightarrow\dot{U}_o\uparrow$$

于是电路的状态就迅速地转换为 $U_o=U_{oH}\approx U_{DD}$。由此可以求出输入信号正向增长过程中，电路从低电平翻转到高电平时，对应的输入电平 U^+ 为

$$\dot{U}^+=\left(1+\frac{R_1}{R_2}\right)U_{th} \tag{6.2.2}$$

所以，U^+ 称为电路的正向阈值电压。

当 $\dot{U}_i$ 从高电平逐渐下降，$\dot{U}_A$ 随之下降并下降到 $U_{th}=\frac{1}{2}U_{DD}$ 时，由于 $\dot{U}_A$ 的下降将引发如下的正反馈过程：

$$\dot{U}_i\downarrow\rightarrow\dot{U}_A\downarrow\rightarrow\dot{U}_{o1}\uparrow\rightarrow\dot{U}_o\downarrow$$

从而使电路的状态迅速翻转为低电平，即 $U_o = U_{oL} \equiv 0$。由此可以求出输入信号反向增长过程中，电路从高电平翻转到低电平时，对应的输入电平 $\dot{U}^-$ 为

$$\dot{U}^- = \left(1+\frac{R_1}{R_2}\right)U_{\mathrm{TH}} - \frac{R_1}{R_2}U_{\mathrm{DD}} = \left(1-\frac{R_1}{R_2}\right)U_{\mathrm{TH}} \tag{6.2.3}$$

由式(6.2.2)及式(6.2.3)就可以得到该电路的回差电压为

$$\Delta\dot{U} = \dot{U}^+ - \dot{U}^- \tag{6.2.4}$$

图 6.2.3 给出了图 6.2.2 所示电路的电压传输特性曲线。通过改变 R_1 和 R_2 的比值，可以调节回差电压的大小。但是调节过程中必须保持 $R_1 < R_2$，否则电路将进入自锁状态，不能正常工作。

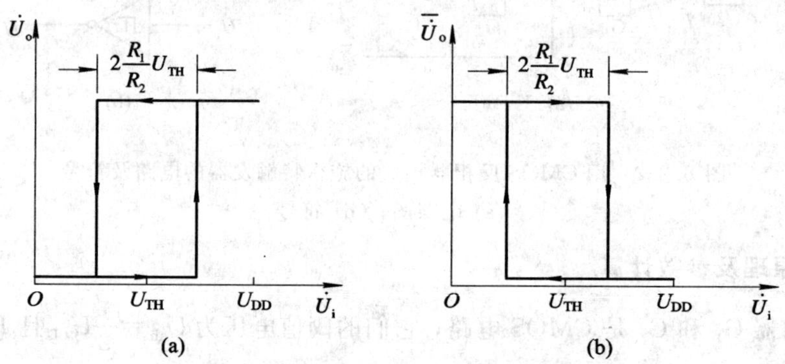

图 6.2.3　图 6.2.2 电路的电压传输特性

(a) 同相输出；(b) 反相输出

6.2.3　集成施密特触发器

1. 电路组成及符号

图 6.2.4 给出了 TTL 电路集成的施密特触发器 7413 的电路图及图形符号。

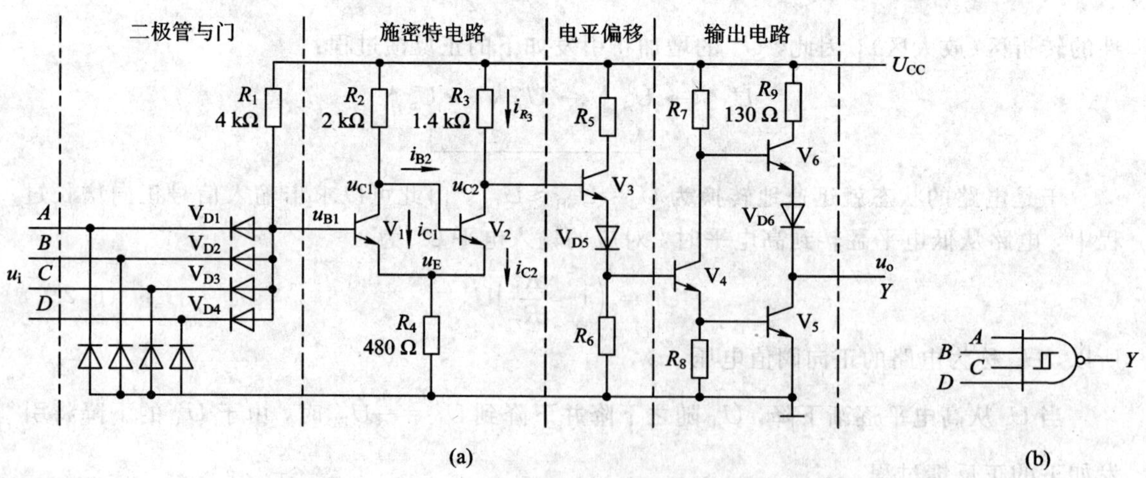

图 6.2.4　带与非功能的 TTL 集成施密特触发器

(a) 电路图；(b) 图形符号

由图 6.2.4(a)的电路可知：该电路由二极管与门、施密特电路、电平偏移电路和输出电路 4 个部分组成，其中的核心部分是由 V_1、V_2、R_2、R_3 及 R_4 组成的施密特电路。施密特电路是通过公共发射极电阻耦合的两级正反馈放大器。图 6.2.4(b)给出了它的图形符号。

2. 工作原理

若三极管发射结的导通压降和二极管的正向导通压降均为 0.7 V，当 u_i 为低电位时，$\dot{U}_{be1}<0.7$ V，V_1 截止，V_2 饱和导通。当 u_i 逐渐升高时，u_{B1} 也随之升高，若 u_{B1} 升高到使 $\dot{U}_{be1}>0.7$ V 时，则 V_1 进入导通，且有如下的正反馈过程：

$$\begin{array}{l} u_i\uparrow \rightarrow u_{B1}\uparrow \rightarrow i_{C1}\uparrow \rightarrow u_{R2}\uparrow \rightarrow u_{C1}\downarrow \\ \qquad\qquad\qquad\nearrow \qquad\qquad\qquad\qquad\qquad \downarrow \\ \qquad u_{BE1}\uparrow \leftarrow u_E\downarrow \leftarrow \downarrow i_{C2} \leftarrow i_{B2}\downarrow \end{array}$$

从而使电路迅速转为 V_1 饱和导通，V_2 截止的状态。

当 u_i 从高电平逐渐下降，并且降到 $\dot{U}_{be1}$ 只有 0.7 V 左右时，i_{C1} 开始减小，于是又出现了另一个正反馈过程：

$$\begin{array}{l} u_i\downarrow \rightarrow u_{B1}\downarrow \rightarrow i_{C1}\downarrow \rightarrow u_{C1}\uparrow \\ \qquad\qquad\nearrow \qquad\qquad\qquad \downarrow \\ \qquad u_{BE1}\downarrow \leftarrow i_{C2}\uparrow \leftarrow i_{B2}\uparrow \end{array}$$

从而使电路迅速返回 V_1 截止、V_2 饱和导通的状态。

由上面分析可知，由于两次正反馈过程的发生，从而使输出端电压 u_o 的上升沿和下降沿都很陡。同时，由于 $R_3<R_2$，因而就使得施密特触发器存在回差电压。如果用 $\dot{U}^+$ 及 $\dot{U}^-$ 分别表示 V_1 由截止变为导通时的输入电压及 V_1 由导通变为截止时的输入电压，则可得到电路的回差电压为

$$\Delta\dot{U}=\dot{U}^+-\dot{U}^- \tag{6.2.5}$$

图 6.2.5 给出了 7413 的电压传输特性。

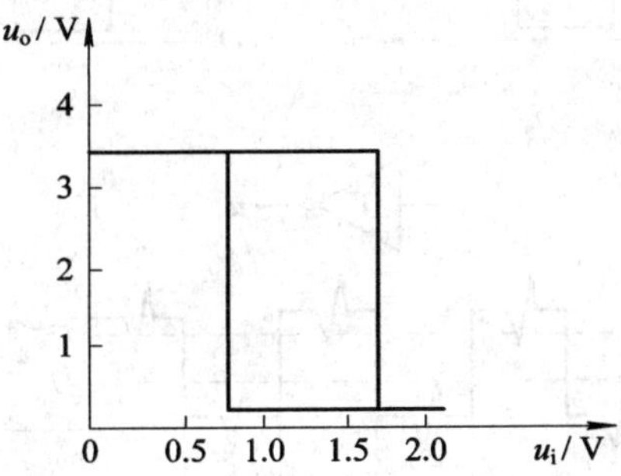

图 6.2.5　集成施密特 7413 的电压传输特性

集成施密特触发器的最大缺点就是对每个具体的器件而言，它们的 $\dot{U}^+$ 及 $\dot{U}^-$ 都是固定的，不能调节。

6.2.4　施密特触发器的应用

施密特触发器的主要应用有以下几个方面。

1. 用于波形变换

图 6.2.6 给出了这样一个转换例子，输入信号是按周期变化的正弦波，通过施密特触发器的作用将其转换为同频率的矩形脉冲信号。其中 $\dot{U}^{+}$ 及 $\dot{U}^{-}$ 分别表示施密特触发器的两个翻转电平。

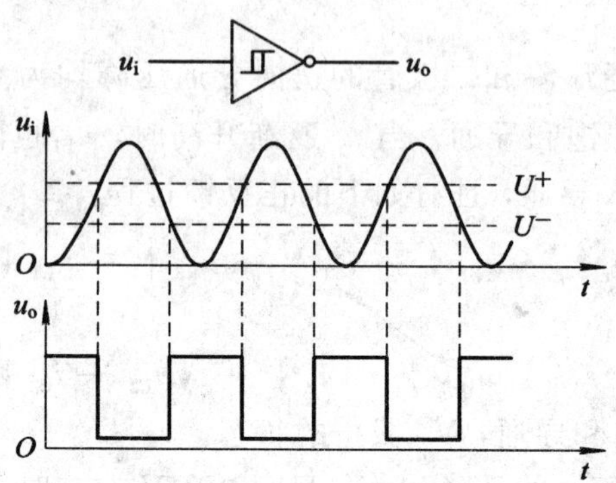

图 6.2.6　用施密特触发器实现波形的变换

2. 用于脉冲整形

图 6.2.7 中给出了几种常见的情况。从图中不难发现无论出现上述的哪一种情况，都可以通过用施密特触发器整形而获得比较理想的矩形脉冲波形。

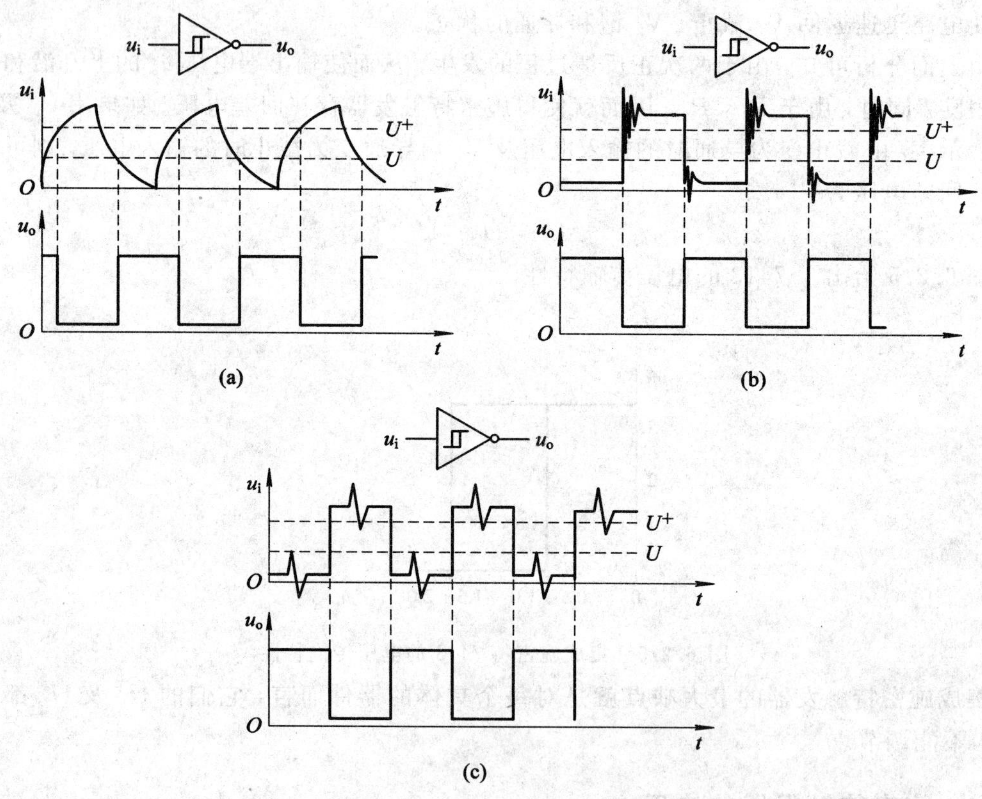

图 6.2.7　用施密特触发器对脉冲整形

3. 用于脉冲鉴幅

若输入信号是一系列幅度各异的随机脉冲信号，则通过施密特触发器就可以将幅值大于某值的输入脉冲检测出来。因此，施密特触发器具有脉冲鉴幅的能力。图 6.2.8 给出了用施密特触发器鉴别脉冲幅度的实例。

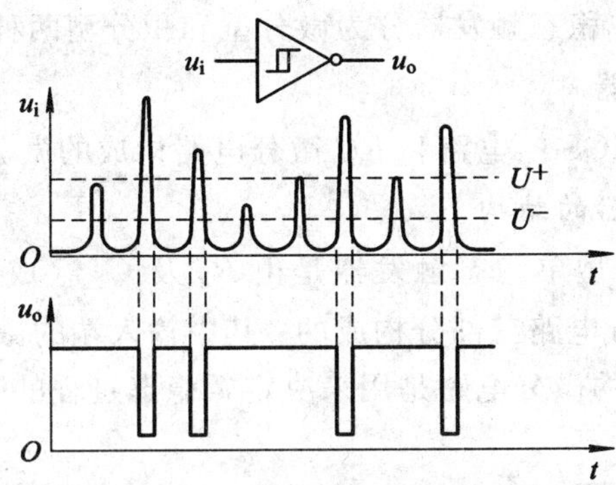

图 6.2.8　用施密特触发器鉴别脉冲幅度

4. 构成多谐振荡器

利用施密特触发器的滞回特性还能构成多谐振荡器，如图 6.2.9 所示。具体内容将在本章的 6.4 节中介绍。

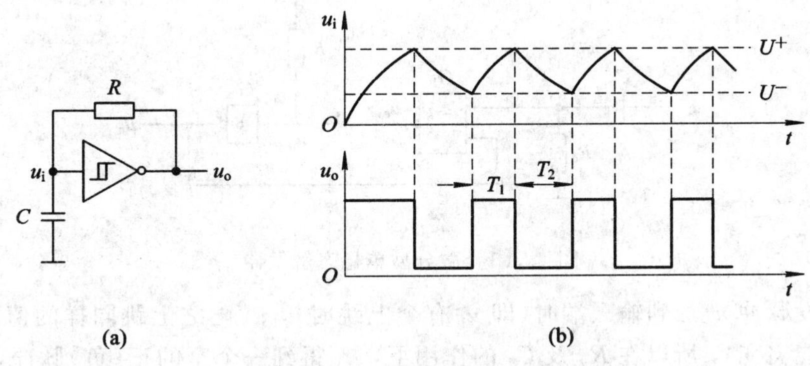

图 6.2.9　施密特构成的多谐振荡器及输入、输出波形

(a) 多谐振荡器；(b) 输入、输出波形

6.3　单稳态触发器

6.3.1　单稳态触发器的特点及应用

1. 单稳态触发器的特点

(1) 电路仅有一个稳态，另一个是暂稳态。

(2) 在外加触发信号的作用下，电路可从稳态翻转到暂稳态。

(3) 暂稳态维持一段时间后会自动返回稳态，其持续时间取决于电路本身的参数，与外加触发信号无关。

2. 单稳态触发器的应用

利用单稳态触发器可实现脉冲整形、脉冲定时及延时等功能。

6.3.2 门电路构成的单稳态触发器

常见的门电路构成的单稳态触发器分为微分型和积分型两种。

1. 微分型单稳态触发器

图 6.3.1 给出了用 CMOS 门电路和 *RC* 微分电路构成的微分型单稳态触发器。

1）微分型单稳态触发器的结构

由图 6.3.1 可知，微分型单稳态触发器是由 R_d 及 C_d 组成的输入端的微分电路，G_1 门、G_2 门及 *RC* 组成的微分电路三部分构成的。其中输入端的微分电路 R_d 及 C_d 是用来产生尖脉冲信号的，*RC* 组成的微分电路是用来决定暂稳态过程的。

2）工作原理

CMOS 门电路的输出可以近似地为 $\dot{U}_{oH} \approx U_{DD}$、$\dot{U}_{oL}=0$，且 $U_{TH}=\frac{1}{2}U_{DD}$。

由图 6.3.1 可知，当电路处在稳定状态时，$u_i=0$(即没有输入信号)，$u_d=0$(R_d 中没有电流)，$u_{i2}=U_{DD}$(R 中没有电流)，所以 $u_{o1}=0$，$U_{o1}=1$。

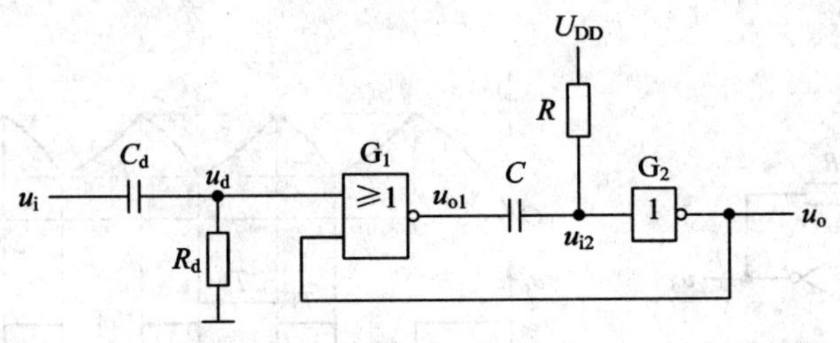

图 6.3.1 微分型单稳态触发器

当有出发脉冲 u_i 加到输入端时(即 u_i 有个上跳时)，u_d 随之上跳同样的值(因为 C_d 两端的电压不能突变)，所以在 R_d 及 C_d 的作用下，u_d 得到一个窄的正(负)脉冲，当 u_d 上升到 G_1 门的开启电压 U_{TH}时，电路将进入以下的正反馈过程。

$$u_i\uparrow \rightarrow u_d\uparrow \rightarrow u_{o1}\downarrow \rightarrow u_{i2}\downarrow \rightarrow u_o\uparrow$$

这个过程使得 u_{o1}迅速跳变为低电平。由于电容上的电压不能发生突跳，因此 u_{i2} 也同时下跳至低电平，并使 u_o 跳变为高电平，此时电路进入暂稳态。这时即使 u_d 回到低电平，u_o 的高电平仍将维持。

与此同时，电容 C 开始充电(充电过程如图 6.3.2 所示)。随着充电过程的进行 u_{i2} 逐渐升高，当 u_{i2} 升至 G_2 门的开启电压 U_{TH}，同时 u_d 又处在低电平时，电路又将进入到另一个正反馈过程。

$$u_{i2}\uparrow \rightarrow u_o\downarrow \rightarrow u_{o1}\uparrow$$

这个过程使 u_{o1} 迅速跳变为高电平，u_o 迅速返回低电平。同时，电容 C 通过电阻 R 和 G_2 门的输入保护电路 V_{D1} 进行放电(放电过程如图 6.3.3 所示)，直至电容上的电压为 U_{DD}，电路恢复到稳定状态。其工作过程如图 6.3.4 所示。

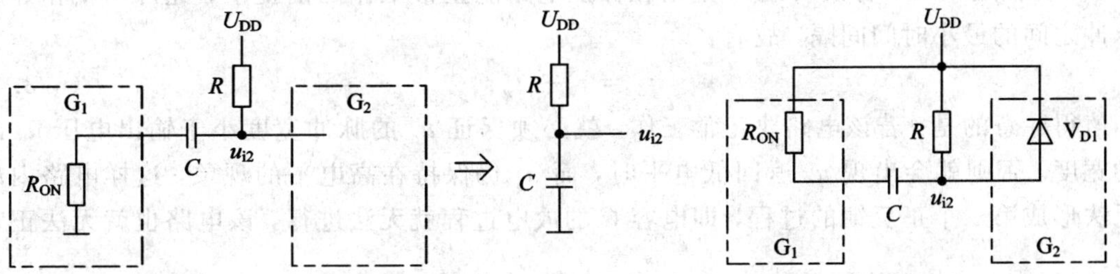

图 6.3.2 图 6.3.1 电路中电容 C 充电等效电路 图 6.3.3 图 6.3.1 电路中电容 C 放电等效电路

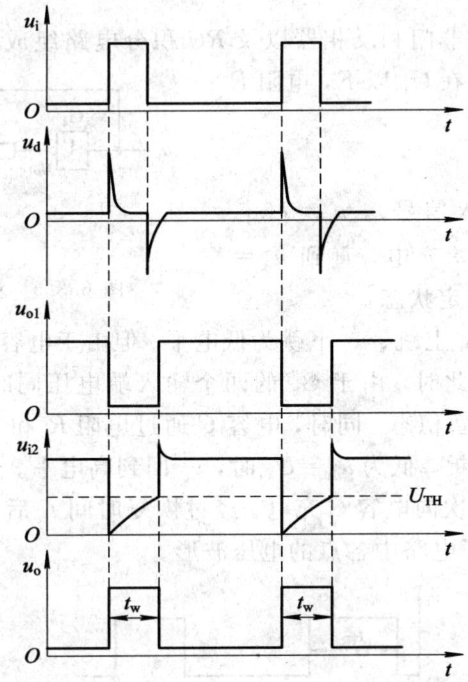

图 6.3.4 图 6.3.1 电路的电压波形图

3) 参数计算

(1) 输出脉冲的宽度 t_w。由图 6.3.4 可见，输出脉冲的宽度 t_w 等于从电容 C 开始充电到 u_{i2} 上升至 G_2 门的开启电压 U_{TH} 时的这段时间，则 $u_C(0)=0$、$u_C(\infty)=U_{DD}$，由电路知识可得：

$$t_w = RC \ln \frac{U_{DD}-0}{U_{DD}-U_{TH}} = RC \ln 2 = 0.69RC \tag{6.3.1}$$

(2) 输出脉冲的幅度。输出脉冲的幅度是指输出电压的最小值与最大值之间的范围。由图 6.3.4 可知其值为

$$\dot{U}_m = U_{oH} - U_{oL} \approx U_{DD} \tag{6.3.2}$$

(3) 恢复时间 t_{re}。恢复时间 t_{re} 是指从输出电压返回到低电平开始一直到电容 C 放电完毕后电路恢复到起始的稳态时所需要的时间。通常为

$$t_{re} \approx (3 \sim 5)R_{ON}C \tag{6.3.3}$$

(4) 分辨时间 t_d。分辨时间 t_d 是指在保证电路能正常工作的前提下，允许两个相邻触发脉冲之间的最小时间间隔，故有：

$$t_d = t_w + t_{re} \tag{6.3.4}$$

值得注意的是：若该电路要正常工作，就必须保证 u_d 的脉冲宽度小于输出电压 u_o 的脉冲宽度。否则就会出现 u_o 返回低电平时，而 u_d 仍保持在高电平的现象，这样电路内部将无法形成第二个正反馈的过程，即电容 C 的放电过程就无法进行，该电路也就无法正常工作。

2. 积分型单稳态触发器

1) 电路的组成

图 6.3.5 是用 TTL 与非门和反相器以及 RC 积分电路组成的积分型单稳触发器。为了确保 u_{o1} 为低电平时，u_A 在 U_{th} 以下，电阻 R 的取值不能很大。

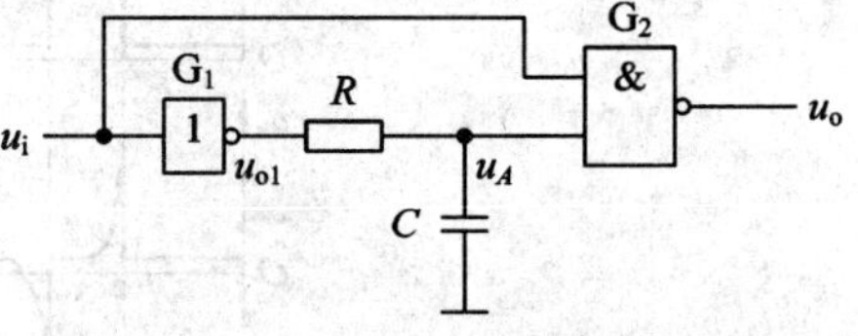

图 6.3.5　积分型单稳态触发器

2) 工作原理

当 $u_i=0$ 时(没有输入信号)，$u_o=U_{oH}$，$u_{o1}=U_{oH}$，此时电容 C 开始充电，直到 $u_A=u_{o1}=U_{oH}$，这时电路进入稳定状态。

当输入正脉冲时，即 u_i 上跳、u_{o1} 下跳为低电平。但由于电容 C 上的电压不能突变，因此 u_A 仍维持高电位不变，此时，由于 G_2 的两个输入端电压同时为高，故 u_o 下跳为低电平，即 $u_o=U_{oL}$，电路进入暂稳态。同时，电容 C 通过电阻 R 和 G_1 门的导通管开始放电，随着电容 C 的放电，u_A 不断降低为 $u_A=U_{th}$ 时，u_o 回到高电平。当 u_i 返回低电平时，u_{o1} 返回高电平，$u_{o1}=U_{oH}$，并再次向电容 C 充电。经过恢复时间 t_{re} 后，u_A 恢复为高电平，电路达到稳态。图 6.3.6 给出了电路中各点的电压波形。

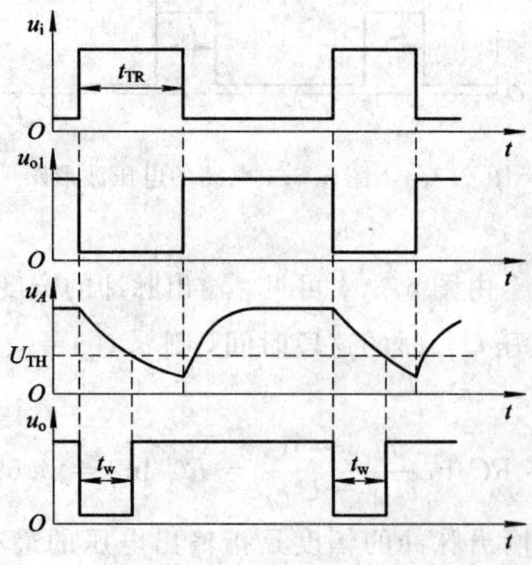

图 6.3.6　图 6.3.5 电路的电压波形图

3) 参数计算

(1) 输出脉冲的宽度。由图 6.3.6 可知，输出脉冲的宽度等于从电容 C 开始放电到 u_A 下降至 $u_A = U_{TH}$ 的时间，图 6.3.7(a)给出了电容 C 放电的等效电路。当 u_A 为高电平时，由于 G_2 的输入电流非常小(此时 G_2 的输入级处于倒置状态)，可以忽略不计，因而电容 C 放电的等效电路可以简化为如图 6.3.7(b)所示，其中 R_o 为 G_1 输出低电平时的输出电阻。图 6.3.7(c)给出了 u_A 的放电曲线。

由图 6.3.7(c)可得到 $u_A(0) = U_{oH}$，$u_A(\infty) = U_{oL} u_A(t) = U_{TH}$，则由电路中三要素公式可得到

$$t_w = (R + R_0)C \ln \frac{U_{oL} - U_{oH}}{U_{oL} - U_{TH}} \tag{6.3.5}$$

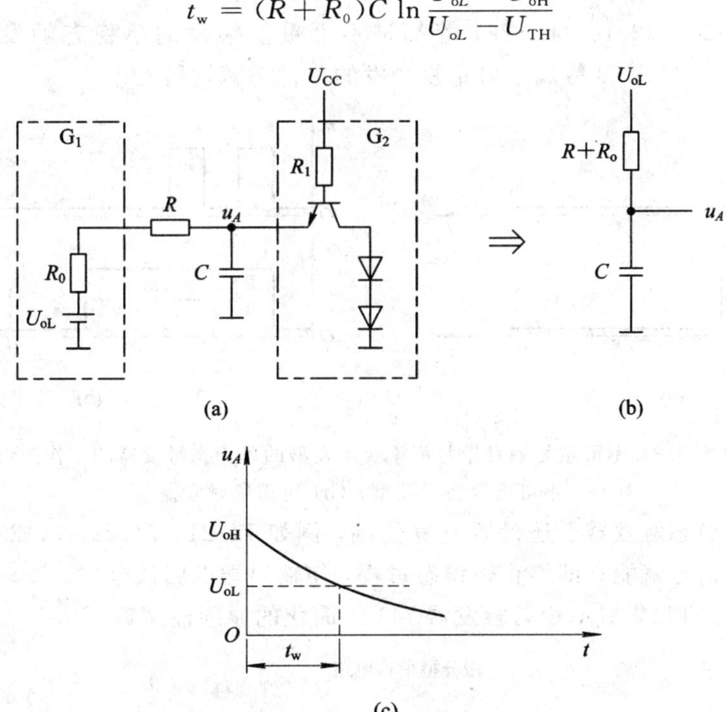

图 6.3.7　图 6.3.5 电路中电容 C 的放电回路及 u_A 变化曲线

(a) 电容 C 的放电回路；(b) 等效的放电回路；(c) 电容 C 放电时 u_A 变化的曲线

(2) 输出脉冲的幅度：

$$U_m = U_{0H} - U_{oL} \tag{6.3.6}$$

(3) 恢复时间 t_{re}。恢复时间等于跳变为高电平后电容 C 充电至 U_{oH} 所经过的时间。若取充电时间常数的 3～5 倍时间为恢复时间，则得

$$t_{re} = (3 \sim 5)(R + \bar{R}_o)C \tag{6.3.7}$$

其中，$\bar{R}_o$ 是 G_2 门输出高电平时的输出电阻。

(4) 分辨时间 t_d。电路的分辨时间应为触发脉冲的宽度 t_{TR} 和恢复时间之和，即

$$t_d = t_{TR} + t_{re} \tag{6.3.8}$$

值得注意的是：与微分型单稳态触发器相比，尽管积分型单稳态触发器比微分型单稳态触发器的抗干扰能力强，但是积分型单稳态触发器的输出波形的边沿比较差，此外，积

分型单稳态触发器必须在触发脉冲的宽度大于输出脉冲宽度时方能正常工作。

6.3.3 集成单稳态触发器

目前，经常使用的集成单稳态触发器有不可重复触发型和可重复触发型两种。可重复触发型的单稳态触发器一旦被触发进入暂稳态以后，再加入触发脉冲也不会影响电路的工作过程，但必须在暂稳态结束以后，它才能接受下一个触发脉冲而转入暂稳态，如图6.3.8(a)所示。而可重复触发型的单稳态触发器就不同了，电路被触发而进入暂稳态以后，如果再次加入触发脉冲，电路将重新被触发，输出脉冲再继续维持一个 t_w 宽度，如图6.3.8(b)所示。

常见的 74121、74221、74LS221 等都是不可重复触发的单稳态触发器，而 74122、74LS122、74123、74LS123 等属于可重复触发的单稳态触发器。

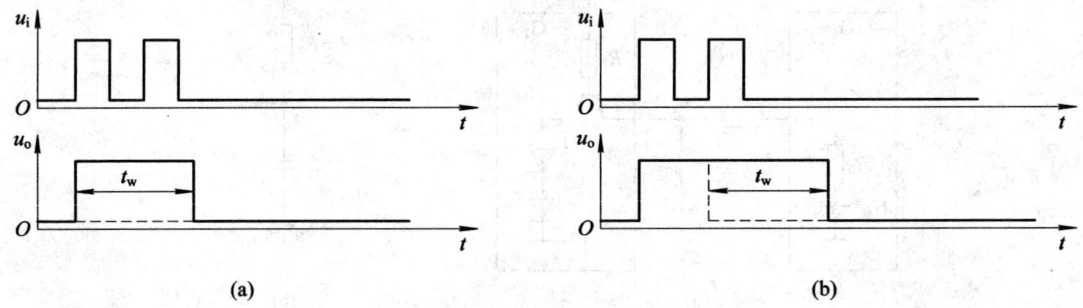

图 6.3.8　不可重复触发型与可重复触发型的单稳态触发器的工作波形

(a) 不可重复触发器型；(b) 可重复触发器型

有些集成单稳态触发器上还设置有复位端，例如 74221、74122、74123 等，通过在复位端加入低电平信号就能立即终止暂稳态过程，使输出端返回低电位。

图 6.3.9 是 TTL 集成单稳态触发器 74121 简化的原理性逻辑图。

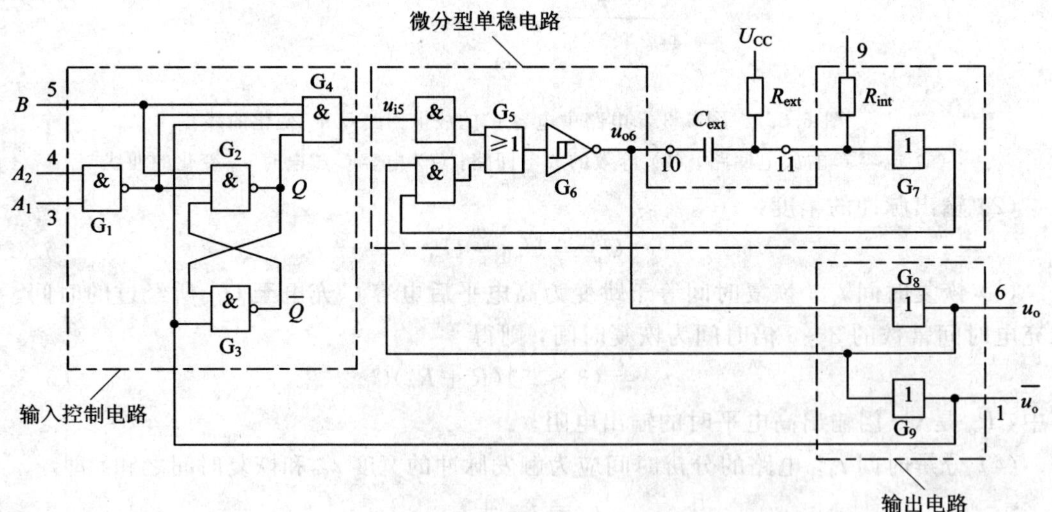

图 6.3.9　集成单稳态触发器 74121 简化的逻辑图

1）电路的组成

由图 6.3.9 可知，TTL 集成单稳态触发器 74121 是由微分型单稳态触发器、输入控制电路和输出缓冲电路三部分组成的。其中门 G_5、G_6、G_7 和外接电阻 R_{ext}、外接电容 C_{ext} 组成微分型单稳态触发器，它是电路的核心。输入控制电路用于控制触发脉冲的触发方式。如果是需要用上升沿触发，则触发脉冲由 B 端输入，同时 A_1 和 A_2 中至少要有一个接至低电平。如果需要用下降沿触发，则触发脉冲应由 A_1 和 A_2 中的任何一个输入（另一个应接高电平），同时将 B 端接高电平。输出缓冲电路用于提高电路的带负载能力。

2）工作原理

当触发脉冲的上升沿到达时，B 从低电位跳到高电位，这个高电位一路送给 G_4 门，另一路送给 G_2 门，由于 A_1 和 A_2 中至少有一个接低电位，因而 G_1 门的高电位给了 G_4 门，同时 G_9 门的高电位也给了 G_4 门，故 G_4 输出（u_{i5}）也随之跳变为高电平，并触发单稳态电路使之进入暂稳态，输出端跳变为 $u_o=1$，$\bar{u}_o=0$。与此同时，$\bar{u}_o$ 的低电平立即将 G_2 和 G_4 门置零，使 u_{i5} 返回低电平。可见，u_{i5} 的高电平持续时间极短，与触发脉冲的宽度无关，从而保证在触发脉冲宽度大于输出脉冲宽度时输出脉冲的下降沿仍然很陡，克服了由门电路组成的微分型单稳态触发器存在的缺点。74121 具有边沿触发的性质。同理，下降沿触发时的情况与上升沿触发时的情况相同。

表 6.3.1 给出了 74121 的功能表，图 6.3.10 给出了 74121 在触发脉冲作用下的工作过程波形图。

表 6.3.1　集成单稳态触发器 74121 的功能表

输入			输出	
A_1	A_2	B	u_o	$\bar{u}_o$
0	d	1	0	1
d	0	1	0	1
d	d	0	0	1
1	1	d	0	1
1	↓	1	⊓	⊔
↓	1	1	⊓	⊔
↓	↓	1	⊓	⊔
0	d	↑	⊓	⊔
d	0	↑	⊓	⊔

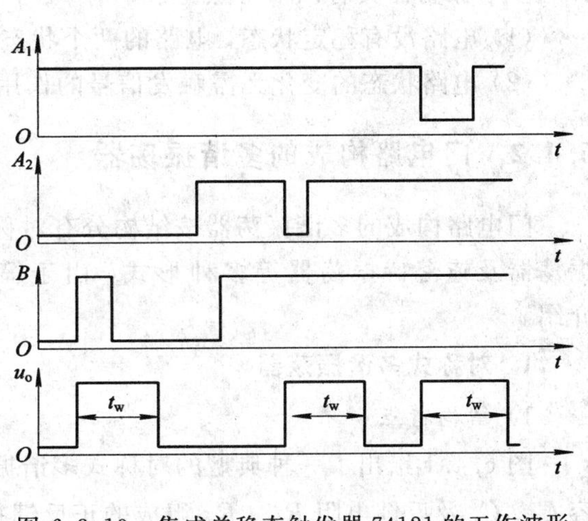

图 6.3.10　集成单稳态触发器 74121 的工作波形

3）参数计算

由门电路单稳态触发器的计算公式可以得到 74121 输出脉冲宽度的公式为

$$t_w \approx R_{ext}C_{ext}\ln 2 = 0.69R_{ext}C_{ext} \tag{6.3.9}$$

通常 R_{ext} 的取值在 2～30 kΩ 之间，C_{ext} 的取值在 10 pF～10 μF 之间，得到的 t_w 的值为 20 ns～200 ms。

另外，还可以使用 74121 内部设置的电阻 R_{int} 取代外接电阻 R_{ext} 以简化外电路。由于 R_{int} 的阻值不太大(约为 2 kΩ)，因而在希望得到较宽的输出脉冲时，仍需要使用外接电阻 R_{ext}。图 6.3.11 给出了这两种外部连接的方式。

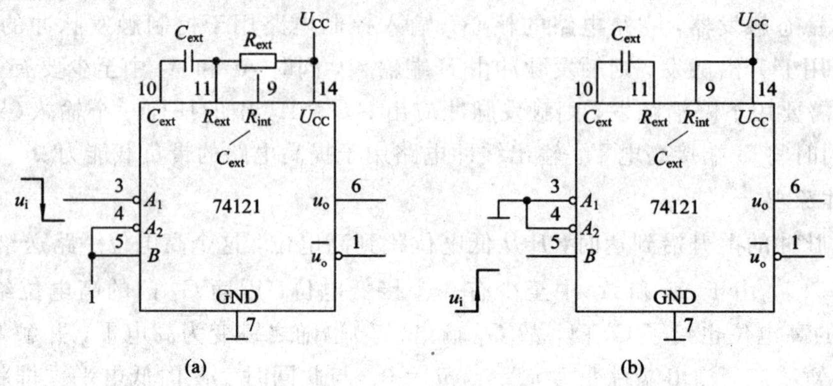

图 6.3.11　集成单稳态触发器 74121 的两种外部连接方式

(a) 使用 R_{ext}(下降沿触发)；(b) 使用 R_{int}(上升沿触发)

6.4　多谐振荡器

6.4.1　多谐振荡器的特点

多谐振荡器具有以下特点：

(1) 电路没有稳定状态，电路的两个状态均为暂稳态。

(2) 电路状态的变化无需触发信号的作用。

6.4.2　门电路构成的多谐振荡器

门电路构成的多谐振荡器按结构分有对称式多谐振荡器、非对称式多谐振荡器、环形振荡器及施密特振荡器等多种形式，由于篇幅的关系，在此只对其中的部分内容进行介绍。

1. 对称式多谐振荡器

1) 结构特点

图 6.4.1 给出了一种典型的对称式多谐振荡器的电路，它是由反相器 G_1、G_2，耦合电容 C_1、C_2 及反馈电阻 R_{f1}、R_{f2} 组成的正反馈振荡电路。

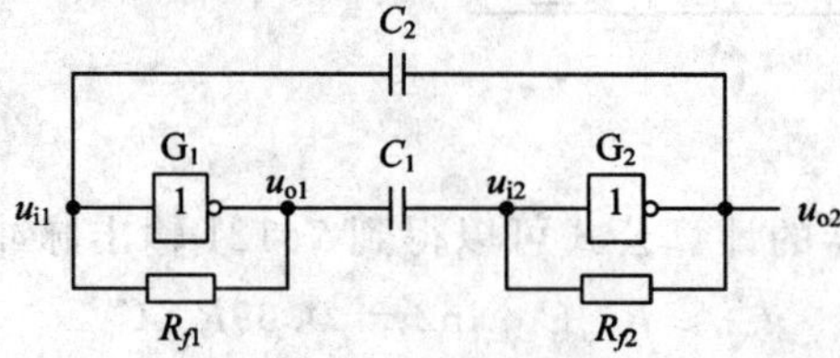

图 6.4.1　对称式多谐振荡器

2）工作原理

为了使电路产生振荡，反相器的静态工作点必须设置在放大区。图 6.4.1 中的反馈电阻 R_{f1}、R_{f2} 就是用来给 G_1、G_2 提供合适的静态偏置而设置的。图 6.4.2 给出了计算 G_1 静态工作点的等效电路。若忽略门电路的输出电阻，那么由图 6.4.2 可以得到：

$$u_i = \frac{R_{f1}}{R_1 + R_{f1}}(U_{CC} - U_{BE}) + \frac{R_1}{R_1 + R_{f1}} u_{o1} \tag{6.4.1}$$

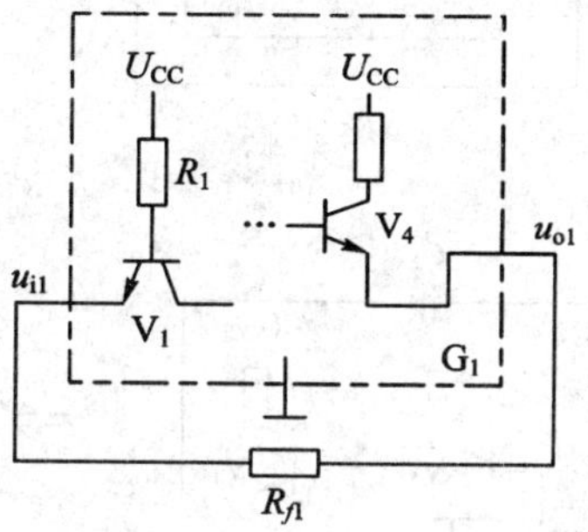

图 6.4.2　计算 G_1 静态工作点的等效电路

静态时，$u_{o1}=0$，式(6.4.1)可写为

$$u_i = \frac{R_{f1}}{R_{f1} + R_1}(U_{CC} - U_{BE}) \tag{6.4.2}$$

式(6.4.1)所确定的直线与 G_1 门电压传输曲线的交点 P 就为 G_1 门的静态工作点，如图 6.4.3 所示。对 74 系列的反相器来说，当 R 为 0.5～0.9 kΩ 时，就可使该门的静态工作点设置在它的电压传输曲线的转折区或是线性区。

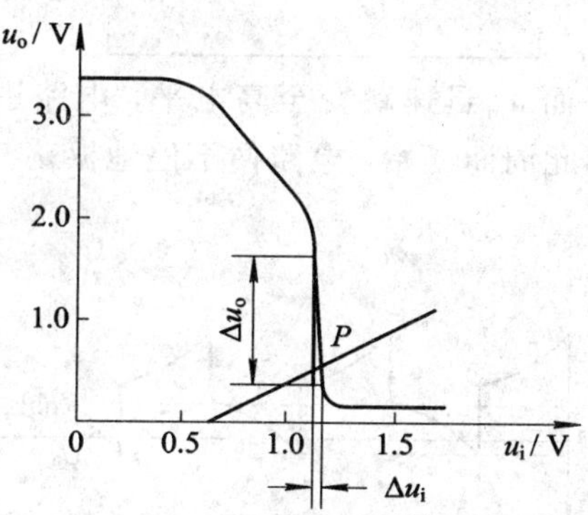

图 6.4.3　TTL 反相器的电压传输特性

若电源波动或外界干扰使 u_{i1} 有微小的正跳变，则电路将会引起如下的正反馈过程：

$$u_{i1}\uparrow \rightarrow u_{o1}\downarrow \rightarrow u_{i2}\downarrow \rightarrow u_{o2}\uparrow$$

从而使 u_{o1} 迅速跳变为低电平、u_{o2} 迅速跳变为高电平，电路进入第一个暂稳态。同时电容 C_1 开始充电而 C_2 开始放电。图 6.4.4 给出了 C_1 充电和 C_2 放电的等效电路。图 6.4.4(a)中的 R_{E1} 和 U_{E1} 分别是由戴维宁定理求得的等效电阻和等效电压源，它们分别为

$$R_{E1} = R \parallel R_{f2} = \frac{R_1 R_{f2}}{R_1 + R_{f2}} \tag{6.4.3}$$

$$U_{E1} = U_{oH2} + \frac{R_{f2}}{R_1 + R_{f2}}(U_{CC} - U_{oH2} - U_{BE}) \tag{6.4.4}$$

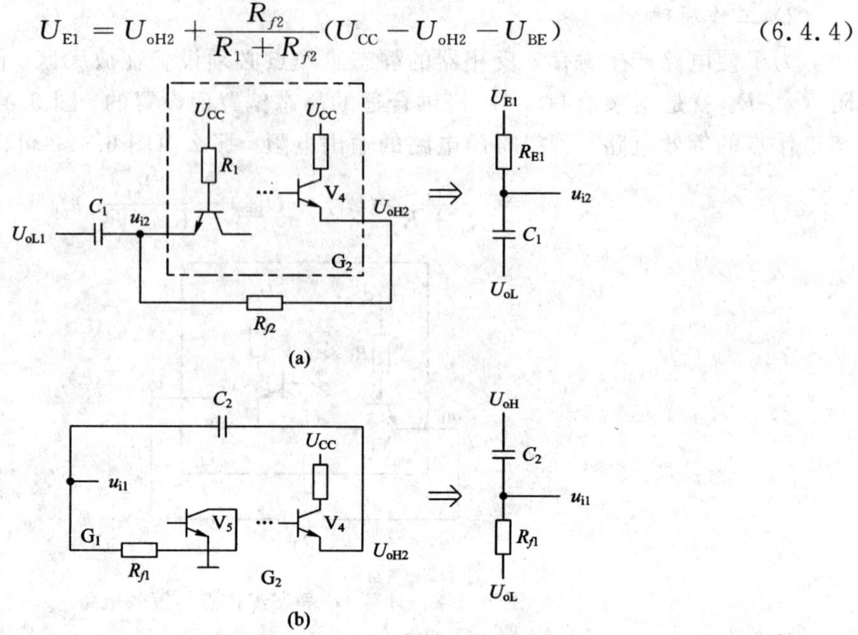

图 6.4.4　图 6.4.1 电路中电容的充、放电等效电路

(a) C_1 充电等效电路；(b) C_2 放电等效电路

由于 U_{CC} 和 U_{oH2} 同时给 C_1 充电，因此 C_1 首先上升到 G_2 门的开启电压 U_{th}，同时引起如下的正反馈过程：

$$u_{i2}\uparrow \rightarrow u_{o2}\downarrow \rightarrow u_{i1}\downarrow \rightarrow u_{o1}\uparrow$$

从而使 u_{o2} 迅速跳变至低电平而 u_{o1} 迅速跳变至高电平，电路进入第二个暂稳态。同时，C_2 开始充电而 C_1 开始放电。如此周而复始，电路便不停地振荡。图 6.4.5 给出了电路中各点电压的波形。

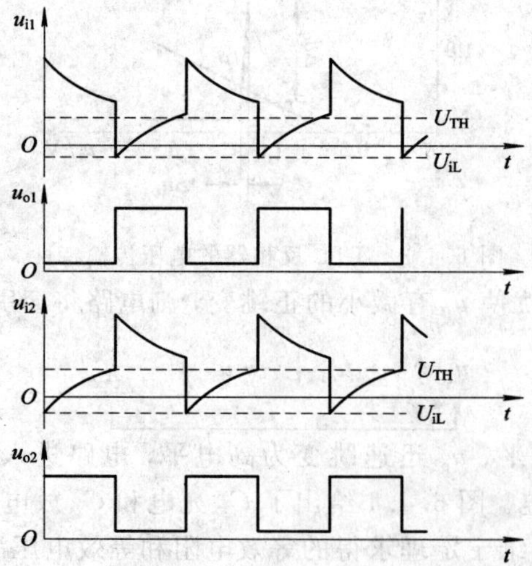

图 6.4.5　图 6.4.1 电路中各点的电压波形

3）参数计算

由上面的分析可以看到，第一个暂稳态的持续时间 T_1 等于 u_{i2} 从 U_{H1} 开始上升至 U_{TH} 的时间。即电容 C_1 由 U_{iL} 开始充电直到 u_{i2} 上升至 U_{TH} 的时间。根据电路中的有关公式可以得到：

$$T_1 = R_{E1}C_1 \ln \frac{U_{E1} - U_{iL}}{U_{E1} - U_{TH}} \tag{6.4.5}$$

式中，U_{E1} 为 $u_{C1}(\infty)$ 的值，U_{iL} 为 $u_{C1}(0)$ 的值。

由电路的对称性可得总的振荡周期 T 应该等于 T_1 的两倍。即

$$T = 2T_1 = 2R_{E1}C_1 \ln \frac{U_{E1} - U_{iL}}{U_{E1} - U_{TH}} \tag{6.4.6}$$

当 $R_{f1}=R_{f2}=R_f$，$C_1=C_2=C$ 时，如图 6.4.1 所示电路的振荡周期为

$$T = 2T_1 = 2R_E C \ln \frac{U_E - U_{iL}}{U_E - U_{TH}} \tag{6.4.7}$$

若 G_1、G_2 均为 74 系列，且当 $R_f \ll R_1$、$U_{oH}=3.4\ \text{V}$、$U_{iL}=-1\ \text{V}$、$U_{th}=1.1\ \text{V}$ 时，则可得到

$$T \approx 2R_f C \ln \frac{U_{oH} - U_{iL}}{U_{oH} - U_{TH}} \approx 1.3R_f C \tag{6.4.8}$$

2. 非对称式多谐振荡器

1）结构特点

图 6.4.6 给出了用 CMOS 反相器构成的非对称式多谐振荡器。它是由反相器 G_1、G_2，耦合电容 C 及反馈电阻 R_f 组成的正反馈振荡电路。

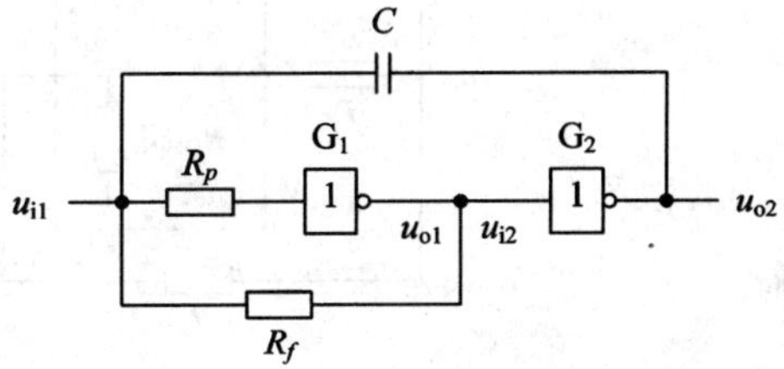

图 6.4.6　非对称式多谐振荡器

2）工作原理

(1) 静态分析。静态时，由于 CMOS 门电路的输入电阻非常大，其输入电流在正常的输入高、低电平范围内几乎等于零，R_f 两端无电压，故 G_1 工作在 $u_{o1}=u_{i1}$，在 CMOS 反相器的电压传输特性上作直线 $u_{o1}=u_{i1}$，两直线的交点就是 G_1 的静态工作点，如图 6.4.7 所示。又因为 $u_{o1}=u_{i2}$，所以 G_2 的静态工作点与 G_1 的重合，均在 CMOS 反相器转折区的中点。

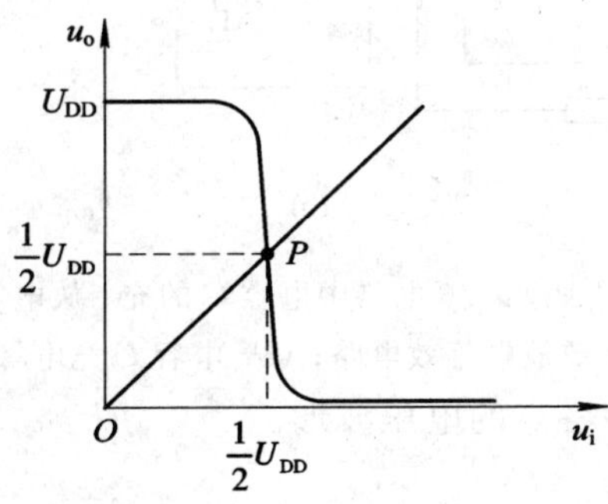

图 6.4.7　图 6.4.6 电路中 CMOS 反相器静态工作点的确定

(2) 动态分析。如果由于某些原因使 u_{i1} 发生极微小的正跳变，则电路将引起如下的正反馈过程：

$$u_{i1}\uparrow \rightarrow u_{i2}\downarrow \rightarrow u_{o2}\uparrow$$

从而使 u_{o1} 迅速跳变为低电平，而 u_{o2} 迅速跳变为高电平，电路进入第一个暂稳态。同时电容 C 开始放电，放电的等效电路如图 6.4.8(a)所示。图中的 $R_{ON(N)}$ 和 $R_{ON(P)}$ 分别为 N 沟道 MOS 管和 P 沟道 MOS 管的导通内阻，随着电容 C 的放电，u_{i1} 逐渐下降，当 $u_{i1}=U_{th}$ 时，电路又进入到另一个正反馈过程：

$$u_{i1}\downarrow \rightarrow u_{i2}\uparrow \rightarrow u_{o2}\downarrow$$

从而使 u_{o1} 迅速跳变为高电平，而 u_{o2} 迅速跳变为低电平，电路进入第二个暂稳态。同时电容 C 开始充电，充电的等效电路如图 6.4.8(b)所示。随着电容 C 的充电，u_{i1} 不断升高，当升至 $u_{i1}=U_{th}$ 时，电路又重新转换为第一个暂稳态。因此，电路便不停地在两个暂稳态之间振荡。

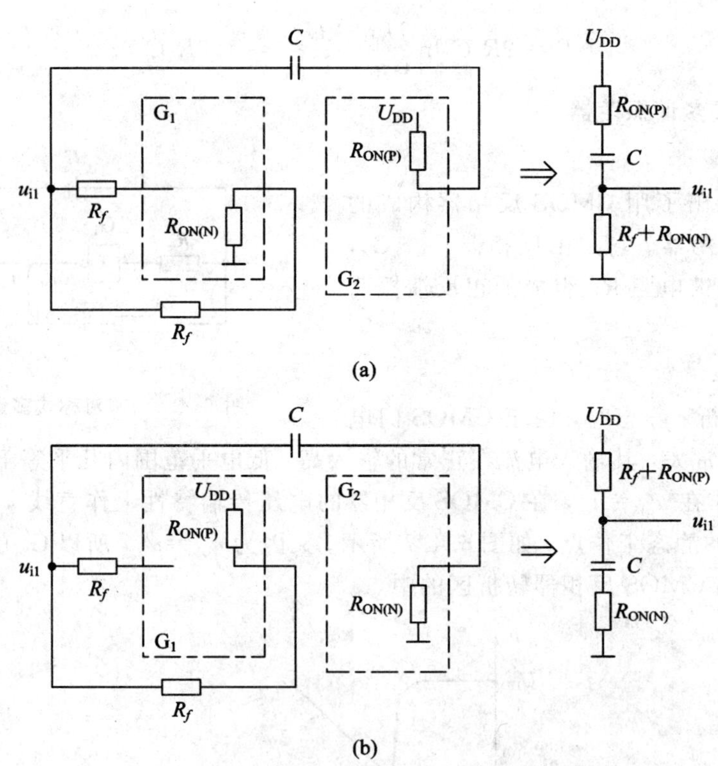

图 6.4.8　图 6.4.6 电路中电容 C 的充、放电等效电路

(a) 电容 C 放电等效电路；(b) 电容 C 充电等效电路

图 6.4.9 中给出了电路中各点的电压波形。

3) 参数计算

由图 6.4.9 可得电路的振荡周期为 $T=T_1+T_2$。若 G_1 的输入端的保护电阻 R_p 很大，G_1 的输入电流就可忽略不计，当 $R_f \geqslant R_{ON(N)}$ 及 $R_f \geqslant R_{ON(P)}$ 时，电容 C 充、放电的时间 T_1、

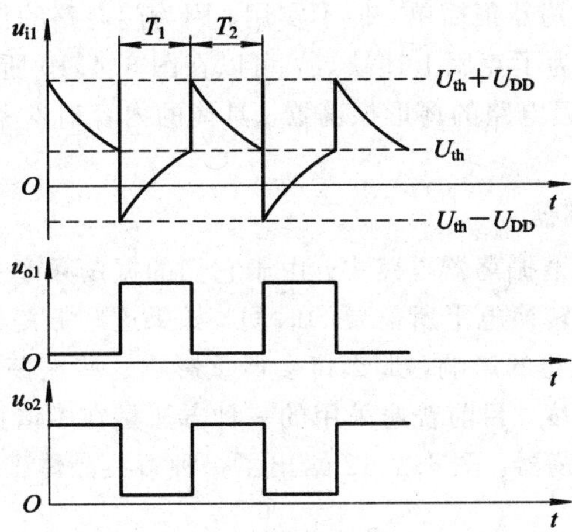

图 6.4.9　图 6.4.6 电路中各点电压波形

T_2 可以近似为

$$T_1 \approx R_f C \ln \frac{U_{DD} - (U_{th} - U_{DD})}{U_{DD} - U_{th}} = R_f C \ln 3 \tag{6.4.9}$$

及

$$T_2 \approx R_f C \ln \frac{0 - (U_{th} - U_{DD})}{0 - U_{th}} = R_f C \ln 3 \tag{6.4.10}$$

则电路的振荡周期为

$$T = T_1 + T_2 \approx 2R_f C \ln 3 = 2.2R_f C \tag{6.4.11}$$

3. 环形振荡器

环形振荡器是将奇数个反相器首尾相接构成的，图 6.4.10 所示的电路是一个最简单的环形振荡器，它由三个反相器首尾相连组成。

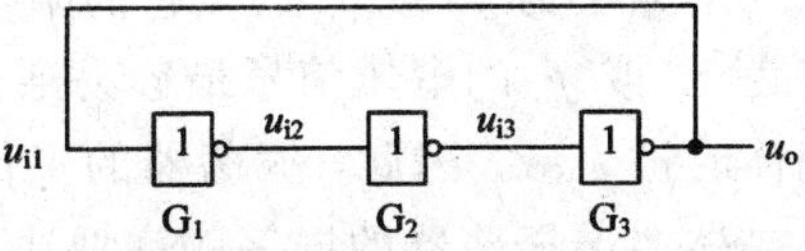

图 6.4.10　由反相器组成的环形振荡器

若由于某种原因使 u_{i1} 产生了微小的正跳变，则电路将引发如下的循环：

$$u_{i1}\uparrow \rightarrow u_{i2}\downarrow \rightarrow u_{i3}\uparrow \rightarrow u_{o1}(u_{i1})\downarrow$$

如果假设各逻辑门的传输延迟时间均为 t_{pd}，则电路经过 $3t_{pd}$ 的时间以后，u_{i1} 又自动跳变为低电平，可以推想，再经过 $3t_{pd}$ 以后，u_{i1} 又将跳变为高电平。如此周而复始，就产生了振荡。

图 6.4.11 给出了图 6.4.10 电路的工作波形图。其电路的振荡周期为

$$T = 6t_{pd} \tag{6.4.12}$$

将任何 $n \geqslant 3$ 的奇数个反相器首尾相接构成环形电路，都能产生自激振荡，而且振荡周期为

$$T = 2nt_{pd} \tag{6.4.13}$$

其中 n 为串联反相器的个数。

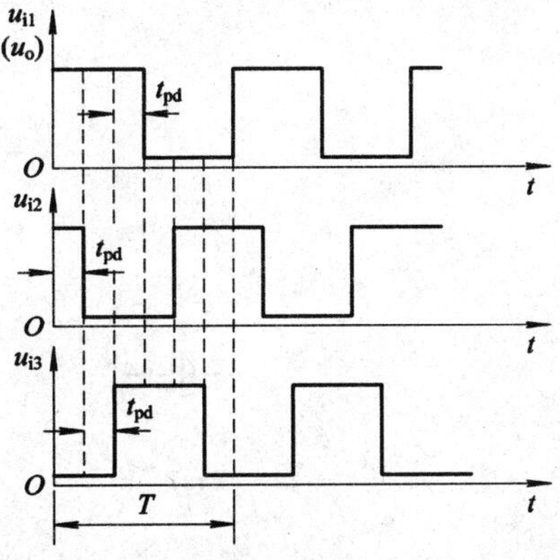

图 6.4.11　图 6.4.10 电路的工作波形

用这种方法构成的振荡器很简单，但不实用。因为门电路的传输延迟时间极短，所以，电路振荡的周期也极短。为了克服上述缺点，可以在图 6.4.10 所示电路的基础上附加 RC 延迟环节，组成带 RC 延迟电路的环形振荡器。具体的内容请参考闫石主编的《数字电子技术基础》。

4. 石英晶体多谐振荡器

在前面所讲的几种多谐振荡器电路中，由于它们的振荡频率主要取决于门电路输入电压在充、放电过程中达到转换电平所需要的时间，如果这些振荡器中门电路的转换电平自身易受电源电压和温度变化的影响，那么将会严重影响这些振荡器振荡频率的稳定度。为了提高多谐振荡器的稳定度，目前普遍采用的一种方法是在多谐振荡器电路中接入石英晶体，组成石英晶体多谐振荡器。图 6.4.12 给出了一种石英晶体多谐振荡器。

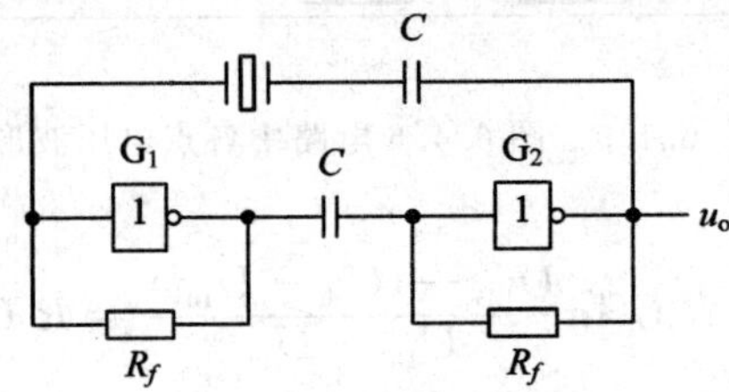

图 6.4.12 石英晶体多谐振荡器

1）电路组成

石英晶体多谐振荡器是由石英晶体与对称式多谐振荡器中的耦合电容串联起来构成的。

2）工作原理

图 6.4.13 给出了石英晶体的阻抗特性及符号。由石英晶体的阻抗频率特性可知，当外加电压的频率为 f_0 或 f_s 时，它的阻抗最小，所以把它接入多谐振荡器的正反馈环路中后，频率为 f_0 或 f_s 的电压信号最容易通过，并在电路中形成正反馈，而其他频率信号经过石英晶体时被衰减。因此，振荡器的工作频率就为 f_0 或 f_s，而与外接电阻、电容无关。由于石英晶体多谐振荡器的振荡频率取决于石英晶体的固有谐振频率，因此石英晶体多谐振荡器具有极高的频率稳定性，它的频率稳定度可达 $10^{-10}\sim10^{-11}$。

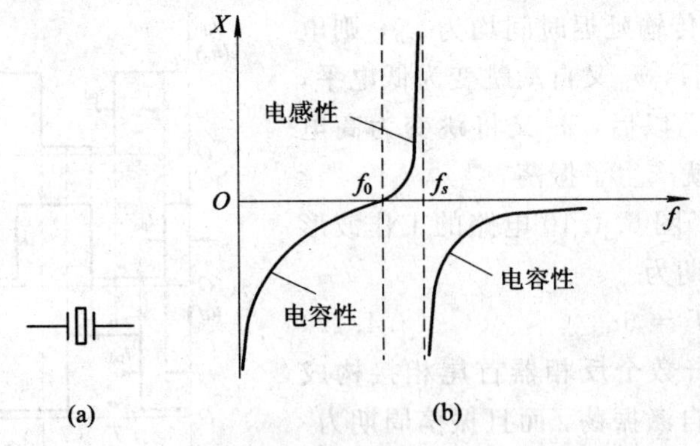

图 6.4.13 石英晶体的符号及阻抗特性
(a) 符号；(b) 阻抗特性

6.4.3 施密特触发器构成的多谐振荡器

由于施密特触发器有两个翻转电压，因此利用施密特触发器的这个特点就可以很方便地得到矩形脉冲波。图 6.4.14 给出了由施密特触发器构成的多谐振荡器的电路。

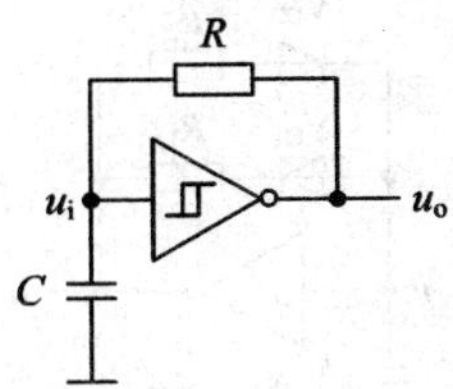

图 6.4.14　用施密特触发器构成的多谐振荡器

1. 电路的结构

图 6.4.14 是由施密特触发器及 RC 积分电路构成的，其中 RC 积分电路用于实现电路的充电、放电过程。

2. 工作原理

由于电容 C 上的初始电压为零，因此电路的初始输出值为高电平，当电源接通后，输出的高电平将通过电阻 R 向电容 C 充电，直至输入电压为 $u_i=U^+$，此时输出电位就从原来的高电平跳变为低电平。输出电位跳变为低电平后，电容 C 又经过电阻 R 开始放电，直至放电至 $u_i=U^-$，输出电位再次从低电平跳变成高电平，同时电阻 R 通过电容 C 重新开始充电。如此周而复始，电路便不停地输出矩形波。图 6.4.15 给出了电路中 u_i 和 u_o 的波形。

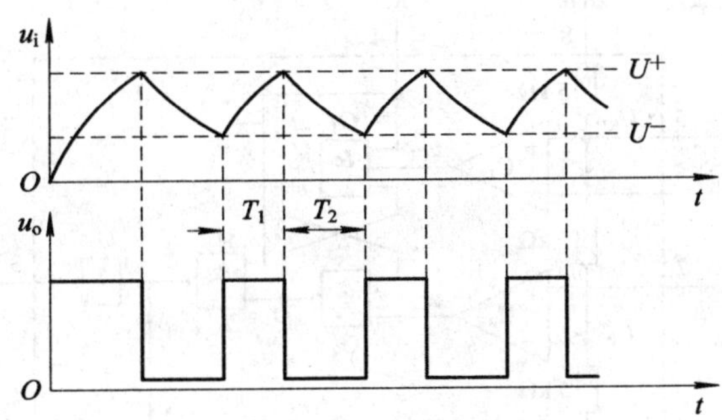

图 6.4.15　施密特触发器构成的多谐振荡器的波形

3. 参数计算

若电路的 $U_{oH}=U_{DD}$，$U_{oL}=0$，则根据图 6.4.15 的电压波形可以得到电路的振荡周期为

$$\begin{aligned}T &= T_1 + T_2 = RC\ln\frac{U_{DD}-U^-}{U_{DD}-U^+} + RC\ln\frac{U^+}{U^-}\\ &= RC\ln\left(\frac{U_{DD}-U^-}{U_{DD}-U^+}\cdot\frac{U^+}{U^-}\right)\end{aligned} \tag{6.4.14}$$

由于图 6.4.14 电路中电容 C 的充、放电的回路都相同，故电路输出波形的占空比是固定的，无法调节，若要想调节电路的振荡周期，就只有通过改变电路中的 R 和 C 才能实

现。即将电路的充、放电回路分开，图 6.4.16 给出了脉冲占空比可调的电路。当输出为高电平时，由于 V_{D1} 截止，V_{D2} 导通，输出的高电平将通过电阻 R_2 向电容 C 充电直至 $u_i=U^+$ 时，输出电位就从原来的高电平跳变为低电平。同时，由于 V_{D1} 导通，V_{D2} 截止，电容 C 通过 R_1 开始放电，因此通过改变电阻 R_1 和 R_2 就能改变电路的占空比。

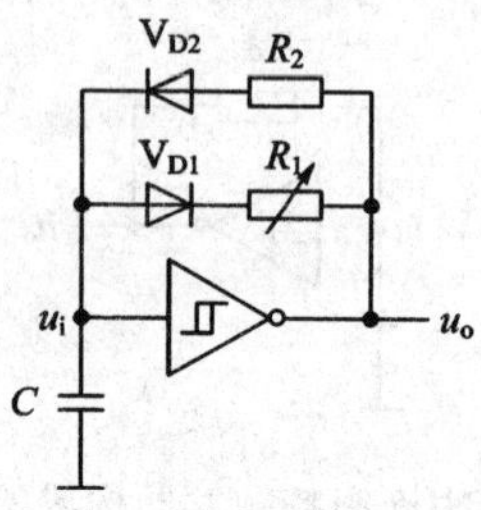

图 6.4.16 脉冲占空比可调的多谐振荡器

6.5 555 定时器及其应用

6.5.1 555 定时器的电路结构与功能

1. 电路结构

图 6.5.1 给出了国产双极型定时器 CB555 电路的结构框图。CB555 集成电路主要由分压器、两个高精度电压比较器、一个 RS 触发器及一个集电极开路的放电三极管 V_D 四部分组成，它是一种模拟电路和数字电路相结合的器件。

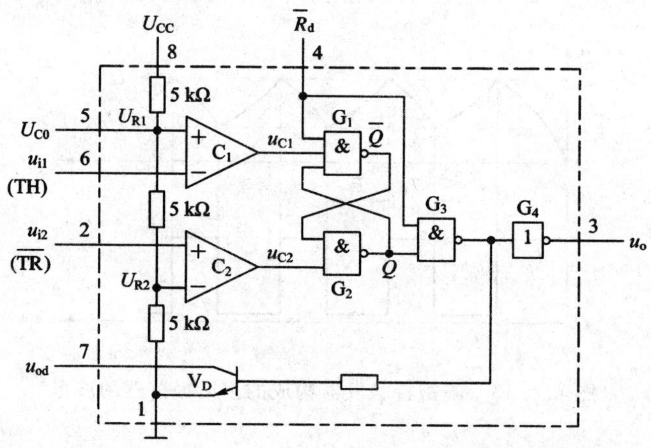

图 6.5.1 CB555 电路的结构框图

1）分压器

分压器由 3 个 $R=5\ \text{k}\Omega$ 的电阻组成，它为两个高精度的电压比较器提供基准电平。当 5 脚悬空时，电压比较器 C_1 的基准电平为 $\frac{2}{3}U_{CC}$，比较器 C_2 的基准电平为 $\frac{1}{3}U_{CC}$。改变 5 脚的接法，可改变比较器 C_1 和 C_2 的基准电平，若 5 脚接另一 U_{C0} 的电源，则 C_1 和 C_2 基准电平分别为 U_{C0} 和 $\frac{1}{2}U_{C0}$。

2）比较器

比较器 C_1 和 C_2 是两个结构完全相同的高精度电压比较器。C_1 的输入端为引脚 6 端，有时也称之为高触发端或阈值端，用 TH 标注。当 $\dot{U}_6>\frac{2}{3}U_{CC}$ 时，C_1 输出低电平，当逻辑 $\dot{U}_6<\frac{2}{3}U_{CC}$ 时，C_1 输出高电平。C_2 的输入端为引脚 2 端，有时也称之为低触发端，用 $\overline{TR}$ 标注。当 $\dot{U}_2>\frac{1}{3}U_{CC}$ 时，C_2 输出高电平；当 $\dot{U}_2<\frac{1}{3}U_{CC}$ 时，C_2 输出低电平。

3）基本 RS 触发器

RS 触发器由两个与非门组成，它的状态由两个比较器输出控制，根据基本 RS 触发器的工作原理，就可以决定触发器输出端的状态。

从图 6.5.1 可看到，当 $u_{C1}=1$，$u_{C2}=1$ 时，RS 触发器处于保持状态；当 $u_{C1}=1$，$u_{C2}=0$ 时，RS 触发器处于置“1”态；当 $u_{C1}=0$，$u_{C2}=1$ 时，RS 触发器处于置“0”态；当 $u_{C1}=0$，$u_{C2}=0$ 时，$Q=\bar{Q}=1$，RS 触发器处于不定态，此时，破坏了触发器的功能，正常情况下不允许出现这种情况。

4）集电极开路的放电三极管 V_D

集电极开路的放电三极管 V_D 为 NPN 三极管，当基极电位为高电平时，V_D 导通；当基极电位为低电平时，V_D 截止。

为了提高电路的带负载能力，在电路的输出端设置了一级缓冲级 G_4，反相器 G_4 除了可以提高电路的带负载能力外，还可以起到隔离负载对定时器影响的作用。

另外，图 6.5.1 中的 $\bar{R}_d$ 为该电路的清零端，当 $\bar{R}_d=0$ 时，电路的输出电位被立即置成低电平，在电路正常工作时，$\bar{R}_d$ 必须置成高电平。

2. 工作原理及特点

1）工作原理

根据图 6.5.1 所示的结构图可以得到 CB555 定时器的功能表，如表 6.5.1 所示。

表 6.5.1　CB555 定时器的功能表

	输　入		输　出	
$\bar{R}_d$	u_{i1}	u_{i2}	u_o	V_D 状态
0	d	d	低	导通
1	$>\frac{2}{3}U_{CC}$	$>\frac{1}{3}U_{CC}$	低	导通
1	$<\frac{2}{3}U_{CC}$	$>\frac{1}{3}U_{CC}$	不变	不变
1	$<\frac{2}{3}U_{CC}$	$<\frac{1}{3}U_{CC}$	高	截止
1	$>\frac{2}{3}U_{CC}$	$<\frac{1}{3}U_{CC}$	高	截止

2）特点

555 定时器能在很宽的电源电压范围内工作，并可承受较大的负载电流。双极型 555 定时器的电源电压范围为 5～16 V，最大的负载电流为 200 mA。另外，还有 CMOS555 定时器，它的电源电压范围为 3～18 V，其最大功耗为 300 mW。

6.5.2　555 定时器构成的施密特触发器

1. 电路的组成

图 6.5.2(a)给出了由 CB555 定时器构成的施密特触发器的电路图。若将 CB555 中的 2、6 端连接作为电路的输入，将 4、8 端同时接高电平，即可得到施密特触发器。图中的电容 $C=0.01\ \mu F$，它可以提高两个比较器参考电压的稳定性。

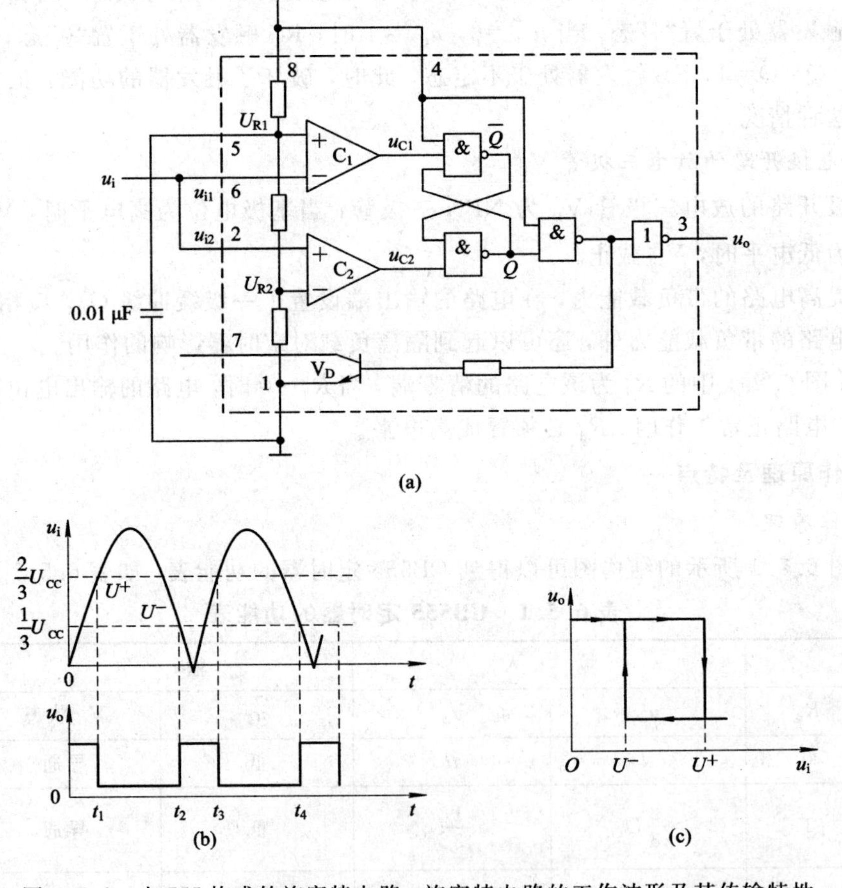

图 6.5.2　由 555 构成的施密特电路、施密特电路的工作波形及其传输特性

(a) 施密特触发器；(b) 施密特电路的工作波形；(c) 施密特电路的传输特性

2. 工作原理

若输入电压 u_i 从低电平逐渐升高，在 $u_i<\frac{1}{3}U_{CC}$ 时，u_{C1} 为高电平，u_{C2} 为低电平，故 $u_o=U_{oH}$；当 $\frac{1}{3}U_{CC}<u_i<\frac{2}{3}U_{CC}$ 时，u_{C1}、u_{C2} 均为高电平，此时 $u_o=U_{oH}$ 保持不变；当

$u_i > \frac{2}{3}U_{CC}$时，u_{C1}为低电平，u_{C2}为高电平，故 $u_o = U_{oL}$。

若输入电压 u_i 从高电平逐渐下降，在 $u_i > \frac{2}{3}U_{CC}$时，u_{C1}为低电平，u_{C2}为高电平，故 $u_o = U_{oL}$；当$\frac{1}{3}U_{CC} < u_i < \frac{2}{3}U_{CC}$时，由于 u_{C1}、u_{C2} 均为高电平，故 $u_o = U_{oL}$ 保持不变；当 $u_i < \frac{1}{3}U_{CC}$时，由于 u_{C1}为高电平，u_{C2}为低电平，故 $u_o = U_{oH}$。电路的工作波形如图 6.5.2(b)所示。由上可看出，当 u_i 从低电平逐渐升高时，引起电路状态改变，即电路由高电平变为低电平，此时，输入电压为 $U^+ = \frac{2}{3}U_{CC}$；当 u_i 从高电平逐渐下降为低电平时，引起电路状态改变，即电路由低电平变为高电平，此时输入电压为 $U^- = \frac{1}{3}U_{CC}$。这两个电压之差则为电路的回差电压，即

$$\Delta U_T = U^+ - U^- \tag{6.5.1}$$

该电路的电压传输特性如图 6.5.2(c)所示。回差电压可通过改变 5 脚电压实现。一般来说，5 脚电压越高，回差电压 ΔU_T 越大，抗干扰能力越强，但同时也降低了电路的触发灵敏度。

6.5.3　555 定时器构成的单稳态触发器

1. 电路组成

图 6.5.3(a)给出了由 CB555 定时器构成的单稳态触发器的电路图。若将 CB555 定时器的 u_{i2} 端作为触发信号的输入端，将 CB555 定时器的 6、7 端相连且在 7、8 端接电阻 R，在 7、1 端接电容 C，就构成了单稳态触发器。当 5 端不用时，一般均用 0.01 μF 的电容接地，以防干扰。

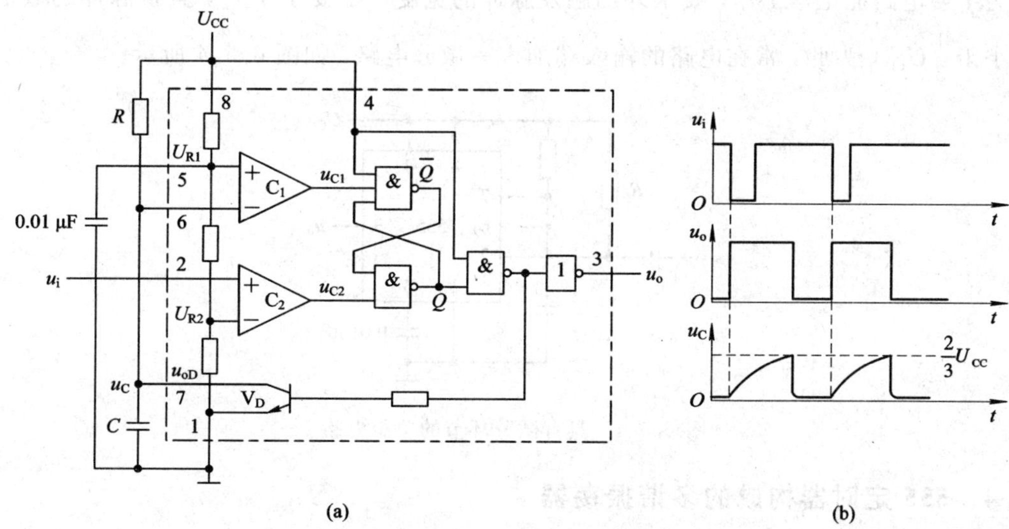

图 6.5.3　由 555 构成的单稳触发器的电路图及电压波形

(a) 单稳态触发器；(b) 单稳触发器的电压波形

2. 工作原理

静态时，由于没有触发信号，u_{i2} 处于高电平，此时电路处于稳态状态，即 $u_{C1}=u_{C2}=1$，$Q=0$，$u_o=0$。

动态时，触发脉冲 u_i 的下降沿到达时，使 u_{i2} 跳变到 $\frac{1}{3}U_{CC}$ 以下，此时 $u_{C2}=0$，$u_{C1}=1$，锁存器被置“1”态，u_o 跳变为高电平，电路进入暂稳态。与此同时，V_D 截止，U_{CC} 通过电阻 R 向电容 C 充电。当 $u_C=\frac{2}{3}U_{CC}$ 时 $u_{C1}=0$。如果此时输入端的触发脉冲已消失，u_i 回到了高电平，则锁存器将被置“0”态，于是输出返回到 $u_o=0$ 状态。同时 V_D 又开始导通，电容 C 通过 V_D 迅速放电，直至 $u_C\approx 0$ 时，电路又恢复到稳态。图 6.5.3(b)给出了在触发信号作用下电路中的电压波形。

3. 参数计算

由图 6.5.3(b)不难看出，输出脉冲的宽度 t_w 等于暂稳态的持续时间，而暂稳态的持续时间取决于外接电阻 R 和电容 C 的大小。它等于电容电压在充电过程中从 0 开始直至上升到 $\frac{2}{3}U_{CC}$ 所需要的时间，因此可得到：

$$t_w = \tau \ln \frac{u_C(\infty)-u_C(0)}{u_C(\infty)-u_C(t_w)} = RC \ln \frac{U_{CC}-0}{U_{CC}-\frac{2}{3}U_{CC}}$$

$$= RC \ln 3 = 1.1RC \tag{6.5.2}$$

通常 R 的取值在几百欧姆到几兆欧姆之间，电容 C 的取值范围为几百皮法到几百微法，t_w 的范围为几微秒到几分钟。从式(6.5.2)可知，通过改变比较器的参考电压或是改变定时元件 R 及 C 均能改变 t_w 的大小，但必须注意，随着 t_w 的增加，电路的精度和稳定度将会下降。

为了使电路能正常工作，要求外加触发脉冲的宽度一定要小于 t_w，且负脉冲的数值一定要小于 $\frac{1}{3}U_{CC}$，为此，常在电路的输入端加入一微分电路，如图 6.5.4 所示。

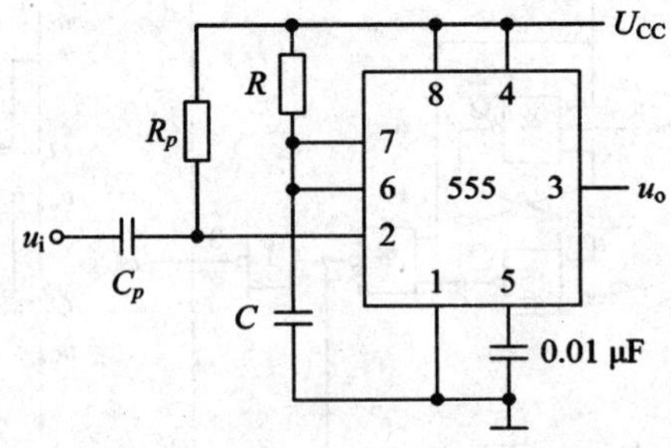

图 6.5.4 具有微分环节的单稳电路

6.5.4 555 定时器构成的多谐振荡器

1. 电路组成

图 6.5.5 给出了用 CB555 构成的多谐振荡器。由图可见，除将 C_1 的高电平触发端 TH

和 C_2 的低电平触发端 $\overline{TR}$ 短接外，在放电回路中还串接一个电阻 R_2，电路中的 R_1、R_2 及 C 均是定时元件。

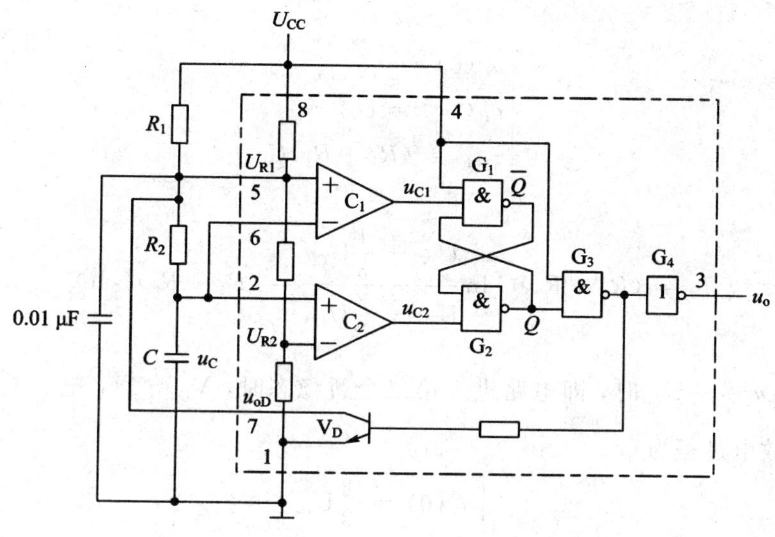

图 6.5.5　由 555 构成的多谐振荡器

2. 工作原理

由于接通电源前，电容器两端电压 $u_C=0$，因此电源刚接通时，$u_{C1}=1$，$u_{C2}=0$，RS 触发器被置“1”态，G_3 输出为低电平，G_4 输出 u_o 为高电平，电路处于第一个暂稳态。又因为 G_3 输出为低电平，所以此时 V_D 截止，于是 U_{CC} 通过 R_1、R_2 向电容 C 充电，当 $u_C>\frac{2}{3}U_{CC}$ 时，$u_{C1}=0$，$u_{C2}=1$，于是 RS 触发器被置“0”态，G_3 输出为高电平，G_4 输出 u_o 为低电平，电路进入第二个暂稳态。与此同时由于 G_3 输出为高电平，因此 V_D 导通，于是电容 C 开始通过 R_2 和 V_D 放电，当 $u_C<\frac{1}{3}U_{CC}$ 时，$u_{C1}=1$，$u_{C2}=0$，RS 触发器再次被置“1”态，G_3 输出为低电平，G_4 输出 u_o 又回到高电平，电路再次处于第一个暂稳态。如此周而复始，电路便不停地输出矩形波。

图 6.5.6 给出了电路中 u_i 和 u_o 的波形。

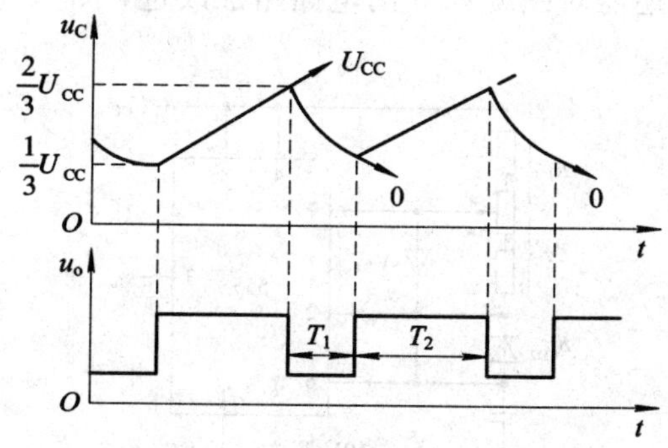

图 6.5.6　555 多谐振荡器的工作波形

3. 参数计算

由图 6.5.6 可知，电路处在第一个暂稳态时，U_{CC}通过 R_1、R_2 向电容 C 充电，其暂稳态过程为

$$\begin{cases} u_C(0) = 0 \\ u_C(\infty) = U_{CC} \\ \tau_{充电} = (R_1 + R_2)C \end{cases} \tag{6.5.3}$$

则有

$$T_1 = (R_1 + R_2)C \ln \frac{U_{CC} - \frac{1}{3}U_{CC}}{U_{CC} - \frac{2}{3}U_{CC}} = (R_1 + R_2)C \ln 2 \tag{6.5.4}$$

当充电到 $u_C = \frac{2}{3}U_{CC}$时，即电路进入第二个暂稳态时，V_D 导通，电容 C 开始通过 R_2 和 V_D 放电，放电过程为

$$\begin{cases} u_C(0) = \frac{2}{3}U_{CC} \\ u_C(\infty) = 0 \\ \tau_{放电} = R_2 C \end{cases} \tag{6.5.5}$$

则有

$$T_2 = E_2 C \ln \frac{0 - U_{CC}}{0 - \frac{1}{3}U_{CC}} = R_2 C \ln 2 \tag{6.5.6}$$

电路的振荡周期为

$$T = T_1 + T_2 = (R_1 + 2R_2)C \ln 2 = 0.7(R_1 + 2R_2)C \tag{6.5.7}$$

由式(6.5.7)可以发现，通过改变电阻 R_1、R_2 和 C 值即可改变振荡频率，当然也可通过改变 5 脚电压 u_{C0}来改变比较器 C_1 及 C_2 的参考电压，从而达到改变振荡频率的目的。

为了能确切地反映输出波形的形状，我们引进占空比的概念 q，即

$$q = \frac{T_1}{T} = \frac{R_1 + R_2}{R_1 + 2R_2} 100\% \tag{6.5.8}$$

若要调节占空比，则还需对图 6.5.5 的电路略加改进，图 6.5.7 给出了一种占空比可调的多谐振荡器。

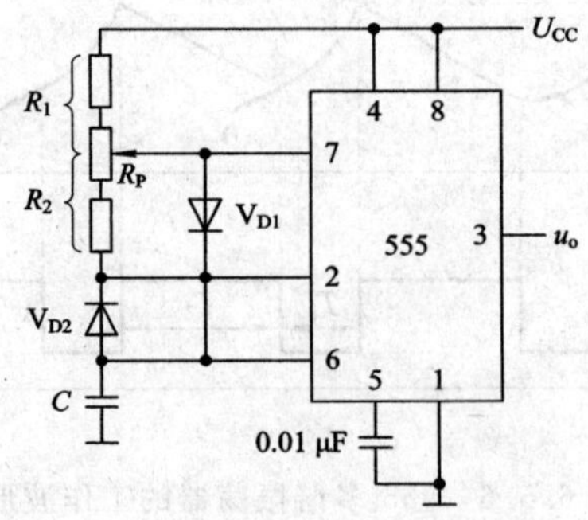

图 6.5.7 占空比可调振荡器

该电路的充放电回路不同，充电回路为 R_1、V_{D1} 及 C_1，放电回路为 R_2、V_{D2}、C_1 和 V_D。通过改变 R_P 的位置就可以改变输出波形的占空比，并且还不会改变 R_1+R_2 的值。所以该电路的振荡周期为

$$T=(\tau_{充电}+\tau_{放电})\ln 2=0.7(R_1+R_2)C \tag{6.5.9}$$

占空比 q 为

$$q=\frac{T_1}{T}=\frac{R_1}{R_1+R_2} \tag{6.5.10}$$

6.6 本章小结

1. 本章重点内容

本章重点介绍了用于产生矩形脉冲的两类电路。一类是脉冲整形电路，该电路是将输入的其他形状的周期性信号变换为矩形脉冲信号，从而达到整形的目的。施密特触发器和单稳态触发器是最常用的两种脉冲整形电路。另一类是利用闭合回路的反馈网络产生自激振荡的脉冲振荡器，其中对称式多谐振荡器、非对称式多谐振荡器以及石英晶体多谐振荡器是通过正反馈网络实现振荡的，而环形振荡器和用施密特触发器组成的振荡器是通过负反馈网络实现振荡的，它们不需要外加输入信号，只要接通供电电源，就自动产生矩形脉冲信号。

555 定时器是一种用途很广的集成电路，除了能组成施密特触发器、单稳态触发器和多谐振荡器以外，还可以组成其他各种应用电路。

2. 本章难点内容

由门电路构成的单稳态触发器和多谐振荡器的工作原理的分析及有关参数的计算是本章的难点，主要存在的问题是对电路的暂稳态过程不够清楚，针对这种情况我们给出了分析这类电路的一般方法，即

(1) 仔细分析电路的结构特点，搞清电路的工作过程，找到电路状态变化的原因。

(2) 画出控制电压充、放电的等效电路，并化简电路。

(3) 定性地画出电路中各点电压的波形，找出电路的翻转电压。

(4) 确定充、放电回路中电容两端电压的起始值、终止值和转换值。

(5) 计算充、放电时间，求出所需的计算结果。

3. 本章需注意的问题

(1) 本章所说的触发器和第 4 章中所讲的触发器是性质完全不同的两种电路。这很容易令初学者产生误解，错误地认为本章所涉及的触发器和通常所说的触发器是同一类电路。

(2) 由于施密特触发器输出的高、低电平随输入信号的电平变化而改变，因此它的输出脉冲的宽度是由输入信号决定的。而单稳态触发器由于其脉冲宽度是由电路的充、放电过程决定的，因此其输出脉冲的宽度由其自身的参数决定而与输入信号无关。所以单稳态触发器可以产生脉冲宽度固定的脉冲信号。

(3) 为了保证单稳态电路能够正常工作，要求触发信号必须足够窄，所以通常在单稳态电路的输入端加上微分电路。在图 6.5.4 中，若没有 C_p、R_p 将 u_i 直接接到比较器 C_2 的

同相输入端，当 u_i 的负脉宽较宽时，则在触发脉冲到达时，锁存器 RS 被置“1”态，电路的输出由低电平跳变为高电平，电路进入暂稳态，三极管 V_D 截止，电容 C 开始充电。当充电至 $\frac{2}{3}U_{CC}$ 时，若此时触发脉冲仍为低电平，则输出将保持高电平不变，一直到 u_i 跳变为高电平时，输出才回到低电平。

上述过程说明电路已不能正常工作，输出脉冲的宽度将不再由电路本身的参数决定，而由触发脉冲的低电平持续时间决定。

除此之外，为了保证单稳态电路能够正常工作，对于触发信号的幅度也有要求，触发信号的幅度必须能将触发输入端(2 脚)的电压降到 U_{R2} 以下，电路才能被触发。

(4) 用 TTL 门电路组成微分型单稳态触发器时，其定时电阻 R 不能过大，通常应选 $R<0.7\ \mathrm{k\Omega}$。

(5) 在 555 定时器组成的电路中，为了稳定 5 脚的输出电压及滤除干扰信号，通常在 5 脚与地之间接一个 0.01 μF 的电容。若 5 脚的电压不稳定，将直接影响单稳态电路的暂稳态时间、多谐或施密特触发器的 U^+ 及 U^- 值，使电路特性参数的计算结果不准确。在 555 组成的多谐电路中，在电源与地之间也接一个电容，可以滤除干扰信号。

6.7 例题精选

例 6.7.1 如图 6.4.1 所示的对称多谐振荡器中，已知 $R_{f1}=R_{f2}=1\ \mathrm{k\Omega}$，$C_1=C_2=0.1\ \mu\mathrm{F}$。设 G_1、G_2 的 $U_{oH}=3.4$ V，$U_{iL}=-1$ V，$U_{th}=1.1$ V，$R_1=20\ \mathrm{k\Omega}$，$U_{CC}=5$ V，试计算电路的振荡频率。

解 由式(6.4.3)和式(6.4.4)可知：

$$R_E=\frac{R_1R_f}{R_1+R_f}=0.95\ \mathrm{k\Omega}$$

$$U_E=U_{oH}+\frac{R_f}{R_1+R_f}(U_{CC}-U_{oH}-U_{BE})=3.44\ \mathrm{V}$$

由式(5.4.6)可知：

$$T=2R_1C\ln\frac{U_E-U_{iL}}{U_E-U_{th}}=1.22\times10^{-4}\ \mathrm{s}$$

故振荡频率为

$$f=\frac{1}{T}=8.2\ \mathrm{kHz}$$

例 6.7.2 试用 CB555 定时器设计一个多谐振荡器，要求振荡周期为 1 s，输出脉冲幅度为 3～4 V，输出脉冲的占空比 $q=2/3$。

解 由 CB555 的特性参数可知，当电源电压为 5 V 时，在 100 mA 的输出电流下输出电压的典型值为 3.3 V，所以取 $U_{CC}=5$ V，就可以满足对输出脉冲的要求。

根据 $q=\frac{R_1+R_2}{R_1+2R_2}=\frac{2}{3}$，则得到 $R_1=R_2$。由周期的计算公式得：

$$T=(R_1+2R_2)C\ln2=1$$

若取 $C=10\ \mu$F，则可得到 $R_1=\frac{1}{3C\ln2}=48\ \mathrm{k\Omega}$。设计结果如图 6.7.1 所示。

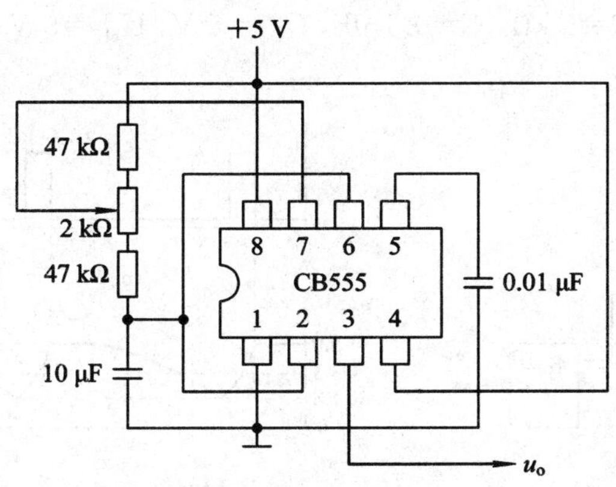

图 6.7.1　例 6.7.2 的设计图

例 6.7.3　由集成单稳态触发器 74121 所组成的电路及参数如图 6.7.2(a)所示，触发输入信号如图 6.7.2(b)所示。

(1) 计算在 u_i 作用下 u_{o1}、u_{o2} 输出脉冲的宽度；

(2) 画出对应 u_i 的输出 u_{o1}、u_{o2} 的波形。

解题思路：根据公式计算 u_{o1}、u_{o2} 输出脉冲的宽度，在画波形时应注意 A_1、A_2 为下降沿触发输入端，B 为上升沿触发输入端。

解　由式(6.3.9)可得：

$$t_{w1} \approx R_{ext}C_{ext}\ \ln 2 = 0.69R_{ext}C_{ext} \approx 0.7R_1C_1$$

$$= 0.7 \times 5.5 \times 10^3 \times 1.3 \times 10^{-6}\ \text{s} \approx 5\ \text{ms}$$

$$t_{w2} \approx 0.7 \times 1.1 \times 10^3 \times 1.3 \times 10^{-6}\ \text{s} \approx 1\ \text{ms}$$

电路稳态时输出 u_{o1}、u_{o2} 均为 0。当触发脉冲 u_i 的下降沿到达时，u_{o1} 跳变为高电平，片(1)进入暂稳态并持续 5 ms 结束。u_{o1} 的下降沿使 u_{o2} 跳变为高电平，片(2)进入暂稳态并持续 1 ms 结束。u_{o1}、u_{o2} 的波形如图 6.7.2(c)所示。

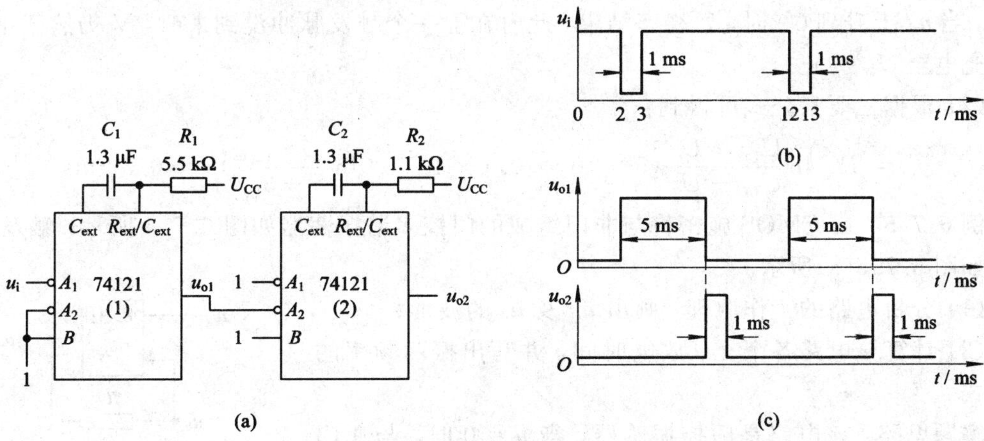

图 6.7.2　例 6.7.3 的电路及输入、输出波形

(a) 电路图；(b) 输入波形；(c) 输出波形

例 6.7.4　CMOS 施密特与非门组成的电路如图 6.7.3(a)所示，窄脉冲触入信号 u_i 如

图 6.7.3(b)所示。已知 $R=5\ \text{k}\Omega$，$C=0.1\ \mu\text{F}$，$U_{DD}=5$ V，$U_{oH}=5$ V，$U_{oL}=0$ V，$U^+=3.3$ V，$U^-=1.8$ V。

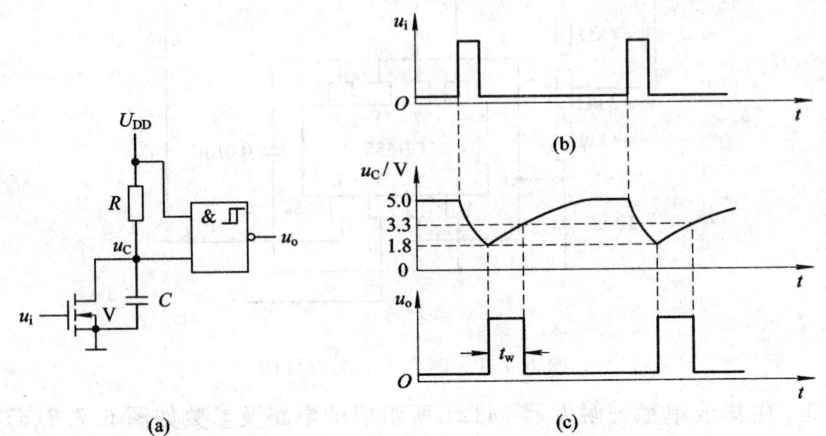

图 6.7.3 例 6.7.4 的电路及输入、输出波形
(a) 电路；(b) 输入波形；(c) 输出波形

(1) 分析电路的工作原理，画出 u_C 及 u_o 的波形(两个触发脉冲间隔的时间足够长)。

(2) 计算输出高电平持续的时间。

解题思路：该电路由施密特触发器构成的单稳态触发电路。u_C 的电压控制与非门的导通或截止。稳态时，u_C 为高电平，输出 u_o 为低电平；暂稳态时，u_C 为低电平，输出 u_o 为高电平。

解 (1) 当 $u_i=0$ 时，电路处于稳定状态，$u_C=5$ V，与非门的输出 $u_o=0$。

当正触发脉冲到达时，MOS 管 V 导通，其导通电阻通常为几十至几百欧，电容 C 通过 MOS 管放电；随着放电过程的进行，电容两端的电压 v_C 也随之下降，当 u_C 下降到 U^- 时，与非门关闭，输出 $u_o=1$，电路开始进入暂稳态。

在暂稳态期间，触发脉冲已经消失，V 截止，U_{DD}通过电阻 R 向 C 充电，u_C 开始逐渐上升，当 u_C 上升到 U^+ 时，暂稳态结束，此时在下一个触发脉冲没到来时，V 仍然截止，u_C 继续充电至 U_{DD}为止。

(2) 根据三要素公式可得到：

$$t_w = RC\ \ln\frac{U_{DD}-U^-}{U_{DD}-U^+}\left(5\times10^3\times0.1\times10^{-6}\times\ln\frac{5-1.8}{5-3.3}\right)\text{s}\approx 0.32\ \text{ms}$$

例 6.7.5 由 CMOS 施密特与非门组成的门控多谐振荡器如图 6.7.4 所示，触发控制信号如图 6.7.5(a)所示。

(1) 分析电路的工作原理，画出 u_C 及 u_o 的波形；

(2) 计算该电路各个充、放电时间，并写出振荡频率的表达式。

解题思路：该电路是门控振荡器，当 $u_i=0$ 时，与非门关闭，输出为高电平。当 $u_i=1$ 时，与非门打开，此时电路为多谐振荡器。

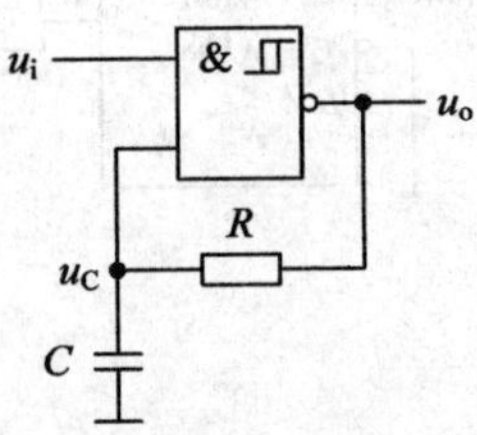

图 6.7.4 例 6.7.5 的电路

解　(1) 当 $u_i=0$ 时，与非门关闭，输出为高电平，并通过 R 向电容 C 充电至 U_{DD}。当 $u_i=1$ 时，与非门输出 u_o 跳变为低电平。此后电容 C 开始放电，同时 u_C 开始下降。当 u_C 下降到 U^- 时，电路发生翻转，由原来的低电平跳为高电平，同时电容 C 又被重新充电。当 u_C 升到 U^+ 时，施密特触发器又发生翻转，输出 u_o 又从原来的高电平跳变为低电平，电容 C 又开始放电。如此周而复始，在输出端得到矩形波，如图 6.7.5(b)所示。

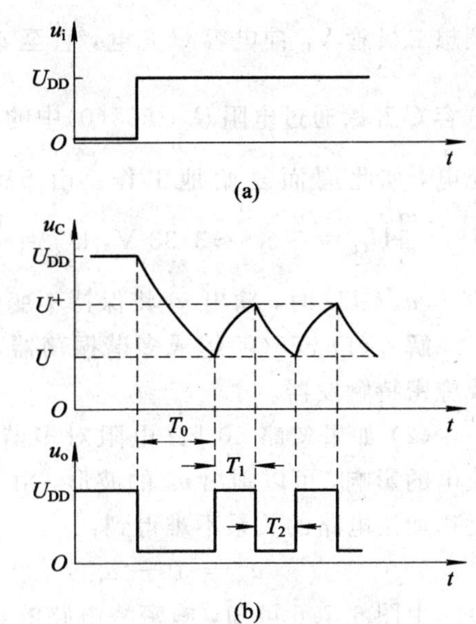

图 6.7.5　例 6.7.5 工作波形

(a) 输入波形；(b) 输出波形

(2) 电路充电、放电的持续时间及电路的振荡周期分别为

$$T_1 = RC\ \ln\frac{U_{DD}-U^-}{U_{DD}-U^+}$$

$$T_2 = RC\ \ln\frac{U^+}{U^-}$$

$$T = T_1 + T_2 = RC\ \ln\frac{U_{DD}-U^-}{U_{DD}-U^+} + RC\ \ln\frac{U^+}{U^-}$$

从而可得到电路的频率为

$$f = \frac{1}{T} = \frac{1}{RC\ \ln\frac{U_{DD}-U^-}{U_{DD}-U^+} + RC\ \ln\frac{U^+}{U^-}}$$

例 6.7.6　由 555 定时器组成的电路如图 6.7.6 所示，其中 $R_1=R_2=5\ \text{k}\Omega$，$C=0.01\ \mu\text{F}$，$V_D$ 为理想二极管，理想运放 A 的供电电压为 $U_{CC}=\pm5\ \text{V}$，其他参数如图 6.7.6 所示。

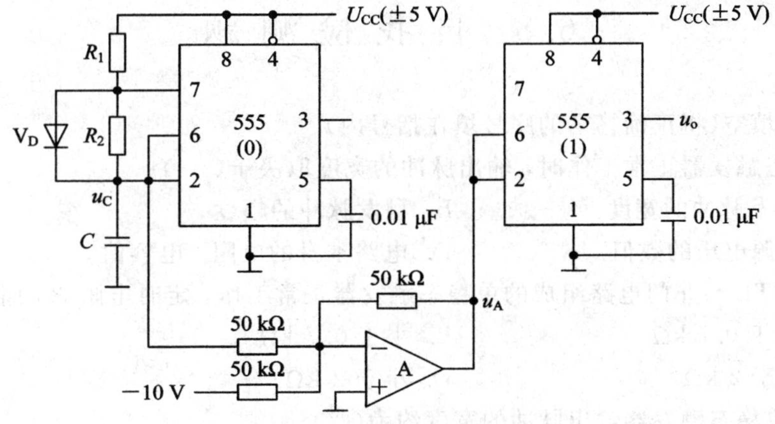

图 6.7.6　例 6.7.6 的电路图

(1) 指出 555(0)、555(1)各组成什么电路；

(2) 画出 u_C、u_A 及 u_o 的波形，并计算出 u_o 的周期。

解题思路：该电路包含多谐振荡器部分(555(0))、施密特触发器部分(555(1))及由运算放大器构成的反相输入的加法器。当 $u_C=0$ 时，555(0)中的电压源(15 V)通过电阻 R_1、

理想二极管 V_D 向电容 C 充电，直至 $u_C=\frac{2}{3}U_{CC}=10$ V，与此同时，理想二极管 V_D 截止，电容 C 开始通过电阻 R_2、555(0)中的 V_D 放电，直至 $u_C=\frac{1}{3}U_{CC}=5$ V。然后电容 C 又开始充电，如此周而复始地工作。由 555(1)组成施密特触发器的两个翻转电平分别为 $U^+=\frac{2}{3}U_{CC}=\frac{2}{3}\times5\approx3.33$ V，$U^-=\frac{1}{3}U_{CC}=\frac{1}{3}\times5\approx1.67$ V，当 $u_A<U^-$ 时，$u_o=U_{oH}$，当 $U^-<u_A<U^+$ 时，输出 u_o 将保持不变。当 $u_A>U^+$ 时，$u_o=U_{oL}$。

解 (1) 555(0)组成多谐振荡器，555(1)组成施密特触发器。

(2) 如果忽略 50 kΩ 电阻对多谐振荡器充、放电的影响，可以画出 u_C 的波形，由运放构成的反相加法电路的关系不难得到：

$$u_A=10-u_C$$

由图 6.7.6 可知，施密特电路的触发信号是由 u_A 提供的，根据施密特触发器的工作原理，可以画出输出 u_o 的波形如图 6.7.7 所示。

由多谐振荡器充、放电的持续时间计算公式可得到电路 u_o 的周期为

$$\begin{aligned}T&=t_{充电}+t_{放电}=R_1C\ln2+R_2C\ln2\\&\approx[0.7\times(5+5)\times10^3\times0.01\times10^{-6}]\text{s}\\&=70\ \mu\text{s}\end{aligned}$$

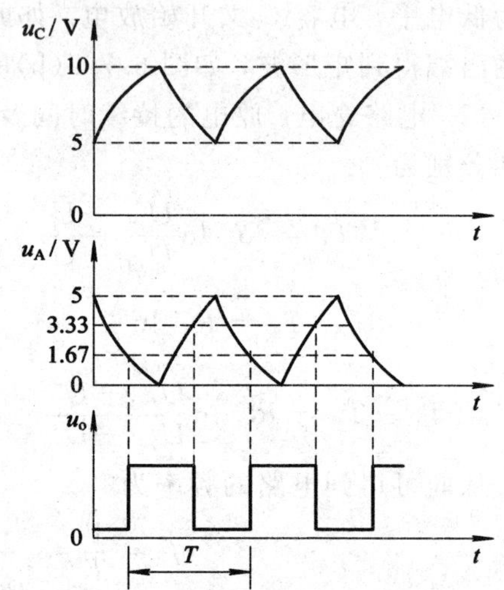

图 6.7.7 例 6.7.6 电路的工作波形

6.8 自我检测题

一、选择填空(将正确答案的序号填在括号内)

1. 单稳态触发器正常工作时，输出脉冲的宽度取决于(　　)。

　A. 触发脉冲的宽度　　B. 触发脉冲的幅度

　C. 电源电压的数值　　D. 电路本身的电阻、电容值

2. 为使 ITL 与非门电路组成的单稳态触发器正常工作，定时电阻 R 的取值(　　)。

　A. 大于 0.7 kΩ　　B. 小于 0.7 kΩ

　C. 大于 2 kΩ　　D. 小于 2 kΩ

3. 集成单稳态触发器输出脉冲的宽度约为(　　)。

　A. 0.7RC　　B. RC　　C. 1.1RC　　D. 2RC

4. 由 555 定时器组成的单稳态触发器输出脉冲的宽度约为(　　)。

　A. 0.7RC　　B. RC　　C. 1.1RC　　D. 2RC

5. 利用(　　)电路可以将边沿变化缓慢的信号变换为边沿很陡的矩形脉冲信号。

　A. 可重复触发单稳态触发器

　B. 不可重复触发单稳态触发器

B. 施密特触发器

D. 多谐振荡器

6. 施密特触发器的特点是(　　)。

A. 具有记忆功能

B. 有两个可以自行保持的稳定状态

C. 具有负反馈作用

D. 上升和下降过程的阈值电压不同

7. 为了提高多谐振荡器频率的稳定性，最有效的方法是(　　)。

A. 提高电容、电阻的精度　　B. 提高电源的稳定度

C. 采用石英晶体振荡器　　D. 保持环境温度不变

8. 只有暂稳态的电路是(　　)。

A. 多谐振荡器　　B. 单稳电路

C. 施密特触发器　　D. 定时器

9. 由555定时器构成的电路如图6.8.1所示，此电路是一个(　　)。

A. 单稳电路　　B. 施密特电路

C. 多谐振荡器　　D. 三角波发生器

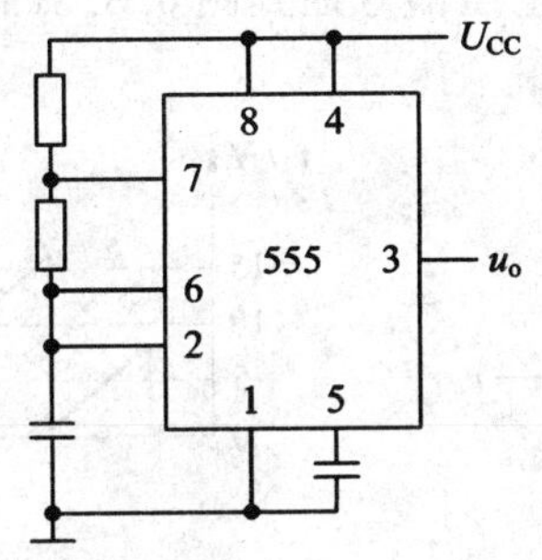

图 6.8.1

二、填空题

1. 555定时器是一种________电路和________电路相结合的器件，其电路由________、________、________和________四部分组成。

2. 施密特触发器具有________个稳态，具有________特性，其回差电压为________。施密特触发器主要用于实现________、________和________。

3. 单稳态触发器有________个稳态，其输出脉冲宽度 t_w=________。

4. 单稳态触发器可用于实现________和________功能。

5. 多谐振荡器又称为________，它的两个状态都是________。

6. 多谐振荡器输出脉冲的振荡周期 T=________。

7. 555定时器中输出端缓冲器的作用是________。

8. 双极型555定时器的电源电压范围为________，最大的负载电流为________，CMOS555定时器的电源电压范围为________。

9. 在 555 定时器组成的电路中，电压控制端(5 脚)与地之间接一 0.01 μF 电容的作用是________。

10. 在 555 定时器组成的单稳态电路中，若触发脉冲的宽度大于单稳态输出脉冲的宽度持续时间，应在触发器输入端增加________电路。

三、分析、计算、设计题

1. 图 6.8.2 是用 CMOS 反相器接成的压控施密特触发器电路，试分析电路的转换电平 U^+、U^- 以及回差电压 ΔU 与控制电压 U_{C0} 的关系。

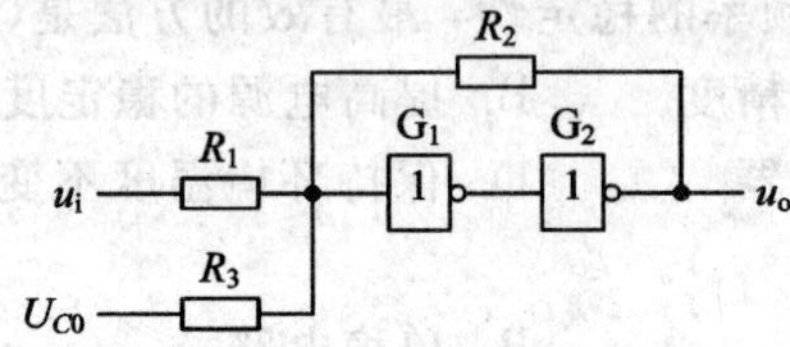

图 6.8.2

2. 在图 6.8.2 所示的施密特触发器电路中，已知 R_1 = 10 kΩ，R_2 = 30 kΩ，G_1 和 G_2 为 CMOS 反相器，U_{DD} = 15 V。

(1) 试计算电路的正向阈值电压 U^+ 及负向阈值电压 U^- 和回差电压 ΔU。

(2) 若将图 6.8.3(b)给出的电压信号加到图 6.8.3(a)电路的输入端，试画出输出电压的波形。

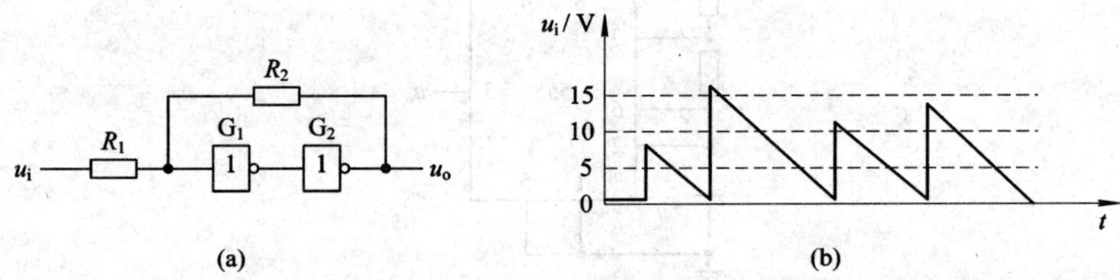

图 6.8.3

3. 图 6.8.4 是用 TTL 门电路组成的微分型单稳态触发器，其中 R_d 阻值足够大，保证了稳态时 u_A 处于高电平。R 的阻值很小，保证了稳态时 u_{i2} 为低电平。试分析该电路在给定的触发信号 u_i 作用下的工作过程，画出 u_A、u_{o1}、u_{i2} 和 u_o 的电压波形。C_d 的电容量很小，它与 R 组成微分电路。

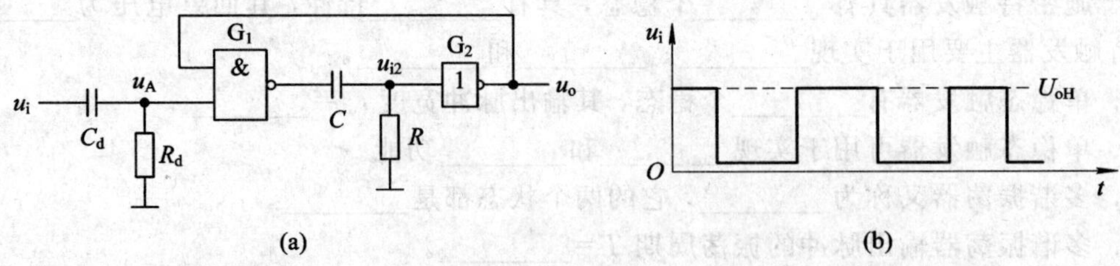

图 6.8.4

4. 图 6.8.5(a)是用两个集成单稳态触发器 74121 组成的脉冲变换电路，外接电阻和外接电容的参数如图中所示。试计算在输入触发信号 u_i 作用下 u_{o1}、u_{o2} 输出脉冲的宽度，并画出与触发信号 u_i 波形相对应的 u_{o1}、u_{o2} 的电压波形。u_i 的波形如图 6.8.5(b)所示。

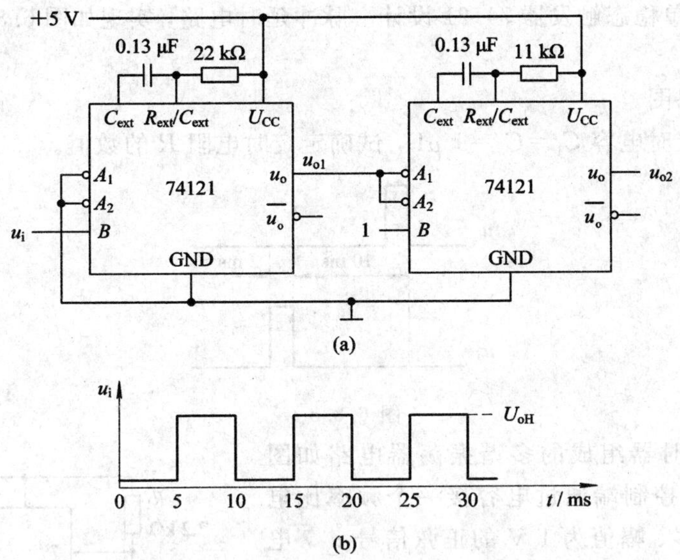

图 6.8.5

5. 图 6.8.6 是用 CMOS 反相器组成的对称式多谐振荡器电路，若 $R_{f1}=R_{f2}=10$ kΩ，$C_1=C_2=0.01$ μF，$R_{P1}=R_{P2}=33$ kΩ，试求电路的振荡频率并画出 u_{i1}、u_{i2}、u_{o1}、u_{o2} 的电压波形。

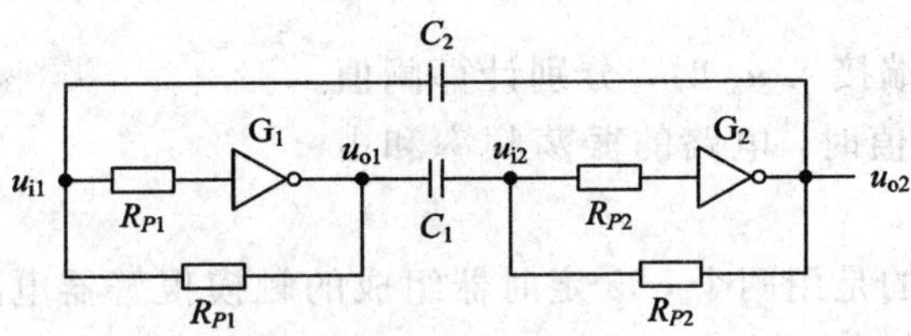

图 6.8.6

6. 由单稳态触发器 74121 构成的噪声消除电路及输入波形如图 6.8.7 所示。

(1) 试说明消除噪声的原理，画出 $\overline{Q}$ 及 u_o 的波形。

(2) 若输入信号高电平持续时间为 100 μs，噪声宽度为 5 μs，确定 R 的取值范围。

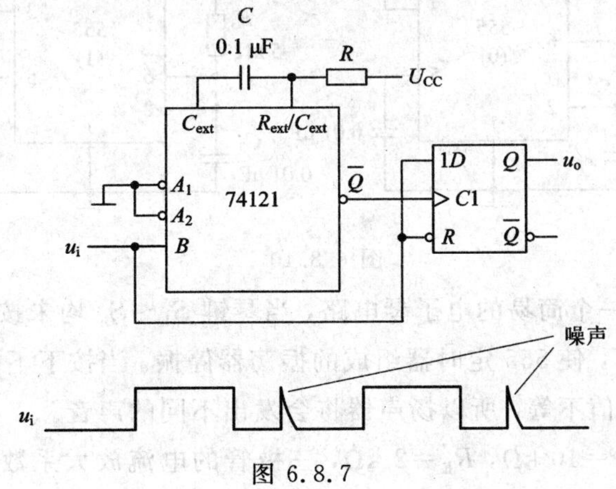

图 6.8.7

7. 试用两片单稳态触发器 74121 设计一脉冲延时电路，实现如图 6.8.8 所示的输入及输出波形。

(1) 画出电路图。

(2) 若外接定时电容 $C_1=C_2=1\ \mu F$，试确定定时电阻 R 的数值。

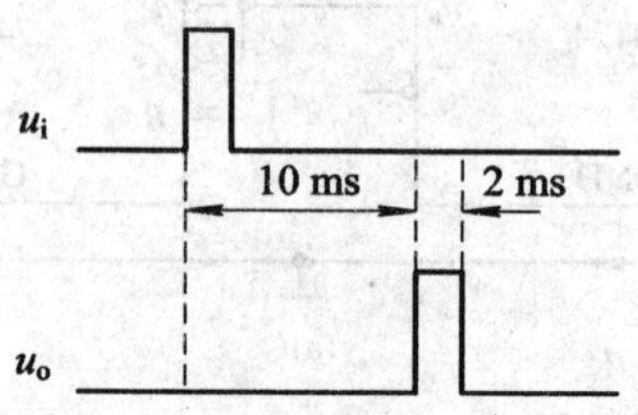

图 6.8.8

8. 由 555 定时器组成的多谐振荡器电路如图 6.8.9 所示，电压控制端通过电容接一个频率比电路振荡频率低得多、幅值为 1 V 的正弦信号 u_5，电路的阈值电压 U_{th}将随之发生变化。

(1) 写出用正、负向阈值电压 U^+ 和 U^- 表示 u_o 的高电平和低电平的持续时间 t_{w1} 和 t_{w2} 的表达式。

(2) 计算电压控制端没有接入 u_5 时，电路的振荡频率和占空比。

(3) 计算电压控制端接入 u_5 时，分别计算阈值电压到达最大值和最小值时，电路的振荡频率和占空比。

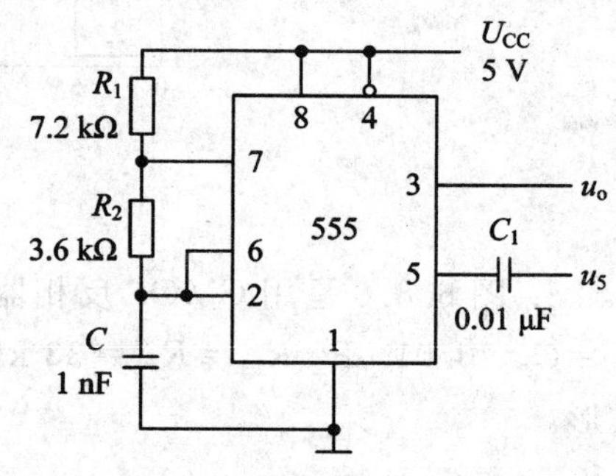

图 6.8.9

9. 图 6.8.10 所示的是用两个 555 定时器组成的触摸报警器电路。当有人触摸电极片 A 时，人体感应交流电的负脉冲使扬声器开始发出报警声音并持续一段时间。试求触发一次报警器的时间和扬声器发出声音的频率。

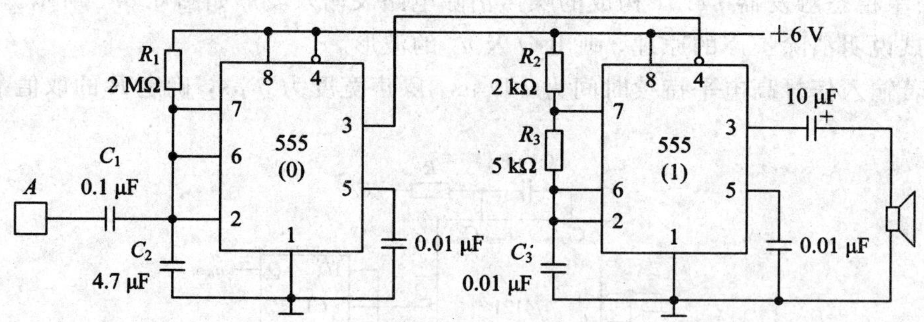

图 6.8.10

10. 图 6.8.11 是一个简易的电子琴电路，当琴键 $S_1 \sim S_n$ 均未按下时，三极管 V 近似饱和导通，u_E 约为 0 V，使 555 定时器组成的振荡器停振。当按下不同琴键时，u_E 就不同。由于电阻 $R_1 \sim R_n$ 的阻值不等，所以扬声器将会发出不同的声音。

若 $R_n=20\ k\Omega$，$R_1=10\ k\Omega$，$R_E=2\ k\Omega$，三极管的电流放大系数 $\beta=150$，$U_{CC}=12\ V$，外接电阻、电容参数如图所示，试计算按下琴键 S_1 时扬声器发出声音的频率。

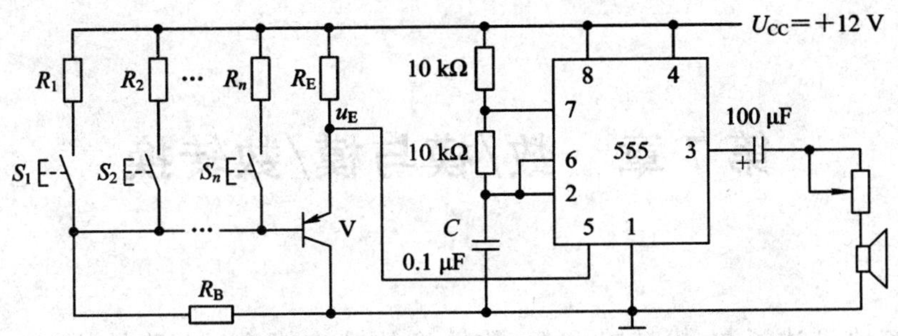

图 6.8.11

11. 用 555 定时器构成的单稳态触发器电路如图 6.8.12 所示，已知 $R=330\ \Omega$，$C=0.1\ \mu F$，$U_{CC}=5$ V，求电路的暂稳态持续时间 t_w，并根据 t_w 的值确定图 6.8.13 所示信号哪个适合作为电路的输入触发信号，然后画出与其相应的 u_C 和 u_o 的波形。

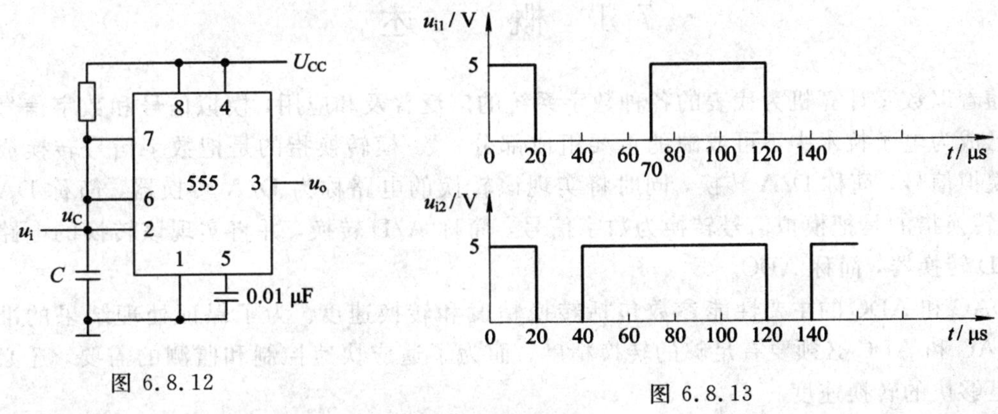

图 6.8.12　　图 6.8.13

12. 用 555 定时器构成的多谐振荡器电路如图 6.8.14 所示，当电位器 R_W 的滑动臂移至上、下两端时，分别计算振荡频率和相应的占空比。

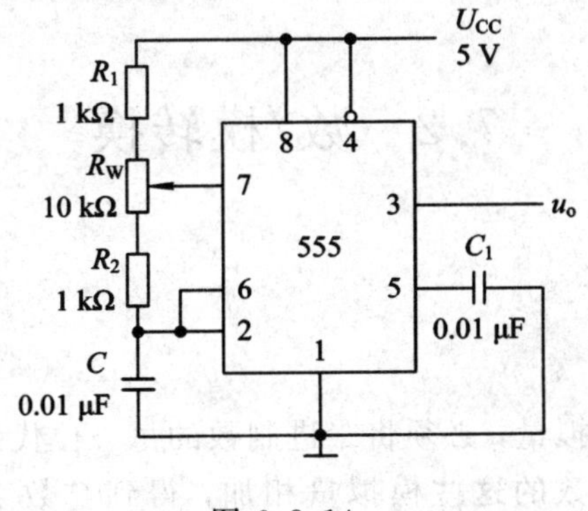

图 6.8.14

第 7 章　数/模与模/数转换

本章系统地讲述了数/模转换和模/数转换的基本概念、电路结构和工作原理。在数/模转换器中，主要介绍了倒 T 型转换电路；在模/数转换器中，主要介绍了逐次逼近型转换电路和双积分型转换电路。在讲述各种转换电路工作原理的基础上，还讨论了电路的转换精度与转换速度等性能指标。

7.1　概　述

随着以数字计算机为代表的各种数字系统的广泛普及和应用，模拟信号和数字信号的转换已成为电子技术中不可或缺的重要组成部分。数/模转换指的是把数字信号转换成相应的模拟信号，简称 D/A 转换，同时将实现该转换的电路称为 D/A 转换器，简称 DAC；模/数转换指的是把模拟信号转换为数字信号，简称 A/D 转换，并将实现该转换的电路称为 A/D 转换器，简称 ADC。

DAC 和 ADC 的主要性能参数包括转换精度和转换速度。为了保证处理结果的准确性，DAC 和 ADC 必须要有足够的转换精度；而为了适应快速控制和监测的需要，还必须要有足够快的转换速度。

常见的 DAC 电路中，主要有权电阻网络、倒 T 型电阻网络、权电流型等几种类型的数/模转换器。常见的 ADC 电路中，主要有逐次逼近型、双积分型、并联比较型等几种各具特色的模/数转换器。

7.2　数/模转换

7.2.1　DAC 的基本概念

1. DAC 的转换原理

为了将数字量转换为模拟量，必须将二进制数的每一位代码按权值转换成相应的模拟量，然后将代表各位二进制数的这些模拟量相加，得到与数字量成正比的模拟量。如果 DAC 电路的输入为 n 位二进制数 D，输出是与数字量成正比的电压 U_o 或电流 I_o，则有

$$U_o(\text{或 } I_o) = K \cdot D = K \cdot \sum_{i=0}^{n-1} D_i 2^i \qquad (7.2.1)$$

式中，K 为转换比例常数。

图 7.2.1 给出了 DAC 输入、输出关系框图。当 $n=3$ 时，DAC 转换电路的输出与输入转换特性如图 7.2.2 所示，输出为阶梯波。

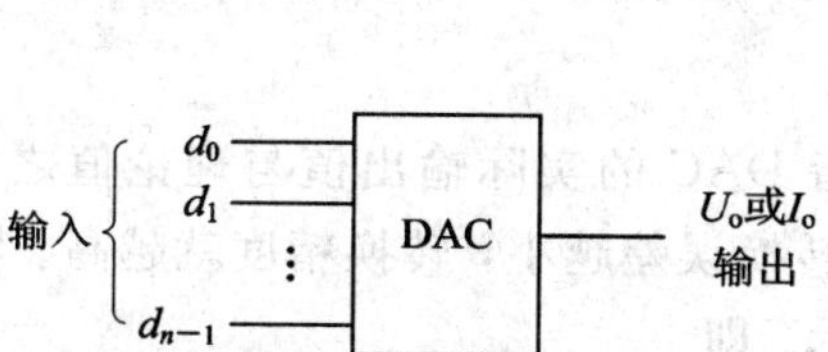

图 7.2.1　DAC 输入、输出关系图

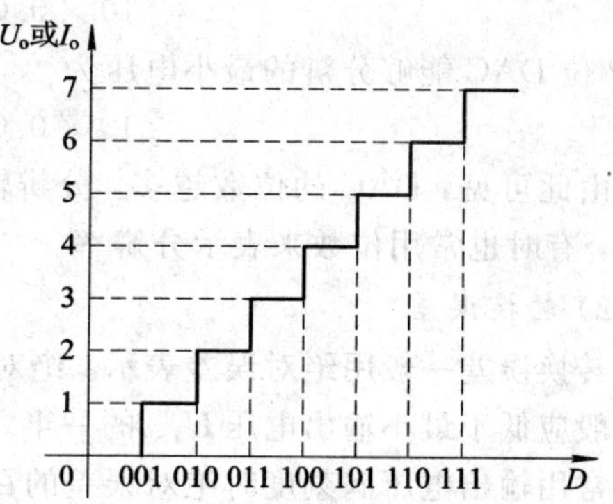

图 7.2.2　DAC 转换特性

2. DAC 的结构框图

图 7.2.3 是一个 n 位二进制 DAC 结构框图。输入的数字信号首先存放在数字寄存器中，寄存器并行输出的每一位数码驱动一个电子开关，通过电子开关将基准电压按位切换到电阻解码网络，使输出模拟电压与该位数码所具有的权值相对应。其核心部分是能实现按权转换的电阻解码网络。

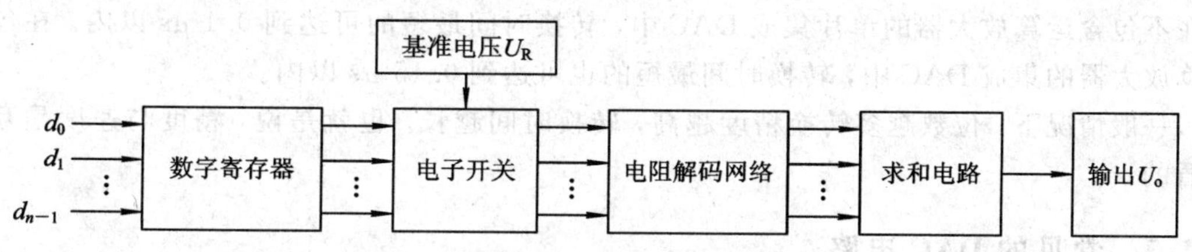

图 7.2.3　n 位二进制 DAC 结构框图

7.2.2　DAC 的主要技术指标

1. 转换精度

在集成 DAC 中，一般用分辨率和转换误差来描述转换精度。

1）*分辨率*

分辨率是指输入数字量最低有效位为 1 时，对应输出可分辨的最小输出电压 U_{LSB} 与最大输出电压 U_m 之比，即

$$分辨率 = \frac{U_{LSB}}{U_m} = \frac{1}{2^n - 1} \tag{7.2.2}$$

它反映了 DAC 对输出最小电压的分辨能力，当 n 越大时，DAC 的分辨能力越高（分辨率越小）。例如：

当 $n=10$ 时，分辨率 $=\frac{1}{2^{10}-1}=0.098\%$；

当 $n=12$ 时，分辨率 $=\frac{1}{2^{12}-1}=0.024\%$。

如果输出模拟电压满量程 $U_m=10$ V，那么 10 位 DAC 能够分辨的最小电压为

$$10 \times 0.098\% = 9.8 \text{ mV}$$

而 12 位 DAC 能够分辨的最小电压为

$$10 \times 0.024\% = 2.4 \text{ mV}$$

由此可见，DAC 的位数越多，分辨输出的最小电压的能力就越强，转换精度就越高。因此，有时也常用位数来表示分辨率。

2）转换误差

转换误差一般用绝对误差表示。绝对误差是指 DAC 的实际输出值与理论值之差。该值一般应低于最小输出电压 U_{LSB} 的一半。DAC 的转换误差越小，转换精度就越高。转换精度通常用输出电压满刻度时绝对误差的百分数表示。即

$$\text{转换精度} = \left(\frac{\text{绝对误差}}{\text{输出电压}}\right) \times 100\%$$

造成 DAC 转换误差的原因很多，主要有参考电压 U_R 的波动、运算放大器的零点漂移、模拟开关的导通和导通压降、电阻网络中电阻阻值的偏差以及三极管特性不一致等。

2. 转换速度

转换速度是指从数码输入到模拟电压稳定输出之间所经历的响应时间，也称转换时间，一般取输入由全 0 变为全 1 或由全 1 变为全 0 时，其输出达到稳定值所需的时间。目前在不包含运算放大器的单片集成 DAC 中，转换时间最短的可达到 0.1 μs 以内。在包含运算放大器的集成 DAC 中，转换时间最短的也可达到 0.15 μs 以内。

一般情况下，位数越多转换精度越高，转换时间越长。也就是说，精度与速度是互相矛盾的。

7.2.3 常见的 DAC 电路

1. 倒 T 型电阻网络

DAC 电路可分为电压型和电流型两大类。电压型 DAC 有权电阻网络、T 型电阻网络和树型开关网络等。电流型 DAC 主要有权电流型和倒 T 型电阻网络型等。本节仅以倒 T 型电阻网络为例介绍转换器的电路结构。

倒 T 型电阻网络 DAC 是目前转换速度较高且使用较多的一种。其特点是电阻种类少，只有 R 和 $2R$ 两种，由此可以提高制作精度，而且在动态转换过程中对输出不易产生尖峰脉冲干扰，有效地提高了转换速度。电路结构如图 7.2.4 所示。

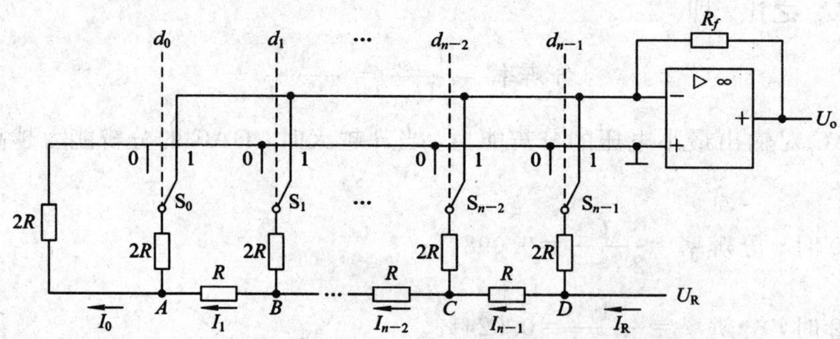

图 7.2.4 n 位二进制倒 T 型网络 DAC 电路

图中，$S_0 \sim S_i$ 为电子开关，$R-2R$ 电阻网络呈倒 T 型，运算放大器组成了求和电路。

电子开关受输入二进制数 D_i 控制。当 $D_i=1$ 时，S_i 接运算放大器反相输入端，电流 I_i 流入求和电路；当 $D_i=0$ 时，S_i 将电阻 $2R$ 接地。根据运算放大器线性运用时的虚地概念可知，无论电子开关 S_i 处于何种位置，与 S_i 相连的 $2R$ 电阻均将接地，这样流过电阻 $2R$ 上的电流不随开关位置变化而变化，为确定值，从每个节点向里看的二端口网络等效电阻均为 R，即

$$R_A = 2R \,/\!/\, 2R = R$$

$$R_B = (R_A + R) \,/\!/\, 2R = R$$

$$R_C = 2R \,/\!/\, 2R = R$$

$$R_D = 2R \,/\!/\, 2R = R$$

则流过各节点的电流从高位到低位依次为

$$I_{\mathrm{R}} = \frac{U_{\mathrm{R}}}{R} = I$$

$$I_{n-1} = \frac{1}{2}I = \frac{1}{2} \times \frac{U_{\mathrm{R}}}{R}$$

$$I_{n-2} = \frac{1}{4}I = \frac{1}{4} \times \frac{U_{\mathrm{R}}}{R}$$

$$\vdots$$

$$I_1 = \frac{1}{2^{n-1}}I = \frac{1}{2^{n-1}} \times \frac{U_{\mathrm{R}}}{R}$$

$$I_0 = \frac{1}{2^n}I = \frac{1}{2^n} \times \frac{U_{\mathrm{R}}}{R}$$

流入运算放大器的总电流为

$$I_\Sigma = d_{n-1} \cdot \frac{1}{2}I + d_{n-2} \cdot \frac{1}{2^2}I + \cdots + d_1 \cdot \frac{1}{2^{n-1}}I + d_0 \cdot \frac{1}{2^n}I$$

$$= \frac{1}{2^n}I \cdot \sum_{i=0}^{n-1} d_i 2^i \tag{7.2.3}$$

$$U_0 = -I_\Sigma R_f = -\frac{U_{\mathrm{R}} R_f}{2^n R} \sum_{i=0}^{n-1} d_i 2^i \tag{7.2.4}$$

当 $R_f = R$ 时

$$u_0 = \frac{u_R}{2^n} \sum_{i=0}^{n-1} d_i z^i$$

由上式可以看出，此电路完成了从数字量到模拟量的转换，并且输出模拟电压正比于数字量的输入。

2. 集成 DAC 电路 AD7524

AD7524(CB7520)是采用倒 T 型电阻网络的 8 位并行 D/A 转换器，功耗为 20 mW，供电电压 U_{DD} 为 5～15 V。

AD7524 典型实用电路如图 7.2.5 所示。

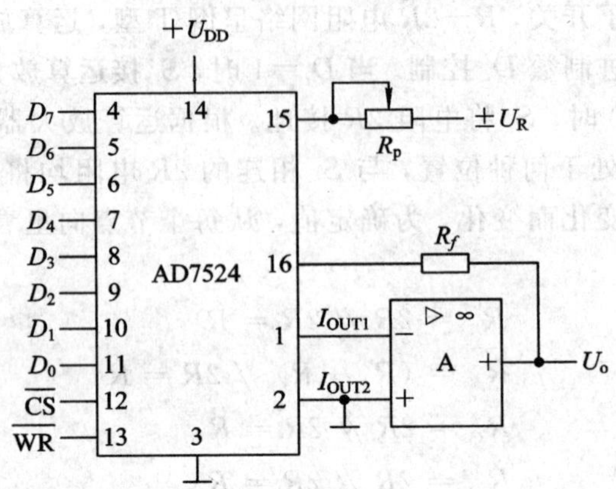

图 7.2.5　AD7524 典型实用电路

图中，主要引线端及功能如下：

· U_{DD}为供电电源正端，可输入 TTL/CMOS 电平；

· $D_0 \sim D_7$ 为数据输入端；

· $\overline{CS}$为片选控制端；

· $\overline{WR}$为写入控制端；

· U_R 为参考电源，可正、可负；

· GND 为接地端；

· I_{OUT1} 和 I_{OUT2} 是模拟电流输出，一正一负；

· A 为运算放大器，将电流输出转换为电压输出，输出电压的数值可通过外接反馈电阻 R_f 进行调节。电阻 R_p 用于电路校准，可调整基准电压 U_R。AD7524 的功能表如表7.2.1所示。

表 7.2.1　AD7524 功能表

$\overline{CS}$	$\overline{WR}$	功　能
0	0	数据并行输入、并行输出
0	1	保持
1	0	保持
1	1	保持

当输出电压片选信号$\overline{CS}$与写入命令$\overline{WR}$为低电平时，AD7524 处于写入状态，可将 $D_0 \sim D_7$ 端的输入数据写入寄存器并转换成模拟电压输出。输出电压与输入数字量的关系如下：

$$U_o = -\frac{U_R}{2^n}(d_0 \times 2^0 + d_1 \times 2^1 + \cdots + d_{n-2} \times 2^{n-2} + d_{n-1} \times 2^{n-1}) \tag{7.2.5}$$

该电路中 $n=8$。当参考电压 U_R 取负值时，输出电压为正；当参考电压 U_R 取正值时，输出为负。

当输入最大数字量 11111111 时，由式(7.2.5)可知：

$$U_{o\max} = -\frac{U_R}{2^8}(1 \times 2^0 + 1 \times 2^1 + \cdots + 1 \times 2^6 + 1 \times 2^7) = -0.996U_R$$

DAC 输出电压范围为 0～0.996U_R，可输出 2^8=256 个电压值，输入的数字最低，有效位 1 对应的模拟电压值为 $U_{LSB}=U_R/256$(V)。

7.3　模/数转换

7.3.1　ADC 的基本概念

ADC 的任务是将模拟信号转换为数字信号。在此过程中，输入的模拟信号在时间上是连续量，而输出的数字信号是离散量，所以进行转换时必须在一系列选定的时间瞬间对输入的模拟信号取样，然后再把这些样值转换为输出的数字量。因此，转换过程通常通过采样、保持、量化、编码四个步骤来完成。其转换原理图如图 7.3.1 所示。

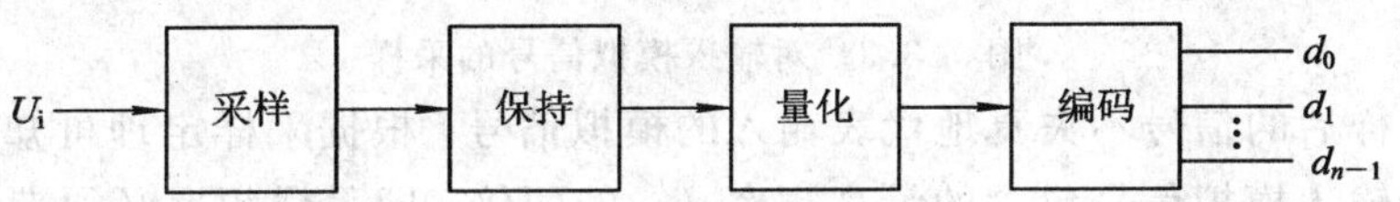

图 7.3.1　ADC 的转换原理图

7.3.2　ADC 的电路组成及其工作原理

1. ADC 的电路组成

在进行 A/D 转换的过程中，需要经过采样、保持、量化、编码四个步骤来完成，这些步骤往往是在电路中合并进行的。例如采样和保持就是利用同一个电路连续进行的，量化和编码也是在转换过程中同时实现的，而且所占有的时间又是保持时间的一部分。其电路组成结构框图如图 7.3.2 所示。

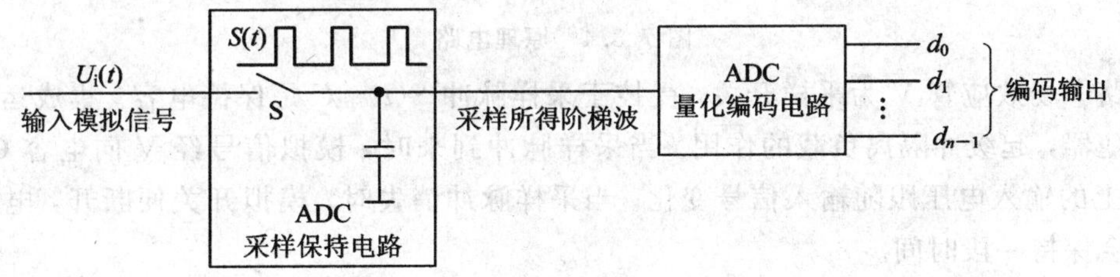

图 7.3.2　ADC 的电路结构框图

2. ADC 的工作原理

ADC 的工作过程是首先对输入的模拟电压信号采样，采样之后进入保持时间，在保持时间内将采样的电压量化为数字量，并按一定的编码形式进行编码。然后，进入下一次采样。

1）采样和保持

为了把输入的模拟信号转换为与之成正比的输出数字量，首先要对输入的模拟信号采样，就是按一定的时间间隔，周期性地提取输入的模拟信号的幅值的过程。这样就把在时间上连续变化的信号转换为在时间上离散的信号。其过程如图 7.3.3 所示。其中，U_i 是输入的模拟信号，U_S 是采样信号。

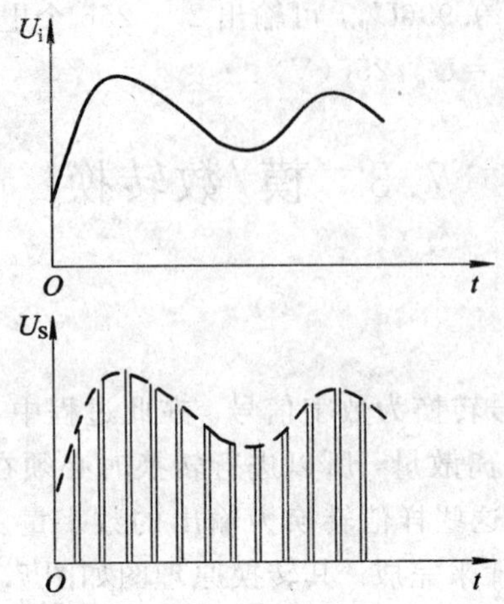

图 7.3.3　对输入模拟信号的采样

为了使采样后的信号不失真地代表输入的模拟信号，根据采样定理可知，采样频率 f_s 必须大于等于输入模拟信号包含的最高频率 f_{max} 的两倍，即采样频率必须满足 $f_s \geqslant 2f_{max}$。

模拟信号采样后，得到一系列样值脉冲。采样脉冲宽度一般是很短暂的，在下一个采样脉冲到来之前，应暂时保持所取得的样值脉冲幅度，以便进行转换。因此，在采样脉冲之后，必须加保持电路。采样一保持电路的原理电路如图 7.3.4 所示。

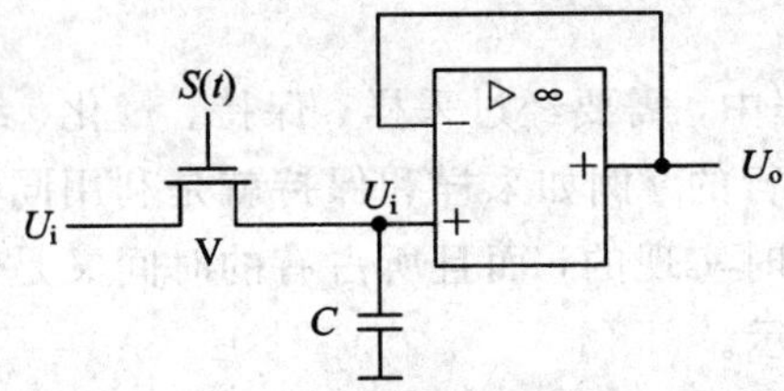

图 7.3.4　原理电路

电路中场效应管 V 为采样开关，受控于采样脉冲 $S(t)$。C 是保持电容。集成运算放大器为跟随器，起缓冲隔离负载的作用。当采样脉冲到来时，模拟信号经 V 向电容 C 充电，电容 C 上的输入电压跟随输入信号变化。当采样脉冲消失时，模拟开关便断开，电容 C 上的电压会保持一段时间。

2）量化编码

输入的模拟电压经过取样保持后，得到的是阶梯波。由于阶梯波的幅度是任意的，可能会有无限多个值，这不可能与 n 位有限的 2^n 个数字量相对应，因此必须把取样后的样值电平归化到与之接近的离散电平上，这个过程称为量化。指定的离散电平为量化电平，用二进制数码来表示各个量化电平的过程，称为编码。

量化的方法一般有两种：

(1) 舍尾取整法：取最小量化单位 $\Delta = U_m / 2^n$，其中 U_m 为模拟电压最大值，n 为数字代码位数。将 $0 \sim \Delta$ 之间的模拟电压归并到 $0 \cdot \Delta$，把 $\Delta \sim 2\Delta$ 之间的模拟电压归并到 $1 \cdot \Delta$，依此类推，最大量化误差为 Δ。例如，需要把 $0 \sim +1$ V 之间的模拟电压信号转换为 3 位二进制代码，可取 $\Delta = (1/8)$V，那么 $0 \sim (1/8)$V 之间的电压就归并到 $0 \cdot \Delta$，用二进制数 000

表示；数值在(1/8)～(2/8)V之间的电压归并到1·Δ，用二进制数001表示，并依此类推，如图7.3.5(a)所示。

(2) 四舍五入法：取最小量化单位$\Delta=2U_m/(2^{n-1}-1)$，量化时将0～Δ/2之间的模拟电压归并到0·Δ，把Δ/2～3·Δ/2之间的模拟电压归并到1·Δ，依此类推，最大量化误差为Δ/2。例如，需要把0～+1 V之间的模拟电压信号转换为3位二进制代码，这时可取Δ=(2/15)V，那么0～(1/15)V之间的电压就归并到0·Δ，用二进制数000表示；数值在(1/15)～(3/15)V之间的电压归并到1·Δ，用二进制数001表示，并依此类推，如图7.3.5(b)所示。

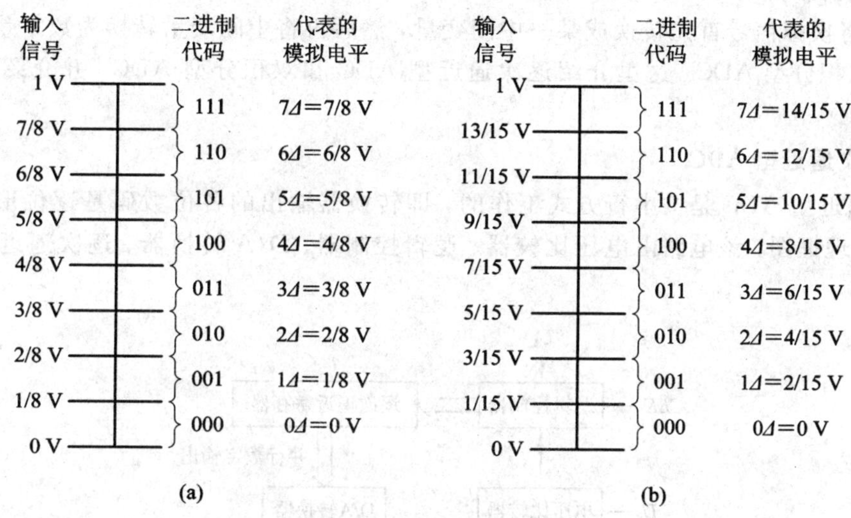

图7.3.5　划分量化电平的两种方法

7.3.3 ADC的主要技术指标

1. 转换精度

在集成ADC中，一般也用分辨率和转换误差来描述转换精度。

1) *分辨率*

分辨率是指ADC对输入模拟信号的分辨能力。从理论上讲，一个n位二进制数字输出的ADC应能区分输入模拟电压的2^n个不同量级，即能够区分输入模拟电压的最小差异为$\frac{1}{2^n}$FSR(满量程输入的$\frac{1}{2^n}$)。例如，ADC输出为10位二进制数，输入模拟信号电压变化范围为0～8 V，则

$$分辨率=\frac{U_m}{2^n}=\frac{8}{2^{10}}=7.81\ \text{mV}$$

2) *转换误差*

转换误差通常是以输出误差最大值的形式给出的，它表示实际输出的数字量和理论上输出的数字量之间的差别，一般多以最低有效位的倍数表示。例如，转换误差小于等于LSB/2，表明实际输出的数字量和理论上的输出数字量之间的误差小于等于最低有效位的一半。

2. 转换速度

ADC 的转换速度主要取决于转换电路的类型。并联比较型 ADC 的转换速度最高，例如 8 位输出单片集成的 ADC 转换时间可在 50 ns 之内；其次为逐次逼近型 ADC，多数产品的转换时间都在 10～100 μs；双积分型 ADC 最低，转换时间多在几十到几百毫秒之间。

7.3.4　常见的 ADC 电路

常见的 ADC 电路中，按其工作原理不同分直接型 ADC 和间接型 ADC。直接型 ADC 直接将模拟信号转换为数字信号，典型电路有逐次逼近型 ADC、并联比较型 ADC。间接 ADC 则是将模拟信号首先转换成某一中间变量，然后再将中间变量转换为数字量输出，典型电路有双积分型 ADC。这里介绍逐次逼近型 ADC 和双积分型 ADC，并介绍常用芯片 LTC1290。

1. 逐次逼近型 ADC

逐次逼近型 ADC 是按串行方式工作的，即转换器输出的各位数码是逐位形成的。图 7.3.6 为原理框图，该电路由电压比较器、逻辑控制器、D/A 转换器、逐次逼近寄存器等组成。

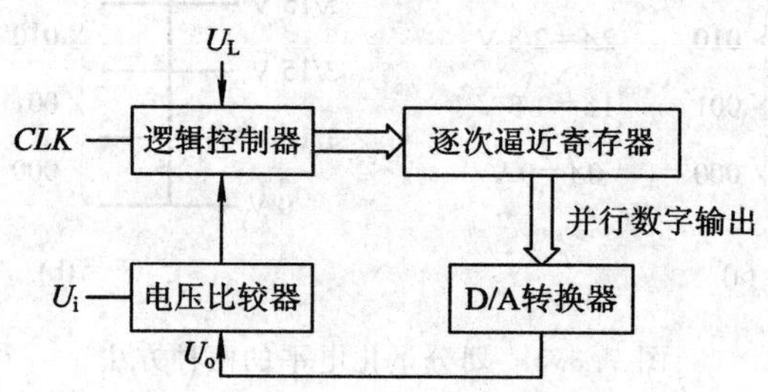

图 7.3.6　逐次逼近型 ADC 原理图

逐次逼近的具体过程是：转换开始前先将寄存器清零，开始转换后，时钟信号首先将寄存器的最高位置成“1”，使输出数字为 100…00，这个数码被 D/A 转换器转换成相应的模拟电压 U_o，并送到比较器中与采样保持电路输出的模拟电压 U_i 相比较，如果 $U_o > U_i$，说明数字过大了，故将最高位的“1”清除；如果 $U_o < U_i$，说明数字还不够大，应将这一位保留。然后再按同样的方法把次高位置成“1”，并且经过比较 U_o 与 U_i 确定这一位的“1”是否应当保留，这样逐次比较下去，直至最低位比较完为止，这时寄存器里所寄存的数码就是所求的数字输出量。这种 A/D 转换器具有转换速度快、精度高等特点，是目前集成 A/D 转换器中使用最多的一种。

2. 双积分型 ADC

双积分型 ADC 也是常用的一种电路形式。图 7.3.7 给出了一个 n 位二进制数并行输出的双积分型 ADC 的原理框图，它由基准电压源、积分器、二进制计数器、定时器和逻辑控制门等组成。为保证电路的正常工作，要求输入模拟电压 U_i 必须与参考电压 $-U_R$ 极性相反，且输入模拟电压最大值满足 $|U_{im}| \leqslant |U_R|$。电路的基本原理是对输入模拟电压和参考电压进行两次积分，先将输入模拟电压 U_i 转换成与其平均值成正比的时间间隔，然后再在此时间间隔内用固定频率的时钟脉冲 *CLK* 进行计数，计数器在此时间内得到的计数值

即为与模拟输入电压 U_i 对应的数字量 D_n。

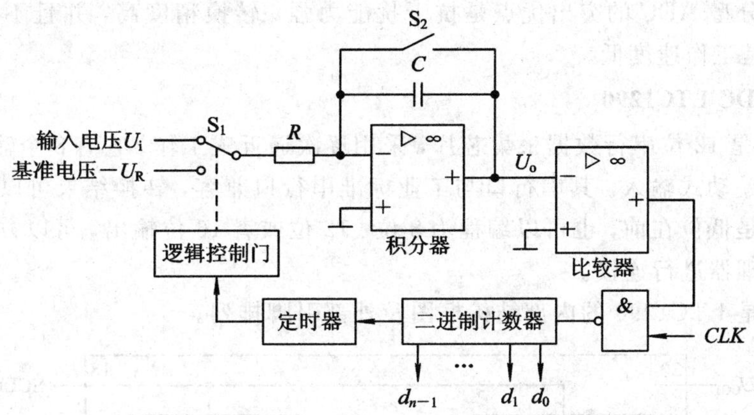

图 7.3.7　双积分型 ADC 原理框图

下面讨论双积分型 ADC 的工作过程。转换开始前，先将计数器清零，并接通开关 S_2，使电容 C 完全放电。工作过程分两步进行：

第一步：令开关 S_1 闭合到输入模拟信号 U_i 侧，积分器对 U_i 进行定时积分，积分时间 $T_1=2^nT_c$（T_c 为 CLK 时钟脉冲的周期），即 T_1 时间内 n 位计数器计满，计数值为 2^n。

积分结束时积分器的输出电压为

$$U_o=-\frac{1}{RC}\int_0^{T_1}U_i\,dt=-\frac{T_1}{RC}V_i \tag{7.3.1}$$

式中 V_i 是 U_i 在 T_1 时间内的平均值。

第二步：令开关 S_1 闭合到参考电压 $-U_R$ 一侧，积分器向相反方向积分。设积分器的输出电压上升到零时所经过的时间为 T_2，则可知：

$$U_o=\frac{1}{RC}\int_0^{T_2}U_R\,dt-\frac{T_1}{RC}V_i=0$$

从上式可得：

$$\frac{T_2}{RC}U_R=\frac{T_1}{RC}V_i$$

进一步得：

$$T_2=\frac{T_1}{U_R}V_i=\frac{2^nT_C}{U_R}V_i \tag{7.3.2}$$

若取 $\Delta=U_R/2^n$，（Δ 可看做是 ADC 的单位电压），则

$$T_2=\frac{V_i}{\Delta}T_C=D_nT_C \tag{7.3.3}$$

$$D_n=\frac{T_2}{T_C}=\frac{V_i}{\Delta}=\frac{2^n}{U_R}V_i \tag{7.3.4}$$

转换器在工作过程中使用的转换时间 T 为 $T=T_1+T_2=(2^n+D_n)T_C$，转换时间与输入电压的大小值有关，输入最大时转换时间最长，最长转换时间 $T_m=(2^n+2^n-1)T_C$，完成一次 A/D 转换大约需要几十毫秒。

转换器电路最终输出的数字量 D_n 与输入模拟电压在 T_1 时间内的平均值成正比，比值

与基准电压和 T_1 时间内记下的脉冲数目有关。

这种双积分型 ADC 的突出优点是抗干扰能力强，转换精度高，并且不需要采样一保持电路；缺点是工作速度低。

3. 集成 ADC LTC1290

LTC1290 是 12 位串行数据采集芯片，采用逐次逼近式工作。它有 8 个输入通道，可以编程为单端或差动式输入。其串行口与工业标准串行口兼容，转换结果可以方便地编程为高位在前或者是低位在前，也可以编程为 8 位、12 位或者 16 位输出，可以方便地与移位寄存器和多种处理器进行连接。

图 7.3.8 是 LTC1290 的内部结构框图及外部引脚排列。

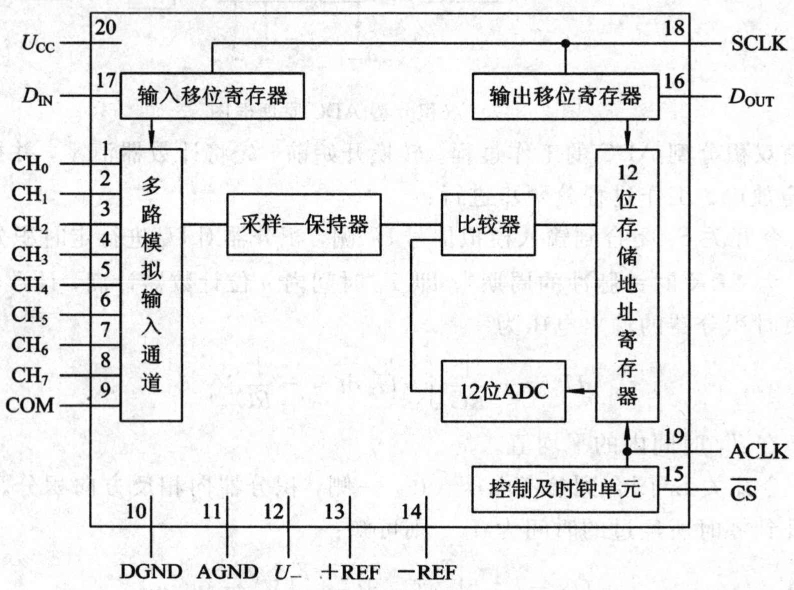

图 7.3.8 LTC1290 内部结构框图及外部引脚排列

LTC1290 主要包括多路模拟输入通道、采样一保持器、12 位 ADC 以及控制及时钟单元等部分。其中多路模拟输入单元用于接收外部 8 路模拟输入，并可根据输入控制命令选择输入模式及所采集的数据通道；采样一保持器完成对所选模拟信号的采样与保持，以便进行模/数转换；12 位 ADC 将采集的模拟信号转换成数字信号；控制及时钟单元控制片选及时钟转换等。各个引脚功能介绍如下：

- $\overline{CS}$：片选控制端，该端置低将启动数据传输；
- $CH_0 \sim CH_9$：模拟信号输入端；
- COM：输入信号公共端；
- DGND 和 AGND：数字地和模拟地；
- U_{CC}和 U_-：正、负供电端；
- +REF 和−REF：分别为标准参考正、负电源端；
- SCLK：串行移位时钟，用于控制输入和输出数据；
- ACLK：模数转换脉冲，用于控制模数转换；
- D_{IN}：控制命令输入端，用于设置采集参数；

• D_{OUT}：转换数据输出端。

工作过程中，当移位时钟 SCLK 与移位数据寄存器同步时，系统将在 SCLK 的下降沿发送数据，并在 SCLK 的上升沿捕获数据。在片选端$\overline{CS}$下降沿启动数据传输后，微处理器将通过串行输出发出采集参数控制命令字节，该字节从 D_{IN} 端口输入到输入移位寄存器去控制下一次待转换的控制参数。在输入控制命令的同时，当前数据转换结果将通过 D_{OUT} 端输出。当控制命令字节传输完成而上次转换输出尚未完成时，D_{IN} 端输入的数据将不会影响转换控制。数据交换完毕后启动模/数转换，此刻片选端$\overline{CS}$应置为高电平并且在整个转换过程中应一直为高电平。转换结果将在下次数据交换时输出，转换结果要比输入字节延迟一个$\overline{CS}$周期。

LTC1290 数据采集芯片分辨率高，转换速度快，转换参数设置灵活，可与绝大多数微处理器直接连接而不需要任何外部电路，这使得它在集成 ADC 电路中有着广泛的应用。

7.4　本 章 小 结

1. 本章重点内容

D/A 转换器和 A/D 转换器都是大规模的数字集成器件，在数字系统中被广泛应用，并有多种集成芯片可供选用。在本章中系统地讲述了 D/A 转换电路和 A/D 转换电路的基本原理和电路特点，这也是本章的重点所在。由于 D/A 转换器件和 A/D 转换器件种类繁多，无法一一列举。在 D/A 转换电路中，重点介绍了较为常见的倒 T 型电阻网络。在 A/D 转换中，把电路归结为直接型和间接型两种。在直接型 A/D 转换电路中，重点介绍了逐次逼近型转换电路；在间接型 A/D 转换电路中，主要介绍了双积分型转换电路。

2. 本章难点内容

转换精度和转换速度是 D/A 转换器和 A/D 转换器最重要的两个技术指标，是本章的难点。转换精度由分辨率和转换误差共同描述。在 D/A 转换中：分辨率$=\dfrac{1}{2^n-1}$，转换误差由绝对误差表示，该值一般应低于最小输出电压 U_{LSB} 的一半；在 A/D 转换中：分辨率$=\dfrac{U_m}{2^n}$，转换误差通常以最低有效位的倍数表示。至于转换速度，在 D/A 转换器中由转换时间来描述，而在 A/D 转换器中主要取决于转换电路的类型。

3. 本章需注意的问题

本章需要注意的问题主要有：

(1) 在使用 D/A 转换器和 A/D 转换器时，为保证其转换精度，要求模拟电压满量程使用时，它们的地线要正确连接，否则干扰很严重，会影响转换结果的准确性。在线路设计中，必须将所有器件的模拟地和数字地分别相连，然后再将模拟地和数字地仅在一点相连接。

(2) 在 D/A 转换器和 A/D 转换器中，转换精度由分辨率和转换误差共同描述。为此，要获取器件的高精度，不仅应提高其分辨率，还要减小其转换误差，包括要有高稳定度的供电电源，小的温度改变，低漂移的运放等。

(3) 在双积分型 A/D 转换电路中，为保证电路正常工作，输入模拟电压 U_i 必须与参

考电压$-U_R$极性相反，且输入模拟电压最大值满足$|U_{im}|\leqslant|U_R|$。否则第二次积分时计数器计满数后积分还在进行，将发生转换错误。

7.5 例题精选

例 7.5.1 某控制系统中有1个DAC，如果系统要求该DAC的转换误差小于0.25%，则问应该选多少位的DAC？

解 本题要求DAC的转换误差小于0.25%，是指DAC的实际输出值与理论值之间的误差，该值一般应低于$\frac{1}{2}U_{LSB}$，为此其分辨率应小于0.5%。

根据$\frac{1}{2^n-1}\times 100\%=0.5\%$，可得$n=7.64$，故所选的DAC的位数应为8位或多于8位。

例 7.5.2 在图7.2.4所示的倒T型电阻网络DAC电路中，若$n=4$，基准电压$U_R=-8$ V，$R=5$ kΩ，试计算：

(1) 由基准电源流入芯片的电流I_R。

(2) 输出模拟电压U_o的范围。

(3) 当$D_3D_2D_1D_0=1110$时，U_o的值。

解 (1) 由图7.2.4可知：

$$I_R=\frac{U_R}{R}=-\frac{8}{5}=-1.6\ \text{mA}$$

(2)
$$U_o=-\frac{U_R}{2^n}\sum_{i=0}^{3}2^iD^i$$

当$D_3D_2D_1D_0=1111$时，

$$U_o=-\frac{-8}{-2^4}\times 15=7.5\ \text{V}$$

所以，输出电压U_o的范围为0～7.5 V。

(3) 当$D_3D_2D_1D_0=1110$时，

$$U_o=-\frac{-8}{-2^4}\times 14=7\ \text{V}$$

例 7.5.3 如果要将一个最大幅值为10.2 V的模拟信号转换为数字信号，要求能分辨出5 mV的输入信号变化，试问应选多少位的A/D转换器？

解
$$\frac{10.2\ \text{V}}{5\ \text{mV}}=2040<10^{11}$$

所以可选用11位的A/D转换器。

例 7.5.4 3位ADC输入满量程为10 V，求输入模拟电压$U_i=3$ V时，电路数字量的输出为多少？(使用舍尾取整法量化)。

解 使用舍尾取整法：

$$\Delta=\frac{U_m}{2^n}=\frac{10}{2^3}=1.25\ \text{V}$$

$$2 \cdot \Delta = 2.5\ \text{V}$$

$$3 \cdot \Delta = 3.75\ \text{V}$$

$$2 \cdot \Delta < U_i = 3\ \text{V} < 3 \cdot \Delta$$

取U_i电平归化到$2 \cdot \Delta$，输出数字量为010。

7.6　自我检测题

1. 已知某D/A转换器的最小分辨电压$U_{LSB}=2$ mV，最大满刻度电压$U_m=10$ V，试求该电路输入二进制数字量的位数n。

2. 如果要求D/A转换器精度小于1%，至少要用多少位的DAC？

3. A/D转换过程由几个步骤来完成？试对每个步骤进行详细的说明。

4. 8位A/D转换器，输入满量程电压为12 V，求该ADC可分辨的最小阶梯电压。

5. 3位A/D转换器输入满量程为5 V，求输入下列电压值时输出为多少。

(1) 1.5 V　　(2) 2.6 V　　(3) 3.8 V

6. 双积分型A/D转换器的参考电压$-U_R=-10$ V，计数器为10位二进制，时钟频率$f_c=1$ MHz。求：

(1) 允许输入的最大模拟电压。

(2) 转换器的最大转换时间。

(3) 当输入电压$U_i=-5$ V时，输出的数字量D_n。

7. 试说明A/D转换器和D/A转换器的性能指标转换精度、转换速度都和哪些因素有关。

第 8 章　半导体存储器和可编程逻辑器件

本章系统地介绍了各种半导体存储器的工作原理和使用方法；集中讲授了可编程逻辑器件的原理与应用。

8.1 半导体存储器

8.1.1　半导体存储器的分类

半导体存储器是用半导体器件来存储二值信息的大规模集成电路。它具有集成度高、体积小、可靠性高、价格低、外围电路简单且易于接口、便于自动化批量生产等特点。半导体存储器主要用于电子计算机和某些数字系统中，用来存放程序、数据、资料等。因此，半导体存储器就成了这些数字系统不可缺少的组成部分。

半导体存储器的种类很多，首先从存取功能上可以分为只读存储器(Read-Only Memory，ROM)和随机存储器(Random Access Memory，RAM)两大类。

只读存储器在工作状态下只能读取数据，不能快速地随时修改或重新写入数据。ROM的优点是电路结构简单，而且在断电以后数据不会丢失。它的缺点是只适用于存储那些固定数据的场合。只读存储器中又有掩膜 ROM、可编程 ROM(Programmable Read-Only Memory，PROM)和可擦除的可编程 ROM(Erasable Programmable Read-Only Memory，EPROM)几种不同类型。掩膜 ROM 中的数据在制作时已经确定，无法更改。PROM 中的数据可以由用户根据自己的需要写入，但一经写入后就不能再修改了。EPROM 里的数据则不但可以由用户根据自己的需要写入，而且还能擦除重写，所以具有更大的灵活性。

随机存储器在正常工作状态下就可以随时向存储器里写入数据或从中读出数据。根据所采用的存储单元工作原理的不同，随机存储器可分为静态存储器(Static Random Access Memory，SRAM)和动态存储器(Dynamic Random Access Memory，DRAM)。由于动态存储器存储单元的结构非常简单，因此它所能达到的集成度远高于静态存储器。但是动态存储器的存取速度不如静态存储器快。

另外，从制造工艺上又可以把存储器分为双极型和 MOS 型。鉴于 MOS 电路(尤其是 CMOS 电路)具有功耗低、集成度高的优点，所以目前大容量的存储器都是采用 MOS 工艺制作的。

存储器的存储容量和存取时间是反映系统性能的两个重要指标。存储容量指存储器所能存放的信息的多少，存储容量越大，说明存储的信息越多，系统的功能越强。存储器的容量一般用字数 N 和字长 M 的乘积，即 $N \times M$ 来表示，如 1K×8 表示该存储器有 1024 个存储单元，每一个单元存放 8 位二进制信息。存取时间一般用读/写周期来描述。读/写周期越短，即存取时间越短，存储器的工作速度就越高。

8.1.2 只读存储器(ROM)的结构及工作原理

1. 掩膜只读存储器

固定 ROM 又称为掩膜 ROM，这种 ROM 在制造时，生产厂家利用掩膜技术把数据写入存储器中，一旦 ROM 制成，其存储的数据也就固定不变了。ROM 的电路结构包含存储矩阵、地址译码器和输出缓冲器三个组成部分，如图 8.1.1 所示。存储矩阵由许多存储单元排列而成。

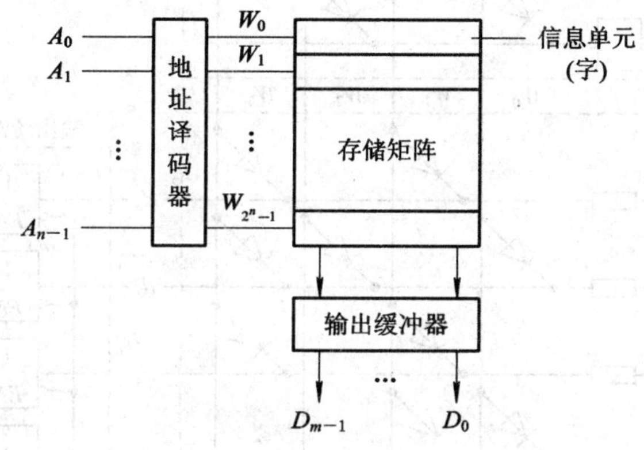

图 8.1.1 ROM 的电路结构框图

在对应的存储单元内存入的是 1 还是 0，是由接入或不接入相应的二极管来决定的。

地址译码器的作用是将输入的地址代码译成相应的控制信号，利用这个控制信号从存储矩阵中把指定的单元选出，并把其中的数据送到输出缓冲器。地址译码器有 n 个输入端，有 2^n 个输出信息，每个输出信息对应一个信息单元，而每个单元存放一个字，共有 2^n 个字(W_0，W_1，…，W_{2^n-1}称为字线)。

每个字有 m 位，每位对应 D_0，D_1，…，D_{m-1}的输出(称为位线)。

存储器的容量是 $2^n \times m$(字线×位线)。ROM 中的存储体可以由二极管、晶体管和 MOS 管来实现。

输出缓冲器的作用有两个，一是能提高存储器的带负载能力，二是实现对输出状态的三态控制，以便与系统的总线连接。

1) 二极管固定 ROM

图 8.1.2 是具有 2 位地址输入码和 4 位数据输出的二极管固定 ROM 的电路结构图，2 线—4 线地址译码器的地址线为 A_1A_0，输出为 $W_0 \sim W_3$，2 位地址代码 A_1A_0 能给出 4 个不同的地址。地址译码器将这 4 个地址代码分别译成 $W_0 \sim W_3$ 4 根线上的高电平信号。存储矩阵实际上是由 4 个二极管或门组成的编码器，当 $W_0 \sim W_3$ 每根线上给出高电平信号时，都会在 $D_3 \sim D_0$ 4 根线上输出一个 4 位二值代码。通常将每个输出代码叫一个“字”，并把 $W_0 \sim W_3$ 称为字线，把 $D_0 \sim D_3$ 称为位线(或数据线)，而 A_1A_0 称为地址线。输出端的缓冲器用来提高带负载能力，并将输出的高、低电平变换为标准的逻辑电平。同时，通过给定$\overline{EN}$信号实现对输出的三态控制。

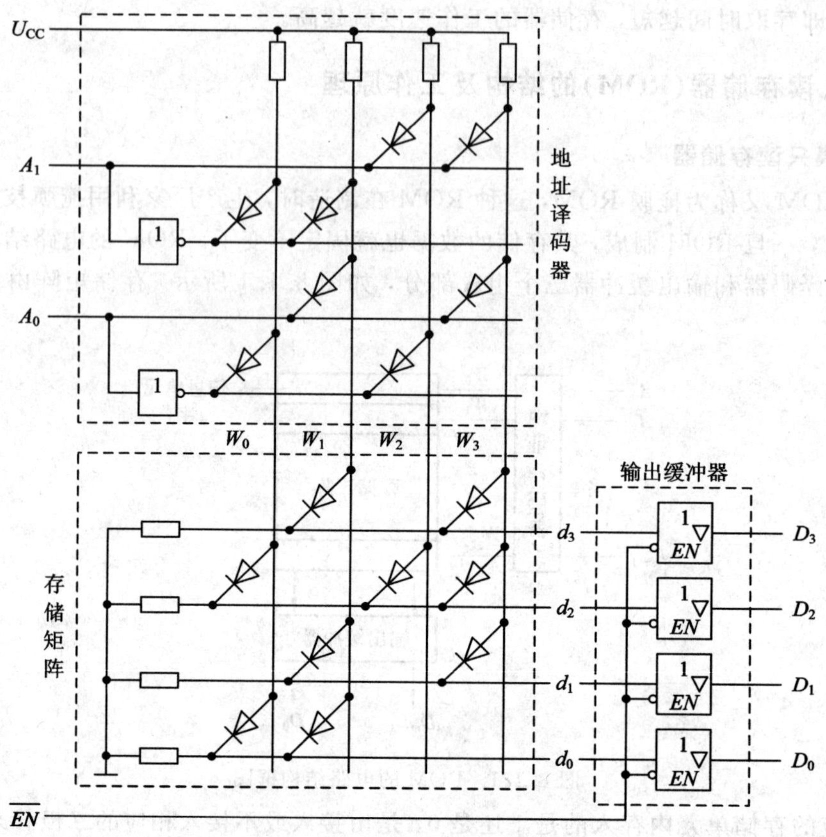

图 8.1.2 二极管固定 ROM 的电路结构图

在读取数据时，首先输入指定的地址码，令$\overline{EN}=0$，在数据输出端 $D_3 \sim D_0$ 可获得该地址所存储的数据字。例如当 $A_1A_0=10$ 时，$W_2=1$，而其他字线均为低电平。由于只有 d_2 一根线与 W_2 间接有二极管，因此这个二极管导通后使 d_2 为高电平，而 d_0、d_1 和 d_3 为低电平。如果这时$\overline{EN}=0$，即可在数据输出端得到 $D_3D_2D_1D_0=0100$。全部 4 个地址内的存储内容如表 8.1.1 所示。

表 8.1.1　图 8.1.2 ROM 中的数据表

地　址		数　据			
A_1	A_0	D_3	D_2	D_1	D_0
0	0	0	1	0	1
0	1	1	0	1	1
1	0	0	1	0	0
1	1	1	1	1	0

由以上分析不难看出，这个存储矩阵由 16 个存储单元组成，每个十字交叉点都代表一个存储单元。交点处接有二极管时相当于存 1，没有接二极管时相当于存 0。其存储容量是交叉点的数目，也就是存储单元数。习惯上用存储单元的数目表示存储器的存储量(或称容量)。

2) MOS 管固定 ROM

MOS 管固定 ROM 是由译码器、存储矩阵和输出缓冲器三部分组成的，但它们都是用 MOS 管组成的。图 8.1.3 给出了 MOS 管存储矩阵的原理图。在大规模集成电路中，MOS 管大多做成对称结构，同时也为了画图的方便，一般都采用图中所用的简化画法。

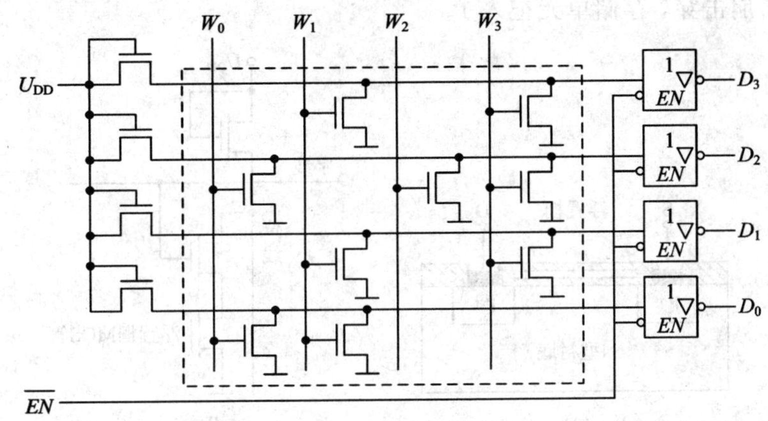

图 8.1.3　用 MOS 管构成的存储矩阵原理图

在地址译码器的输出字线 $W_0 \sim W_3$ 中某一条字线为高电平时，接在这条字线上的 NMOS 管导通，这些导通的 NMOS 管将位线下拉到低电平，经输出电路反相，使其输出为 1；没接导通的 NMOS 管的位线仍为高电平，使其输出为 0。所以和二极管存储矩阵一样，矩阵中字线与位线的交叉点有 NMOS 管的表示存 1，无 NMOS 管的表示存 0。

2. 可编程只读存储器

PROM 在出厂时，存储内容为全 1(或全 0)，用户根据需要，将某些单元改写为 0(或 1)。PROM 的总体结构与固定 ROM 一样，同样由存储矩阵、地址译码器和输出电路组成。不过在出厂时已经在存储矩阵的所有交叉点上全部制作了存储器件，即相当于在所有存储单元中都存入了 1。

在编程前，存储矩阵中的全部存储单元的熔丝都是连通的，如图 8.1.4 所示，即每个单元存储的都是 1。用户可根据需要，借助一定的编程工具，将某些存储单元上的熔丝用大电流熔断，该单元存储的内容就变为 0，此过程称为编程。

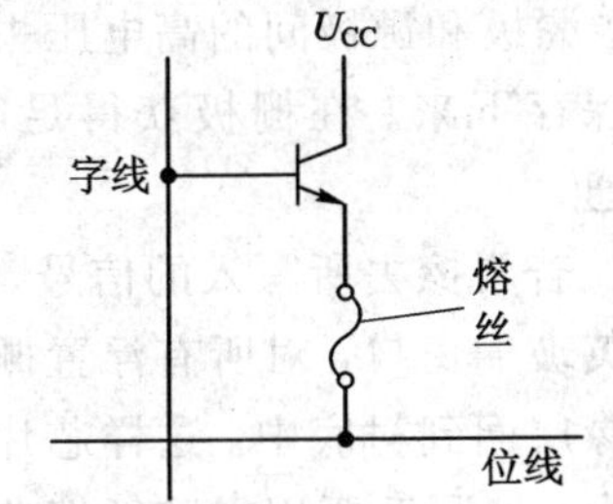

图 8.1.4　PROM 的可编程存储单元

熔丝熔断后不能再接上，故 PROM 只能进行一次编程。PROM 的内容一经写入，就不可能修改了，所以它只能写入一次。因此，PROM 仍不能满足研制过程中常修改存储内容的要求。这就要求生产一种可以擦除重写的 ROM。

3. 可擦除的可编程只读存储器

1) EPROM(UVEPROM)

EPROM 是采用浮栅技术生产的可编程存储器，它的存储单元多采用 N 沟道叠栅 MOS 管，所以也称这种存储单元为叠层栅存储单元，如图 8.1.5 所示。

用浮栅 MOS 管操作存储单元时，还要用一只普通的 P 沟道 MOS 管与之串联，如图 8.1.5 所示。这只普通 MOS 管的栅极受字线控制。产品在出厂时所有的浮栅 MOS 管都处于截止状态。在进行写入操作时，首先输入选好的地址，使需要写入数据的那些单元所在字线为低电平。然后，在应该写入 1 的那些位线上加入负脉冲，使被选中的单元内浮置栅 MOS 管发生雪崩击穿，存储单元记入 1。

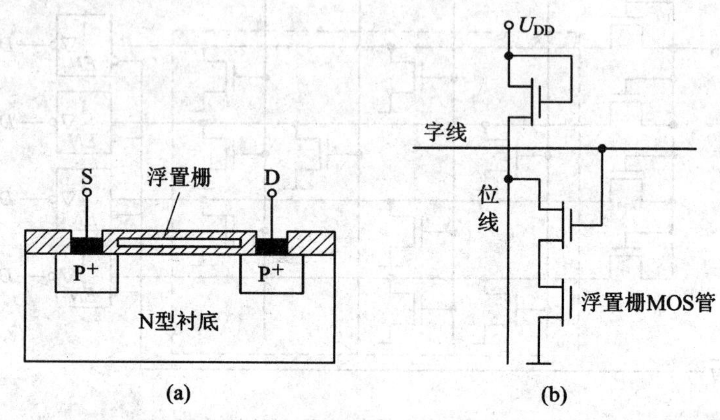

图 8.1.5 EPROM
(a) 浮栅 MOS 管的结构；(b) EPROM 存储单元

在读出数据时，只需要输入指定的地址代码，相应的字线便给出低电平。这根字线所接的一行存储单元中栅极已注入电荷的浮置栅 MOS 管导通，使所接的位线变成高电平，读出 1；栅极未注入电荷的浮栅 MOS 管截止，所连接的位线为低电平，读出 0。

浮栅 MOS 管本身是一个 P 沟道增强型的 MOS 管，但栅极"浮置"于 SiO_2 层内，与其他部分均不相连，处于完全绝缘的状态。如果在它的漏极和源极之间加上比正常工作电压高得多的负电压(通常为－45 V 左右)，则可使漏极与衬底之间的 PN 结产生雪崩击穿，耗尽区里的电子在强电场作用下以很高的速度从漏极的 P＋区向外射出，其中速度最快的一部分电子穿过 SiO_2 层而到达浮栅，被浮栅俘获而形成栅极存储电荷。这个过程叫做雪崩注入。漏极和源极间的高电压去掉以后，由于注入到栅极上的电荷没有放电通路，因此能长久保存下来。在栅极获得足够的电荷以后，漏一源间便形成导电沟道，使浮栅 MOS 管导通。

若要擦去所写入的信号，可用 EPROM 擦洗器产生的强紫外线，穿过 EPROM 芯片的石英玻璃窗口，对所有浮置栅照射几分钟，使浮栅上的电子获得足够的光子能量，而穿过绝缘层回到衬底中。这样芯片就又恢复到初始状态，即全部单元都为 1。一般可以擦写几百次。擦写后要用黑胶纸把芯片的玻璃窗口封好，以防光线干扰片内存储信息。这样所存数据可保存 10 年。

2) E^2PROM

E^2PROM 只需在高电压脉冲或在工作电压下就可以进行擦除，而不要借助紫外线照射，所以比 EPROM 更灵活方便，而且还有字擦除(只擦一个或一些字)功能。

E^2PROM 的一个存储单元如图 8.1.6 所示，图中 V_2 为门控管，V_1 是另一种叠层栅 MOS 管，称为浮栅隧道氧化层 MOS 管(Floating gate Tunnel Oxide)，简称 Flotox 管。它的结构如图 8.1.7 所示。

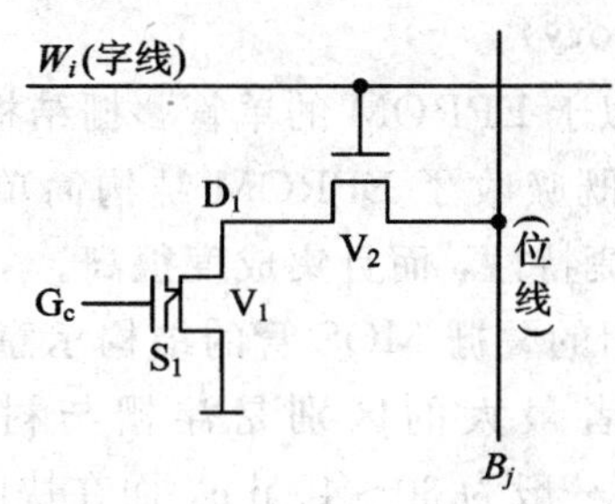

图 8.1.6　E^2PROM 存储单元

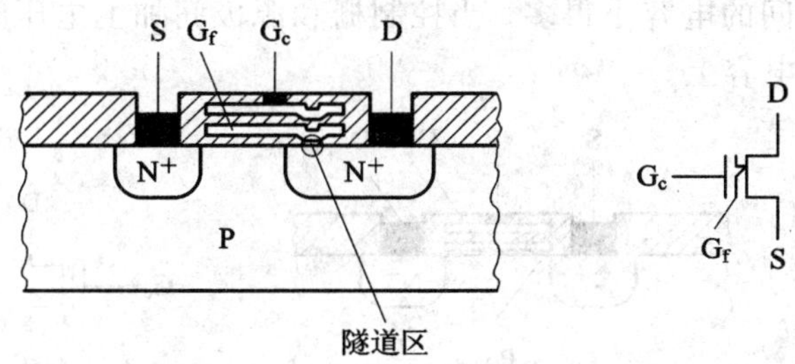

图 8.1.7　Flotox 管的结构和图形符号

Flotox 管属于 N 沟道增强型的 MOS 管，它有两个栅极，上面与引出线的栅极为控制栅 G_c，下面无引出线的栅极是浮栅 G_f。Flotox 管的浮栅与漏区之间有一个氧化层极薄(厚度在 2×10^{-8} m 以下)的区域，这个区域称为隧道区。

加到控制栅 G_c 和漏极 D 上的电压是通过浮栅—漏极间的电容和浮栅—控制栅间的电容分压加到隧道区上的。为了使加到隧道区上的电压尽量大，需要尽可能减小浮栅和漏极间的电容，因而要求把隧道区的面积做得非常小。可见，在制作 Flotox 管时对隧道区氧化层的厚度、面积和耐压的要求都很严格。

为了提高擦、写的可靠性，并保护隧道区超薄氧化层，在 E^2PROM 的存储单元中除了 Flotox 管以外还附加了一个选通管，如图 8.1.6 所示。图中的 V_1 为 Flotox 管(也称做存储管)，V_2 为普通 N 沟道增强型 MOS 管(也称选通管)。根据浮栅上是否充有负电荷来区分单元的 1 或 0 状态。

如图 8.1.6 所示，电路使 $W_i=1$、B_j 接地，则 V_2 导通，V_1 漏极(D_1)接近地电位，然后在擦写栅 G_c 加上 21 V 正脉冲，就可以在浮栅与漏极区之间的极薄绝缘层内出现隧道，通过隧道效应，使电子注入浮栅，正脉冲过后，浮栅将长期积存这些电子电荷；若使擦写栅 G_c 接地、$W_i=1$、B_j 加上 21 V 正脉冲，使 V_1 漏极获得大约 +20 V 的高电压，则浮栅上的电子通过隧道返回衬底，从而擦除了浮栅内的电子电荷。

正常工作时擦写栅加 +3 V 电压，浮栅积有电子电荷时，V_1 不能导通；浮栅无电子电荷时，V_1 导通。

显然，这种叠层栅管是利用隧道效应使浮栅积有电子电荷的，与 EPROM 中的叠层栅利用雪崩效应不同。

虽然 E^2PROM 改用电压信号擦除了，但由于擦除和写入时需要加高电压脉冲，而且擦、写的时间仍较长，因此在系统的正常工作状态下，E^2PROM 仍然只能工作在它的读出状态，作 ROM 使用。

3) 快闪存储器(Flash Memory)

快闪存储器采用了一种类似于 EPROM 的单管叠栅结构的存储单元，制成了新一代用电信号擦除的可编程 ROM。它既吸收了 EPROM 结构简单、编程可靠的优点，又保留了 E^2PROM 用隧道效应擦除的快捷特性，而且集成度很高。

图 8.1.8 是快闪存储器采用的叠栅 MOS 管的结构示意图。它的结构与 EPROM 中的叠层栅 MOS 管极为相似，两者最大的区别是浮栅与衬底间氧化层的厚度不同。在 EPROM 中，这个氧化层的厚度一般为 30～40 nm，而在快闪存储器中仅为 10～15 nm。而且浮栅与源极重叠的部分是由源极的横向扩散形成的，面积极小，因而浮栅－源极间的电容要比浮栅－控制栅间的电容小得多。当控制栅和源极间加上电压时，大部分电压都将降在浮栅与源极之间的电容上。

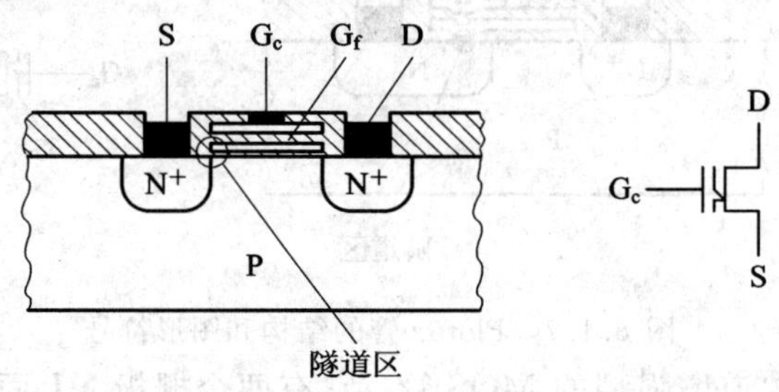

图 8.1.8　叠栅 MOS 管的结构和图形符号

在读出状态下，字线给出＋5 V 的逻辑高电平，存储单元公共端 U_{SS} 为 0 电平。如果浮栅上没有充电，则叠栅 MOS 管导通，位线上输出低电平；如果浮置栅上充有负电荷，则叠栅 MOS 管截止，位线上输出高电平。

快闪存储器的写入方法和 EPROM 相同，即利用雪崩注入的方法使浮栅充电。

快闪存储器的擦除方法是利用隧道效应进行的，在这一点上又类似于 E^2PROM 写入 0 时的操作。在擦除状态下，令控制栅处于 0 电平，同时在源极加入幅度为 12 V 左右、宽度约为 100 ms 的正脉冲，在浮栅与源极间极小的重叠部分产生隧道效应，使浮栅上的电荷经隧道区释放。但由于片内所有叠栅 MOS 管的源极是连在一起的，因此擦除时可将全部存储器单元同时擦除，这是它不同于 E^2PROM 的一个特点。

浮栅放电后，叠栅 MOS 管的开启电压在 2 V 以下，在它的控制栅上加＋5 V 的电压时，其一定会导通。

快闪存储器自问世以来，便以其高集成度、大容量、低成本和使用方便等优点而引起普遍关注。产品的集成度在逐年提高，有人推测，在不久的将来，快闪存储器很可能成为较大容量磁性存储器(例如 PC 中的软磁盘和硬磁盘等)的替代产品。

8.1.3　随机存储器(RAM)的结构及工作原理

随机(随机读/写)存储器简称 RAM。RAM 工作时可以随时从任何一个指定地址读出数据，也可以随时将数据写入任何一个指定的存储单元中去。它的最大优点是读、写方便，使用灵活。但是，它也存在数据易失性的缺点(即一旦停电以后所存储的数据将随之丢失)。

RAM 又分为静态随机存储器(SRAM)和动态随机存储器(DRAM)两大类。

1. 静态随机存储器

1）SRAM 的静态存储单元

SRAM 的静态存储单元是在静态触发器的基础上附加门控管而构成的。因此，它是靠触发器的自保功能存储数据的。

SRAM 中存储单元的结构如图 8.1.9 所示。虚线框中存储单元是由六管 N 沟道增强型 MOS 管组成的。其中的 $V_1 \sim V_4$ 组成基本 RS 触发器，用于存储 1 位二值数据。V_5 和 V_6 是存储单元门控管，由行选择线 X_i 控制。$X_i=1$ 时 V_5、V_6 导通，触发器的 Q 和 $\overline{Q}$ 端与位线 B_j、$\overline{B}_j$ 接通；$X_i=0$ 时 V_5、V_6 截止，触发器与位线之间的联系被切断。V_7、V_8 是每一列存储单元公用的控制门，用于控制位线与数据线的连接状态。V_7、V_8 的开关状态由列地址译码器输出 Y_j 来控制，$Y_j=1$ 时导通，$Y_j=0$ 时截止。

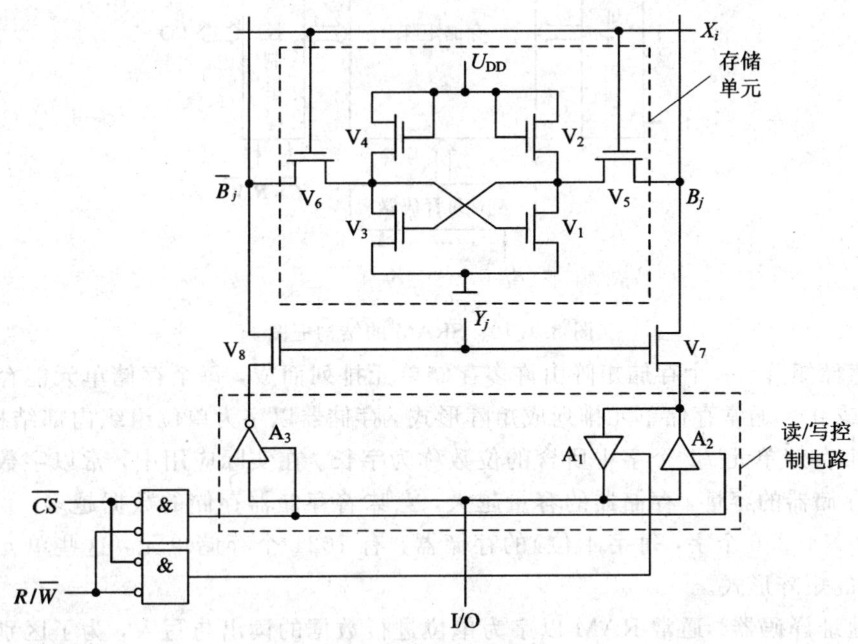

图 8.1.9　六管 NMOS 管静态存储单元

存储单元所在的一行和所在的一列同时被选中以后，$X_i=1$、$Y_j=1$，V_5、V_6、V_7、V_8 均处于导通状态。Q 和 $\overline{Q}$ 与 B_j 和 $\overline{B}_j$ 接通。如果这时 $\overline{CS}=0$、$R/\overline{W}=1$，则读/写缓冲放大器的 A_1 接通、A_2 和 A_3 截止，Q 端的状态经 A_1 送到 I/O 端，实现数据读出。若此时 $\overline{CS}=0$、$R/\overline{W}=0$，则 A_1 截止、A_2 和 A_3 导通，加到 I/O 端的数据被写入存储单元中。

由于 CMOS 电路具有微功耗的特点，尽管它的制造工艺比 NMOS 电路复杂，但在大量的静态存储器中几乎都采用 CMOS 存储单元。CMOS 静态存储单元的电路的结构形式和工作原理与图 8.1.9 相仿，所不同的是在 CMOS 静态存储单元中，两个反相器的负载管 V_2 和 V_4 改用了 P 沟通增强型 MOS 管。

采用 CMOS 工艺的 SRAM 不仅正常工作时功耗很低，而且还能在降低电源电压的状态下保存数据，因此它可以在交流供电系统断电后用电池供电，以继续保持存储器中的数据不致丢失，用这种方法弥补半导体随机存储器数据易失的缺点。例如，Intel 公司生产的超低功耗 CMOS 工艺的 SRAM5101L 用+5 V 电源供电，静态功耗仅 1 ～2 μW。如果将电源电压降至+2 V使之处于低压保持状态，则功耗可降至0.28 μW。

双极型SRAM的静态存储单元也有各种不同的电路结构形式，大体上分属于射极读/写存储单元、集电极读/写存储单元和集成注入逻辑存储单元三种类型。其中用得较多的是射极读/写存储单元，主要用在一些高速系统(如ECL系统)中。这种存储单元的工作速度很快，但功耗较大。

2) SRAM的结构和工作原理

SRAM电路通常由存储矩阵、地址译码器和读/写控制电路(也叫输入/输出电路)三部分组成，如图8.1.10所示。

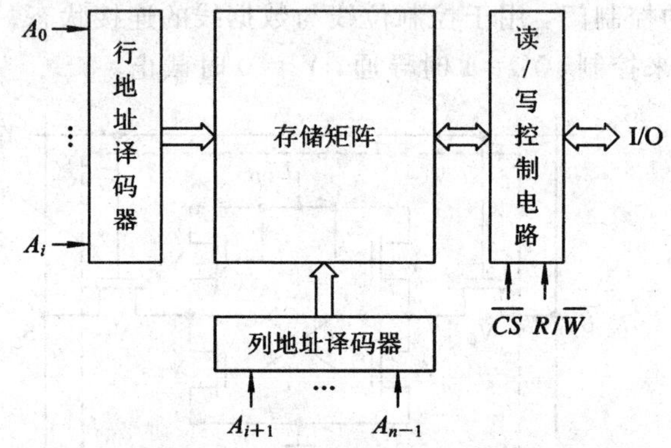

图8.1.10　SRAM的结构框图

(1) 存储矩阵。一个存储矩阵由许多存储单元排列而成，每个存储单元能存储1位二值数据(1或0)。通常存储单元排列成矩阵形式。存储器以字为单位组织内部结构，1个字含有若干个存储单元。1个字中所含的位数称为字长。在实际应用中，常以字数和字长的乘积表示存储器的容量，存储器的容量越大，意味着存储器存储的数据越多。例如，一个容量为256×4(256个字，每字4位)的存储器，有1024个存储单元，这些单元可以排成32×32列的矩阵形式。

(2) 地址译码器。通常RAM以字为单位进行数据的读出与写入，为了区别各个不同的字，将存放同一个字的存储单元编为一组，并赋予一个号码，称为地址。不同的字单元具有不同的地址，从而在进行读写操作时，可以按照地址选择欲访问(读写操作)的单元。字单元也称为地址单元。

地址译码电路实现地址的选择。在大容量的存储器中，通常采用双译码结构，即将输入地址分为行地址和列地址两部分，分别由行、列地址译码电路译码。行地址译码器输入地址代码的若干位译成某一条字线的输出高、低电平信号，从存储矩阵中选中一行存储单元；列地址译码器将输入地址代码的其余几位译成某一根输出线上的高、低电平信号，从字线选中的一行存储单元中再选1位(或几位)，使这些被选中的单元经读/写控制电路与输入/输出端接通，以便对这些单元进行读/写操作。

(3) 读/写控制电路。读/写控制电路用于对电路的工作状态进行控制。当读/写控制信号$R/\overline{W}$=1时，执行读操作，将存储单元里的数据送到输入/输出端上。当$R/\overline{W}$=0时，执行写操作，加到输入/输出端上的数据被写入存储单元中。图中的双向箭头表示一组可双向传输的导线，它所包含的导线数目等于并行输入/输出数据的位数。多数RAM集成电路是用一根读/写控制线控制读/写操作的，但也有少数的 RAM 集成电路是用两个输入端分别进行读和写控制的。在读/写控制电路上都另设有片选输入端$\overline{CS}$。当$\overline{CS}=0$ 时为正常工作状态；当$\overline{CS}=0$ 时，所有的输入/输出端均为高阻态，不能进行读/写操作。

2. 动态随机存储器

1) DRAM 的动态存储单元

SRAM 存储单元所用的管子数目多，功耗大，集成度受到限制，为了克服这些缺点，人们研制出了 DRAM。DRAM 存储单元是用 MOS 管栅极电容可以存储电荷的原理制成的。由于漏电流的存在，电容上存储的数据(电荷)不能长久保存，必须定时地给栅极电容补充电荷，以避免存储数据的丢失，通常把这种操作叫做刷新或再生。

早期采用的动态存储单元为三管电路或四管电路。这两种电路的优点是外围控制电路比较简单，读出信号也比较强，而缺点是电路结构仍不够简单，不利于提高集成度。

(1) 三管动态 MOS 存储单元。三管动态 MOS 存储单元的电路结构如图 8.1.11 所示。存储单元以 MOS 管 V_2 及其栅极电容 C 为基础构成，数据存于栅极电容 C 中。电容上的电压 U_C 控制着 V_2 的开关状态，给出位线上的高、低电平。控制读和写的字线和位线是分开的。读的字选线控制着 V_3 的开关状态，写的字选线控制着 V_1 的开关状态。V_4 是同一列存储单元公用的预充电 MOS 管。

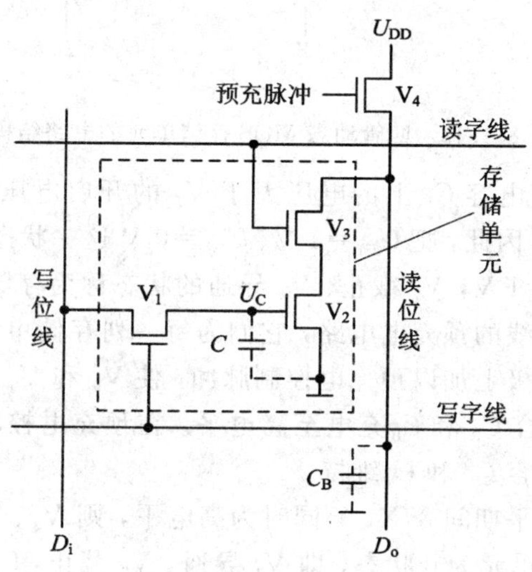

图 8.1.11　三管动态 MOS 存储单元的电路结构

进行读操作时，地址信号使门控管 V_3 导通，此时若电容 C 上充有正电荷，而且 U_C 大于 V_1 的开启电压，则 V_2 导通，读位线上的电容 C_B 经 V_3 和 V_2 放电，则读出数据为 0；反之若电容 C 没有充电，则 V_2 截止，C_B 没有放电通路，读出的数据为 1。

进行写操作时，令写字线为高电平，于是 V_1 导通，输入的数据加到写位线上，通过 V_1 与 V_2 的栅极电容 C 接通，于是便将输入的高、低电平信号存储到电容 C 上。

在读出时位线上的电压信号与电容 C 上的电压信号相位相反，而在写入时位线上的电压信号与电容 C 上的电压信号同相。为了能周期性地刷新存储单元，必须先将电容 C 上存储的电压信号读出，反相后再重新写入。

(2) 四管动态 MOS 存储单元。图 8.1.12 是四管动态存储单元的电路结构图。V_1 和 V_2 是两只 N 沟道增强型的 MOS 管，它们的栅极和漏极交叉相连，数据以电荷的形式存储在 V_1 和 V_2 的栅极电容 C_1 和 C_2 上，而电容 C_1 和 C_2 上的电压又控制着 V_1 和 V_2 导通或截止，产生位线 B 和 $\bar{B}$ 上的高低电平。

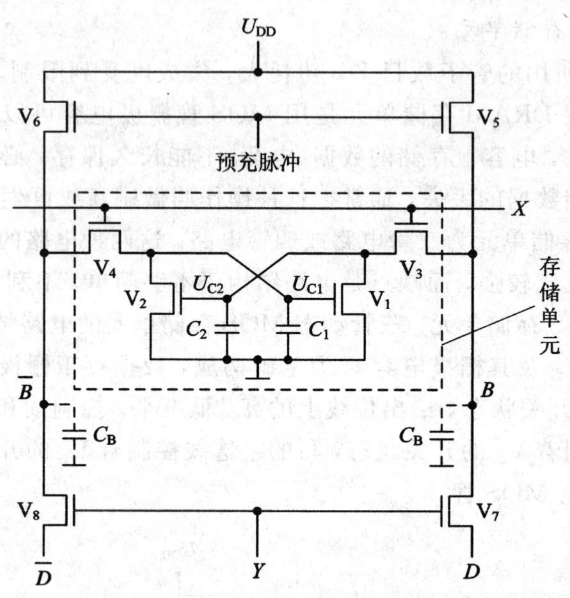

图 8.1.12 四管动态 MOS 存储单元的电路结构

若 C_1 被充电，而且使电容 C_1 上的电压大于 V_1 的开启电压，同时电容 C_2 没有被充电，则 V_1 导通、V_2 截止。因此，把 $U_{C1}=1$ V、$U_{C2}=0$ V 这一状态称为存储单元的 0 状态。反之，将 $U_{C1}=0$ V、$U_{C2}=1$ V，V_1 截止、V_2 导通的状态称为存储单元的 1 状态。

V_5 和 V_6 组成了对位线的预充电电路，它们为每一列存储单元所公用。在读出操作开始时，先在 V_5 和 V_6 的栅极上加以预充电控制脉冲，使 V_5 和 V_6 导通，位线 B 和 $\bar{B}$ 与 U_{DD} 接通，将位线上的分布电容 C_B 和 C_B 充电至高电平。在预充电控制脉冲消失以后，位线上的高电平在短时间内由电容 C_B 和 C_B 维持。

如果在位线处于高电平期间令 X、Y 同时为高电平，则 V_3、V_4、V_7 和 V_8 导通，存储的数据被读出。假定存储单元为 0 状态，即 V_1 导通、V_2 截止，$U_{C1}=1$、$U_{C2}=0$，这时电容 C_B 将通过 V_3 和 V_1 放电，使位线 B 变成低电平。同时，因 V_2 截止，位线 $\bar{B}$ 仍然保持为高电平。这样就把存储单元的状态读到了 B 和 $\bar{B}$ 上。而且这时因为 Y 也是高电平，V_7 和 V_8 为导通状态，所以 B 和 $\bar{B}$ 的高、低电平便经过 V_7 和 V_8 送到了数据端 D 和 $\bar{D}$。

进行写入操作时 X、Y 同时给出高电平，输入数据加到 D、$\bar{D}$ 上，通过 V_7、V_8 传到位线 B、$\bar{B}$，再经 V_3、V_4 将数据写入电容 C_1 或 C_2 中。

2) DRAM 的总体结构

从总体上讲，DRAM 仍然包含存储矩阵、地址译码器和输入/输出电路三个组成部分。为了在提高集成度的同时减少器件引脚的数目，目前的容量 DRAM 多半都采用 1 位输入、1 位输出和地址分时输入的方式。

图 8.1.13 是一个 64K×1 位 DRAM 总体结构框图。

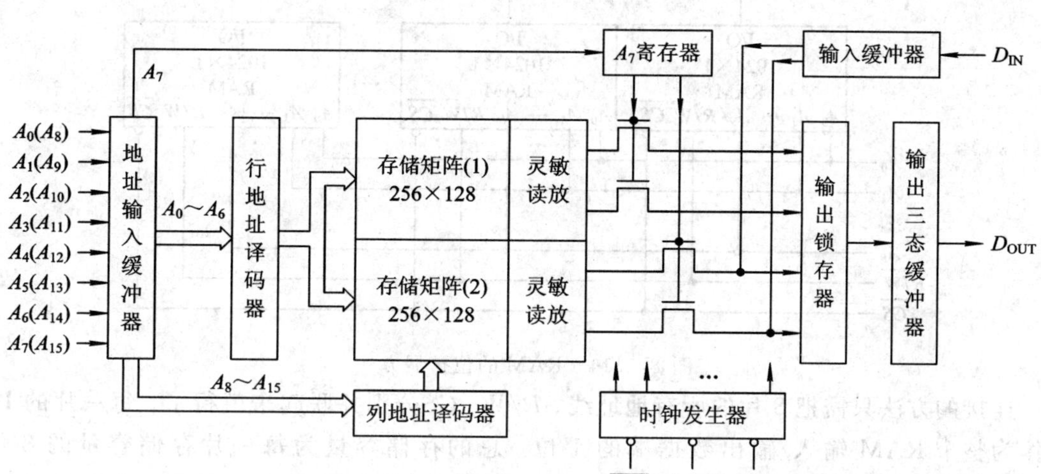

图 8.1.13　DRAM 的总体结构框图

存储矩阵中的单元仍按行、列排列。为了压缩地址译码器的规模，经常将存储矩阵划分为若干块。例如图 8.1.13 的例子中是把存储矩阵划分为 1、2 两个 128 行、256 列的矩阵。

在采用地址分时输入的 DRAM 中，地址代码是分两次从同一组引脚输入的。分时操作由$\overline{RAS}$和$\overline{CAS}$两个时钟信号来控制。首先令$\overline{RAS}=0$，输入地址代码的 A_0～A_7 位，然后令 $\overline{CAS}=0$，再输入地址代码的 A_8～A_{15} 位。A_0～A_6 位被送到行地址译码器并被锁存，A_7 送入对应的寄存器。行地址译码器的输出同时从存储矩阵(1)和存储矩阵(2)中各选中一行存储单元，然后再由 A_7 通过输入/输出电路从两行中选出一行。A_8～A_{15} 被送往列地址译码器，列地址译码器的输出从 256 列中选中一列。

当$\overline{WE}=1$ 时进行读操作，被输入地址代码选中单元中的数据经过输出锁存器、输出三态缓冲器到达数据输出端 D_{OUT}。当$\overline{WE}=0$ 时进行写操作，加到数据输入端 D_{IN}的数据经过输入缓冲器写入由输入地址指定的单元中去。

8.1.4　存储器容量的扩展

在数字系统或计算机中，单个存储器芯片往往不能满足存储容量的要求，因此，必须把若干个存储器芯片连接在一起，形成一个容量更大的存储器。扩展存储容量可以通过增加字长(位数)或字数来实现。存储器的字数通常采用 K、M 或 G 为倍率，其中 1 K$=2^{10}=$1024，1 M$=2^{20}=$1024 K，1 G$=2^{30}=$1024 M。

1. 位扩展方式

如果每一片 ROM 或 RAM 中的字数已经够用而每个字的位数不够用时，应采用位扩展的连接方式，将多片 ROM 或 RAM 组合成位数更多的存储器。

RAM 的位扩展连接方式如图 8.1.14 所示。在这个例子中，用 8 片 1024×1 位的 RAM 接成了一个 1024×8 位的 RAM。

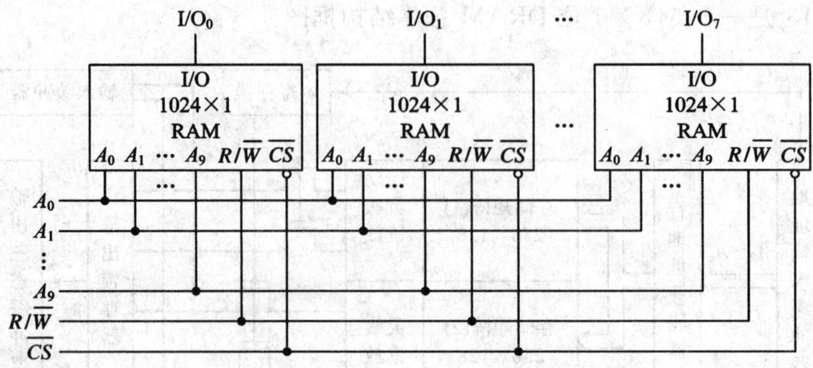

图 8.1.14 RAM 的位扩展方式

连接的方法只需把 8 片的所有地址线、$R/\overline{W}$、$\overline{CS}$分别并联起来就行了。每一片的 I/O 端作为整个 RAM 输入/输出数据端的 1 位。总的存储容量为每一片存储容量的 8 倍。ROM 芯片上没有读/写控制端 $R/\overline{W}$，在进行位扩展时其余引出端的连接方法和 RAM 完全相同。

2. 字扩展方式

若每一片 ROM 或 RAM 的数据位数够用而字数不够用时，则需要采用字扩展方式，将多片存储器(RAM 或 ROM)芯片接成一个字数更多的存储器。

图 8.1.15 是用字扩展方式将四片 256×8 位的 RAM 接成一个 1024×8 位 RAM 的例子。因为四片中共有 1024 个字，所以必须给它们编成 1024 个不同的地址。因为每片集成电路上的地址输入端只有 8 位($A_0\sim A_7$)，给出的地址范围全都是 0～255，无法区分四片中同样的地址单元。所以，必须增加两位地址代码 A_8、A_9，使地址代码增加到 10 位，才能得到 $2^{10}=1024$ 个地址。如果取第一片的 $A_9A_8=00$，第二片的 $A_9A_8=01$，第三片的 $A_9A_8=10$，第四片的 $A_9A_8=11$，那么四片的地址分配将如表 8.1.2 所示。

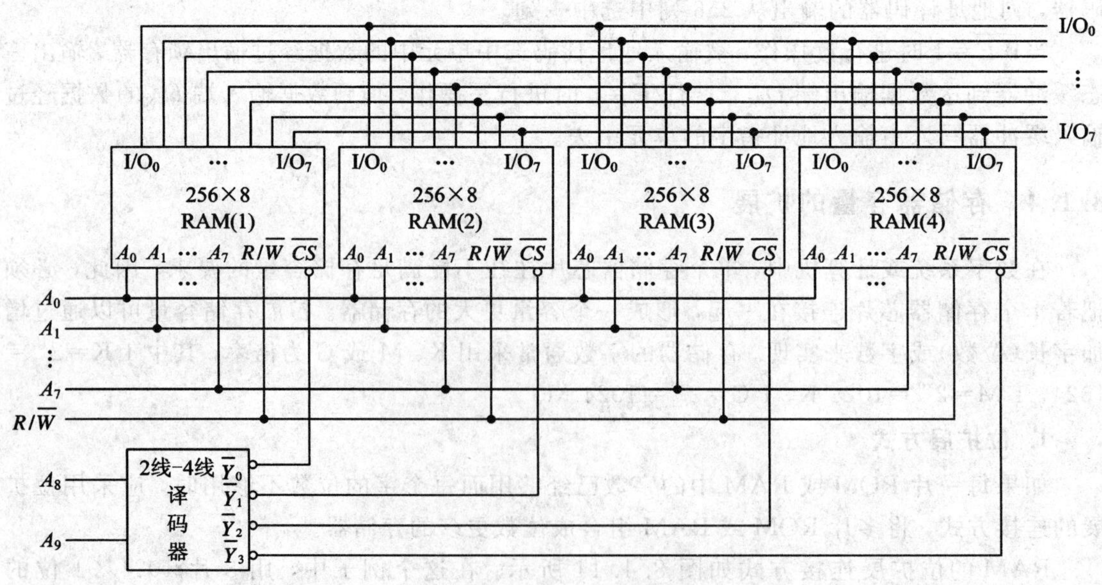

图 8.1.15 RAM 的字扩展接法

表 8.1.2　图 8.1.15 中各片 RAM 电路的地址分配

器件编号	A_9A_8	$\overline{Y}_0$	$\overline{Y}_1$	$\overline{Y}_2$	$\overline{Y}_3$	地址范围 $A_9A_8\cdots A_0$
RAM(1)	00	0	1	1	1	00 00000000～00 11111111
RAM(2)	01	1	0	1	1	01 00000000～01 11111111
RAM(3)	10	1	1	0	1	10 00000000～10 11111111
RAM(4)	11	1	1	1	0	11 00000000～11 11111111

由表 8.1.2 可见，4 片 RAM 的低 8 位地址是相同的，所以接线时把它们分别并联起来就行了。由于每片 RAM 上只有 8 个地址输入端，因此 A_8A_9 的输入端只好借用$\overline{CS}$端。图中使用 2 线－4 线译码器将 A_9A_8 的四种编码 00、01、10、11 分别译成 $\overline{Y}_0$、$\overline{Y}_1$、$\overline{Y}_2$、$\overline{Y}_3$ 四个低电平输出信号，然后用它们分别去控制四片 RAM 的 $\overline{CS}$端。

此外，每一片 RAM 的数据端 I/O_1～I/O_8 都设置了由$\overline{CS}$控制的三态输出缓冲器，而它们的 $\overline{CS}$在任何时候只有一个处于低电平，因此可将它们的数据端并联起来，作为整个 RAM 的 8 位数据输入/输出端。

上述字扩展接法也同样适用于 ROM 电路。

8.1.5　存储器在组合逻辑设计中的应用

ROM 除用作存储器外，还可以用来实现各种组合逻辑函数。因为 ROM 中的地址译码器实际上是个与阵列，若把地址端 A_0～A_n 当做逻辑函数的输入变量，则可在地址译码器的输出端对应产生全部最小项；而存储矩阵是个或阵列，可把有关最小项相或后获得输出变量，ROM 有几个数据输出端，就可得到几个逻辑函数的输出，所以可以用 ROM 实现任何组合逻辑函数。实现方法很简单，只要列出该函数的真值表，以最小项相或的原则，即可直接画出存储矩阵的阵列图。

用 ROM 实现逻辑函数一般按以下步骤进行：

(1) 根据逻辑函数的输入、输出变量数，确定 ROM 容量，选择合适的 ROM。

(2) 写出逻辑函数的最小项表达式，画出 ROM 阵列图。

(3) 根据阵列图对 ROM 进行编程。

8.2　可编程逻辑器件

8.2.1　可编程逻辑器件的分类

在数字电子系统领域，存在三种基本的器件类型：存储器、微处理器和逻辑器件。存储器用来存储随机信息，微处理器执行软件指令来完成范围广泛的任务，而逻辑器件提供特定的功能，包括器件与器件间的接口、数据通信、信号处理、数据显示、时序和控制操作，以及系统运行所需要的所有其他功能。

逻辑器件又可分为两大类：固定逻辑器件和可编程逻辑器件(Programmable Logic Device，PLD)。固定逻辑器件具有固定的逻辑功能，器件中的电路是永久性的，一旦制造完成，就无法改变，如74系列及其改进系列、CD4000系列、74HC系列等。而可编程逻辑器件是由用户编程实现所需逻辑功能的数字集成电路组成的，可在任何时间改变，从而完成许多种不同的功能。

在20世纪80年代初，PLD结构简单，主要用于集成多个分立逻辑器件，还可以用来实现逻辑代数方程。进入20世纪90年代后，可编程逻辑器件的发展十分迅速，主要表现在三个方面：一是规模越来越大；二是速度越来越高；三是电路结构越来越灵活，电路资源更加丰富。目前已经有集成度在300万门以上、系统频率为100 MHz以上的PLD供用户使用，有些可编程逻辑器件中还集成了微处理器、数字信号处理单元和存储器等。这样，一个完整的数字系统甚至仅用一片可编程逻辑器件就可以实现，实现片上系统(System On Chip，SOC)设计。

对于可编程逻辑器件，设计人员可利用强大的EDA软件工具快速开发、仿真和测试设计，然后将设计编程到器件中进行实际测试。设计中使用的PLD器件与正式生产时所使用的PLD完全相同。这样应用PLD比采用定制固定逻辑器件进行电子系统设计的周期短、效率高。

采用PLD的另一个优点是在设计阶段中可根据需要修改电路，直到对设计工作感到满意为止。这是因为PLD基于可重写的存储器技术——要改变设计，只需要简单地对器件进行重新编程。一旦设计完成，可立即投入生产，只需要利用最终软件设计文件简单地编程所需要数量的PLD就可以了。

目前常用的可编程逻辑器件都是从与-或阵列和门阵列两种基本结构发展起来的，所以从结构上可将可编程逻辑器件分为两大类：PLD和FPGA。将基本结构为与-或阵列的器件称为PLD，将基本结构为门阵列的器件称为FPGA。

可编程逻辑器件按其集成度分有低密度PLD(LDPLD)和高密度PLD(HDPLD)两类。低密度PLD是早期开发的器件，集成密度约为每片700个等效门以下，主要产品有PROM、现场可编程逻辑阵列(Filed Programmable Logic Array，FPLA)、可编程阵列逻辑(Programmable Array Logic，PAL)、通用阵列逻辑(Generic Array Logic，GAL)。这些器件结构简单，具有成本低、速度高、设计简便等优点，但其规模小，难以实现复杂的逻辑。高密度PLD是20世纪80年代中期发展起来的可编程逻辑器件，其产品主要包括可擦除的可编程逻辑器件(Erasable Programmable Logic Device，EPLD)、复杂的可编程逻辑器件(Complex Programmable Logic Device，CPLD)和现场可编程门阵列(Field Programmable Gate Array，FPGA)等几种类型。其中EPLD和CPLD是在PAL和GAL基础上发展起来的，其基本结构由与-或阵列组成，因此通常称为阵列型PLD；而FPGA具有门阵列的结构形式，通常称为单元型PLD。

可编程逻辑器件均采用可编程元件来存储编程信息。常用的可编程器件有五类：

(1) 熔丝(Fuse)或反熔丝(Anti Fuse)编程器件。

(2) UVEPROM编程器件，即紫外线擦除/电气编程器件。

(3) E^2PROM编程器件，即电可擦写编程器件。

(4) Flash Memory(快闪存储器)编程器件。

(5) SRAM编程器件。

对于第(1)～(4)类可编程逻辑器件，在编程后，编程信息就保持在器件上，故称为非易失性器件。其中基于 E^2PROM 和 Flash 存储单元的 PLD 可编程 100 次以上。这类器件根据编程特点还可以分为需要在编程器上编程的 PLD 和在系统可编程(In-System Programmable，ISP)的 PLD。ISP 器件不需要编程器，可以装配在印制电路板上，通过电缆进行编程，因而调试和维修都很方便。

对于第(5)类可编程逻辑器件，存储在 SRAM 中的配置数据在掉电后会丢失，在每次上电后都要重新进行配置，因此将这类器件称为易失性器件。由于熔丝或反熔丝编程器件只能编程一次，因此又将这类器件称为一次性编程器件，即 OTP(One Time Programmable)器件。

除以上几种分类方法外，可编程逻辑器件还有其他分类方法。例如按照制造工艺可分为双极型和 MOS 型。

在各类可编程逻辑器件中，目前广泛应用的是以 CPLD 和 FPGA 为代表的高密度可编程逻辑器件，它们大多是基于 SRAM 或 E^2PROM 编程工艺、CMOS 制造工艺的。

8.2.2　可编程逻辑器件的基本结构

1. 简单 PLD 的基本结构

1) *PLD 表示方法*

由于 PLD 内部电路结构十分复杂，为便于画图，本章首先介绍目前国际、国内通行的逻辑图形符号画法。图 8.2.1 是 PLD 连接的表示方法，其中图 8.2.1(a)表示固定连接，图 8.2.1(b)表示编程连接，图 8.2.1(c)表示不连接。

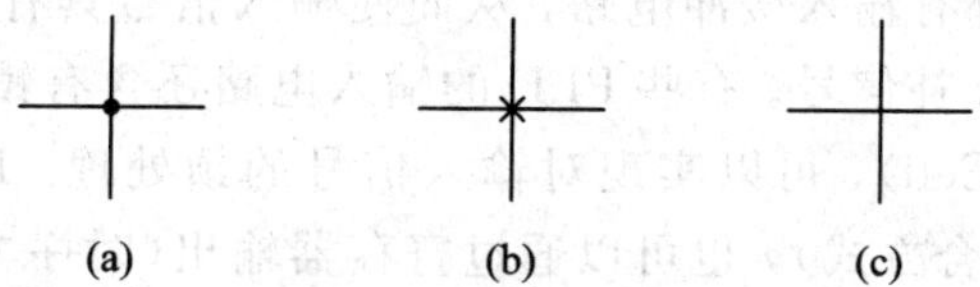

图 8.2.1　PLD 连接的表示方法

(a) 固定连接；(b) 编程连接；(c) 不连接

图 8.2.2 是图 8.2.1 的基本逻辑门的 PLD 表示法。其中图 8.2.2(a)是缓冲器的表示法。图 8.2.2(b)和图 8.2.2(c)是三态输出反相器。图 8.2.2(d)表示的是一个三输入的与门，根据连接关系可知，与门输出 $P=AC$；当一个与门的所有输入变量都连接时，可以像图8.2.2(e)那样表示，这时，$P=ABC$。图 8.2.2(f)表示的是一个三输入或门，或门输出 $P=A+B+C$。

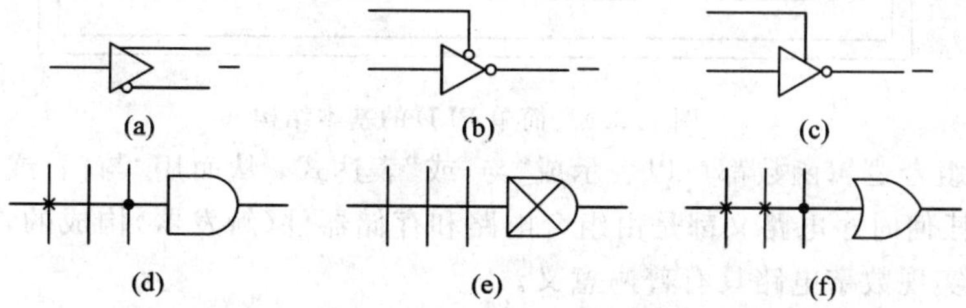

图 8.2.2　基本逻辑门的 PLD 表示法

与-或阵列是用多个与门和或门构成的一种阵列结构。从理论上来讲，任何一个组合逻辑电路都可以表示成与-或阵列的形式。如图 8.2.3(a)所示的电路具有不可编程的与阵列和可编程的或阵列。从图中可以看出输出变量的逻辑表达式为

$$Y_1(A, B) = \Sigma m(0, 1, 3) \qquad Y_2(A, B) = \Sigma m(0, 2, 3)$$

有时为了方便，可以将阵列中的逻辑门省略掉，简化成图 8.2.3(b)的形式。

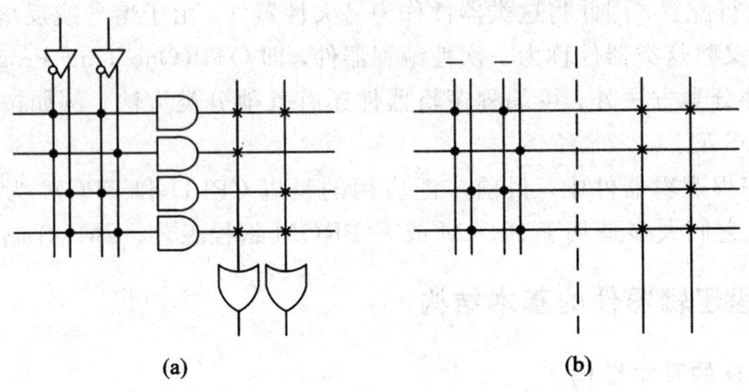

图 8.2.3　与-或阵列

2) PLD 的基本结构

简单 PLD 电路由输入电路、与阵列、或阵列和输出电路四部分组成，如图 8.2.4 所示。其中，与阵列和或阵列是 PLD 的主体部分，用来实现逻辑函数。与阵列的每一个输入端(包括内部反馈输入)都有输入缓冲电路，从而使输入信号具有足够的驱动能力，并且产生原变量和反变量两个互补信号。有些 PLD 的输入电路还含有锁存器，甚至是一些可以组态的输入宏单元(Micro Cell)，可以实现对输入信号的预处理。PLD 有多种输出方式，可以由或阵列直接输出(组合方式)，也可以通过寄存器输出(时序方式)；输出可以是高电平有效，也可以是低电平有效。无论采用哪种输出方式，输出信号一般最后都是经过三态结构或集电极开路结构的输出缓冲器送到 PLD 的输出引脚；输出信号还可以通过内部通路反馈到与阵列的输入端。新开发的 PLD 都将输出电路做成了输出宏单元，使用者可根据需要通过编程方便地选择各种输出方式。

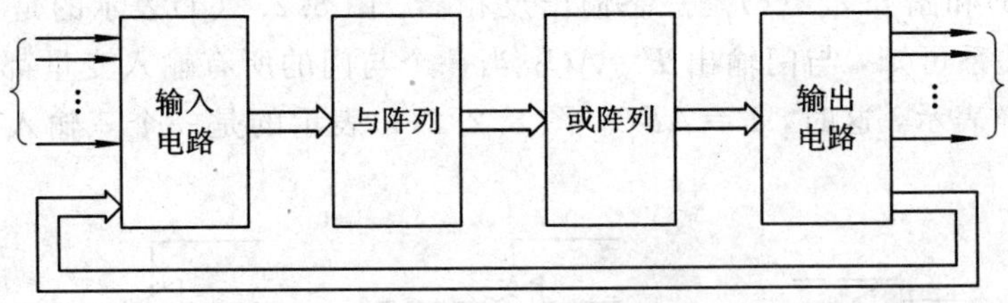

图 8.2.4　简单 PLD 的基本结构

由于任何组合逻辑函数都可以表示成“与-或”表达式，从而用“与门-或门”这种二级电路来实现，而任何时序电路又都是由组合电路和存储器件(触发器)构成的，因此简单 PLD 的这种结构对实现数字电路具有普遍意义。

依据可编程的电路资源，简单 PLD 又可分成 PROM、PLA、PAL 和 GAL 四种，其结构特点如表 8.2.1 所示。

表 8.2.1　四种简单 PLD 的结构特点

器件类型	与阵列	或阵列	输出电路
PROM	固定	可编程	固定
PLA	可编程	可编程	固定
PAL	可编程	固定	固定
GAL	可编程	固定	可编程

2. 可编程阵列逻辑(PAL)

可编程阵列逻辑(PAL)的主体部分仍然是与-或阵列，其中与阵列可根据需要进行编程，一般采用熔丝编程工艺，而或阵列是固定的。与阵列的可编程性保证了与门输入变量的灵活性，而或阵列固定使器件得以简化，进一步提高了芯片的利用率。与 FPLA 相比，PAL 是一种更加有效的 PLD 结构，这种结构后来被许多 PLD 所采用。

在目前常见的 PAL 器件中，输入变量最多可达到 20 个，与阵列输出的乘积项最多的有 80 个，或阵列的输出端最多有 10 个，每个或门的输入端最多的达到 16 个。

PAL 器件的输出电路一般是不可编程的，为了扩展器件的功能并增加使用的灵活性，在不同型号的 PAL 中采用了不同结构的输出电路，这些结构主要有以下几类。

1) 专用输出结构

专用输出结构的共同特点是输出端只能用作输出信号，因为下面将会看到在另外一种输出结构中，输出端在一定条件下可以作为输入使用。

专用输出结构的 PAL 中不含触发器，只能用来实现组合电路，其输出电路是一个或门，或者是一个或非门，还有的 PAL 采用互补输出的或门。图 8.2.5 所示为一个采用或非门的专用输出结构。

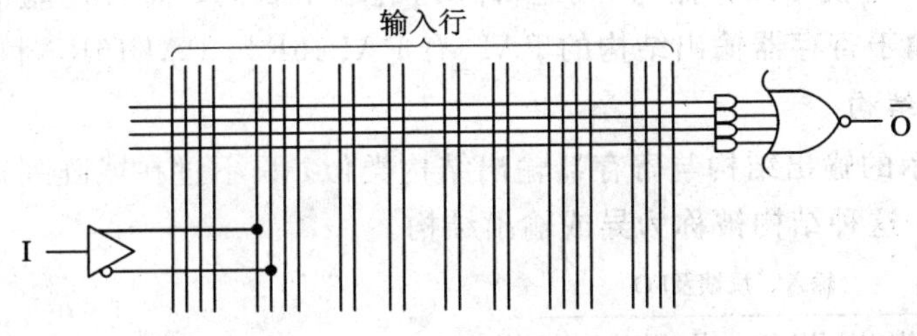

图 8.2.5　PAL 的专用输出结构

目前常见的 PAL 主要有 PAL10H8、PAL14H4、PAL10L8、PAL14L4 和 PAL16C1。其中，PAL10H8 和 PAL14H4 为或门输出结构，PAL10L8 和 PAL14L4 为或非门输出结构。在 PAL 的型号中，第一个数字代表输入变量的个数，第二个数字代表输出端的个数；两个数字之间的字母 H、L 和 C 分别表示高电平输出有效、低电平输出有效和互补输出。

2) 可编程 I/O(输入/输出)结构

在可编程 I/O 结构中，器件端口的工作状态(输入或者输出)是可以控制的。如图 8.2.6 所示的是一个可编程 I/O 结构的输出电路，包括一个三态输出缓冲器和一个将端口上的信号送到与阵列上的互补输出缓冲器。不难发现，三态输出缓冲器的使能信号来自于与阵列的输出，是可编程的。在图中所示的编程情况下，当 $I_1=I_0=0$ 时，使能信号 $OE=1$，端口处于输出状态；否则，$OE=0$，三态输出缓冲器输出为高阻抗，端口处于输入状态。

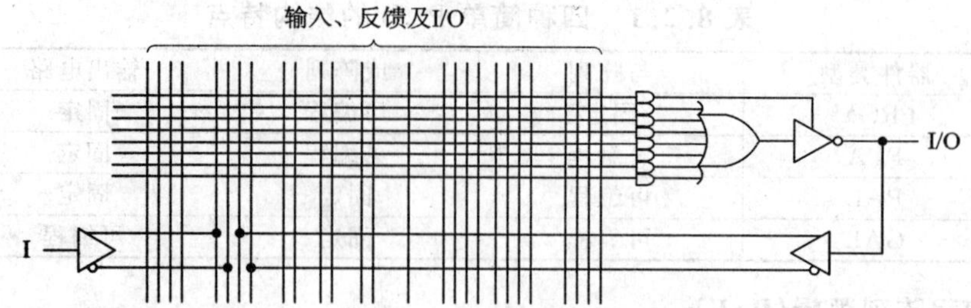

图 8.2.6　PAL 的可编程 I/O 结构

具有可编程 I/O 结构的 PAL 主要有 PAL16L8、PAL20L10 等。

3）寄存器输出结构

寄存器输出结构在输出三态缓冲器的与-或逻辑阵列的输出之间串入了由 D 触发器组成的寄存器，同时，触发器的状态又经过互补输出的缓冲器反馈到与逻辑阵列的输入端，如图 8.2.7 所示。

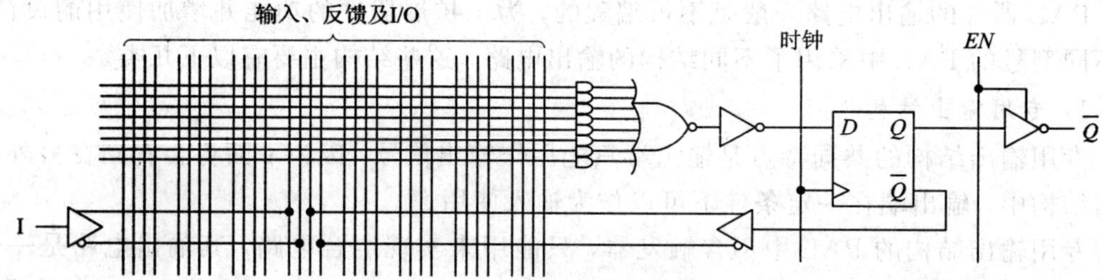

图 8.2.7　寄存器输出结构

利用这种结构不仅可以存储与-或逻辑阵列的输出状态，而且还能很方便地组成各种时序逻辑电路。属于寄存器输出结构的 PAL 有 PAL16R4、PAL16R6 和 PAL16R8 等。

4）异或输出结构

图 8.2.8 所示的输出结构与寄存器输出结构类似，只不过在或阵列输出与触发器之间又设置了异或门，这种结构被称为异或输出结构。

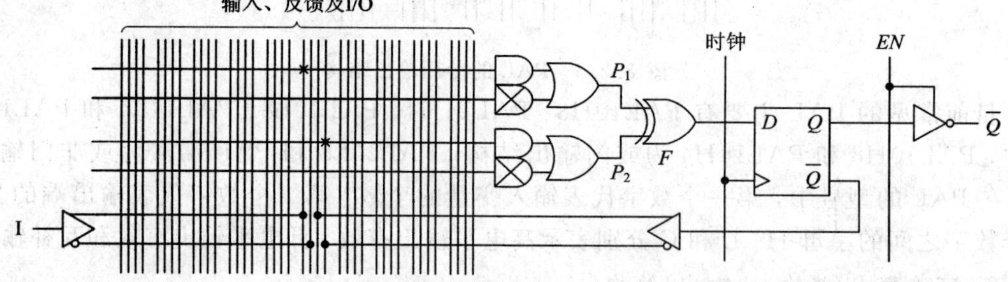

图 8.2.8　PAL 的异或输出结构

属于异或输出结构的 PAL 主要有 PAL20×4、PAL20×8、PAL20×10 等。

与 SSI、MSI 标准产品相比，PAL 的出现提高了设计的灵活性，有效减少了设计所用器件的数量。通常一片 PAL 可代替 4～12 片 SSI 或 2～4 片 MSI。但是，PAL 一般采用熔丝编程工艺，只能编程一次；另外由于不同型号的芯片的输出结构各不相同，给用户在选择器件时带来不便。一般而言，PAL 只能用来实现一些规模不大的组合电路和简单的时序电路。

3. 通用阵列逻辑(GAL)

通用阵列逻辑(GAL)是在 PAL 的基础上发展起来的，继承了 PAL 的与-或阵列结构，与 PAL 完全兼容。GAL 与 PAL 最大的不同是用输出逻辑宏单元(OLMC)取代了或门和输出电路，可以通过编程将 OLMC 组态成多种输出结构，大大增强了芯片的通用性和灵活性。另外，GAL 采用 E^2PROM 编程工艺，可以用电擦除并重复编程。

GAL 器件的命名规则与 PAL 相同，GAL22V10 中的 22 表示与阵列的输入变量数，10 表示输出端的个数，V 则是输出方式可以改变的意思。常用的 GAL 器件主要有 GAL16V8、GAL20V8、GAL22V10、GAL39V8 和 ispGAL16Z8 等，其中 GAL39V8 中的或阵列也可编程，对 ispGAL16Z8 编程时则不需要专门的编程器，可在系统编程。

1) GAL 的基本结构

图 8.2.9 是 GAL16V8 的电路结构图及其引脚图。

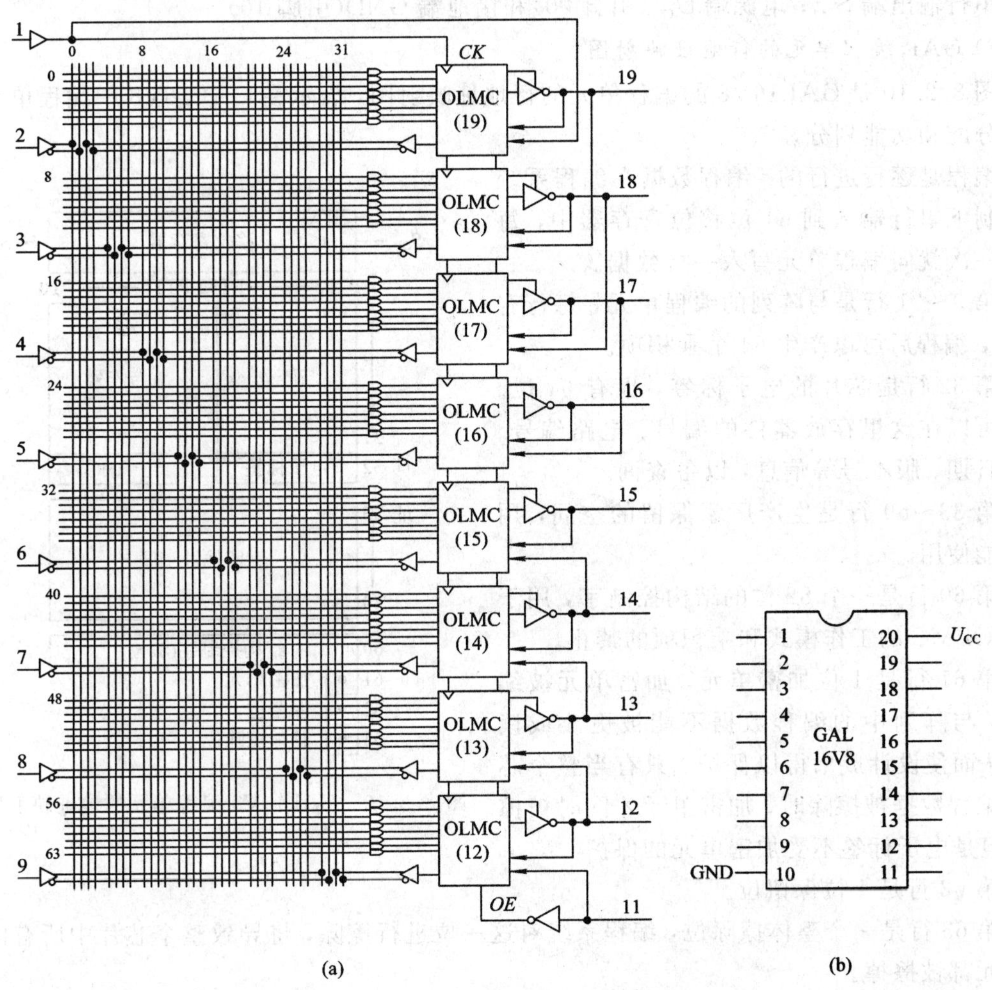

图 8.2.9　GAL16V8 的电路结构图及引脚图

(a) 逻辑图；(b) 引脚图

电路结构图主要由五部分组成：

(1) 8 个输入缓冲器(引脚 2～9 作为固定输入端口)；

(2) 8 个三态结构的输出缓冲器(引脚 12～19 作为 I/O 端口)；

(3) 8 个 OLMC(OLMC12～OLMC19)；

(4) 与阵列和 OLMC 之间的 8 个反馈缓冲器；

(5) 一个规模为 32×64 位的可编程与阵列，共有 32 个输入和 64 个乘积项，平均分配给 8 个 OLMC。

除了以上五个部分以外，GAL16V8 还有一个专用时钟输入端 CK(引脚 1)、全局输出使能信号 OE 输入端(引脚 11)、一个工作电源端 U_{CC}(引脚 20，一般 U_{CC}=5 V)和一个接地端 GND(引脚 10)。

在对 GAL16V8 进行编程时，需要用到以下几个引脚：引脚 1 为编程时钟输入端 S_{CLK}；引脚 11 为编程电压输入端 $PRLD$；引脚 9 被作为编程数据串行输入端 S_{DI}；引脚 12 为编程数据串行输出端 S_{DO}；电源端 U_{CC}(引脚 20)和接地端 GND(引脚 10)。

2) GAL 编程单元的行地址映射图

图 8.2.10 是 GAL16V8 的编程单元的行地址映射图，表示在 GAL16V8 中编程单元的地址分配和功能划分。

编程是逐行进行的。编程数据在编程系统的控制下串行输入到 64 位移位寄存器中，每装满一次就向编程单元写入一行数据。

第 0～31 行是与阵列的编程单元，每行有 64 位，编程后可以产生 64 个乘积项。

第 32 行是芯片的电子标签，也有 64 位。用户可以在这里存放器件的编号、电路编号、编程日期、版本号等信息，以备查询。

第 33～59 行是生产厂家保留的空间，用户不能使用。

第 60 行是一个 82 位的结构控制字，用于控制 OLMC 的工作模式和乘积项的禁止。

第 61 行是 1 位加密单元，加密单元被编程后，与阵列中的编程数据不能被更改或读出，从而使设计成果得以保护。只有当整个芯片的编程数据被擦除时，加密单元才同时被擦除。但是电子标签不受加密单元的保护。

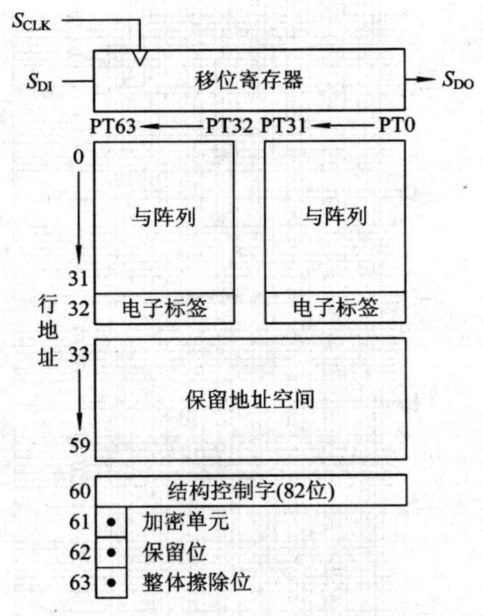

图 8.2.10 GAL16V8 编程单元的地址映射图

第 62 行是 1 位保留位。

第 63 行是一个整体擦除位，编程系统对这一位进行擦除，将导致整个芯片中所有的编程单元都被擦掉。

3) GAL 的输出逻辑宏单元(OLMC)

GAL 器件的每一个输出端都有一个 OLMC，输出结构取决于对 OLMC 结构控制字的编程。图 8.2.11 给出了 GAL16V8 的 OLMC 结构图及其 GAL 的结构控制字示意图。

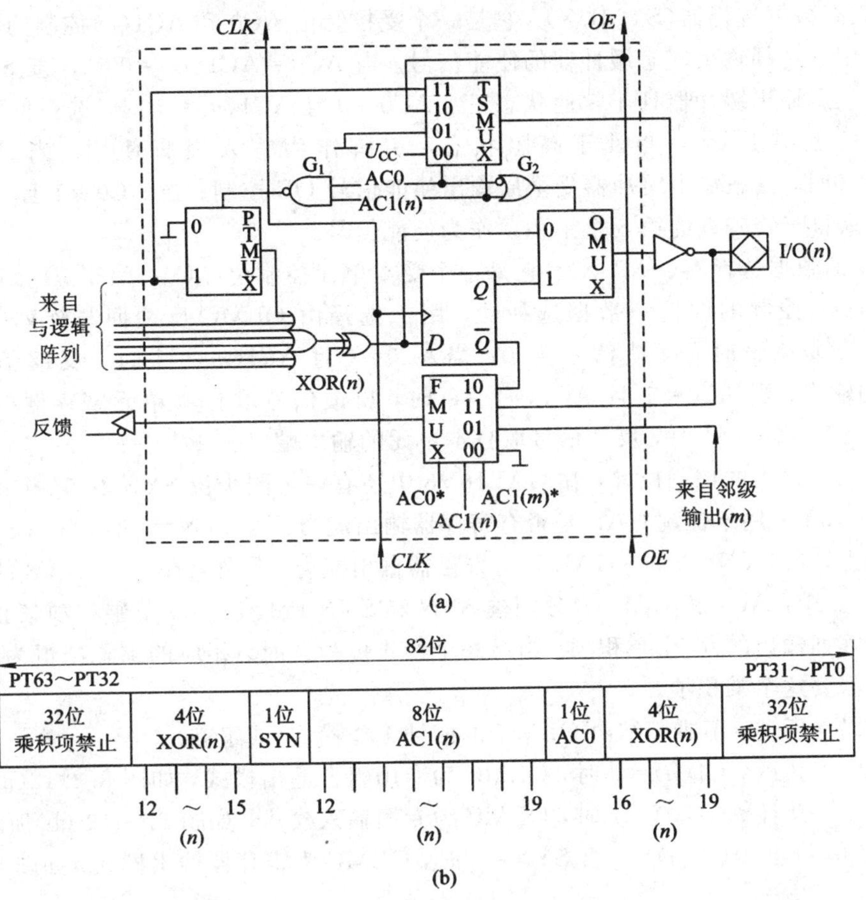

图 8.2.11　GAL16V8 的 OLMC 结构框图及其 GAL 的结构控制字示意图
(a) GAL16V8 的 OLMC 结构框图；(b) GAL 的结构控制字示意图

由图 8.2.11(a)可知，OLMC 主要包括以下四个部分。

(1) 一个八输入的或门：或门的 7 个输入是直接来自于与阵列输出的乘积项，第 8 个输入来自于乘积项数据选择器的输出。

(2) 一个可编程的异或门：通过对控制位 XOR(n)(括号中的 n 是 OLMC 的编号)的编程，可改变输出信号的极性。当 XOR(n)＝0 时，低电平输出有效；当 XOR(n)＝1 时，高电平输出有效。

(3) 一个 D 触发器：用于实现时序逻辑的场合。

(4) 4 个数据选择器：

① 乘积项数据选择器(PTMUX)。它是一个二选一数据选择器，受控制位 AC0 和 AC1(n)控制(AC0 是所有 OLMC 公用的控制位)。当 AC0＝0 或 AC1(n)＝0 时，来自于与阵列的第 8 个乘积项被接入到或门的第 8 个输入端；当 AC0＝AC1(n)＝1 时，接入到或门的第 8 个输入端的信号为 0。

② 输出数据选择器(OMUX)。它也是一个受控制位 AC0 和 AC1(n)控制的二选一数据选择器。当 AC0＝0 或 AC1(n)＝1 时，该 OLMC 采用组合输出方式；当 AC0＝1 且 AC1(n)＝0 时，该 OLMC 为寄存器同步输出。

③ 三态数据选择器(STMUX)。它是一个受控制位 AC0 和 AC1(n)控制的四选一数据选择器，用于选择输出三态缓冲器的使能信号。当 AC0＝AC1(n)＝0 时，选择 U_{CC} 作为使能信号，三态输出缓冲器处于常通状态；当 AC0＝0 且 AC1(n)＝1 时，选择低电平作为使能信号，三态输出缓冲器处于高阻状态，引脚作为输入引脚使用；当 AC0＝1 且 AC1(n)＝0时，三态输出缓冲器受全局输出使能信号 OE 控制；当 AC0＝1 且 AC1(n)＝1 时，选择来自于与阵列的第 8 个乘积项作为使能信号。

④ 反馈数据选择器(FMUX)。它是一个受本单元控制位 AC0、AC1(n)和相邻单元控制位 AC1(m)控制的四选一数据选择器，用于选择由 OLMC 反馈回与阵列的信号。当 AC0＝AC1(m)＝0 时，反馈信号为 0；当 AC0＝0 且 AC1(m)＝1 时，反馈信号为相邻 OLMC 的输出；当 AC0＝1 且 AC1(n)＝0 时，反馈信号取自本单元寄存器的 Q 端；当 AC0＝1 且AC1(n)＝1 时，反馈信号取自本单元的输出端。

除了以上提到的控制位外，在 GAL16V8 中还有一个同步位 SYN 和 64 个乘积项禁止位。同步位 SYN 用于控制 GAL 是否有寄存器输出能力：当 SYN＝1 时，GAL 不具备寄存器输出能力；当 SYN＝0 时，GAL 具备寄存器输出能力。另外，在 GAL16V8 的 OLMC19 和 OLMC12 中，AC0 和 AC1(m)分别被 SYN 和 $\overline{\text{SYN}}$ 所代替。64 个乘积项禁止位分别用于控制与阵列输出的 64 个乘积项。当某一个禁止位为 0 时，相应的乘积项恒为 0，表明在逻辑中不需要这个乘积项。

根据以上所述，不难归纳出 OLMC 的四种工作模式(或组态)：

当 AC0＝0 且 AC1(n)＝0 时，OLMC 为专用组合输出模式，如图 8.2.12(a)所示；

当 AC0＝0 且 AC1(n)＝1 时，OLMC 为专用输入模式，如图 8.2.12 (b)所示；

当 AC0＝1 且 AC1(n)＝0 且 SYN＝0 时，OLMC 为寄存器输出模式，如图 8.2.12 (c)所示；

当 AC0＝1 且 AC1(n)＝1 时，OLMC 为组合输入/输出模式，如图 8.2.12 (d)所示。

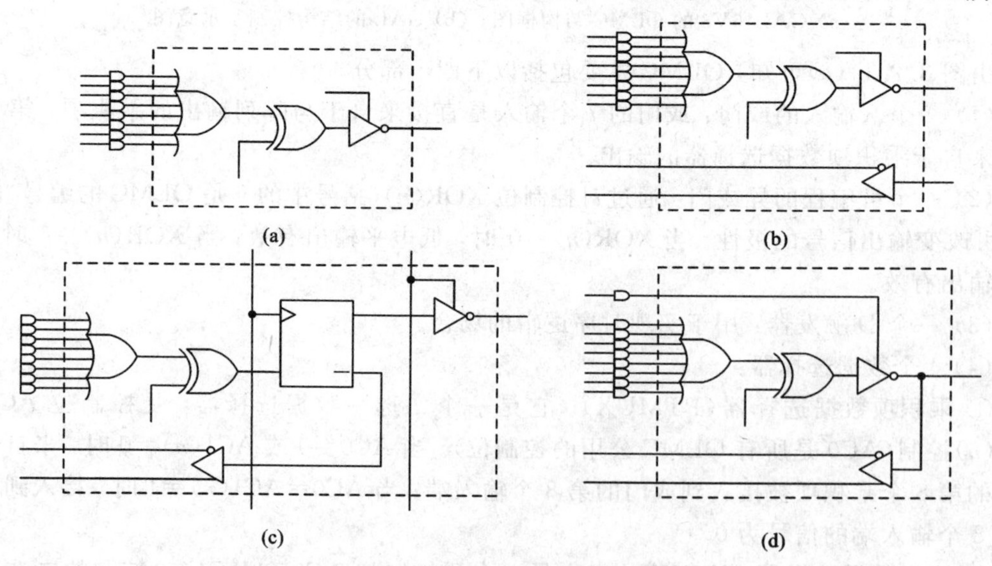

图 8.2.12　OLMC 的四种工作模式

(a) 专用组合输出；(b) 专用输入；(c) 寄存器输出；(d) 组合输入/输出

4) GAL 器件的优缺点

在简单 PLD 中，GAL 是应用最广泛的一种，主要有以下优点：

(1) 与中、小规模标准器件相比，减少了设计中所用的芯片数量。

(2) 引入了 OLMC 这种结构，提高了器件的通用性。

(3) 采用 E^2PROM 编程工艺，器件可以用电擦除并重复编程，编程次数一般都在 100 次以上，将设计风险降到最低。

(4) 采用 CMOS 制造工艺，速度高、功耗小。

(5) 具有上电复位和寄存器同步预置功能。上电后，GAL 的内部电路会产生一个异步复位信号，将所有的寄存器都清零，使得器件在上电后处在一个确定的状态，有利于时序电路的设计。寄存器同步预置功能是指可以将寄存器预置成任何一个特定的状态，以实现对电路的 100％测试。

(6) 具有加密功能，可在一定程度上防止非法复制。

但是 GAL 也有明显的不足之处：

(1) 电路的结构还不够灵活。例如在 GAL 中，所有的寄存器的时钟端都连在一起，使用由外部引脚输入的统一时钟，这样单片 GAL 就不能实现异步时序电路。

(2) GAL 仍属于低密度 PLD 器件，而且正是由于电路的规模较小，因而不需要读取编程信息就可以通过测试等方法分析出某个 GAL 实现的逻辑功能，使得 GAL 可加密的优点不能完全发挥。事实上，目前市场上已有多种 GAL 解密软件。

8.2.3　可编程逻辑器件在数字逻辑电路设计中的应用

现场可编程逻辑阵列(FPLA)是与阵列、或阵列都可以编程的 PLD。在采用 FPLA 实现组合逻辑函数时，可以将逻辑函数化简为最简与－或式，而且与阵列输出的乘积项的个数也可以小于 $2n$(n 为输入变量的个数)，从而可以减小与阵列的规模。

FPLA 的规模通常用输入变量数、乘积项的个数和或阵列输出信号数这三者的乘积来表示。例如一个 16×48×8 的 FPLA 就表示它有 16 个输入变量，与阵列可以产生 48 个乘积项，或阵列有 8 个输出端。

按照输出方式，FPLA 可以分成两类：一类 FPLA 以时序方式输出，在这类 FPLA 的输出电路中除了输出缓冲器还有触发器，适用于实现时序逻辑，称为时序逻辑 FPLA；另一类 FPLA 以组合方式输出，在这类 FPLA 中不含触发器，适用于实现组合逻辑，称为组合逻辑 FPLA。FPLA 的输出电路一般是不可编程的，但有些型号的 FPLA 器件在每一个或门的输出端增加了一个可编程的异或门，以便于对输出信号的极性进行控制，如图 8.2.13 所示。当编程单元为 1 时，或阵列输出 S 与经过异或门以后的输出 Y 同相；当编程单元为 0 时，S 与 Y 反相。

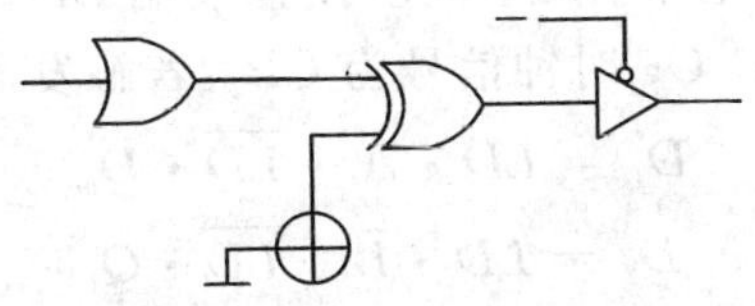

图 8.2.13　FPLA 的异或输出结构

例 8.2.1 用 FPLA 实现从 4 位二进制码到格雷码的转换。

解 4 位二进制码转换为格雷码的真值表如表 8.2.2 所示。

表 8.2.2 4 位二进制码转换为格雷码的真值表

4 位二进制码				格雷码				4 位二进制码				格雷码			
B_3	B_2	B_1	B_0	G_3	G_2	G_1	G_0	B_3	B_2	B_1	B_0	G_3	G_2	G_1	G_0
0	0	0	0	0	0	0	0	1	0	0	0	1	1	0	0
0	0	0	1	0	0	0	1	1	0	0	1	1	1	0	1
0	0	1	0	0	0	1	1	1	0	1	0	1	1	1	1
0	0	1	1	0	0	1	0	1	0	1	1	1	1	1	0
0	1	0	0	0	1	1	0	1	1	0	0	1	0	1	0
0	1	0	1	0	1	1	1	1	1	0	1	1	0	1	1
0	1	1	0	0	1	0	1	1	1	1	0	1	0	0	1
0	1	1	1	0	1	0	0	1	1	1	1	1	0	0	0

采用 FPLA 实现组合逻辑函数时，必须先对逻辑函数进行化简，以提高对芯片的利用率。对多输出逻辑函数进行化简时要注意合理使用逻辑函数之间的公共项，使乘积项的总数最小。经过逻辑函数化简，可以得到

$$G_3 = B_3 \qquad G_2 = B_3\overline{B}_2 + \overline{B}_2 B_1$$

$$G_1 = B_2\overline{B}_1 + \overline{B}_2 B_1 \qquad G_0 = B_1\overline{B}_0 + \overline{B}_1 B_0$$

图 8.2.14 所示的是按上式编程后的逻辑图。时序逻辑 FPLA 在或阵列的输出和与阵列的输入之间增加了由触发器组成的反馈通路，其结构框图如图 8.2.15 所示，因而它可以实现时序逻辑。若采用组合逻辑 FPLA 来实现时序电路，则需要外接触发器单元。

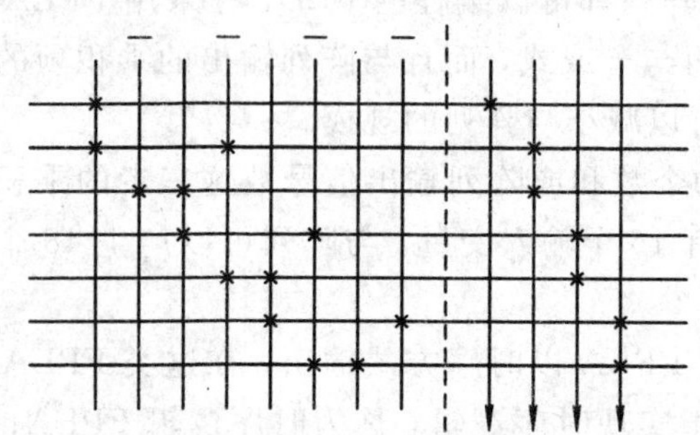

图 8.2.14 例 8.2.1 的 FPLA 编程后的逻辑图

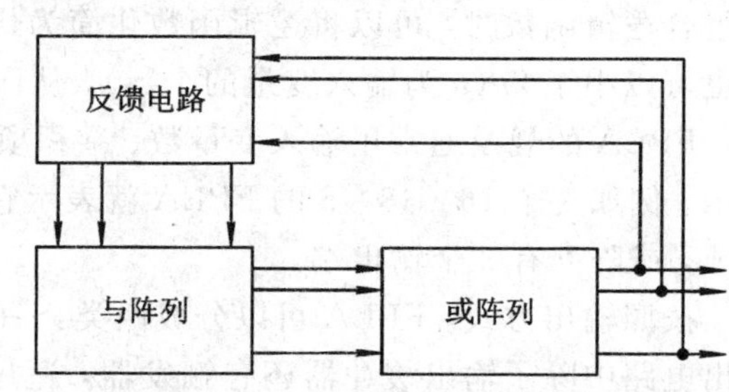

图 8.2.15 时序逻辑 FPLA 的结构框图

采用 FPLA 设计时序电路的方法与一般时序电路设计方法相同。首先由逻辑功能推出三个方程组，然后选择适当规模的 FPLA 器件来实现电路。

例 8.2.2 用时序逻辑 FPLA 实现具有异步清零和同步置数功能的 3 位移位寄存器。

解 设异步清零信号为低电平有效；同步预置数端 LD 为高电平有效；串行输入信号为 D_{in}；并行输入信号为 A、B、C；时钟信号为 CP。若触发器为 D 触发器，则激励方程为

$$D_1 = LD \cdot A + \overline{LD} \cdot D_{in}$$

$$D_2 = LD \cdot B + \overline{LD} \cdot Q_1$$

$$D_3 = LD \cdot C + \overline{LD} \cdot Q_2$$

由上面可知，该电路共有 7 个输入信号、6 个乘积项、3 个输出信号和 3 个触发器，可

以根据这些数据来选择合适的 FPLA 器件。该电路的 FPLA 阵列图如图 8.2.16 所示。FPLA 的这种结构有利于提高对芯片的利用率，在 ASIC 设计中应用得较多。但由于FPLA 器件的制造工艺复杂，又一直缺乏高质量的开发工具，因而其使用并不广泛。

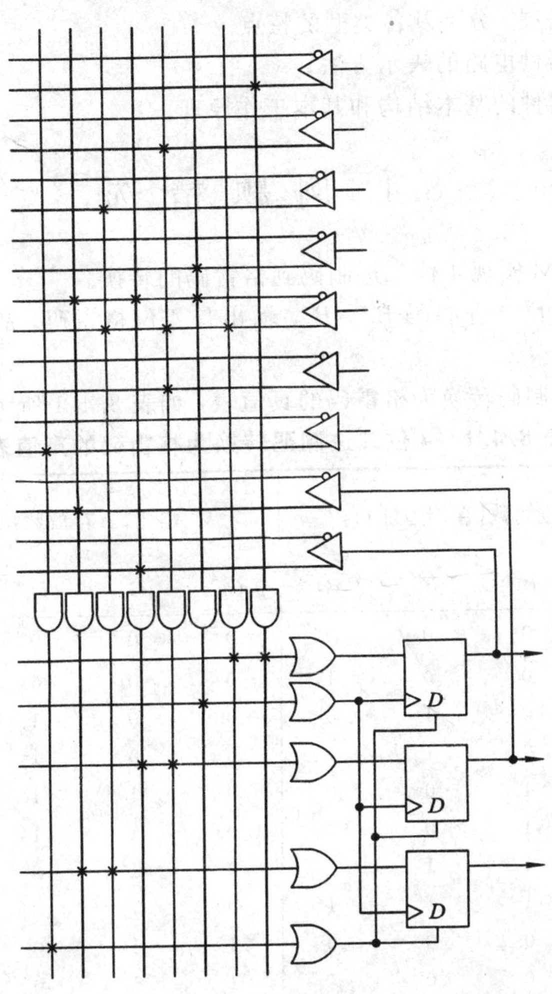

图 8.2.16　例 8.2.2 的 FPLA 编程后的逻辑图

8.3　本 章 小 结

1. 本章重点内容

(1) 只读存储器(ROM)和随机存储器(RAM)功能特点、存储器的扩展及使用方法。

(2) 可编程逻辑器件电路的表示方法、特点和应用。

2. 本章难点内容

(1) 存储器设计实现组合、时序电路。

(2) 可编程逻辑器件内部电路结构和工作过程，但不是教学的重点。

3. 本章需注意的问题

(1) 存储器的基本结构、分类、特点及工作原理。

(2) 存储器的功能、容量扩展和使用方法。

(3) 用 ROM 实现组合、时序逻辑函数。

(4) 各种存储器存储单元的基本工作原理。

(5) 电子器件的发展、分类及各类型的特点。

(6) 可编程逻辑器件电路的表示方法。

(7) 可编程逻辑器件的基本结构和基本工作原理。

8.4 例题精选

例 8.4.1 用 ROM 实现 4 位二进制码到格雷码的转换。

解 (1) 输入是 4 位二进制码 $B_3 \sim B_0$，输出是 4 位格雷码，故选用容量为 $2^4\times4$ 的 ROM。

(2) 列出 4 位二进制码转换为格雷码的真值表，如表 8.4.1 所示。

表 8.4.1　4 位二进制码转换为格雷码的真值表

二进制数(存储地址)				格雷码(存放数据)			
B_3	B_2	B_1	B_0	G_3	G_2	G_1	G_0
0	0	0	0	0	0	0	0
0	0	0	1	0	0	0	1
0	0	1	0	0	0	1	1
0	0	1	1	0	0	1	0
0	1	0	0	0	1	1	0
0	1	0	1	0	1	1	1
0	1	1	0	0	1	0	1
0	1	1	1	0	1	0	0
1	0	0	0	1	1	0	0
1	0	0	1	1	1	0	1
1	0	1	0	1	1	1	1
1	0	1	1	1	1	1	0
1	1	0	0	1	0	1	0
1	1	0	1	1	0	1	1
1	1	1	0	1	0	0	1
1	1	1	1	1	0	0	0

由表可写出下列最小项表达式：

$$G_3 = \sum(8, 9, 10, 11, 12, 13, 14, 15)$$

$$G_2 = \sum(4, 5, 6, 7, 8, 9, 10, 11)$$

$$G_1 = \sum(2, 3, 4, 5, 10, 11, 12, 13)$$

$$G_0 = \sum(1, 2, 5, 6, 9, 10, 13, 14)$$

(3) 可画出 4 位二进制码转换为 4 位格雷码的矩阵图，如图 8.4.1 所示。

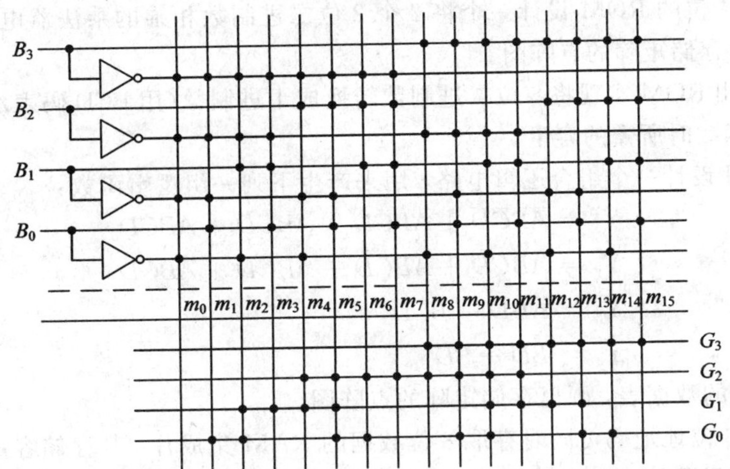

图 8.4.1　4 位二进制码转换为 4 位格雷码的阵列图

例 8.4.2　用 PAL 实现逻辑函数：

$$Y_1(X_1、X_2、X_3) = \Sigma m(3, 4, 6, 7)$$

$$Y_2(X_1、X_2、X_3) = \Sigma m(0, 2, 3, 4, 7)$$

解　首先对上述逻辑函数进行化简后可得：

$$Y_1 = X_3X_1 + X_2X_1$$

$$Y_2 = X_3X_2 + X_2X_1 + X_2X_1$$

图 8.4.2 是按上式编程后 PAL 的逻辑图。

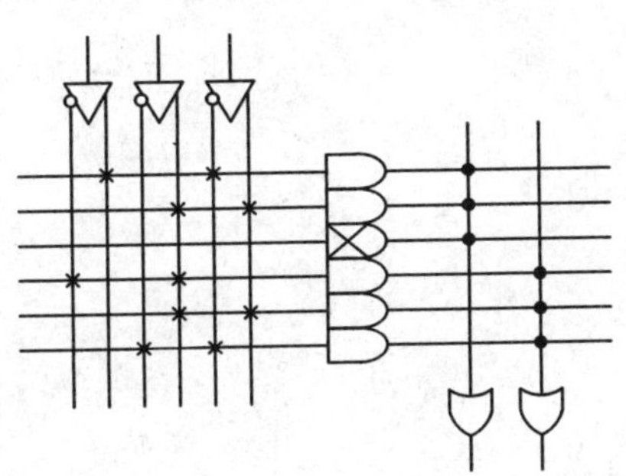

图 8.4.2　例 8.4.2 编程后 PAL 的逻辑图

8.5　自 我 检 测 题

1. 在存储器的结构中，什么叫“字”？什么叫“字长”？如何标注存储器的容量？

2. DRAM 中存储的数据不进行周期性的刷新，其数据将会丢失；而 SRAM 中存储的数据无须刷新，只要电源不断电就可以永久保存，为什么？

3. EPROM、E^2PROM 和快闪存储器有什么共同之处？它们的主要区别是什么？

4. 哪几种 ROM 具有多次擦除重写功能？哪种 ROM 的擦除过程就是数据写入过程？

5. 从存取方式比较 ROM 和 RAM。

6. 动态存储器和静态存储器在电路结构和读/写操作上有何不同?

7. 用16×4位的ROM设计一个将2个2位二进制数相乘的乘法器电路，列出ROM的数据表，画出存储矩阵的点阵图。

8. 试确定用ROM实现将8位二进制数转换成十进制数(用BCD码表示)的转换电路，实现这个逻辑函数时所需的容量。

9. 用ROM设计一个组合逻辑电路，用来产生下列一组逻辑函数:

$$Y_1 = \overline{A}\overline{B}\overline{C}\overline{D} + \overline{A}B\overline{C}D + A\overline{B}C\overline{D} + ABCD$$

$$Y_2 = \overline{A}\overline{B}C\overline{D} + \overline{A}BCD + A\overline{B}\overline{C}\overline{D} + AB\overline{C}D$$

$$Y_3 = \overline{A}BD + \overline{B}C\overline{D}$$

$$Y_4 = BD + \overline{B}\overline{D}$$

列出ROM应有的数据表，画出存储矩阵的点阵图。

10. 具有16位地址码可同时存取8位数据的RAM集成片，其存储容量为多少?

11. 可编程逻辑器件有哪些种类? 共同特点是什么?

12. 比较GAL和PAL器件在电路结构上有何异同点?

附　录

附录一　数字集成电路的型号命名法

1. TTL 器件型号组成的符号及意义

第 1 部分		第 2 部分		第 3 部分		第 4 部分		第 5 部分	
型号前缀		工作温度范围		器件系列		器件品种		封装形式	
符号	意义	符号	意义	符号	意义	符号	意义	符号	意义
CT	中国制造	54	−55～+125℃		标准	阿	器	W	陶瓷扁平
	的 TTL 类型		0～70℃	H	高速	拉	件	B	塑封扁平
SN	美国 TEXAS	74		S	肖特基	伯	功	F	全密封扁平
	公司产品			LS	低功耗肖特基	数	能	D	陶瓷双列直插
				AS	先进肖特基	字		P	塑料双列直插
				ALS	先进低功耗肖特基			J	黑陶瓷双列直插
				FAS	快捷先进肖特基				

示例：

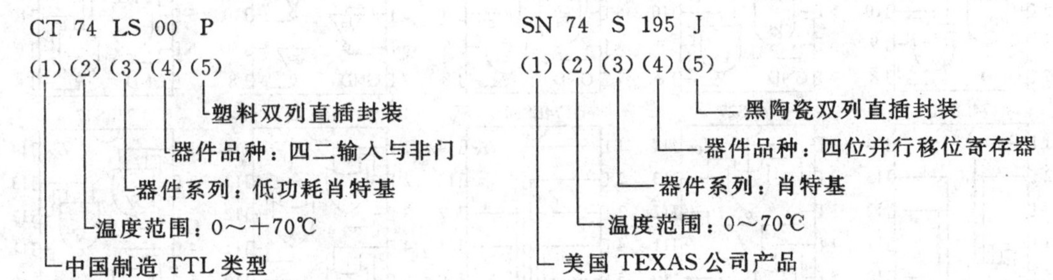

2. ECL、CMOS 器件型号组成符号及意义

第 1 部分		第 2 部分		第 3 部分		第 4 部分	
器件前缀		器件系列		器件品种		工作温度范围	
符号	意义	符号	意义	符号	意义	符号	意义
CC	中国制造的 CMOS 类型	40	系列符号	阿	器	C	0～70℃
CD	美国无线电公司产品	45		拉	件	E	−40～85℃
TC	日本东芝公司产品	145		伯	功	R	−55～85℃
CE	中国制造 ECL 类型			数字	能	M	−55～125℃

附录二　常用74LS系列器件引脚图

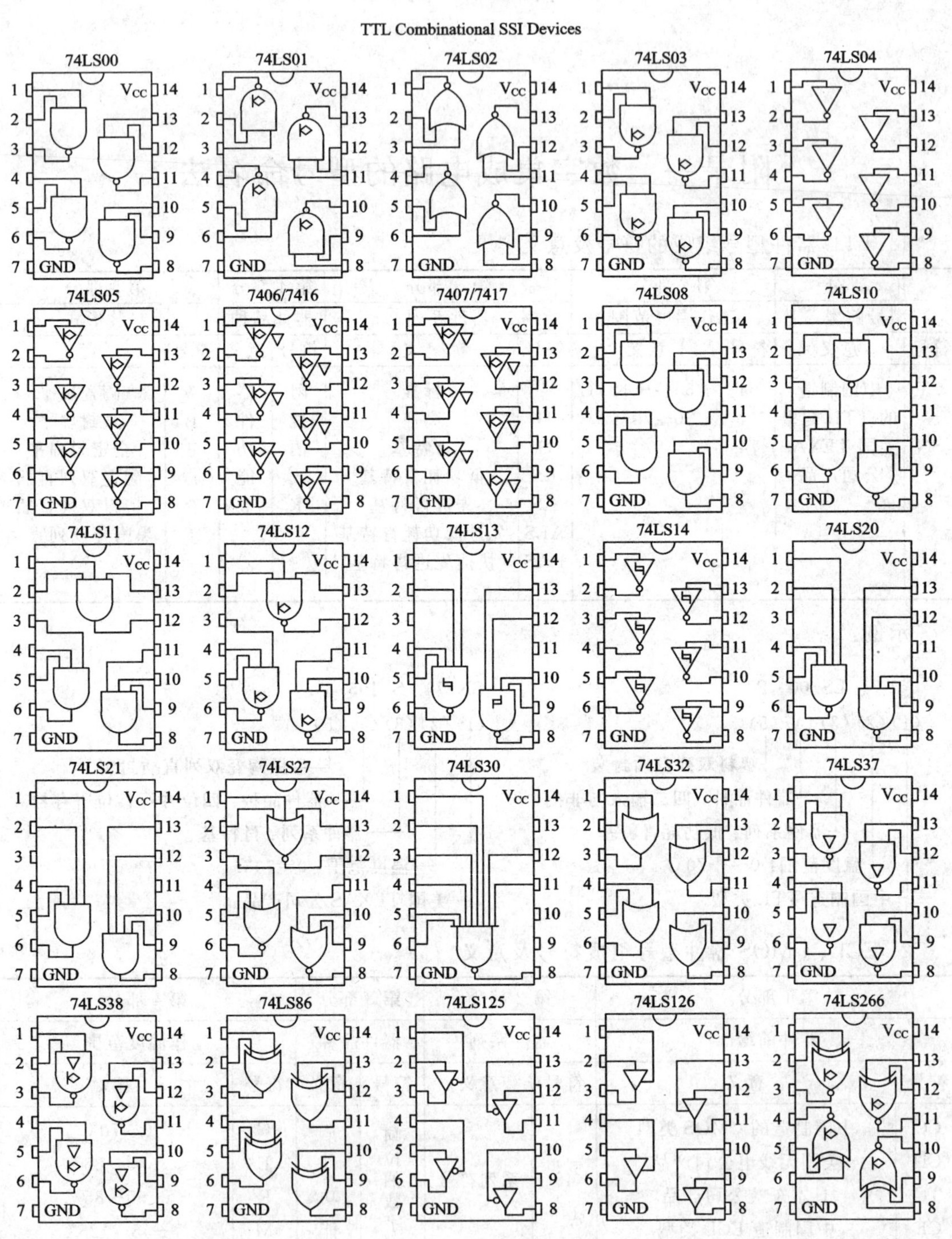

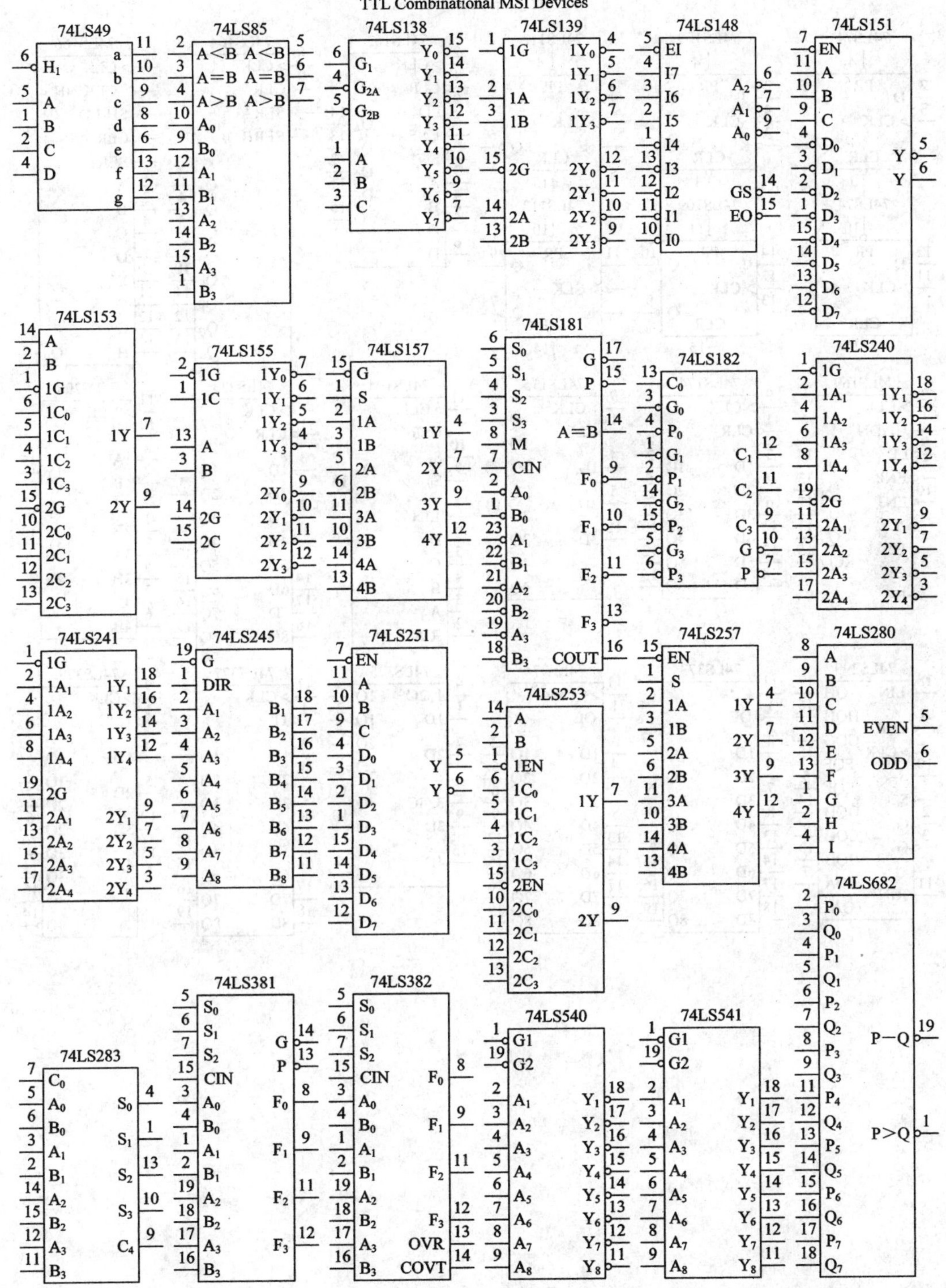
TTL Combinational MSI Devices
74LS49
74LS85
74LS138
74LS139
74LS148
74LS151
74LS153
74LS155
74LS157
74LS181
74LS182
74LS240
74LS241
74LS245
74LS251
74LS253
74LS257
74LS280
74LS682
74LS381
74LS382
74LS283
74LS540
74LS541

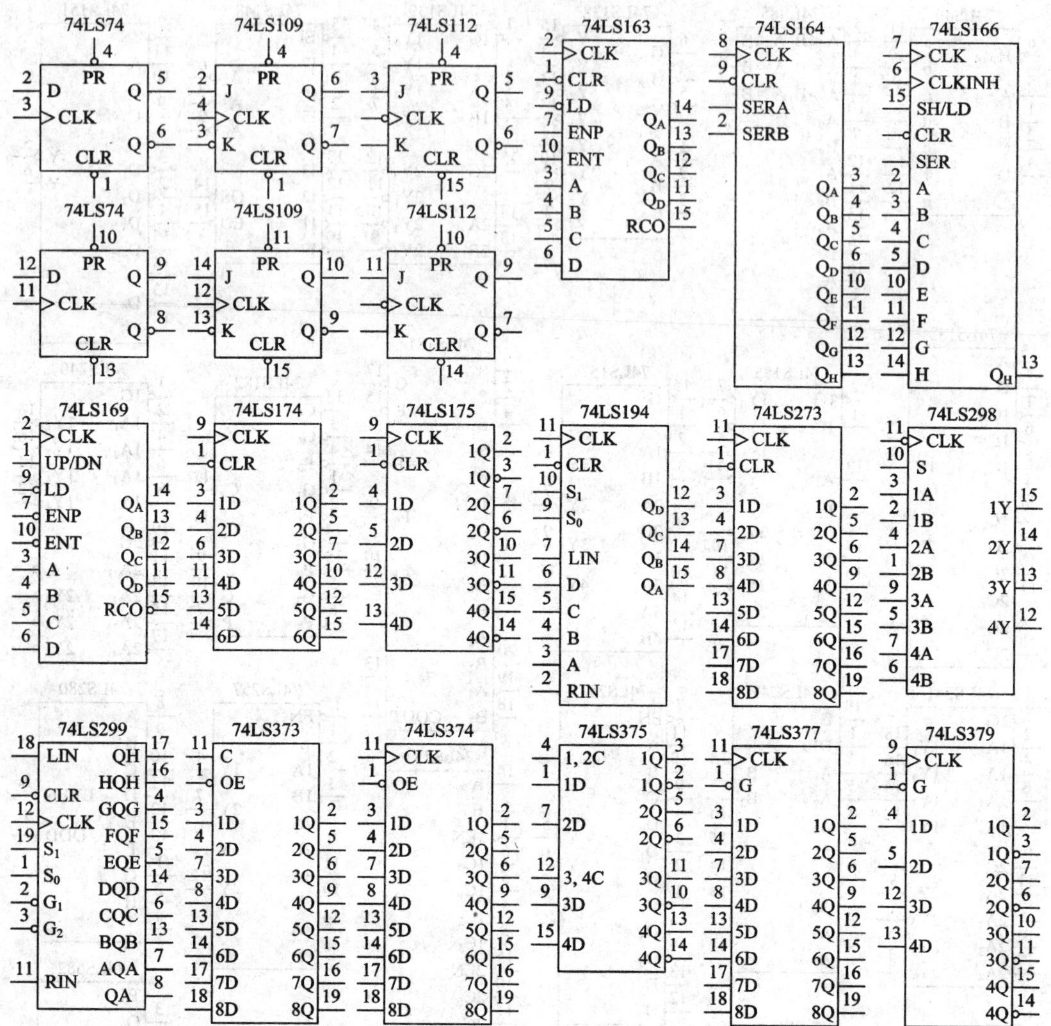
TTL Sequential Devices
74LS74
74LS109
74LS112
74LS163
74LS164
74LS166
74LS169
74LS174
74LS175
74LS194
74LS273
74LS298
74LS299
74LS373
74LS374
74LS375
74LS377
74LS379

附录三　常用 PLD、ROM、RAM 器件引脚图

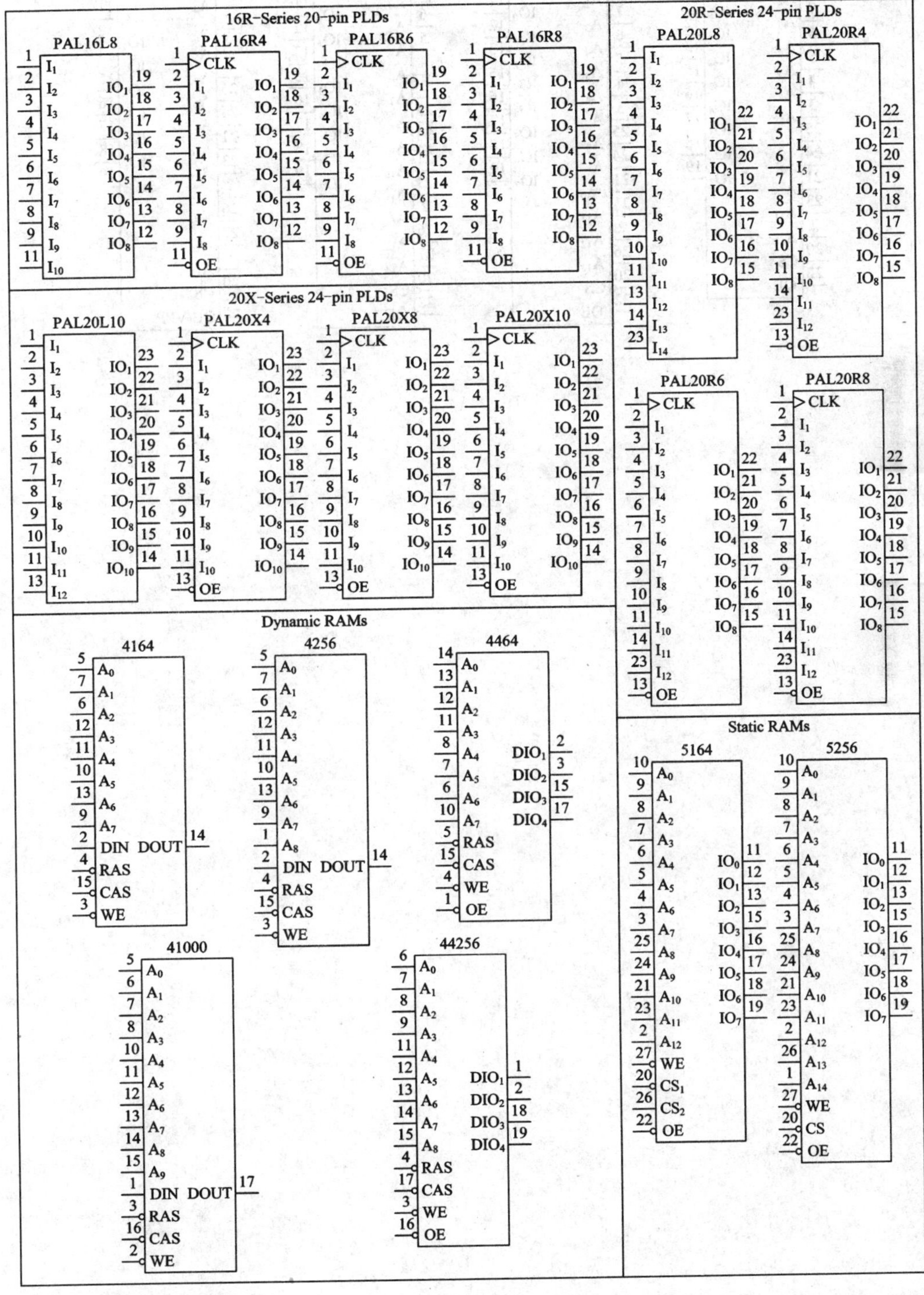

EPROMs

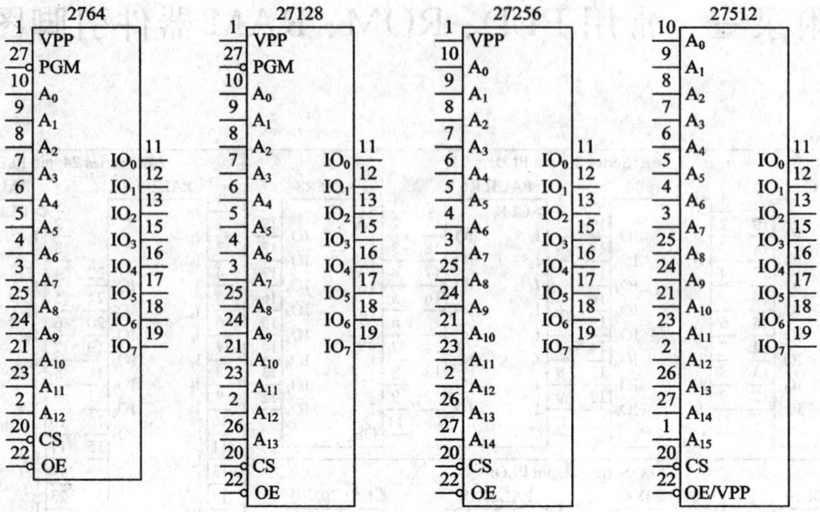

2764

引脚	信号	引脚	信号
1	VPP	11	IO_0
27	PGM	12	IO_1
10	A_0	13	IO_2
9	A_1	15	IO_3
8	A_2	16	IO_4
7	A_3	17	IO_5
6	A_4	18	IO_6
5	A_5	19	IO_7
4	A_6		
3	A_7		
25	A_8		
24	A_9		
21	A_{10}		
23	A_{11}		
2	A_{12}		
20	CS		
22	OE		

27128

引脚	信号	引脚	信号
1	VPP	11	IO_0
27	PGM	12	IO_1
10	A_0	13	IO_2
9	A_1	15	IO_3
8	A_2	16	IO_4
7	A_3	17	IO_5
6	A_4	18	IO_6
5	A_5	19	IO_7
4	A_6		
3	A_7		
25	A_8		
24	A_9		
21	A_{10}		
23	A_{11}		
2	A_{12}		
26	A_{13}		
20	CS		
22	OE		

27256

引脚	信号	引脚	信号
1	VPP	11	IO_0
10	A_0	12	IO_1
9	A_1	13	IO_2
8	A_2	15	IO_3
7	A_3	16	IO_4
6	A_4	17	IO_5
5	A_5	18	IO_6
4	A_6	19	IO_7
3	A_7		
25	A_8		
24	A_9		
21	A_{10}		
23	A_{11}		
2	A_{12}		
26	A_{13}		
27	A_{14}		
20	CS		
22	OE		

27512

引脚	信号	引脚	信号
10	A_0	11	IO_0
9	A_1	12	IO_1
8	A_2	13	IO_2
7	A_3	15	IO_3
6	A_4	16	IO_4
5	A_5	17	IO_5
4	A_6	18	IO_6
3	A_7	19	IO_7
25	A_8		
24	A_9		
21	A_{10}		
23	A_{11}		
2	A_{12}		
26	A_{13}		
27	A_{14}		
1	A_{15}		
20	CS		
22	OE/VPP		

参考文献

[1] 闫石.数字电子技术.5版.北京：高等教育出版社，1988.

[2] 康华光.电子技术基础：数字部分.4版.北京：高等教育出版社，2000.

[3] 鲍家元，毛文林.数字逻辑.北京：高等教育出版社，2002.

[4] 刘宝琴.Altera可编程逻辑器件及其应用.北京：清华大学出版社，1995.

[5] 黄正瑾.在系统编程技术及其应用.2版.南京：东南大学出版社，1999.

[6] 赵保经，蒋建飞.大规模集成数—模和模—数转换器设计原理.北京：科学出版社，1986.

[7] 江小安，等.数字电子技术.2版.西安：西安电子科技大学出版社，2002.

[8] Wakerly John F. Distal Design-Principles&Practices. 3rd ed. Beijing：Higher Education Press and Pearson Education North Asia Limited，2001.

[9] 秦臻.电子技术基础(数字部分)：重点难点、解题指导.考研指南.北京：高等教育出版社，2007.

[10] 陈大钦.数字电子技术学习与解题指南.武汉：华中科技大学出版社，2004.

[11] 欧阳明星.数字逻辑学习与解题指南.武汉：华中科技大学出版社，2004.

[12] 沈嗣昌.数字系统设计基础.北京：航空工业出版社，1987.

[13] 华成英.数字电子技术基础.北京：高等教育出版社，2004.

[14] 王毓银.数字电子逻辑设计.北京：高等教育出版社，1999.

[15] 郝波.数字电路.北京：电子工业出版社，2005.

[16] 余孟尝.数字电子技术基础简明教程.北京：高等教育出版社，1999.

[17] 秦曾煌.电子技术.北京：高等教育出版社，2004.

[18] 吴丽华.数字电子技术.哈尔滨：哈尔滨工业大学出版社，2003.

[19] http：//www.b2b99.com/hyzs/dz/1308.htm